边 界 层 转 捩

Boundary Layer Transition

唐登斌 著

科学出版社

北京

内 容 简 介

本书注重于基础性和实用性研究的结合,总结了在边界层转捩方面的研究工作。主要内容分为三个部分:一是转捩过程,研究各种边界层稳定性问题及边界层转捩的预测;二是转捩机理,研究转捩流场的涡系结构,分析相关物理现象及其演化过程;三是转捩控制,以航空上的实际应用为背景,讨论转捩控制的方法和控制技术的新发展。

本书可作为航空航天、船舶、交通、水利、能源、环境保护及其他与流体力学相关专业的研究生、教师及科研工作者的参考书。

图书在版编目(CIP)数据

边界层转捩/唐登斌著. —北京:科学出版社,2015.6
ISBN 978-7-03-044795-1

Ⅰ.①边… Ⅱ.①唐… Ⅲ.①边界层转捩-研究 Ⅳ.①O357.4

中国版本图书馆 CIP 数据核字(2015)第 123701 号

责任编辑:周 炜 / 责任校对:郭瑞芝
责任印制:吴兆东 / 封面设计:陈 敬

科 学 出 版 社 出版
北京东黄城根北街 16 号
邮政编码:100717
http://www.sciencep.com

北京中石油彩色印刷有限责任公司印刷
科学出版社发行 各地新华书店经销
*
2015 年 6 月第 一 版 开本:720×1000 1/16
2025 年 4 月第四次印刷 印张:18 1/4 插页:4
字数:356 000
定价:160.00 元
(如有印装质量问题,我社负责调换)

前　言

　　层流和湍流,是自然界中广泛存在的两种不同流态,有着不同的流动特性。随着两种流态的发现(Reynolds,1883年)以及边界层概念的提出(Prandtl,1904年),从层流向湍流过渡的边界层转捩问题,实质上就是湍流的起源问题,成了人们长期关注的前沿问题,被认为是经典物理中留下的一大难题,也是现代流体力学中尚未完全解决的重要研究领域。

　　边界层转捩是一个系统的理论问题,人们通过不同的研究途径和方法,致力于从理论上认识和剖析边界层转捩的复杂过程;转捩问题的研究,又与许多工程设计和应用紧密相关,有助于对转捩进行有效的控制。显然,边界层转捩问题不论是作为基础理论还是工程应用,都引起了人们的广泛兴趣和高度重视。

　　从流动稳定性开始的转捩问题研究经历了一个很长的发展过程,从早期的线性稳定性理论,发展到分阶段的非线性稳定性理论;所研究的范围也在不断拓展,从不可压缩流到可压缩流、从简单外形到一般三维物体、从边界层到各种剪切流的流动稳定性问题。与此同时,有关转捩的机理性探索和实际应用研究,不断地提出新的理论和方法,取得了重大进展。在流动的转捩研究中,边界层转捩问题则是最受关注的。

　　边界层稳定性和转捩的数值研究,已经发展了许多有效方法,如线性平行流的特征值法,非平行流的多重尺度法,特别是抛物化稳定性方程方法。这个新方法能够同时考虑流动稳定性的非平行性和非线性作用,可以用于外形复杂的物体,且有成为转捩预测新方法的应用前景,这无疑是开辟了稳定性和转捩研究的一条新途径。采用直接数值模拟方法求解 Navier-Stokes 方程,则是边界层转捩研究中的一种最精确的数值方法,可以给出转捩流场的详细信息,能够系统地描述整个转捩过程,特别适用于转捩问题的机理性研究。抛物化稳定性方程方法和直接数值模拟方法都是本书所着重讨论的。

　　本书主要内容分为有关联的三个部分。一是转捩过程,着重于边界层稳定性问题,包括平行流和非平行流、线性和非线性边界层稳定性,讨论了高速流动、三维气动体的边界层稳定性以及边界层感受性问题。二是转捩机理,基于转捩后阶段流场分析,展示了各种涡系结构的形成和发展,进而剖析转捩流场的物理现象及其所经历的复杂演化过程,直至转变为完全湍流。三是转捩控制,分析影响转捩的主要因素和有效控制途径,着重于在航空上的实际应用,探讨转捩控制技术的新发展。为增强对边界层稳定性和转捩的重要概念的理解和流场特征的阐述,书中给出了较多的算例和图表,以便于读者的深入分析和研究。

作者长期在航空界工作,一直关注与飞行器的减阻和改进飞行性能等密切相关的边界层问题研究。本书集中了作者的研究小组近些年来在边界层转捩方面的研究工作,其内容主要是以所发表的学术论文和学位论文为基础。研究生王维志、夏浩、朱国祥、张立、成国玮、彭治雨、马前容、刘吉学、郭琳琳、杨颖朝等取得了许多研究成果,尤其是陈林博士对转捩机理、郭欣博士对高速流稳定性,以及博士后郭乃龙对方程椭圆特性、陆昌根对机理分析和赵熙强对孤立波的探讨等研究工作。还要特别指出的是合作指导博士研究生的美国 UTA 刘超群教授,他对转捩机理的分析有独到见解,提出了很多新的认识和观念,对我们很有启示,书中引用了他的一些新观念。

作者感谢曹起鹏教授、沈清研究员、王惠民教授,他们为本书提出了许多宝贵意见;感谢黎先平、李甘牛、顾蕴松、张震宇、史万里等青年学者为本书所做的工作,尤其是夏浩博士的贡献。

限于作者水平,书中难免有疏漏和不当之处,敬请读者批评指正。

目　　录

彩图

第 1 章　转捩引论

1.1　转捩现象

1883 年,雷诺(Reynolds)[1]第一次在实验中观察到在圆管水流动中存在层流和湍流两种不同的流态,当组合参数 VD/ν(后来定义为雷诺数 Re,V 为平均流速度,D 为管直径,ν 为运动黏性系数)大于一定值时,流动会从层流转变为湍流。流体运动中的这种流态转变的物理现象称为转捩现象,广泛存在于许多流动问题中。转捩的发生与层流的不稳定性有关,是由于层流失稳导致了流动的转捩。从层流到湍流的极为复杂的转捩过程及研究工作的特别困难[2],使得这个重大的基础科学问题及其在工程技术上的应用,长期以来一直吸引着人们的高度关注。

层流向湍流的转捩是两种完全不同的流动形态的转变,图 1.1 展示了通过烟流法实验所看到的层流经过格栅后转变为湍流的过程(对应的格栅雷诺数 $Re=$ 1500)。由图可以清楚地看到两种流态的显著差别,与规则的层流不同,湍流的流态十分紊乱,故又称为"紊流"(日文又名"乱流")。古人曰:"堆出于岸,流必湍之"(三国·李康"运命论"),说明了湍流是自然界中一种客观存在的流动现象。

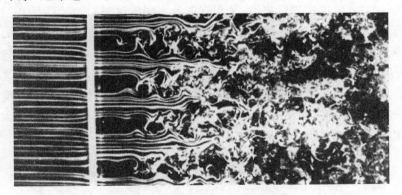

图 1.1　层流经过格栅后向湍流的转变(烟流法显示)[3]

1904 年,Prandtl[4]提出了边界层(boundary layer,又称"附面层")概念以后,人们开始研究边界层的流动特性,分析不同流动形态及其转捩现象。所谓边界层就是流动在物面边界附近所形成的一个黏性薄层(图 1.2),开始于物面的前缘(或者是绕物体流动的前驻点),层内与层外的流动是一种渐近关系而没有确定的分界线,一般是在层内速度与外部速度相差 1% 的地方,作为边界层的外边界。边界层的厚度随流动不断增长,平板层流边界层的厚度可表为 $\delta(x) \sim \sqrt{\nu x / U_\infty} \sim x / \sqrt{Re}$,其中,$U_\infty$ 为来流速度,Re 为雷诺数。由于空气、水等流体的运动黏性系数 ν 很小,所以在一般流动中边界层的厚度是很小的(当雷诺数 $Re \to \infty$ 时,厚度 $\delta(x) \to 0$)。在边界层内的流动黏性作用十分显著,黏性力项是与惯性力项同量级的,这是因为在很薄的边界层内,速度从物面的 $u=0$ 过渡到外边界的 $u=U_e$,导致速度梯度 $\partial u / \partial y$ 及其黏性力很大,特别是在物面附近。在边界层之外,黏性影响可以忽略而看成是理想流体流动。

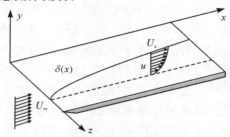

图 1.2　平板边界层流动示意图

在通常研究的剪切流动中,包括边界层流、平面 Poiseuille 流及各种自由剪切流等,它们的流动转捩有许多共同特性,本书着重讨论相对较复杂的边界层的流动转捩,也可以供其他流动的研究作参考。

对于一般的转捩边界层来说,通常有三种不同的区域:层流区、转捩过渡区及湍流区。图 1.3 是采用阴影法显示的实验结果(超声速来流马赫数为 $Ma=3.0$),清晰地展示了三维旋成体边界层流动的三个区域。如图所示,随着流动向下游的发展,边界层厚度在不断增加,边界层内的流动也由规则逐步变为紊乱,尤其是在湍流区。通过这个边界层侧视图可以看到,与物体长度相比,边界层厚度的确是很薄的;若与图中的前缘激波很薄的厚度相比,它同样也是非常小的,这就进一步佐证了边界层厚度是很薄的真实情况。

图 1.3　三维边界层从层流到湍流的过渡(阴影法显示)[5]

边界层转捩现象的另一个重要标识，就是在边界层转捩区中，流向速度沿法向分布（常称为速度型，或者速度剖面）的显著改变。图 1.4 是在平板边界层转捩区中测得的不同流向位置的速度型[6]（这里的横向和纵向坐标分别为无量纲速度以及离壁面的高度）。在图中，"1 层流"是 Blasius 层流边界层速度型，"2 湍流"是湍流边界层（1/7 幂次律）速度型，层流边界层对应于较小雷诺数（位置靠前），湍流边界层对应于较大雷诺数（位置靠后）。边界层的速度型曲线显示了两种流态的不同特性，尤其是在壁面处速度的法向梯度，湍流要比层流大得多。由于壁面摩擦阻力直接与该梯度成正比，这就意味着湍流的摩擦阻力更大。研究表明，在转捩区不同位置处速度型的变化，是与流动的稳定性特性及其转捩过程密切相关的[6,7]。

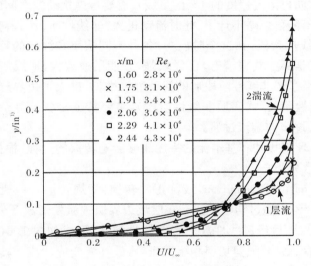

图 1.4 平板边界层转捩区的速度型

1.2 转 捩 类 型

从层流到湍流的边界层转捩，通常是由扰动引起的，是扰动随时间和空间演化的结果。转捩的类型主要与初始扰动有关，其过程也有不同[8,9]。一般来说，对于初始扰动较小的边界层流动，不断增长的扰动波经历了线性和非线性阶段的发展和演化，从层流到湍流的转捩过程（图 1.5）大致如下。

开始是外界的扰动进入边界层，产生不稳定扰动波。然后是扰动波在向下游传播过程中不断增长，起始阶段的扰动振幅很小，且各自独立演化，常称为"线性

---

1) 1in=2.54cm。

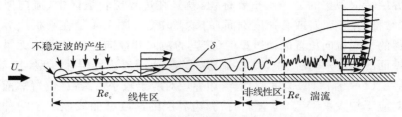

图 1.5　边界层从层流到湍流的转捩过程概图[10]

稳定性阶段",可以忽略扰动的高阶小量,用线性稳定性理论来描述。这样的线性近似使得该理论仅能用于转捩的前期阶段。随着扰动的进一步增长,当扰动振幅达到一定值时(如自由流速度的 1% 的量级),需要考虑扰动波之间的相互影响,非线性作用已经不能再忽略不计了,此时流动进入"非线性阶段"。初期的非线性阶段常称为弱非线性阶段,在这个阶段中,各种不同频率和波数的特征扰动模态的相互作用(尤其是那些共振模态)已经较强,并能迅速放大,形成广泛频率谱的三维不稳定波。经过弱非线性阶段后的扰动继续增长,进入了边界层转捩的后阶段(又称为强非线性阶段,或实质非线性阶段),主要特征是各种复杂涡结构的形成和发展[11,12],并逐步向湍流过渡。

　　研究表明,环境扰动和基本流的特性能够影响转捩的过程,根据目前的理论,转捩的类型大致分为:

　　自然转捩(natural transition,或称正常转捩,常规转捩),一般出现在背景扰动较低的情况[8,13]。通过初始小扰动在层流边界层中激发形成 Tollmien-Schlichting 波(T-S 波),而后经过线性放大和非线性演化,形成如图 1.6(a)所示的三维扰动波、不同涡系结构、强剪切层和湍流斑等,最终演变成湍流。转捩的扰动引入形式可以是自然扰动,也可以是人工扰动。在实验研究中,常用人工小扰动形式,如用振动带、声波或狭缝射流等产生扰动波。绝大多数的转捩属于自然转捩,也是书中关注的重点和主要研究对象。

　　旁路转捩(bypass transition,或称强迫转捩,"逾越"型转捩)。Klebanoff 等[13]在边界层转捩实验中,观察到只要初始扰动足够大,自然转捩中的线性阶段被跳过,边界层扰动出现突变式的增长,而没有出现特征模态的增长方式,这样的转捩称为旁路转捩。这种转捩的初始阶段与自然转捩的不稳定性增长有显著的区别,一般是背景湍流度(如自由流扰动、粗糙表面等)较高的流动,常常归结为这种转捩类型[14,15]。为方便比较,在图 1.6 中分别展示了在低/高自由流湍流度(Tu)情况下的平板边界层的转捩过程。显然,高湍流度与通常的低湍流度情况有很大差别,它跳过了线性阶段,经过(Ⅰ)自由流局部涡扰动形成条纹、(Ⅱ)初期湍流斑的出现及(Ⅲ)湍流斑的聚合等阶段,最后完成层流向湍流的转捩[图 1.6(b)]。

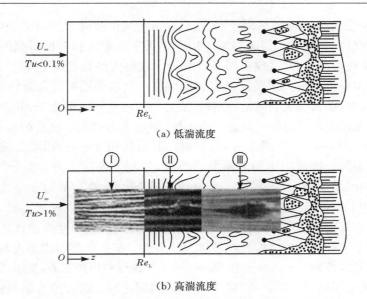

(a) 低湍流度

(b) 高湍流度

图 1.6 不同自由流湍流度的平板边界层转捩过程比较[16]

此外,在转捩中存在的**斜波转捩**(oblique wave transition)现象,也有将其单独归结为另一类转捩。Schmid 等[17]通过直接数值模拟方法首次研究在槽道流动中由一对斜波模态作为初始激励的转捩过程,在开始时没有加入、在过程中也没有观测到二维 T-S 波扰动。Berlin 等[18,19]进行了边界层的斜波转捩研究,展示了斜波转捩中的一些涡系结构的形成和演化。Wu 等[20]详细研究了一对斜波从线性到非线性的各个阶段,并分析引起转捩的演化过程。

需要指出的是,不同于从光滑壁面观察到的结果,若表面十分粗糙,也可能是直接转捩,而不出现湍流斑;若流动遇到较强的逆压梯度,或是存在某种分离的情况下,也可能会缺少自然转捩过程中的某些阶段。

1.3 稳定性理论

一个多世纪以来,流动稳定性的研究经历了很长的发展过程,转捩开始于不稳定扰动波幅值的增长,从线性稳定性(包括平行流与非平行流)到非线性稳定性,形成了比较系统的理论[21]。

1. 线性平行流稳定性

从层流向湍流转捩的发生是由基本流场中早期的不稳定性引起的,与流动中很小的、有时也是不确定的扰动有关,这就产生了稳定性理论的基本思想:从一种流动形态转变为另一种形态,是原先流动中所出现的扰动自然演化的结果,导致了波扰动的放大和最终的层流溃变。历史上关于稳定性和转捩研究的成功和不成功的理论模型是很多的,现在用来研究稳定性的大多数模型是基于 Prandtl 假设:转捩是由小扰动放大引发的。假如流动使小扰动逐渐减弱并最终消失,流动恢复到原状态,那么该流动就是稳定的;反之如果该扰动逐渐增长,并不能恢复到原状态,则流动是不稳定的。因此,"稳定性"被定义为对抗小扰动的性质。最初,Orr 和 Sommerfeld 分别用平行平板间的流动(流线相互平行)模拟二维波的放大过程,并假设波的振幅很小而忽略非线性项,控制方程简化为常微分方程,称为 Orr-Sommerfeld 方程(OSE)。Tollmien 和 Schlichting 在边界层稳定性计算方面做了开创性工作,先后通过求解 OSE 及其在稳定性分析中取得了突破,计算了平行流(忽略边界层缓慢增长)的中性稳定性曲线,以及包括中性曲线点之间的增长率。因此,上述分析中的二维波就被称为 T-S 波。但是仍然有很多人对稳定性理论持怀疑态度,直到 Schubauer 和 Skramstad[22]进行的风洞实验,揭示了转捩中不稳定波的测定规律,这是第一次对 Tollmien 的理论预言进行的实验验证,得到基本一致的结果(鉴于他们所做的贡献,Morkovin[23]建议 T-S 符号代表 Tollmien-Schlichting、Schubauer 和 Skramstad)。

线性稳定性理论从不可压缩流扩展到可压缩流问题,在 20 世纪四五十年代就已取得了成功,随着计算机的广泛应用,能够得到可压缩线性稳定性方程的精确解。其中,Mack[24,25]作出很大贡献,他探讨了线性稳定性的许多未知领域,特别是高马赫数时的各种模态,所发现的高阶模态,在不可压缩流中是没有相对应的,现在称其为 Mack 模态。

2. 线性非平行流稳定性

Gaster[26]通过直接求解 OSE 以获得空间增长率,并给出空间与时间增长率的关系。然而,实验与理论的结果在较低雷诺数等情况并不吻合,使得人们开始怀疑 OSE 理论的平行性近似假设的局限性。将边界层流动当做平行流处理是基于这样的前提之下,即认为边界层的流向尺度远大于 T-S 波的波长。实际上,这对于靠近前缘或者边界层厚度变化激烈的区域来说是有疑问的,此时认为在边界层中所有位置上都具有相同增长率的平行流结果,显然是不准确的。因此,非平行性对稳定性的影响是需要考虑的。Bouthier[27]采用多重尺度(摄动)技术,在分析线性边界层稳定性时,考虑了主流的非平行性,随后又有许多的研究和探讨[28],得到了非平行作用的可靠修正结果。

3. 非线性稳定性

由于线性稳定性理论还远不能解决转捩问题,所以需要进一步研究非线性稳定性问题。Landau[29]对于在线性阶段之后的流动演化可能导致转捩,进行了理论探讨,认为振幅随时间的演化,应当受到振幅自身大小的控制,并推测小振幅初始不稳定扰动不会随时间无限地增长,而在某个有限振幅时达到一个平衡条件。Stuart[30]把 Landau 的设想形成具体的理论,进一步把扰动的放大率作为小展开参数,从 Navier-Stokes(N-S)方程正式导出 Landau 方程,提出著名的弱非线性理论。但是这一理论存在一定缺陷。Herbert[31]改进了推导中局限于中性点邻域的限制,周恒[32]指出在处理平均流修正方法等问题时,需要对弱非线性理论进一步改进。Klebanoff 等[13]的实验及其他研究[33],证实了放大的 T-S 波会形成不同的三维结构,发现在转捩过程中存在一些重要的非线性现象。后来采用新的理论模型来解释,例如,引进基于 Flöquet 理论的二次稳定性(又称二次失稳)分析,指出亚谐波模态的存在。

直接求解 N-S 方程的数值计算也取得很大成功,例如,Fasel[34]在增长的边界层中得到了二维解,Orszag 等[35]获得具有周期边界条件的三维结果。Crouch等[36]对 T-S 波发展为三维后的非线性阶段的理论分析,结合 Landau 振幅展开式和基于 Flöquet 理论的二次稳定性理论,详细研究转捩流动的各种模态之间的相互作用。目前已经有很多方法可以用于非线性问题的处理和研究,特别是,Herbert 等[37]通过分解扰动波和利用流向慢变特性,略去流向上扰动导数的高阶小量,导出抛物化稳定性方程(parabolized stability equation,PSE)。由于 PSE 对扰动幅值没有作任何假设和限制,所以比较容易向非线性稳定性分析作拓展。因此PSE 方法既能够很好地处理非平行问题,又可以同时考虑非线性作用[38]。Smith[39]采用三层理论也能同时考虑非平行项和非线性项,这是在雷诺数趋于无穷时的一种有效渐近方法,但是从无限到有限雷诺数的结果转换,直接影响到实际的应用。需要指出的是,当扰动波发展到二次失稳后,幅值增长很快的三维扰动波向湍流的转捩,有着不同的路径,分别称为 K 型(Klebanoff[13])、H 型(Herbert[40])和 C 型(Craik[41])。

4. 感受性问题

我们注意到,在图 1.5 中最左边的"不稳定波的产生",就是外部扰动在边界层内流场产生不稳定波的问题。实际上,外部扰动进入而产生边界层内不稳定波的过程,就是边界层对外部扰动的感受性(receptivity,又称接受性)问题[42,43]。这是边界层稳定性研究中相对较迟才引起人们重视的一个新问题,主要是研究边界层中初始扰动的来源,分析外界的扰动激起边界层内 T-S 扰动波的转化过程。在第 7 章中将讨论这些问题。

流动稳定性理论是转捩研究中的重要内容,尤其是非线性稳定性理论的发展,为理解流动转捩过程中产生的许多相干结构(coherent structure,又称拟序结构)提供一定的理论基础。但是,这个理论对于非线性机理的分析和转捩全过程的描述还是不完全的,特别是转捩后阶段的一些机理性问题,需要专门的研究和探讨。

1.4　转　捩　机　理

在边界层转捩的后阶段,即转捩的强非线性阶段,是转捩过程中最复杂、也是转捩机理研究的关键性阶段。边界层转捩的机理研究,需要讨论流动转捩过程中出现的大量相干涡结构,如 Λ 涡、发卡涡和环状涡等典型涡系结构,以及转捩过程中的各种物理现象,如上喷下扫、正负尖峰和条带结构等,直到经过大量小涡结构的形成和随机的无序化过程,层流转变为完全湍流。分析和探讨它们的产生机制和特征、形成和演化过程、相互作用和变化规律等,将是转捩后阶段研究的主要内容[44]。

对于边界层转捩机理的认识和研究,有一个逐步深化的过程,尤其是各种相干结构的发现及对各种物理现象的理解,往往是不同研究途径和方法的密切配合、相互补充和验证的结果,在本书后面的相关章节中将有详细的叙述。需要指出的是,尽管转捩边界层与湍流边界层有许多类似的相干结构及其流动特性,但是它们的流场背景是不同的,转捩边界层中的基本流场是层流,而后者则是湍流,因此它们的流动性质也存在明显的差异。

到目前为止,对于边界层转捩的机理研究还存在很多问题:一方面,对一些转捩结构的生成机制和转捩现象的解释,仍有不一致的地方,甚至结论也有所不同;另一方面,对于外形复杂的物体、对于可压缩流等的转捩机理研究,则是了解有限且更为困难。因此,尚未完全解决的转捩机理问题还有待进一步探索。

1.5　转　捩　控　制

在转捩问题的研究中,人们十分关注转捩控制的应用研究。当设计性能先进的空中飞行器、水中船舰,以及高速行驶的汽车和列车时,物体表面的流动状态及其转捩控制问题变得十分重要。为了使物体运动时表面摩擦阻力低、高超声速再入飞行器的表面发热少、潜艇在水下运动时的流动噪声小,以及涡轮发动机叶片的高效率等设计目标的实现,都希望这些物体的表面保持更多的层流区域。

图 1.7 给出了平板边界层在不同流态下的表面摩擦阻力系数 C_f 的比较。由图可见,在相同雷诺数下,层流的摩擦阻力要比湍流小得多,雷诺数越大时这个差别就越大。由于一般飞机飞行时的摩擦阻力占有飞机总阻力的很大比重,因此,通过转捩控制的方法,扩大飞机表面层流区以减少摩擦阻力,是飞机减阻设计常用的有效方法。随着阻力的减小及升力的增加和燃油消耗的减少,将能显著地提

高飞机的性能和效率。又如飞行器在高超声速飞行时,热效应问题就变得十分突出,湍流边界层产生的热流远比层流的要高,要减少热流,这又关系到转捩控制的问题。

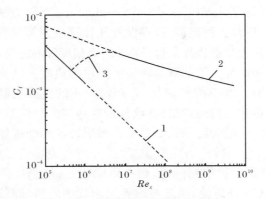

图 1.7　不同边界层流态下的阻力系数变化[45]

1、2、3 分别为层流、湍流和转捩流

　　边界层转捩控制的应用研究,一般要通过大量的风洞实验、理论分析及边界层稳定性计算,或者是这些方法的结合,甚至还要飞行试验的验证[46]。应当指出的是,在一些特定情况下,需要使转捩提前发生。例如,由于湍流边界层不易分离和失速,而推迟(或防止)分离和失速,则能减少飞行总阻力和改进气动特性;又如,湍流流动可以提高发动机燃烧效率,能够产生高效率的质量和热量的交换。因此,流动的转捩控制研究是与实际应用问题紧密相关的。

　　综上所述表明,边界层转捩问题,所涉及的研究内容很广。在本书中,主要内容的安排大致如下:

　　全书共 12 章,第 1 章是转捩引论,引入转捩问题的基本概念和回顾发展历程,并概述转捩研究的主要问题。随后的各章依次讨论边界层稳定性、机理研究及转捩控制等内容。第 2 章是线性稳定性理论,研究空间模式的平行流稳定性及非平行流稳定性问题,讨论与该理论直接相关的边界层转捩预测的 e^N 方法。第 3 章是关于边界层稳定性研究的 PSE 新方法,讨论稳定性方程的抛物化处理,正规化条件和推进数值求解,还分析 PSE 方法的优势,以及残留的椭圆特性等。第 4 章是采用 PSE 方法研究非平行流非线性稳定性,讨论与非线性相关的一些问题的处理方法,分析 H 型和 C 型的三维非线性边界层稳定性问题。第 5 章是高速边界层稳定性,以超声速/高超声速边界层稳定性为主,着重研究高马赫数的多重不稳定模态,尤其是无黏第二模态,系统地分析和比较无黏和有黏的多重不稳定模态问题。第 6 章是三维气动体可压缩流边界层稳定性,讨论三维流的边界层及其稳定性的数值解方法,并对三维流的边界层稳定性特性及转捩位置的预测做了分析研究。第 7 章是边界层感受性问题,主要研究外部扰动与边界层内扰动波的联系,讨论感受性的理论及渐近分析方法,还对数值模拟和研究进展进行了分析。第 8 章是边界层转捩的直接数值模拟(direct numerical simulation,DNS)方法,着重讨论这个精确数值方法的特点,以及方程离散、边界设置和计算模型等问题,并引入与精确的数值边界有关的特征无反射边界条件,DNS 的高精度和高分辨率的数值结果适用于转捩的机理分析和研究。第 9 章是转捩边界层的典型涡结构,展示它们在转捩后阶段的形成和随时间和空间的演化,并探讨相应的生成机制。第 10 章讨论转捩过程中出现的一些重要物理现象,着重分析这些现象与涡系结构的生成发展之间的联系,研究其变化规律性。第 11 章是边界层转捩后期流场研究,分析涡结构流场的进一步演化,直至转变为完全湍流,还介绍有关湍流形成机制的一种新认识。第 12 章是边界层转捩控制问题,讨论影响因素、控制途径,以及航空上的各种层流控制方法,还对分离流、激波与边界层干扰中的转捩问题及转捩控制技术的新发展进行分析和探讨。

参 考 文 献

[1] Reynolds O. An experimental investigation of the circumstances which determine whether the motion of water shall be direct or sinuous, and the law of resistance in parallel channels. Philos Trans R Soc London, 1883, 174: 935－982.

[2] 周恒,张涵信. 号称经典物理留下的世纪难题"湍流问题"的实质是什么? 中国科学 G 辑:物理学、力学、天文学, 2012, 42(1): 1－5.

[3] van Dyke M. An Album of Fluid Motion. California: The Parabolic Press, 1988.

[4] Prandtl L. Über flüssigkeitsbewegung bei sehr kleiner reibung. Verhandlungen III Intern Math Kongress, Heidelberg, 1904, S. 484(Crouch J D, Herbert T. Perturbation analysis of nonlinear secondary instability in boundary layers. Bull Am Phys Soc, 1986, 31: 1718).

[5] Jedlicka J, Wilkins M, Seiff A L. Shadowgraph of boundary-layer transition at Mach 3, SP-4302 adventures in research, PART II: A new world of speed. 1946－1958, 262: TN 3342.

[6] Schlichting H. Boundary Layer Theory. 7th ed. New York: McGraw-Hill, 1979.

[7] Cao W, Huang Z F, Zhou H. Study of the mechanism of breakdown in laminar-turbulent transition of a supersonic boundary layer on a flat plate. Applied Mathematics and Mechanics (English edition), 2006, 27(4): 425－434.

[8] Kachanov Y S. Physical mechanisms of laminar-boundary layer transition. Annu Rev Fluid Mech, 1994, 26: 411－482.

[9] 李存标,吴介之. 壁流动中的转捩. 力学进展, 2009, 39(4): 480－507.

[10] Kachanov Y S, Kozlov V V, Levchenko V Y. Beginning of turbulence in boundary layers. Novosibirsk: Nauka, Siberian, Div 152(in Russian), 1982.

[11] Borodulin V I,Gaponenko V R,Kachanov Y S,et al. Late-stage transitional boundary-layer structure:Direct numerical simulation and experiment. Theor Comput Fluid Dyn,2002,15: 317—337.

[12] 陈林,唐登斌,刘小兵,等. 边界层转捩过程中环状涡和尖峰结构的演化. 中国科学 G 辑:物理学、力学、天文学,2009,39(10):1520—1526.

[13] Klebanoff P S,Tidstrom K D,Sargent L M. The three-dimensional nature of boundary layer instability. J Fluid Mech,1962,12:1—34.

[14] Morkovin M V. Bypass transition to turbulence and research desiderata. Transition in Turbines,1984:161—204. NASA Conf Pub,2386.

[15] 袁湘江,陆利蓬,沈清,等. 钝体头部边界层"逾越"型转捩机理研究. 航空动力学报,2008, 23(1):81—86.

[16] Alfredsson P H,Bakchinov A A,Kozlov V V,et al. Laminar-turbulent transition at a high level of a free stream turbulence//Duck P W,Hall P. Nonlinear Instability and Transition in Three-Dimensional Boundary Layers. Dordrecht:Kluwer Academik,1996:423—436.

[17] Schmid P J,Henningson D S. Channel flow transition induced by a pair of oblique waves// Hussaini M Y,Kumar A,Street C L. Instability, Transition and Turbulence. New York: Springer,1992:356—366.

[18] Berlin S,Lundbladh A,Henningson D. Spatial simulation of oblique transition in a boundary layer. Phys Fluids,1994,6:1949—1951.

[19] Berlin S,Wibgel M,Henningson D. Numerical and experimental investigations of oblique boundary layer transition. J Fluid Mech,1999,393:23—57.

[20] Wu X,Leib S J,Goldstein M E. On the nonlinear evolution of a pair of oblique Tollmien-Schlichting waves in boundary layers. J Fluid Mech,1997,340:361—394.

[21] Bertolotti F P. Linear and Nonlinear Stability of Boundary Layers with Streamwise Varying Properties. PhD Thesis. Columbus:The Ohio State University,1991.

[22] Schubauer G B,Skramstad H K. Laminar boundary-layer oscillations and transition on a flat plate. J Res Nat Bur Stand,1947,38:251—292.

[23] Morkovin M V. Guide to experiments on instability and laminar-turbulent transition in shear layers. AIAA Professional Study Series:Instabilities and Transition to Turbulence. Cincinnati OH Course Notes,1985.

[24] Mack L M. Stability of compressible laminar boundary layer according to a direct numerical solution. AGARD Ograph,1965,97,Part I:329—362.

[25] Mack L M. Linear stability theory and the problem of supersonic boundary layer transition. AIAA J,1975,13(3):278—289.

[26] Gaster M. On the generation of spatially growing waves in a boundary layer. J Fluid Mech, 1965,22(3):433—441.

[27] Bouthier M. Stabilite lineaire des ecoulements presque paralleles. J Mecanique, 1972, 11: 599—621.

[28] Singer B A, Choudhari M. Multiple scales approach to weakly nonparallel and curvature effects: Details for the novice. NASA CR-198199, 1995.

[29] Landau L D. On the problem of turbulence. C R Acad Sci USSR, 1944, 44: 311—316.

[30] Stuart J T. On the nonlinear-mechanics of wave disturbances in stable and unstable parallel flows. J Fluid Mech, 1960, 9: 353—370.

[31] Herbert T. Nonlinear stability of parallel flows by high-order amplitude expansions. AIAA J, 1980, 18(3): 243—248.

[32] 周恒. 流动稳定性弱非线性理论的进一步改进. 中国科学 A 辑: 数学, 1997, 27(12): 1111—1118.

[33] Kachanov Y S, Levchenko V Y. The resonant interaction of disturbances at laminar-turbulent transition in a boundary layer. J Fluid Mech, 1984, 138: 209—247.

[34] Fasel H F. Investigation of the stability of boundary layers by a finite-difference model of the Navier-Stokes equation. J Fluid Mech, 1976, 78: 355—383.

[35] Orszag S A, Kells L C. Transition to turbulence in plane Poiseuille flow and plane couette flow. J Fluid Mech, 1980, 96: 159—205.

[36] Crouch J D, Herbert T. Perturbation analysis of nonlinear secondary instability in boundary layers. Bull Am Phys Soc, 1986, 31: 1718.

[37] Herbert T, Bertolotti F P. Stability analysis of nonparallel boundary layers. Bull Am Phys Soc, 1987, 32: 2079—2806.

[38] Tang D B, Wang W Z. On nonlinear stability in nonparallel boundary layer flow. J of Hydrodynamics, Ser B, 2004, 16(3): 301—307.

[39] Smith F T. On the nonparallel flow stability of the Blasius boundary layers. Proc R Soc Lond Ser A, 1979, 366(1724): 91—109.

[40] Herbert T. Secondary instability of plane channel flow to subharmonic three dimensional disturbance. Physics of Fluids, 1983, 26(3): 871—874.

[41] Craik A D D. Non-linear resonant instability in boundary layers. J Fluid Mech, 1971, 50: 393—413.

[42] Morkovin M V. On the many faces of transition//Wells C S. Viscous Drag Reduction, New York: Plenum, 1969.

[43] Saric W S, Reed H L, Kerschen E J. Boundary-layer receptivity to freestream disturbances. Annu Rev Fluid Mech, 2002, 34: 291—319.

[44] 陈林. 边界层转捩过程的涡系结构和转捩机理研究. 南京: 南京航空航天大学博士学位论文, 2010.

[45] Gad-el-Hak M. Transition control//Hussaini M Y, Voight R G. Instability and Transition (319—354). Berlin, Heidelberg, New York: Springer, 1990.

[46] Collier F S Jr. An overview of recent subsonic laminar flow control flight experiments. AIAA, Pap 93—2987, 1993.

第 2 章　线性稳定性理论

2.1　引　　言

流动稳定性理论是研究层流向湍流转捩的过程及其机理的一种系统理论。其中,线性稳定性理论是最先发展起来的[1],是流动稳定性和转捩研究的基础。

线性稳定性理论(linear stability theory,LST),通常是采用小扰动分析方法,略去相对于基本流(或称"平均流")可以不计的扰动高阶项,得到扰动的控制方程。早期的线性稳定性研究,通过引入基本流是平行流的假设,以使问题简化。平行流就是指流线相互平行的流动,如二维平板之间的流动、直圆管中的 Hagen-Poiseuille 流动等。有些流动虽不是严格的平行流,如平板边界层内的流动、自由剪切流动等,但它们的流线是接近于平行的,在一阶近似下,往往可以看成是平行的,因此也能归纳到这一类流动中。

在线性稳定性研究中,常将扰动模态写成波状形式 $q' \sim q \cdot \chi$,χ 为波状函数,$\chi = \exp\left[i(\alpha x + \beta z - \omega t)\right]$,$q'$ 和 q 分别表示小扰动量及其所对应的扰动形状函数,α 和 β 分别为流向和展向的波数,ω 为频率。对于这样的扰动波,有如下两种基本稳定性模式:

(1) 假设 α 和 β 为实数,ω 为复数,$\omega = \omega_r + i\omega_i$,这代表了一种在空间上是周期性的,而幅值随时间变化的扰动,这类扰动形式称为时间模式(temporal mode)。ω_i 的正负号将决定扰动是增长(ω_i 大于 0),或是衰减(ω_i 小于 0),即流动是不稳定的或者是稳定的。色散关系为 $\omega = f(\alpha, \beta, Re)$,在给定 α、β 和 Re 后,就能得到 ω_r 和 ω_i。这样 ω 以线性的形式出现在稳定性方程中,早期的许多研究都是针对这种情况进行的。

(2) 假设 ω 为实数,α 和 β 为复数,$\alpha = \alpha_r + i\alpha_i$,$\beta = \beta_r + i\beta_i$,这种扰动对应于频率给定、但幅值随扰动的空间传播而变化的情况,通常称为空间模式(spatial mode)。波数的实部 α_r 和 β_r 是扰动的物理波数;虚部 α_i 和 β_i 给出了在流向和展向的扰动演化情况,若小于 0 表示扰动增长,而大于 0 则扰动衰减。其色散关系可以写为 $\alpha = f(\beta, \omega, Re)$,在给定 β_r、β_i、ω 和 Re 后,就能得到未知的 α_r 和 α_i。这里的 β_i 是一个需要指定的未知的额外条件,对于一般的三维问题,β_i 需要另行确定[2]。

实际上,在 α、β 和 ω 都是实数的中性情况下,两种模式是一致的。但是在非中性情况下,两者并不相同,不过增长率也存在一定的转换关系。此外,对于 α、β 和 ω 都是复数的情况(随空间和时间都放大),可用于波包扰动问题[3,4]。比较两种模式可以看出,时间模式的 ω 在稳定性方程中是以线性形式出现的,因而易于解方程和计算研究;空间模式则能更好地描述特定的物理现象,便于实际应用。

存在两种不同类型的流动不稳定性[5,6]:一种是对流不稳定性(convective instability,又称迁移不稳定性),是指在基本流的任何区域,对进入其边界的扰动仅仅起一个空间放大作用,或者说,这些扰动都是向下游传播,若扰动源中止,则各处的扰动也会消失;另一种是绝对不稳定性(absolute instability),是指初始扰动不是在每一指定空间点都随时间衰减,也有随时间单调地增长,或者说,扰动传播向下游的和向上游的都有,即扰动的上游也会受到扰动源的影响。根据它们的传播特性,能够区别这两类不稳定性。图 2.1 是这两种不稳定性的一种形象描述[7]。显然,中止对流不稳定性是很容易的,而绝对不稳定性则较难控制。后面着重讨论的边界层流动属于对流不稳定性。

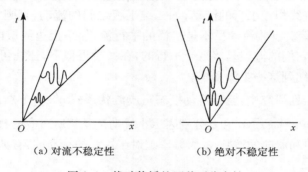

(a) 对流不稳定性　　　　　　　(b) 绝对不稳定性

图 2.1　扰动传播的两种不稳定性

进一步的研究表明,早期的线性平行流稳定性理论,对于厚度不断增长的边界层流动来说,特别是在前缘附近的流动方向急剧变化的区域,所引入的边界层基本流动是平行的近似假设,并不能确切地表达真实情况,从而影响到边界层稳定性的准确计算。因此在这种情况下,应当考虑边界层内基本流的法向速度及扰动的法向分量,需要研究非平行流的边界层稳定性问题,分析非平行性对稳定性的影响。下面的研究包括平行流和非平行流的两种线性边界层稳定性问题,以及相关的转捩预测方法。

2.2　Orr-Sommerfeld 方程

从控制流体运动的基本方程,N-S 方程出发,可以推导出流场扰动量所满足的扰动方程。不可压缩流的连续方程和动量方程可以写为

$$\nabla \cdot v = 0 \tag{2.1}$$

$$\frac{\partial v}{\partial t} + (v \cdot \nabla)v = -\frac{1}{\rho}\nabla p + \nu\,\nabla^2 v \tag{2.2}$$

式中，v 为速度矢量；p 为压强；ν 为运动黏性系数；∇ 为微分算子 $\left(\dfrac{\partial}{\partial x}, \dfrac{\partial}{\partial y}, \dfrac{\partial}{\partial z}\right)$，$x$、$y$ 和 z 分别为沿流场空间三个方向的坐标。

一般把流场总的速度与压强分解为平均流与扰动之和。

$$v = V + v', \quad p = P + p' \tag{2.3}$$

式中，$V = [U, V, W]^{\mathrm{T}}$，$v' = [u', v', w']^{\mathrm{T}}$，分别为平均流速度矢量和扰动速度矢量；$p'$ 为扰动压强。总流场与平均流场分别满足 N-S 方程。把式（2.3）代入式（2.1）和式（2.2），减去平均流场并作无量纲化处理，可以得到如下扰动方程：

$$\nabla \cdot v' = 0 \tag{2.4}$$

$$\frac{\partial v'}{\partial t} - \frac{1}{Re}\nabla^2 v' + (v' \cdot \nabla)V + (V \cdot \nabla)v' + \nabla p' = (v' \cdot \nabla)v' \tag{2.5}$$

注意到方程（2.5）的右端并没有作任何近似，因此含有许多"二阶小量项"，这些项在后面的非线性抛物化稳定性方程中将作详细的讨论，这里仅作线性分析而略去，可以得到小扰动方程。

边界条件为

$$y=0 \text{ 或 } y \to \infty: \begin{cases} u' = 0 \\ v' = 0 \\ w' = 0 \end{cases} \tag{2.6}$$

它们分别对应于固壁条件或扰动速度在远场应消逝的条件。

按照平行流假设，边界层的主流作平行流处理时（在边界层内只能近似地满足 $V \approx 0$），这时的平均流速度矢量只含 U，W 项，即 $V = [U(y), 0, W(y)]^{\mathrm{T}}$。假设沿 x 方向平均流动受到某一扰动的影响，而这个扰动可以展开成 Fourier 级数，它的每一项表示一个脉动，每个脉动都是沿 x 方向传播的波。引进如下形式的 T-S 扰动波：

$$q'(x, y, z, t) = \hat{q}(y)\chi(x, z, t) + \text{c.c.} \tag{2.7}$$

即把小扰动量 $q'(x, y, z, t)$ 表示为形状函数 $\hat{q} = [\hat{u}, \hat{v}, \hat{w}, \hat{p}]^{\mathrm{T}}$ 和波状函数 $\chi(x, z, t) = \exp[\mathrm{i}(\alpha x + \beta z - \omega t)]$ 的乘积；c.c. 表示共轭复数。其中 α、β 和 ω 分别为 x 方向、z 方向的波数和频率。根据平行性假设，形状函数只是 y 的函数。将式（2.7）代入扰动方程（2.4）和方程（2.5），并作线性化处理和整理后，得到关于形状函数的常微分方程组。为简便起见，在不引起混淆的情况下，这里去掉形状函数的"$\,\hat{}\,$"，其平行流线性稳定性方程组可以写为

$$\mathrm{i}\alpha u + \frac{\mathrm{d}v}{\mathrm{d}y} + \mathrm{i}\beta w = 0 \tag{2.8a}$$

$$\mathrm{i}(\alpha U+\beta W-\omega)u+\frac{\mathrm{d}U}{\mathrm{d}y}v+\mathrm{i}\alpha p=\frac{1}{Re}\left(\frac{\mathrm{d}^2 u}{\mathrm{d}y^2}-\lambda^2 u\right) \tag{2.8b}$$

$$\mathrm{i}(\alpha U+\beta W-\omega)v+\frac{\mathrm{d}p}{\mathrm{d}y}=\frac{1}{Re}\left(\frac{\mathrm{d}^2 v}{\mathrm{d}y^2}-\lambda^2 v\right) \tag{2.8c}$$

$$\mathrm{i}(\alpha U+\beta W-\omega)w+\frac{\mathrm{d}W}{\mathrm{d}y}v+\mathrm{i}\beta p=\frac{1}{Re}\left(\frac{\mathrm{d}^2 w}{\mathrm{d}y^2}-\lambda^2 w\right) \tag{2.8d}$$

式中，$\lambda^2=\alpha^2+\beta^2$。

边界条件为 $y=0$ 或 $y\to\infty$，$u=v=w=0$。

方程(2.8)是线性稳定性理论的基本方程，通常称为 Orr-Sommerfeld 方程。

一般对 OSE 的求解常采用时间模式。为了与后面 PSE 的一致，这里采用空间模式，研究 Blasius 边界层稳定性问题。讨论沿流向发展的 T-S 波，着重分析复数 α 的变化(在展向没有增长，即 β 是实数)。由于方程中出现了 α^2 项，而 ω 的最高次数只有一次，所以空间模式的问题要比时间模式更复杂些。实际上，在上述方程的推导过程中所用到的平行性假设，只是"局部平行"的假设，主流 V 分量的变化体现在当地的 U 上，而不同于两平板间的 Poiseuille 流动。

2.3　特征值问题及其数值解

时间模式的 Orr-Sommerfeld 方程的解法已经很成熟，许多文献上也能找到相应的计算结果，而空间模式的 OSE 结果相对较少。由于空间模式的 OSE 涉及含特征变量的高次问题，因而以往有一些办法是寻求空间模式和时间模式的转换关系，例如，Nayfeh 等[8]提出从色散关系出发的基于增长率的转换关系。实际上，这两种模式的转换不仅有增长率，还有特征函数、扰动速度分布等问题。由于边界层流动属于对流不稳定性，因而更适合采用空间模式。下面将研究空间模式的 OSE，并能够为以后线性非平行的及非线性 PSE 问题的研究提供初始值。

这里的研究对象是不可压缩流边界层，为了简化问题，选用平板边界层的 Blasius 流动，但在处理上是完全三维的，只是由于主流展向速度 $W=0$ 而使问题讨论起来比较方便。实际上，这样的方法也适用于 $W\neq0$ 的三维边界层。

Orr-Sommerfeld 方程连同边界条件均为齐次的，因此一定存在零解。研究空间模式的稳定性，主要关心其非平凡解，即寻求适当的特征值族使得方程有非零解，称为特征值所对应的特征函数。每一个特征值连同其对应的特征函数称为各自的模态，而最具研究价值的，则是最不稳定模态，即 $-\alpha_i$ 最大的模态。

下面分两步求特征值[9]：先用全局特征值方法求特征值谱，排除非物理特征值，为精确求解特征值提供迭代初值；再用局部特征值迭代解法，对给定模态初值进行迭代，最终求得精确特征值及所对应的特征函数。

2.3.1　OSE 的全局特征值差分解

为迭代解法提供可靠初值的全局特征值方法，需要求解 Sturm-Liouville 类问题。空间模式的特征参数 α 的最高次数为二次，所以，OSE 差分离散后所得的线性方程组的系数矩阵含有 α 和 α^2 项，从而在转化为广义特征值问题时，会引进大量的零元素块矩阵。因此，需要选用高精度的差分格式以减少空间点数，求解由空间模式 OSE 导出的广义特征值问题。

引进新变量 $s=\dfrac{\mathrm{d}u}{\mathrm{d}y}$，$t=\dfrac{\mathrm{d}w}{\mathrm{d}y}$，将方程（2.8a）～方程（2.8d）化为一阶形式（记 $\boldsymbol{q}=[u,v,w,p,s,t]^{\mathrm{T}}$）

$$\frac{\mathrm{d}\boldsymbol{q}}{\mathrm{d}y}=\begin{bmatrix}0 & 0 & 0 & 0 & 1 & 0\\ -\mathrm{i}\alpha & 0 & \mathrm{i}\beta & 0 & 0 & 0\\ 0 & 0 & 0 & 0 & 0 & 1\\ -\dfrac{\lambda^2}{Re}-\mathrm{i}(\alpha U-\omega) & 0 & 0 & 0 & -\dfrac{\mathrm{i}\alpha}{Re} & -\dfrac{\mathrm{i}\beta}{Re}\\ \lambda^2+\mathrm{i}Re(\alpha U-\omega) & 0 & Re\dfrac{\partial U}{\partial y} & \mathrm{i}\alpha p & 0 & 0\\ 0 & 0 & \lambda^2+\mathrm{i}Re(\alpha U-\omega) & \mathrm{i}\beta Re & 0 & 0\end{bmatrix}\begin{bmatrix}u\\ v\\ w\\ p\\ s\\ t\end{bmatrix}$$

$$\tag{2.9}$$

可以简写为

$$\frac{\mathrm{d}\boldsymbol{q}}{\mathrm{d}y}=\boldsymbol{A}\boldsymbol{q} \tag{2.10}$$

一般来说，经过 N 点差分离散后可得

$$\widetilde{\boldsymbol{A}}\widetilde{\boldsymbol{q}}=0 \tag{2.11}$$

式中，$\widetilde{\boldsymbol{A}}=\widetilde{\boldsymbol{A}}(\alpha,\alpha^2)\in\mathbf{C}^{6N\times6N}$。把 $\widetilde{\boldsymbol{A}}$ 分解为

$$\widetilde{\boldsymbol{A}}=\boldsymbol{A}_0+\alpha\boldsymbol{A}_1+\alpha^2\boldsymbol{A}_2 \tag{2.12a}$$

并注意到

$$\boldsymbol{I}\alpha\widetilde{\boldsymbol{q}}=\alpha\boldsymbol{I}\widetilde{\boldsymbol{q}} \tag{2.12b}$$

将式（2.12a）与式（2.12b）合并写为

$$\begin{bmatrix}\boldsymbol{A}_0 & \boldsymbol{A}_1\\ 0 & \boldsymbol{I}\end{bmatrix}\begin{bmatrix}\widetilde{\boldsymbol{q}}\\ \alpha\widetilde{\boldsymbol{q}}\end{bmatrix}=\alpha\begin{bmatrix}0 & -\boldsymbol{A}_2\\ \boldsymbol{I} & 0\end{bmatrix}\begin{bmatrix}\widetilde{\boldsymbol{q}}\\ \alpha\widetilde{\boldsymbol{q}}\end{bmatrix} \tag{2.13}$$

重新记 $\begin{bmatrix}\widetilde{\boldsymbol{q}}\\ \alpha\widetilde{\boldsymbol{q}}\end{bmatrix}$ 为 $\boldsymbol{Q}$，$\begin{bmatrix}\boldsymbol{A}_0 & \boldsymbol{A}_1\\ 0 & \boldsymbol{I}\end{bmatrix}$ 为 $\boldsymbol{C}$，$\begin{bmatrix}0 & -\boldsymbol{A}_2\\ \boldsymbol{I} & 0\end{bmatrix}$ 为 $\boldsymbol{D}$。由于很难保证 $\det(\boldsymbol{A}_2)\neq0$，所以不可避免地要求解广义特征值问题

$$CQ = \alpha DQ \tag{2.14}$$

这里 $C \in \mathbb{C}^{12N \times 12N}$，$D \in \mathbb{C}^{12N \times 12N}$。

求解广义特征值，QZ 算法（generalized schur decomposition）是一种有效方法。由于系数矩阵稀疏不利于算法，所以在不影响精度的情况下，减少差分离散点数，可以减小矩阵的阶数和稀疏程度。若采用紧致差分格式就能够在尽可能少的点上离散，并减小差分格式的截断误差和谱误差，这样在格式中不仅有函数值，也有函数的导数。Collatz[10] 给出了一系列具有上述特点的格式，Lele[11] 对这类格式作了归纳和总结，例如，采用谱状精度紧致七点差分格式，对一阶导数离散，得到如下形式：

$$\eta f'_{i-2} + \mu f'_{i-1} + f'_{i} + \mu f'_{i+1} + \eta f'_{i+2} = c\,\frac{f_{i+3} - f_{i-3}}{6h} + b\,\frac{f_{i+2} - f_{i-2}}{4h} + a\,\frac{f_{i+1} - f_{i-1}}{2h} \tag{2.15}$$

对于不同阶的截断误差，式中的系数有着相应的关系式。在边界上，将采用单侧的紧致差分格式。

应用格式（2.15）到方程（2.10）中，可写为

$$\frac{c}{6h}\boldsymbol{I}q^{k-3} + \left(\eta\boldsymbol{A}_{k-2} + \frac{b}{4h}\boldsymbol{I}\right)q^{k-2} + \left(\mu\boldsymbol{A}_{k-1} + \frac{a}{2h}\boldsymbol{I}\right)q^{k-1} + \boldsymbol{I}q^{k}$$
$$+ \left(\mu\boldsymbol{A}_{k+1} - \frac{a}{2h}\boldsymbol{I}\right)q^{k+1} + \left(\eta\boldsymbol{A}_{k+2} - \frac{b}{4h}\boldsymbol{I}\right)q^{k+2} - \frac{c}{6h}\boldsymbol{I}q^{k+3} = 0 \tag{2.16}$$

边界条件沿用在 $y=0$ 或 $y \to \infty$，$u=v=w=0$，不需要非齐次化。外边界 $y_{\max}$ 也取得相应小些，这是因为毕竟求解全局特征值是提供局部迭代的初始值，应尽可能减少计算量。这里的截断误差取 10 阶，将式（2.16）写成矩阵形式，用 QZ 算法求解。

下面算例的法向点数为 150，$y_{\max}=20$，雷诺数 $Re=500$，$F=100$，$b=0$。其中，F 为无量纲频率，$F=\dfrac{\omega}{Re} \times 10^6$，$b$ 为无量纲展向波数，$b=\dfrac{\beta}{Re} \times 10^3$。边界层厚度 $\delta = \sqrt{\dfrac{\nu \tilde{x}}{U_\infty}}$。图 2.2 是用全局特征值方法求得的特征值谱，对应于扰动增长率 γ 的最大值（即图中最右边的点）为最不稳定模态。这样所得到的空间模式的 OSE 的全局特征值，能够为更精确地迭代求解特征值提供初始值。但是，由于物理问题的特征值个数，要远远少于经过差分离散后计算得到的数值特征值，因此，该方法面临的困难就是如何排除伪特征值，即非物理特征值。Malik[12] 建议通过改变离散点数来发现不变的特征值即是物理的，但是计算发现此建议不是太理想，因为改变了离散点数会在精度上有较大影响，无论是物理的还是数值的特征值都有变化，作出区别是很难的，且计算量也很大。夏浩[13] 采用排除方法，根据物理量的范围来做定性的判断，这是一种精度高、速度快的求解 OSE 中性稳定性曲线的有效

方法。

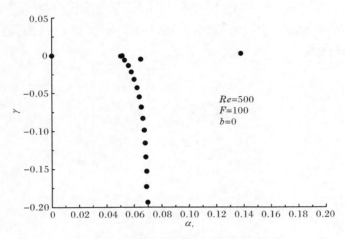

图 2.2　全局特征值法的特征值谱

2.3.2　局部特征值迭代法

通过齐次边界条件的非齐次化来实现局部特征值迭代方法,从而在知道预估特征值(初始值)时能够避免求解 Sturm-Liouville 类问题。事实上,由物理问题导出的数学方程,都可以通过适当的更换物理边界条件使其非齐次化。这里的扰动速度在壁面和远场均为零,但扰动压强在壁面是不可能消失的[12](即不为零)。可以将边界条件修改为

$$
当\ y=0\ 时,\begin{cases} v=0 \\ w=0; \\ p=1 \end{cases} \qquad 当\ y\rightarrow\infty\ 时,\begin{cases} u=0 \\ v=0 \\ w=0 \end{cases} \tag{2.17}
$$

式中,设 $p=1$,只是把所有的量用壁面压强作了归一化,无实质影响。迭代的目标是要使丢掉的边界条件 $u_{\text{wall}}(\alpha,\beta,\omega,Re)=0$ 得到满足。这里空间模式的 OSE 不确定量只有 α,问题转化为广义的牛顿迭代求根问题,已知 α_{guess},求方程 $u_{\text{wall}}(\alpha)=0$ 的零点。

对式(2.10)求导数,可以得到

$$
\frac{\text{d}^2\boldsymbol{q}}{\text{d}y^2}=\left(\frac{\text{d}\boldsymbol{A}}{\text{d}y}+\boldsymbol{A}^2\right)\boldsymbol{q}\triangleq\boldsymbol{B}\boldsymbol{q} \tag{2.18}
$$

采用源于 Euler-Maclaurin 公式的两点四阶紧致格式,在法向进行离散得到[9]

$$
\boldsymbol{q}^k-\boldsymbol{q}^{k-1}=\frac{h_k}{2}\left(\frac{\text{d}\boldsymbol{q}^k}{\text{d}y}+\frac{\text{d}\boldsymbol{q}^{k-1}}{\text{d}y}\right)-\frac{h_k^2}{12}\left(\frac{\text{d}^2\boldsymbol{q}^k}{\text{d}y^2}-\frac{\text{d}^2\boldsymbol{q}^{k-1}}{\text{d}y^2}\right)+O(h_k^5) \tag{2.19}
$$

写成矩阵形式

$$-\left(I+\frac{h_k}{2}A_{k-1}+\frac{h_k^2}{12}B_{k-1}\right)q^{k-1}+\left(I-\frac{h_k}{2}A_k+\frac{h_k^2}{12}B_k\right)q^k=0 \tag{2.20}$$

记为$-L_{k-1}q^{k-1}+M_kq^k=r^k=0$。其中$k=2,\cdots,N-1$。当$k=1$时,对应壁面处修改后的边界条件为

$$M_1\begin{bmatrix}u^0\\s^0\\t^0\\q^1\end{bmatrix}=r^1=\begin{bmatrix}0\\0\\\frac{h_1^2}{12}\mathrm{i}\beta Re\\1+\frac{h_1^2}{12}\beta^2\\0\\\frac{h_1}{2}\mathrm{i}\beta Re\end{bmatrix} \tag{2.21}$$

式中,$\widetilde{M}_1=[-L_0(:,1),-L_0(:,5),-L_0(:,6),M_1]$是$6\times9$阶矩阵。

实际计算时外边界不可能取到无穷,这里采用渐近形式,即取相当大的y_{max}作为外边界。但是这样一来,速度消逝于远场的条件就不能满足了,于是将方程作渐近处理,即令当$y=y_{max}$时,扰动方程中的$Re\to\infty$,主流速度趋于自由流动$U\equiv1$,得到方程组

$$\begin{cases}\mathrm{i}\alpha u+\dfrac{\mathrm{d}v}{\mathrm{d}y}+\mathrm{i}\beta w=0\\\mathrm{i}(\alpha-\omega)u+\mathrm{i}\alpha p=0\\\mathrm{i}(\alpha-\omega)v+\dfrac{\mathrm{d}p}{\mathrm{d}y}=0\\\mathrm{i}(\alpha-\omega)w+\mathrm{i}\beta p=0\end{cases}\quad即\quad\begin{bmatrix}p^N\\s^N\\t^N\end{bmatrix}=\begin{bmatrix}-\dfrac{(\alpha-\omega)}{\alpha}&0&0\\0&\mathrm{i}\alpha&0\\0&\mathrm{i}\beta&0\end{bmatrix}\begin{bmatrix}u^N\\v^N\\w^N\end{bmatrix} \tag{2.22}$$

记上面的矩阵为$\widetilde{A}$。同时在N处写式(2.20),$-L_{N-1}q^{N-1}+M_Nq^N=0$,可以把M_N分块并结合式(2.22),写为

$$-L_{N-1}q^{N-1}+\begin{bmatrix}M_{11}+M_{12}\widetilde{A}\\M_{21}+M_{22}\widetilde{A}\end{bmatrix}\begin{bmatrix}u^N\\v^N\\w^N\end{bmatrix}=0 \tag{2.23}$$

M_{11}等是M_N的三阶块矩阵,可以写成如下形式:

$$\widetilde{M}_N\begin{bmatrix}q^{N-1}\\u^N\\v^N\\w^N\end{bmatrix}=r^N=0 \tag{2.24}$$

其中，$\widetilde{\boldsymbol{M}}_N = \left[\begin{array}{cc} -\boldsymbol{L}_{N-1} & \begin{bmatrix} \boldsymbol{M}_{11}+\boldsymbol{M}_{12}\widetilde{\boldsymbol{A}} \\ \boldsymbol{M}_{21}+\boldsymbol{M}_{22}\widetilde{\boldsymbol{A}} \end{bmatrix} \end{array}\right]$ 也是 6×9 阶矩阵。

整理后的方程组写为

$$
\begin{bmatrix}
\widetilde{\boldsymbol{M}}_1 & & & & & \\
-\boldsymbol{L}_1 & \widetilde{\boldsymbol{M}}_2 & & & & \\
& \ddots & \ddots & & & \\
& & \ddots & \ddots & & \\
& & & -\boldsymbol{L}_{N-2} & \widetilde{\boldsymbol{M}}_{N-1} & \\
& & & & & \widetilde{\boldsymbol{M}}_N
\end{bmatrix}
\begin{bmatrix}
\boldsymbol{u}^0 \\ \boldsymbol{s}^0 \\ \boldsymbol{t}^0 \\ \boldsymbol{q}^1 \\ \vdots \\ \\ \vdots \\ \boldsymbol{q}^{N-1} \\ \boldsymbol{u}^N \\ \boldsymbol{v}^N \\ \boldsymbol{w}^N
\end{bmatrix}
=
\begin{bmatrix}
\boldsymbol{r}^1 \\ \boldsymbol{r}^2 \\ \vdots \\ \\ \vdots \\ \boldsymbol{r}^{N-1} \\ \boldsymbol{r}^N
\end{bmatrix}
$$

记为

$$\boldsymbol{MQ}=\boldsymbol{R} \tag{2.25}$$

求解上述线性方程组可得到 u^0，即 u_{wall}，由于系数矩阵随 α 变化，相应地，u_{wall} 也随之变化。因此利用式 (2.25) 迭代求解，可以得到更精确的特征值及特征函数。通过如下一阶展开式能够求出 $\alpha^{(\nu+1)}$：

$$u_{\text{wall}}^{(\nu)}+\left(\frac{\mathrm{d}u_{\text{wall}}}{\mathrm{d}\alpha}\right)^{(\nu)}(\alpha^{(\nu+1)}-\alpha^{(\nu)})=0$$

即

$$\alpha^{(\nu+1)}=\alpha^{(\nu)}-\frac{u_{\text{wall}}^{(\nu)}}{\left(\dfrac{\mathrm{d}u_{\text{wall}}}{\mathrm{d}\alpha}\right)^{(\nu)}} \tag{2.26a}$$

若保留更多的展开项，能够得到更高阶的迭代格式：

$$u_{\text{wall}}^{(\nu)}+\left(\frac{\mathrm{d}u_{\text{wall}}}{\mathrm{d}\alpha}\right)^{(\nu)}(\alpha^{(\nu+1)}-\alpha^{(\nu)})+\frac{1}{2}\left(\frac{\mathrm{d}^2u_{\text{wall}}}{\mathrm{d}\alpha^2}\right)^{(\nu)}(\alpha^{(\nu+1)}-\alpha^{(\nu)})^2=0 \tag{2.26b}$$

结合式 $(2.26a)$，有

$$\alpha^{(\nu+1)}=\alpha^{(\nu)}-\frac{u_{\text{wall}}^{(\nu)}}{\left(\dfrac{\mathrm{d}u_{\text{wall}}}{\mathrm{d}\alpha}\right)^{(\nu)}}-\frac{(u_{\text{wall}}^{(\nu)})^2\left(\dfrac{\mathrm{d}^2u_{\text{wall}}}{\mathrm{d}\alpha^2}\right)^{(\nu)}}{2\left[\left(\dfrac{\mathrm{d}u_{\text{wall}}}{\mathrm{d}\alpha}\right)^{(\nu)}\right]^3} \tag{2.26c}$$

式 (2.26) 中的导数 $\left(\dfrac{\mathrm{d}u_{\text{wall}}}{\mathrm{d}\alpha}\right)^{(\nu)}$，$\left[\dfrac{\mathrm{d}^2u_{\text{wall}}}{\mathrm{d}\alpha^2}\right]^{(\nu)}$ 可以由如下方程求出：

$$
\begin{cases}
M\dfrac{\mathrm{d}\boldsymbol{Q}}{\mathrm{d}\alpha} = -\dfrac{\mathrm{d}M}{\mathrm{d}\alpha}\boldsymbol{Q} \\[2mm]
M\dfrac{\mathrm{d}^2\boldsymbol{Q}}{\mathrm{d}\alpha^2} = -2\,\dfrac{\mathrm{d}M}{\mathrm{d}\alpha}\dfrac{\mathrm{d}\boldsymbol{Q}}{\mathrm{d}\alpha} - \dfrac{\mathrm{d}^2M}{\mathrm{d}\alpha^2}\boldsymbol{Q}
\end{cases}
\tag{2.27}
$$

由于法向的计算是在 $[0, y_{max}]$,且 y_{max} 比较大,考虑到较强扰动一般出现在临界层以内,为此采用坐标变换

$$
y = \frac{a\eta}{b-\eta}
\tag{2.28}
$$

式中,$b = 1 + \dfrac{a}{y_{max}}$,$a = \dfrac{y_{max}\,y_i}{y_{max}-2y_i}$,$\eta \in [0,1]$,$y_i$ 是一可以选择的参数,一般取为临界层的厚度,通常是在 η 坐标中作等距划分后,再通过式(2.28)变换到 y 坐标。

下面分析算例的结果。在局部迭代法的特征值计算中,迭代收敛过程及其最后的特征值列在表 2.1 中。法向点数 $=1000$,外边界 $y_{max}=10000\delta$,雷诺数 $Re=450$,展向波数 $b=0.3$,无量纲频率 $F=120$,迭代初始预估值为 $0.14+\mathrm{i}0.00$。由表可见,迭代收敛过程很快,得到的迭代终值为 $0.135199950419055-\mathrm{i}9.888667271936226\times10^{-5}$。若初始预估值越准确,则所需迭代步数和计算时间会越少。

表 2.1　特征值局部迭代解

迭代步数	每步迭代的 $\lvert\Delta\alpha\rvert$	每步迭代所得 $\lvert u_{wall}\rvert$
0	$5.40381857029\times10^{-3}$	1.54176196076
1	$6.51407143888\times10^{-4}$	$2.41271898638\times10^{-1}$
2	$1.20251950315\times10^{-5}$	$4.34454377758\times10^{-3}$
3	$3.91339862511\times10^{-9}$	$1.41393403195\times10^{-6}$
4	$3.22380277571\times10^{-12}$	$1.16477974837\times10^{-9}$
5	$1.28927619192\times10^{-12}$	$4.65823129700\times10^{-10}$
α 的迭代终值	$0.135199950419055-\mathrm{i}9.888667271936226\times10^{-5}$	

在图 2.3 中分别给出了雷诺数为 350 和 500 的扰动速度 u 剖面。由图可见,在不同雷诺数下,它们的剖面曲线在快速达到峰值后,都会出现急剧衰减的过程;随着雷诺数的增加,即扰动向下游演化时,其峰值更大,同时也渐渐地向外移动而远离壁面。图 2.4 则是不同频率的扰动振幅比(在给定流向位置的扰动振幅 A 与初始振幅 A_0 之比)随雷诺数的变化($b=0.1$),尽管 OSE 不是显式地考虑流向变化,但由于方程含有雷诺数 $Re(x)$,因此随雷诺数的变化也可看成是沿流向的变化。由图可见,振幅比都是先增加,达到一个峰值后又减小,但是随频率的不同而有很大差别,频率越低时这个峰值就越大;同时还可以看出,平板不可压缩流边

层在雷诺数趋于无穷时都是稳定的。

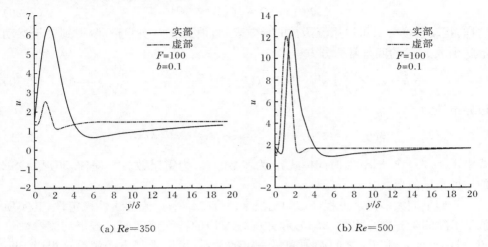

(a) $Re=350$　　　　　　　　　　　　(b) $Re=500$

图 2.3　扰动速度 u 剖面

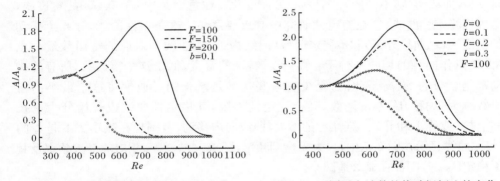

图 2.4　不同频率的扰动振幅比的变化　　　图 2.5　不同展向波数的扰动振幅比的变化

　　图 2.5 给出的是不同展向波数的扰动振幅比随雷诺数的变化曲线($F=100$),无量纲展向波数 $b=0$,对应于二维扰动,b 的增加标志着三维性影响的增强。由图可见,随着 b 的增大,对应 $A/A_0=1$ 的流向位置(即失稳开始点)向后推迟,也就是说,二维扰动将先达到失稳的临界值,这与通过 Squire 变换[14]得到的结论是一致的。此外,由于 b 在 OSE 中是以平方项出现的,因此 b 为负时也有相同的结论,区别只在于传播角。

2.3.3　二维扰动问题

　　将扰动方程(2.4)和方程(2.5)用于二维问题并作线性化处理后,可以得到二维扰动问题的小扰动方程。但是,与三维扰动问题不同的是,二维问题可以采用

流函数的形式,将扰动的单个脉动的流函数 Ψ 表示为

$$\Psi(x,y,t)=\phi(y)\mathrm{e}^{\mathrm{i}(\alpha x-\omega t)} \tag{2.29}$$

这样,扰动速度分量可以用流函数的导数表示,消去压力项并整理,得到关于扰动形状函数 $\phi(y)$ 的四阶常微分方程

$$\frac{\partial^4\phi}{\partial y^4}-2\alpha^2\frac{\partial^2\phi}{\partial y^2}+\alpha^4\phi-\mathrm{i}\alpha Re\left[(U-C)\left(\frac{\partial^2\phi}{\partial y^2}-\alpha^2\phi\right)-\frac{\mathrm{d}^2U}{\mathrm{d}y^2}\phi\right]=0 \tag{2.30}$$

边界条件为

$$\phi(0)=\frac{\partial}{\partial y}\phi(0)=0;\quad y\to\infty:\phi(y)=\frac{\partial}{\partial y}\phi(y)=0 \tag{2.31}$$

式中,$c=\omega/\alpha=c_\mathrm{r}+\mathrm{i}c_\mathrm{i}$(对时间模式,$\alpha$ 为实数);Re 为雷诺数。方程(2.30)是 OSE 的一种常见的形式。

　　人们早期大多是从方程(2.30)出发来研究二维平行流的线性稳定性,其实质就是求解四阶齐次方程组(2.30)和方程(2.31)的特征值问题。若平均流参数已知,则 α、c(或 ω)和 Re 之间必须满足一定的关系,可以求得方程解。这里以 Blasius 边界层流动的二维扰动问题为例[15],分析边界层流动的稳定性问题。图 2.6 是 α-Re 曲线,它随不同的 c_i($c_\mathrm{i}=\omega_\mathrm{i}/\alpha$)而变化。注意到其中 $c_\mathrm{i}=0.000$ 的轨迹线,即中性稳定性曲线,它在稳定性研究中有重要意义。这条中性曲线,分开了扰动的稳定区域(曲线外部)和不稳定区域(曲线内部)。曲线上对应的雷诺数最小点(由该点作曲线的切线平行于 α 轴)有着特殊的含义,低于这个雷诺数,所有的扰动都是衰减的,而高于此值,至少有一些扰动是增长的。通常将这个最小的雷诺数称为(失稳)临界雷诺数,又称稳定性界限,其稳定性曲线也开始分为下枝和上枝(或称 Ⅰ 和 Ⅱ)。随着 c_i 的增大,曲线向内移动,范围也在减小。不同 c_i 的 F-Re 曲线显示在图 2.7 中,F 为无量纲频率,随着 c_i 的增大,相应的最大频率及其不稳定区域范围都在显著地减小。

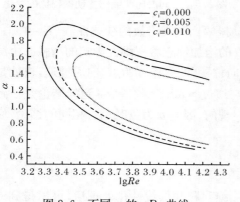

图 2.6　不同 c_i 的 α-Re 曲线

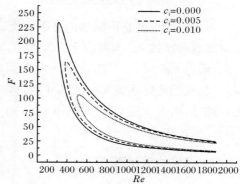

图 2.7　不同 c_i 的 F-Re 曲线

通常把雷诺数趋于无限大时的流动稳定性,称为无黏稳定性(或称无黏性不稳定性)。忽略方程中的黏性项,这时的 OSE(2.30)可以简化为

$$(U-C)\left(\frac{\partial^2\phi}{\partial y^2}-\alpha^2\phi\right)-\frac{\mathrm{d}^2 U}{\mathrm{d}y^2}\phi=0 \qquad (2.32)$$

这就是无黏稳定性方程,又称无摩擦稳定性方程,或 Rayleigh 方程。该二阶方程是在 $Re\rightarrow\infty$ 的极限情况下的 OSE,在相应的两个边界条件下求解。显然,这时的速度分布是有拐点的。

在图 2.8 中展示了"无黏"稳定性和"黏性"稳定性,即在有拐点和无拐点的两种速度分布情况下,二维扰动波的二维边界层中性稳定性曲线。通常把有拐点速度分布的中性曲线按其形状称为拇指曲线[图 2.8(a)]。由图可见,这个曲线在雷诺数趋于无穷大时不会闭合,即仍然存在某些波长的不稳定扰动波。这说明不考虑黏性的层流平均流是不稳定的,无黏不稳定就是一种速度分布有拐点的不稳定。对于无拐点速度分布的中性曲线[图 2.8(b)],在有限雷诺数时,才存在不稳定的扰动波,而在雷诺数趋于无穷时曲线将消失。由图还可以看出,考虑黏性的中性稳定性曲线,上枝不存在拐点;失稳的临界雷诺数 Re_{crit}(即图中靠右边的)要比无黏性的(靠左边的)更大。

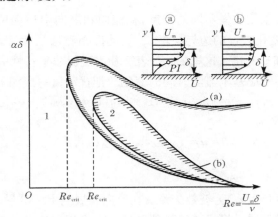

图 2.8　二维边界层中性稳定性曲线[16](1-稳定区,2-不稳定区)
(a)"无黏"稳定性(速度分布有拐点);(b)"黏性"稳定性(速度分布无拐点)

实际上,黏性对二维不可压缩流边界层稳定性的影响可以从两个方面来看:一方面是黏性要耗散能量而起着稳定的作用;另一方面是黏性能够使不同扰动分量发生变化,不稳定的扰动将动量(以及能量)不断地从主流传递给扰动运动,又起着不稳定的作用。因而有黏性而没有拐点的速度分布也可能是不稳定的。

2.4　非平行流边界层稳定性

由于 OSE 所采用的"局部平行"的平行流假设,限制了扰动形状函数的流向变化,既不完全符合物理过程(当扰动波长 α_r 足够长时,扰动流场不能满足自相似,不能用常微分方程来近似),且在求解时还无法避免常微分方程的特征值问题。实际上形状函数本身是在流向作缓慢变化的,这种变化不仅反映了扰动函数的流向特性,而且显示出扰动函数在流向前后站的相关性和继承性。因此,需要研究非平行流的边界层稳定性问题。

在研究非平行流稳定性的不同方法中,多重尺度法、逐次近似法等都能得到很好的结果,在一级近似下,逐次近似法和多重尺度法是等价的[17]。本节将采用典型的多重尺度摄动技术,讨论三维非平行流线性边界层稳定性的数值方法,分析非平行性对特征值问题的修正和对稳定性的影响,可用于机翼三维非平行流边界层稳定性问题。

2.4.1　非平行流边界层稳定性方程组

多重尺度方法采用快慢不同的尺度,在流向和展向引进慢尺度,$x_1 = \varepsilon x$ 和 $z_1 = \varepsilon z$,来描述相对变化较慢的边界层增长、扰动振幅和增长率等,而扰动的相位变化则随快尺度 x 和 z 变化。这里的 ε 是表征基本流弱非平行性的一个无量纲小参数,为简便起见,不考虑基本流随时间的变化。把扰动量写成如下行波形式:

$$q(x_1, y, z_1, t, \varepsilon) = [q_0(x_1, y, z_1) + \varepsilon q_1(x_1, y, z_1) + \cdots]\exp(i\theta) \qquad (2.33)$$

式中,相函数 θ 定义为

$$\nabla\theta = \boldsymbol{\kappa} = (\alpha_0(x_1, z_1), \beta_0(x_1, z_1))$$

$$\frac{\partial\theta}{\partial t} = -\omega \qquad\qquad (2.34)$$

其中,$\alpha_0(x_1, z_1)$,$\beta_0(x_1, z_1)$ 为波数矢量 $\boldsymbol{\kappa}$ 在流向和展向上的分量;ω 为频率。

扰动方程一般是通过将流动的物理量分解为主流和扰动的叠加,代入 N-S 方程并整理而导出的。将式(2.33)代入扰动方程,并按 ε 幂次方的系数进行整理,分别得到平行流及非平行流的稳定性方程组(其物理量的下标分别用 0 和 1 表示)。在平行流稳定性研究的基础上,三维可压缩非平行流稳定性方程组可以写成如下形式[18,19]:

$$L_i(u_1, v_1, w_1, p_1, T_1) = I_i, \quad i = 1, \cdots, 5 \qquad (2.35a)$$

边界条件

$$y = 0: u_1 = v_1 = w_1 = T_1 = 0$$

$$y \rightarrow \infty: u_1, v_1, w_1, T_1 \rightarrow 0 \qquad\qquad (2.35b)$$

式中,算子 L_i 与平行流稳定性研究的算子相同,非齐次项 $I_1 \sim I_5$ 分别为非平行流边界层稳定性方程组中的连续方程、三个方向的动量方程及能量方程中的非齐次项[20]。这些非齐次项反映了扰动振幅、基本流法向分速及波数的流向和展向变化等产生的影响。这里的 u_1, v_1, w_1, p_1, T_1 对应于式(2.33)中的非平行流 $\boldsymbol{q}_1$ 的分量,而平行流的 $\boldsymbol{q}_0$ 可以写成振幅函数 A 和特征函数 ζ 相乘的形式[20]。

进一步把三维可压缩非平行流边界层稳定性方程,推演为一阶微分方程组形式

$$\frac{\mathrm{d}z_{1i}}{\mathrm{d}y} - \sum_{j=1}^{8} a_{ij}z_{1j} = M_i, \quad i = 1, \cdots, 8 \tag{2.36a}$$

边界条件

$$y = 0: z_{11} = z_{13} = z_{15} = z_{17} = 0$$
$$y \to \infty: z_{11}, z_{13}, z_{15}, z_{17} \to 0 \tag{2.36b}$$

式中,z_{1i} 的 8 个分量依次为 $u_1, \partial u_1/\partial y, v_1, p_1, T_1, \partial T_1/\partial y, w_1$ 和 $\partial w_1/\partial y$;$[a_{ij}]$ 为 8×8 阶变系数矩阵,与平行流齐次问题所对应的系数相同;非齐次项 M_i 与 I_i 等有关,可以分别求出。

2.4.2　多重尺度法数值解

1. 可解条件和伴随问题

非齐次方程组(2.36)有解的必要和充分条件是必须满足可解条件。分析可解条件的特征,对于非平行稳定性问题研究是十分重要的。实际上,非平行流稳定性方程所对应的齐次方程和平行流的方程形式上一样,因而在平行流问题有非零解时,非平行流问题存在可解条件,根据这一特征可以导出与非平行影响相关的波振幅方程和波数方程及其扰动空间增长率。满足该条件,即方程非齐次项 M_i 和伴随问题的解 W_i^* 正交

$$\int_0^\infty \sum_{i=0}^{8} M_i W_i^* \, \mathrm{d}y = 0 \tag{2.37}$$

$W_i^*(x_1, y, z_1)$ 满足下列伴随方程:

$$\frac{\partial W_i^*}{\partial y} - \sum_{j=1}^{8} \bar{a}_{ij} W_j^* = 0, \quad i = 1, \cdots, 8 \tag{2.38a}$$

边界条件

$$y = 0: W_2^* = W_4^* = W_6^* = W_8^* = 0$$
$$y \to \infty: W_2^*, W_4^*, W_6^*, W_8^* \to 0 \tag{2.38b}$$

式中,$\bar{a}_{ij} = -a_{ji}$。

在求解方程(2.38)时,不能直接从无穷远处开始积分。根据在外边界上主流

物理量与 y 无关及其导数为零的特点,可以求出特征矢量矩阵及其逆矩阵,并采用转置形式,整理后得到精确的外边界条件的矩阵表达式为

$$w_j = \sum_{j=1}^{8} \Lambda_{ij}^* C_j^* \exp(\lambda_j, y), \quad j = 1, 2, \cdots, 8 \tag{2.39}$$

式中,λ_j 为代入外边界值后的方程系数矩阵的特征值;Λ_{ij} 为相应的特征矢量;C_j^* 为由无穷远处扰动量为零的条件而定出的系数。

采用与积分算法有关的综合误差法,并利用有控制的重正化(renormalization)方法,以有效地克服刚性方程(2.38)在积分求解中的困难,将边界条件转化成积分每一步都能满足的近似条件,既减少了计算量,又能灵活地控制正交化的次数和位置。与改进后的 Gram-Schmidt 方法相一致,这里兼顾到效率和精度,以满足如下两个不等式之一为正交化条件:

$$\begin{cases} \| u_j^{(i-1)} \| < \tilde{\varepsilon} \| y_j \| \\ \| v_{\text{new}} \| < \tilde{\varepsilon} \| v_{\text{old}} \| \end{cases}, \quad j = 2, \cdots, r \tag{2.40}$$

式中,$\tilde{\varepsilon}$ 为确定解矢量是否线性相关的参数。若 $\tilde{\varepsilon}$ 较大,对应于线性相关情况,可以分析并设定与 $\tilde{\varepsilon}$ 相关的不等式判据。在积分过程中只要不等式判据得到满足,则积分中止进行正交化,并自动修正误差值 $\tilde{\varepsilon}$,然后重新从边界开始积分,直到解矢量在整个积分区域都满足预定的精度要求为止。考虑到方程组(2.38)与方程组(2.36)对应的齐次问题(即平行流稳定性方程组)有相同特征值,进而求得该伴随问题的解 W_i^*。

2. 波振幅方程

将求解伴随问题中的有关量代入可解条件式(2.37),其波振幅函数的微分方程可写为

$$Q_1 \frac{\partial A}{\partial x_1} + Q_2 \frac{\partial A}{\partial z_1} = H_1 \tag{2.41}$$

式中,Q_1 和 Q_2 为正比于群速度的两个分量,$\partial \omega / \partial \alpha_0$ 和 $\partial \omega / \partial \beta_0$;$H_1$ 反映了对平均流的非平行性影响,包括平均流参数对 x_1 和 z_1 的导数,波数 α_0、β_0 及特征函数 ζ_i 对 x_1 和 z_1 的导数[20]。

当上述导数值已知后,就可以确定 H_1。进一步沿着扰动增长方向进行积分,就能得到扰动波振幅。通过可解条件,还可以类似地处理波数 (α_0, β_0) 的相关方程。这样,最后可以得到所需的扰动函数。

3. 扰动空间增长率

确定扰动空间增长率是流动稳定性研究的中心内容。对于三维问题,其增长方向有不同计算方法,这里采用射线方程[21]

$$\frac{\mathrm{d}z}{\mathrm{d}x} = \frac{Q_2}{Q_1} = 实数 \tag{2.42}$$

假设扰动波的增长方向为射线 ξ 所在的方向,则有

$$Q_1 = \frac{\mathrm{d}x_1}{\mathrm{d}\xi}, \quad Q_2 = \frac{\mathrm{d}z_1}{\mathrm{d}\xi} \tag{2.43}$$

显然,非平行流的扰动增长率比平行流的要复杂得多,可采用如下表达式[22]:

$$\sigma = -\sigma_{0i} - \varepsilon\sigma_{1i} + \varepsilon\sigma_{2i} \tag{2.44}$$

式中,第一项 $-\sigma_{0i}$ 为平行流空间增长率;后两项,即 $\sigma_{1i} = \mathrm{i}(H_1)$ 和 $\sigma_{2i} = \left(\frac{1}{\zeta_n}\frac{\partial \zeta_n}{\partial x_1}\right)_r +$ $\left(\frac{1}{\zeta_n}\frac{\partial \zeta_n}{\partial z_1}\right)_r$,是对主流非平行性的修正项,下标 i,r 分别指虚部和实部,ζ_n 为 ζ 的分量。其中,修正项 $\left(\frac{1}{\zeta_n}\frac{\partial \zeta_n}{\partial x_1}\right)_r + \left(\frac{1}{\zeta_n}\frac{\partial \zeta_n}{\partial z_1}\right)_r$ 为考虑对应于特征函数 ζ_n 变形的修正。若假定扰动在展向方向的波长固定不变,即不考虑展向的变化,只与 x_1 有关,则该修正项中仅保留第一项而得到了简化。

式(2.44)的右边包含两个非平行修正项,其中的右边第二项不依赖于 y,而第三项,即由特征函数变形而引起的对扰动增长率的作用,不仅与 x,y 相关,而且也是流动物理量的函数。下面算例中选择更容易被实验测量的可压缩边界层的 x 向流量特征函数(记为 ζ_9)作为扰动增长率的物理量,其定义为[20]

$$\zeta_9(x_1, y) = \frac{U_0}{T_0}\left(r Ma_\infty^2 p_0 - \frac{T_0}{T}\right) + \frac{u_0}{T} \tag{2.45}$$

2.4.3　非平行性影响分析

图 2.9 和图 2.10 是扰动空间增长率 σ 随频率 f 的变化曲线,分别为不可压缩流($Ma = 0.001$)和亚声速可压缩流($Ma = 0.8$)的平板算例结果($Re = 1000$)[18]。由图可见,非平行性的影响随扰动频率不同而变化,并在某个频率下达到最大值。从两图的比较可以看出,这里的压缩性作用使扰动增长率减弱,但是非平行性对增长率的影响同样也是明显的。包括特征函数变形影响在内的扰动空间增长率随雷诺数的变化曲线在图 2.11 中($Ma = 0.8$),三条曲线分别对应于平行流、平行流加非平行性的第 1 项修正及再加第 2 项修正的结果。实际上,有关非平行性的第 2 项修正(特征函数变形影响)常常会减少第 1 项的过度修正量。对于无限翼展机翼的算例(后掠角 35°,$Ma = 0.891$)[20],在图 2.12 中给出了在三个弦向位置(对应的雷诺数分别为 280,593 和 1041),流量特征函数 $\gamma = |\zeta_9|/|\zeta_9|_{\max}$(为便于比较,已规范化)沿法向的变化规律。由图可见,该函数在近壁区有一个峰值,且在峰值附近变化很快,在达到峰值以后,会迅速衰减,经过很短的距离,函数值便近乎为 0;而随着雷诺数的变化,函数峰值的法向位置也随之改变。

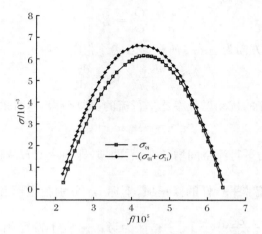

图 2.9　不可压缩流空间增长率随频率的变化

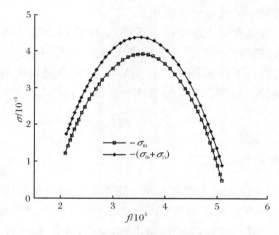

图 2.10　可压缩流空间增长率随频率的变化

　　应当指出,多重尺度法在处理非平行流问题上是非常有效的,能够得到有关非平行作用的可靠结果。但是,若进一步作非线性分析时,则会出现两个互不相干的展开参数,一个描述非平行性,另一个描述扰动振幅,从而导致在方程中存在不同量级的项,即在向非线性拓展时,会遇到多个独立参数的展开及不同量级的困难。因而该方法不能同时考虑非平行和非线性的稳定性问题,使其应用受到限制。近年来发展起来的 PSE 方法,是研究非平行流稳定性的一种重要方法[23,24]。由于该方法既没有采用平行性假设,也没有对扰动幅值的限制,所以在研究非平行流非线性稳定性时,不会遇到新的困难。后面将用 PSE 方法研究这些稳定性问题。

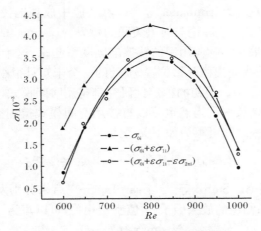

图 2.11　空间增长率随雷诺数的变化

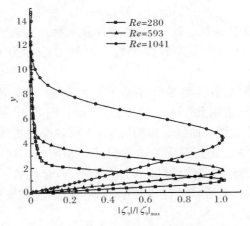

图 2.12　不同雷诺数的流量特征函数的法向变化

2.5　线性稳定性理论与转捩预测的 e^N 方法

线性稳定性理论是发展较早，也是相对较为成熟的研究流动稳定性和转捩的理论。尽管线性稳定性理论并不能直接分析层流转变为湍流的全部过程，但是其结果却是很有价值的，可以指出哪类速度剖面是不稳定的及增长最快的小扰动频率等。线性稳定性理论常用于流动转捩控制的计算，能够分析转捩控制各相关参数的影响。目前常用的转捩预测的半经验方法，就是这种理论的直接应用[25]。

根据线性稳定性理论，利用局部平行流假设下的 OSE 的解，能够建立起 α, β,

ω 与雷诺数之间的关系。Schubauer 等[26,27]在实验中成功地找到了理论所预示的 T-S 波,克服了线性稳定性理论与转捩关联的障碍。Liepmann[28]则是第一次把线性稳定性理论的结果与实际应用中的转捩准则联系起来,这个准则是基于振幅比 A/A_0,这里的 A_0 是扰动失稳开始位置 x_0 处的一个未知且很小的振幅,而 A 是在下游 x 位置处的波振幅。最初的稳定性研究都是用时间模式,需要准确地将时间增长率转化为空间增长率。当然也可以直接用空间模式得到空间增长率($-\alpha_i$)。扰动振幅比与增长率之间可写为如下关系式:

$$\sigma(x;\omega) = \ln\left(\frac{A}{A_0}\right) = -\int_{x_0}^{x} \alpha_i(\xi;\omega)\mathrm{d}\xi \tag{2.46}$$

式中,ω 为扰动波频率。Smith 等[29]与 van Ingen[30]后来分别发现,翼型在风洞实验中的转捩,与扰动幅值的放大因子 N 值密切相关,可以写为

$$N = \max_{\omega}\sigma(x_{\mathrm{tr}};\omega) \tag{2.47}$$

这个值为 7~9。它直接连接了转捩位置与转捩处的振幅比之关系,可以写成

$$A(x_{\mathrm{tr}})/A(x_0) = \mathrm{e}^N \tag{2.48}$$

式中,下标"tr"表示在转捩处。这里的 e^N 表示从失稳点到转捩位置处的小扰动幅值的最大增长倍数,常用于预测转捩位置。这种方法称为 e^N 方法,又称 N 因子法。

通常给定了频率(在有扰动增长的频率带范围内),从失稳点到流向某位置 x 的扰动幅值放大因子,常用 $\ln[A(x)/A(x_0)]$ 表示。图 2.13 是 e^N 方法的示意图,给出了不同频率的扰动增长曲线。由图可见,不同频率的扰动开始增长的流向位置不同,所能达到的峰值及其对应的位置也是不相同的。这些曲线的包络线,构成了 N 因子沿流向的分布曲线,而每一个位置的 N,都代表了当地扰动的最大幅值放大因子。通常由实验或经验提供转捩的 N 值,通过与该分布曲线的比较,所对应的流向位置 x_{tr} 就是转捩点的位置。

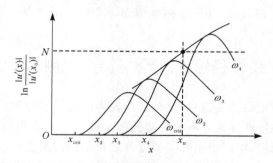

图 2.13　e^N 方法的示意图[31]

由于 e^N 方法的高度实用性,目前已成为很重要的转捩预测方法。应当指出,

一个好的转捩预测方法应能准确地反映转捩演化的全过程,而 e^N 方法仅仅计算边界层的线性阶段(甚至还用了局部平行流假设)的扰动增长,既并未考虑外部扰动大小的影响,也未考虑引起均流变形及层流溃变等转捩中的非线性问题。实际上,确定转捩位置的 N 因子值,主要还是依赖于实验或经验的判定。因此,e^N 方法是一种转捩预测的半经验方法。下面讨论该方法在使用中需要关注的几个问题。

1) 给出初始扰动波振幅 A_0

给出初始扰动波振幅,并不是一件容易的事情。这是因为包括自由涡、声波等外部扰动进入边界层而产生边界层内不稳定波,是一个很复杂的过程,需要通过所谓"感受性"分析(见第 7 章),以建立外部扰动与层内不稳定扰动波之间的联系,得到扰动波的初始振幅等。显然,这个初始值受到扰动外部环境的很大影响,具有一定的不确定性,要依据实际应用中的具体情况进行处理。

2) 扰动振幅比计算

有了初始扰动波振幅后,从这个位置开始,对扰动增长率沿线积分到下游位置 x,可以得到扰动振幅比 $A(x)/A_0$,若一直计算到转捩位置 x_{tr},就能得到转捩位置的扰动振幅比。由于 e^N 方法的扰动振幅比计算,一直到 x_{tr} 位置都是按照线性稳定性理论进行的。实际上,在到达 x_{tr} 之前的一段距离内,已超出线性稳定性理论的范围,需要考虑非线性的影响。因此,对于线性稳定性结果的应用,必须慎重处理。

3) 转捩位置的 N 值确定

确定在转捩位置处的扰动放大因子值,即提供准确的转捩判据,是采用 e^N 方法进行转捩预测成败的一个关键问题。

早期的转捩判据主要依赖于风洞的实验结果,后来随着直接数值模拟方法的发展,在某些情况下可以依据直接数值模拟的结果。应该指出,当 e^N 方法用于不同情况的新问题或者新的研究领域时,选择作为转捩判据的 N 值有时难以把握,往往有赖于实验和经验的综合考虑。例如,如果说二维翼型的转捩判据的 N 值一般取为 7~9,那么三维后掠机翼的 N 值有可能达到 13~17,甚至更大。因此,选取转捩判据的 N 值应当十分谨慎,需要清楚地了解背景条件、影响因素及其相互关系,采用风洞实验、数值计算,甚至飞行试验相结合进行分析和研究,才更为可靠。此外,根据作者的经验和了解,在接近于转捩位置时,不论是 T-S 波扰动还是横流(C-F)扰动,扰动振幅比都会快速增长[32,33]。因此,即使这时的转捩判据 N 值有些误差,所带来的转捩位置的偏差也可能不一定很大,e^N 方法仍然可以近似使用。

概括来说,采用基于线性稳定性理论的 e^N 方法进行转捩预测,特别适合于转捩的工程设计研究。这是因为,在设计过程中,需要对多种参数、不同的取值范围,以及它们之间的各种组合,进行大量的数值计算和分析比较(数值试验),而依据线性稳定性理论计算的快速和简便正是该方法的所长。但是,该方法在通过感受性研究给出初始振幅、采用线性稳定性理论计算扰动振幅比,以及确定转捩判据 N 值等方面,都可能遇到各种问题。实际上,转捩位置的确定是一项非常困难的工作,甚至严格来说,有关流动稳定性的线性理论并不能从理论上解决转捩问题。然而,在没有其他更有效可行的方法供工程设计使用之前,半经验的 e^N 方法仍然是航空上预测转捩位置的主要方法。

需要指出的是,由于转捩的开始过程完全不同,所以 e^N 方法不适用于旁路转捩问题。

参 考 文 献

[1] Heisenberg W. Uber stabilitat und turbulenz von flussigkeits-stommen. Ann Phys,1924,74: 577—627.

[2] Arnal D. Boundary layer transition: Predictions based on linear theory. AGARD Rep 793, 1994.

[3] Gaster M. The development of three-dimensional wave-packets in a boundary layer. J Fluid Mech,1968,32:173—184.

[4] Gaster M. Propagation of linear wave packet in laminar boundary layers. AIAA J,1981, 19(7):419—423.

[5] Heerre P,Monkewitz P A. Absolute and convective instability in free shear layers. J Fluid Mech,1985,159:151—168.

[6] 是勋刚. 湍流. 天津:天津大学出版社,1992.

[7] Boiko A V,Grek G R,Dovgal A V,et al. Origin of Turbulence in Near-Wall Flows. New York:Springer-Verlag,2001.

[8] Nayfeh A H,Padhye A. Relation between temporal and spatial stability in three-dimensional flows. AIAA J,1979,17(10):1084—1090.

[9] 夏浩. 非平行边界层稳定性研究. 南京:南京航空航天大学硕士学位论文,2001.

[10] Collatz L. The Numerical Treatment of Differential Equations. Berlin:Springer-Verlag, 1960.

[11] Lele S K. Compact finite difference schemes with spectral-like resolution. J Comput Phys, 1992,103:16—42.

[12] Malik M R. Numerical methods for hypersonic boundary layer stability. J Comput Phys, 1990,86:376—413.

[13] 夏浩. 一种快速求解 Orr-Sommerfeld 方程中性稳定性曲线的方法. 南京航空航天大学学报,2000,32(4):473—477.

[14] Squire H B. On the stability for three dimensional disturbances of viscous fluid flow

between parallel walls. Proc R Soc London Ser A,1933,142:621—628.

[15] 王伟志. 非平行流边界层稳定性问题研究. 南京:南京航空航天大学博士学位论文,2002.

[16] Schlichting H. Boundary Layer Theory. 7th ed. New York:McGraw-Hill,1979.

[17] Gaster M. On the effect of boundary layer growing on flow stability. J Fluid Mech,1974,
66(3):465—480.

[18] 唐登斌,马前容,成国玮. 可压缩非平行流边界层稳定性研究. 航空学报,2002,23(2),
166—169.

[19] Nayfeh A H. Stability of three dimensional boundary layers. AIAA J,1980,18(4):406—
416.

[20] 马前容. 三维可压缩非平行流边界层稳定性问题研究. 南京:南京航空航天大学硕士学位
论文,1998.

[21] El-Hady N M. On the stability of three dimensional compressible nonparallel boundary lay-
ers. NASA CR-3247,1980.

[22] Singer B A,Choudhari M. Multiple scales approach to weakly nonparallel and curvature
effects:Details for the novice. NASA CR 2198199,1995.

[23] Wang W Z,Tang D B. Effects of nonparallelism on the boundary layer stability. J of Hydro-
dynamics,Ser B,2002,14(4):81—87.

[24] 夏浩,唐登斌,陆昌根. 边界层流动的非平行稳定性研究. 空气动力学学报,2001,19(2):
186—190.

[25] Herbert T. Parabolized stability equations. Annu Rev Fluid Mech,1997,29:245—283.

[26] Schubauer G B,Skramstad H K. Laminar boundary-layer oscillations and transition on a flat
plate. J Res Nat Bur Stand,1947,38:251—292.

[27] Schubauer G B,Skramstad H K. Laminar boundary-layer oscillations and stability of lami-
nar flow. Nat Bur Stand Res Pap,1772,1943.

[28] Liepmann H W. Investigation of laminar boundary layer stability and transition on curved
boundaries. NACA Adv Conf Rep No W-107,1943.

[29] Smith A M O,Gamberoni N. Transition,pressure gradient and stability theory. Douglas
Aircraft Co Rep No ES2 6388,1956.

[30] van Ingen J L. A suggested semiempirical method for the calculation of the boundary layer
transition region. Dept Aeronaut Eng,Delft Univ Tech Rep No VTH 74,1956.

[31] Oertel H. 普朗特流体力学基础. 朱自强,钱翼稷,李宗瑞,译. 北京:科学出版社,2008.

[32] 唐登斌. 后掠翼可压缩三维边界层稳定性计算. 航空学报,1992,13(1):A1—A7.

[33] 唐登斌. 机翼边界层与稳定性问题研究. 中国航空科技文献,HTB 94128,1994.

第 3 章　抛物化稳定性方程方法

3.1　引　　言

Herbert 等[1]在研究边界层稳定性的非平行性和非线性作用时,针对适用于非平行流问题的多重尺度法难以向非线性问题拓展的不足,提出抛物化稳定性方程方法(或称 PSE 理论)。近年来该方法有了很大发展,成功地应用于不同的流动稳定性问题,如边界层流、混合层流,甚至喷流噪声等,已成为稳定性研究的一种新的有效方法。

抛物化稳定性方程方法适用于扰动增长率等在流线方向变化缓慢的流动稳定性问题。该方法没有用任何的平行性假设,因此在 T-S 波的表达式中,扰动函数不仅随 y 变化而且也随 x 变化,只是由于它们随 x 的变化非常缓慢,以至于它们的二阶导数及一阶导数的乘积均是小量而可以忽略不计。有了这些合理的假设(即 PSE 假设),就很容易将稳定性方程处理为抛物型方程[2]。

抛物化稳定性方程方法一般采用空间推进方法数值求解,因而是方便和高效的。例如,它比求解 OSE 特征值问题的效率要高得多,这是因为在 PSE 中不仅扰动函数与流向有关,特征值 α 也是前后相关的。利用抛物型方程的这种特性,只要知道初始流向位置的信息,就能一站接一站地向前推进,得到流向各站的特征值及其扰动函数。PSE 方法可用于平行和非平行、线性和非线性稳定性问题的数值计算。特别是,对于复杂的非线性稳定性计算,也能快速推进,一直到转捩过程的后阶段。与其他稳定性研究方法相比,PSE 方法的优势是明显的。

由于抛物化稳定性方程其实并未完全抛物化,仍然会显示出弱椭圆特性,若用太小的推进步长,可能导致数值不稳定。因此,需要分析方程的特性,提出识别和消除椭圆特性的方法,以保证数值计算的稳定性。

下面着重讨论 PSE 方法的一些典型问题,如方程的抛物化处理、正规化条件、推进数值解法等,并以非平行流线性稳定性问题为例作说明,其他问题将放在后面章节中讨论。

3.2　稳定性方程的抛物化处理

在 2.2 节中,通过对流场进行分解和简化,得到了扰动方程(2.4)和方程

(2.5)。经过线性化处理后，就成为线性小扰动方程组，可以是非平行流的，或者是平行流的(采用平行流假设)。

在主流中引进如下形式 T-S 波：

$$q'(x,y,z,t)=q(x,y)\chi(x,z,t)+\text{c.c.} \tag{3.1}$$

这里的扰动形状函数 $q(x,y)=[u,v,w,p]^{\text{T}}$，不仅是法向坐标 y 的函数，而且还随流向坐标 x 变化。由于形状函数随 x 变化，相应增长率与空间波数也应该随 x 变化，$\alpha=\alpha(x)$，因而波状函数 χ 的形式写为

$$\chi(x,z,t)=\exp(\text{i}\int_{x_0}^{x}\alpha(\xi)\text{d}\xi+\text{i}\beta z-\text{i}\omega t) \tag{3.2}$$

根据 PSE 的假设[2]，扰动波具有以下特性：

(1) 速度剖面、扰动波长和增长率在流向上的变化缓慢，它们对 x 的二阶导数及一阶导数的乘积足够小，因而可以忽略不计。

(2) 作为对流不稳定性问题，扰动将随流动增长。

这就是说，扰动的速度剖面、空间波数和增长率在流向(其实不完全是流向，只要是流动的主方向)变化很缓慢，因而二阶导数项 $\frac{\partial^2}{\partial x^2}$ 及一阶导数的乘积项 $\frac{\partial}{\partial x}\cdot\frac{\partial}{\partial x}$ 均可忽略。把扰动形状函数的一阶和二阶导数代入线性小扰动方程组 (2.8)，并记 $\lambda^2=\alpha^2+\beta^2$，则方程可以写为

$$\text{i}\alpha u+\frac{\partial u}{\partial x}+\frac{\partial v}{\partial y}+\text{i}\beta w=0 \tag{3.3a}$$

$$\text{i}(\alpha U+\beta W-\omega)u+\frac{\partial U}{\partial y}v+\text{i}\alpha p-\frac{1}{Re}\left(\frac{\partial^2 u}{\partial y^2}-\lambda^2 u\right)+\frac{\partial U}{\partial x}u$$

$$+V\frac{\partial u}{\partial y}+\left(U-\frac{2\text{i}\alpha}{Re}\right)\frac{\partial u}{\partial x}+\frac{\partial p}{\partial x}-\frac{\text{i}}{Re}\frac{\text{d}\alpha}{\text{d}x}u=0 \tag{3.3b}$$

$$\text{i}(\alpha U+\beta W-\omega)v+\frac{\partial p}{\partial y}-\frac{1}{Re}\left(\frac{\partial^2 v}{\partial y^2}-\lambda^2 v\right)+\frac{\partial V}{\partial y}v+V\frac{\partial v}{\partial y}$$

$$+\left(U-\frac{2\text{i}\alpha}{Re}\right)\frac{\partial v}{\partial x}-\frac{\text{i}}{Re}\frac{\text{d}\alpha}{\text{d}x}v=0 \tag{3.3c}$$

$$\text{i}(\alpha U+\beta W-\omega)w+\frac{\partial W}{\partial y}v+\text{i}\beta p-\frac{1}{Re}\left(\frac{\partial^2 w}{\partial y^2}-\lambda^2 w\right)$$

$$+\frac{\partial W}{\partial x}u+V\frac{\partial w}{\partial y}+\left(U-\frac{2\text{i}\alpha}{Re}\right)\frac{\partial w}{\partial x}-\frac{\text{i}}{Re}\frac{\text{d}\alpha}{\text{d}x}w=0 \tag{3.3d}$$

写成紧缩形式

$$Lq+M\frac{\partial q}{\partial x}+\frac{\text{d}\alpha}{\text{d}x}Nq=0 \tag{3.4}$$

这里的 L、M 和 N 仅是 y 向的微分算子。从式(3.4)可以看出 PSE 假设的抛物化

作用。

　　初始条件

$$q(x_0,y)=f(y) \tag{3.5a}$$

　　边界条件

$$\begin{cases} u(x,0)=0 \\ v(x,0)=0, \\ w(x,0)=0 \end{cases} \begin{cases} \lim\limits_{y\to\infty}u=0 \\ \lim\limits_{y\to\infty}v=0 \\ \lim\limits_{y\to\infty}w=0 \end{cases} \tag{3.5b}$$

方程(3.4)和方程(3.5)称为线性抛物化稳定性方程(linear parabolized stability equation,LPSE)。这里的 PSE 是研究沿流向发展的 T-S 波,因此在展向没有增长(β 是实数)。

3.3　扰动增长率表达式

　　扰动增长率是稳定性研究中需要计算的重要物理量。在 Orr-Sommerfeld 稳定性方程中,扰动形状函数增长率只能是空间复波数的负虚部。与其他非平行性处理方法一样,PSE 对增长率的定义也有较多的选择[2]。不同的选择对应于测量的不同扰动物理量幅值的增长率。有了这样的可选择性,数值计算和实验的对比就很容易实现了。实验常用的测量有热线、热膜和压力探头等,分别对应于下列幅值

$$A_{u_y}(x)=|\hat{u}(x,y)|\,\big|_{y=y_0} \tag{3.6a}$$

$$A_{\tau}(x)=\left|\frac{\partial\hat{u}(x,y)}{\partial y}\right|_{y=0} \tag{3.6b}$$

$$A_p(x)=|\hat{p}(x,y)|\,\big|_{y=0} \tag{3.6c}$$

对于转捩分析,通常是考虑 x,z 方向最大的扰动速度或者扰动能量的幅值,即

$$A_u(x)=\max_y|\hat{u}(x,y)| \tag{3.7a}$$

$$A_w(x)=\max_y|\hat{w}(x,y)| \tag{3.7b}$$

$$A_e(x)=\sqrt{\int_0^\infty(|\hat{u}|^2+|\hat{v}|^2+|\hat{w}|^2)\mathrm{d}y} \tag{3.7c}$$

对应于式(3.7),增长率 $\gamma(x)$ 可以由式(3.8)决定:

$$\gamma(x)=-\alpha_{\text{imag}}+\frac{1}{A}\cdot\frac{\mathrm{d}A}{\mathrm{d}x} \tag{3.8}$$

式中,A 即是式(3.7)中的 $A_u(x)$、$A_w(x)$ 或 $A_e(x)$。

　　采用 T-S 波的有关 Taylor 级数展开式,可以导出式(3.8)。在给定的流向位

置 x_1，相应的波数为 α_1。考虑 T-S 扰动波

$$\Psi(x,y,z,t) = \phi(x,y)\exp\Big(\mathrm{i}\int_{x_1}^{x}\alpha_1\,\mathrm{d}\xi + \mathrm{i}\beta z - \mathrm{i}\omega t\Big) \tag{3.9}$$

式中，Ψ 为扰动原始变量；ϕ 为扰动形状函数，在 x_1 附近作 Taylor 级数展开

$$\phi(x,y)=\phi_1+\frac{\partial\phi_1}{\partial x}(x-x_1)+O(x-x_1) \tag{3.10}$$

ϕ_1 表示函数 $\phi(x,y)$ 在 $x=x_1$ 处的取值，同样 $\partial\phi_1/\partial x$ 是 $\partial\phi/\partial x$ 在 x_1 处的值。如果只考虑一阶近似，即式(3.10)中只保留前两项。把式(3.10)改写为

$$\frac{\phi(x,y)}{\phi_1}-1=\frac{1}{\phi_1}\cdot\frac{\partial\phi_1(x_1,y)}{\partial x}(x-x_1) \tag{3.11}$$

令 $\dfrac{\phi(x,y)}{\phi_1}-1=\varepsilon$，并考虑展开式

$$\ln(1+\varepsilon)=\frac{1}{1+\varepsilon}\cdot\varepsilon+O(\varepsilon) \tag{3.12}$$

取一阶近似，可得 $\ln(1+\varepsilon)=\varepsilon$，即

$$\frac{\phi}{\phi_1}-1=\ln\Big(\frac{\phi}{\phi_1}\Big) \tag{3.13}$$

式(3.13)代入式(3.11)，可写为

$$\ln\Big(\frac{\phi}{\phi_1}\Big)=\frac{1}{\phi_1}\cdot\frac{\partial\phi_1}{\partial x}(x-x_1) \tag{3.14}$$

进一步把式(3.14)写成积分形式

$$\phi(x,y)=\phi_1\exp\Big(\int_{x_1}^{x}\frac{1}{\phi_1}\cdot\frac{\partial\phi_1}{\partial x}\mathrm{d}\xi\Big) \tag{3.15}$$

再把式(3.15)代入式(3.9)，有

$$\Psi(x,y,z,t)=\phi_1\exp\left\{\mathrm{i}\Big[\int_{x_1}^{x}\Big(\alpha_1-\mathrm{i}\frac{1}{\phi_1}\cdot\frac{\partial\phi_1}{\partial x}\Big)\mathrm{d}\xi+\beta z-\omega t\Big]\right\} \tag{3.16}$$

并提取出当地波数 α 为

$$\alpha(x)=\alpha_1-\mathrm{i}\frac{1}{\phi_1}\cdot\frac{\partial\phi_1}{\partial x} \tag{3.17}$$

这里 α 的实部对应于空间物理波数，虚部对应于增长率 $\gamma(=-\alpha_{\mathrm{imag}})$。式中的 ϕ 可以有多种选择，如前面所述的幅值都是可行的，只是把式(3.7)中的 A 模值改为复值。

3.4　正规化条件

正规化条件(normalization condition)是在 PSE 求解中提出的。由于前面方程式中含有参变量 $\alpha(x)$，所以必须要有一个附加的条件来使问题定解。其实在推

导 PSE 控制方程(3.3)时,把式(3.1)代入线性扰动方程组,并将所含 χ^2 的项合并,令其为零,可使问题定解。但是有关这一项所构成的方程太繁杂,对数值求解不利。因此,一般采用正规化条件的方法来使问题定解。

所谓正规化条件,实际上就是附加一个约束条件,使 PSE 假设中的稳定性参数的慢变特性在每一步求解过程中都能得到满足。常用的正规化条件可以写为

$$\frac{\partial \hat{u}(x, y_{\mathrm{m}})}{\partial x} = 0 \tag{3.18}$$

或

$$\int_0^\infty [\hat{u}^+, \hat{v}^+, \hat{w}^+] \cdot \frac{\partial [\hat{u}, \hat{v}, \hat{w}]^{\mathrm{T}}}{\partial x} \mathrm{d}y = 0 \tag{3.19}$$

"+"表示取共轭复数。因此结合波数表达式(3.17),在每一计算步的预估-校正迭代过程中,其波数修正为

$$\alpha^{(p+1)} = \alpha^{(p)} - \mathrm{i}\, \frac{1}{\hat{u}_{\max}} \cdot \frac{\partial \hat{u}_{\max}}{\partial x} \tag{3.20}$$

式中,下标"max"表示 $|\hat{u}(x, y)|$ 取所得的最大值。采用迭代格式(3.20)的目的是通过预估-校正迭代,使得正规化条件能够得到满足。

3.5　空间推进数值解法

3.5.1　差分方法

尽管 PSE 在形式上比 OSE 多了一维,求解的是偏微分方程,但在 x 方向上的抛物特性使得问题的求解实质上是一维的[3]。

采用差分方法离散,法向用两点四阶紧致格式,流向用一阶迎风差分格式。先进行流向的半离散

$$\frac{\partial \boldsymbol{q}}{\partial x}\bigg|_j^k = \frac{\boldsymbol{q}_j^k - \boldsymbol{q}_{j-1}^k}{x_j - x_{j-1}} \tag{3.21}$$

式中,j, k 分别为 x, y 方向的网格下标,并记 $\Delta x_j = x_j - x_{j-1}$。因为对于空间模式的稳定性扰动信息是从上游往下游传播的,采用上面的迎风隐式格式,在"推进"过程中能有较好的数值稳定性。

将控制方程化为一阶形式,通过引入变量 s, t,分别对应于导数 $\partial \hat{u}/\partial y$,$\partial \hat{w}/\partial y$,重写式(3.3),只考虑平板边界层,$W = 0$,一阶方程组写为

$$\begin{cases}
\dfrac{\partial u_j^k}{\partial y}=s_j^k \\[2mm]
\dfrac{\partial v_j^k}{\partial y}=-\left(\mathrm{i}\alpha+\dfrac{1}{\Delta x_j}\right)u_j^k-\mathrm{i}\beta w_j^k+\left(\dfrac{1}{\Delta x_j}u_{j-1}^k\right) \\[2mm]
\dfrac{\partial w_j^k}{\partial y}=t_j^k \\[2mm]
\dfrac{\partial p_j^k}{\partial y}=V\left(\mathrm{i}\alpha+\dfrac{1}{\Delta x_j}\right)u_j^k-\left[\mathrm{i}(\alpha U-\omega)+\dfrac{\lambda^2}{Re}+\dfrac{\partial V}{\partial y}+\dfrac{1}{\Delta x_j}\left(U-\dfrac{2\mathrm{i}\alpha}{Re}\right)\right]v_j^k \\[2mm]
\qquad +V\mathrm{i}\beta w_j^k-\dfrac{\mathrm{i}\beta}{Re}t_j^k+\left[-\dfrac{V}{\Delta x_j}u_{j-1}^k+\dfrac{1}{\Delta x_j}\left(U-\dfrac{2\mathrm{i}\alpha}{Re}\right)v_{j-1}^k+\dfrac{1}{Re\Delta x_j}s_{j-1}^k\right] \\[2mm]
\dfrac{\partial s_j^k}{\partial y}=\left\{Re\left[\mathrm{i}(\alpha U-\omega)+\dfrac{\partial U}{\partial x}+\dfrac{1}{\Delta x_j}\left(U-\dfrac{2\mathrm{i}\alpha}{Re}\right)\right]+\lambda^2\right\}u_j^k+Re\,\dfrac{\partial U}{\partial y}v_j^k \\[2mm]
\qquad +Re\left(\mathrm{i}\alpha+\dfrac{1}{\Delta x_j}\right)p_j^k+Re\,Vs_j^k+\left[-\dfrac{Re}{\Delta x_j}\left(U-\dfrac{2\mathrm{i}\alpha}{Re}\right)u_{j-1}^k-\dfrac{Re}{\Delta x_j}p_{j-1}^k\right] \\[2mm]
\dfrac{\partial t_j^k}{\partial y}=\left\{Re\left[\mathrm{i}(\alpha U-\omega)+\dfrac{1}{\Delta x_j}\left(U-\dfrac{2i\alpha}{Re}\right)\right]+\lambda^2\right\}w_j^k+\mathrm{i}Re\beta p_j^k+ReVt_j^k \\[2mm]
\qquad +\left[-\dfrac{Re}{\Delta x_j}\left(U-\dfrac{2\mathrm{i}\alpha}{Re}\right)w_{j-1}^k\right]
\end{cases}$$

$$\tag{3.22}$$

式中，$\lambda^2=\alpha^2+\beta^2$，进一步写成矩阵形式

$$\frac{\partial \boldsymbol{q}_j^k}{\partial y}=\frac{\partial \boldsymbol{q}}{\partial y}\bigg|_j^k=\boldsymbol{A}_j^k\boldsymbol{q}_j^k+\boldsymbol{B}_j^k\boldsymbol{q}_{j-1}^k \tag{3.23}$$

式中，$\boldsymbol{q}=[u,v,w,p,s,t]^{\mathrm{T}}$，系数矩阵 $\boldsymbol{A},\boldsymbol{B}(\in\mathbb{C}^{6\times6})$ 只含雷诺数 Re 和特征值 α，以及平均流信息。将式(3.23)两边对 y 再求一次偏导数，有

$$\frac{\partial^2 \boldsymbol{q}_j^k}{\partial y^2}=\boldsymbol{C}_j^k\boldsymbol{q}_j^k+\boldsymbol{D}_j^k\boldsymbol{q}_{j-1}^k+\boldsymbol{E}_j^k\,\frac{\partial \boldsymbol{q}_{j-1}^k}{\partial y} \tag{3.24}$$

这里的 $\dfrac{\partial \boldsymbol{q}_{j-1}^k}{\partial y}$ 是在 x_{j-1} 处的值，为已知量。矩阵 $\boldsymbol{C},\boldsymbol{D}$ 和 $\boldsymbol{E}\in\mathbb{C}^{6\times6}$ 为

$$\boldsymbol{C}_j^k=\frac{\partial \boldsymbol{A}_j^k}{\partial y}+\boldsymbol{A}_j^k\boldsymbol{A}_j^k \tag{3.25}$$

$$\boldsymbol{D}_j^k=\boldsymbol{A}_j^k\boldsymbol{A}_{j-1}^k+\frac{\partial \boldsymbol{A}_{j-1}^k}{\partial y} \tag{3.26}$$

$$\boldsymbol{E}_j^k=\boldsymbol{A}_{j-1}^k \tag{3.27}$$

与第 2 章的 OSE 不同，这里的导数都含有上游信息，即依赖于 x_{j-1} 处的形状函数分布。在 y 方向上采用 2.3 节中所说的两点四阶紧致格式，该格式不仅在内部节点上保证四阶精度，而且在边界节点上也具有四阶精度；由于所依赖的相邻节点数只有两点，便于形成较窄带状系数矩阵，求解十分方便有效。下面引入类

似于格式(2.19),只是把导数改写为偏导数形式

$$q_j^k - q_j^{k-1} = \frac{h_k}{2}\left(\frac{\partial q_j^k}{\partial y} + \frac{\partial q_j^{k-1}}{\partial y}\right) - \frac{h_k^2}{12}\left(\frac{\partial^2 q_j^k}{\partial y^2} - \frac{\partial^2 q_j^{k-1}}{\partial y^2}\right) + O(h_k^5) \tag{3.28}$$

将式(3.23)和式(3.24)代入式(3.28),可以写为

$$-\widetilde{L}_j^{k-1} q_j^{k-1} + \widetilde{M}_j^k q_j^k = \widetilde{r}_{j-1}^k \tag{3.29a}$$

式中,系数矩阵

$$\begin{cases} \widetilde{L}_j^{k-1} = I + \dfrac{h_k}{2} A_j^{k-1} + \dfrac{h_k^2}{12} C_j^{k-1} \\[2mm] \widetilde{M}_j^k = I - \dfrac{h_k}{2} A_j^k + \dfrac{h_k^2}{12} C_j^k \\[2mm] \widetilde{r}_{j-1}^k = r_{j-1}^{k-1} - r_{j-1}^k \\[2mm] r_{j-1}^k = \dfrac{h_k}{2}\left(B_j^k + \dfrac{h_k}{6} D_j^k\right) q_{j-1}^k + \dfrac{h_k^2}{12} E_j^k \dfrac{\partial q_{j-1}^k}{\partial y} \end{cases} \tag{3.29b}$$

对式(3.29)取遍 $k = 0, 1, \cdots, N$,可以得到系数矩阵为大型块对角矩阵的线性方程组,解该线性方程组,就可以求得位于 x_j 的形状函数值。方程组类似于式(2.25),解法分两种:

(1) 将两对角块裂解成三对角块,然后视每一个 6×6 块矩阵为元素,再调用标量元素的三对角矩阵的追赶法,只要把元素的运算法则改为相应的矩阵运算法则就行了。通过计算发现,该法计算精度不是很高,而且也不适合做迭代改善(iteration refine)。相反,计算量却不小,因为其中会遇到大量的 6×6 块矩阵的相乘和求逆。

(2) 将整个系数矩阵视为带状矩阵处理,这就需要把块对角形的"锯齿"部分补上一些"0"块。计算表明,该方法精度较高,同时计算速度比(1)的方法要快好几倍。唯一的不足是在程序实现上要额外添加一个转换函数,就不能像(1)那样,系数矩阵可以直接从问题中方便地获取。

3.5.2　初始条件和边界条件

求解抛物化稳定性方程组(3.4),需要给出相应的初始条件和边界条件。

关于**初始条件**。可以选取空间模式的 OSE 结果(第 2 章已经作了详细叙述)。由于 OSE 的解是基于局部平行假设下具有流向自相似性的解,因此在解 PSE 的初始几站时,空间波数会出现波动,这主要是因为用 OSE 解作为初始值引进了瞬态相(transient phase)的缘故。文献[4]指出,为了避免局部平行解初始值的瞬态影响,计算初始点不应离稳定性中性曲线太远。当然,也可以直接采用多重尺度法的非平行流结果作为初始值。

关于**边界条件**。由于 PSE 无需像第 2 章 OSE 的局部迭代,也就不存在齐次问题的非齐次化,嵌入 $u=v=w=0$ 后,内边界处的式(3.29)可以写为

$$
-\left[\begin{array}{cc}(\widetilde{\boldsymbol{L}}_j^0)_1 & (\widetilde{\boldsymbol{L}}_j^0)_2\end{array}\right]\begin{bmatrix}0\\0\\0\\p_j^0\\s_j^0\\t_j^0\end{bmatrix}+\widetilde{\boldsymbol{M}}_j^1\boldsymbol{q}_j^1=\widetilde{\boldsymbol{r}}_j^1
$$

即

$$
-(\widetilde{\boldsymbol{L}}_j^0)_2\begin{bmatrix}p_j^0\\s_j^0\\t_j^0\end{bmatrix}+\widetilde{\boldsymbol{M}}_j^1\boldsymbol{q}_j^1=\widetilde{\boldsymbol{r}}_j^1 \tag{3.30}
$$

边界条件的处理主要是在外边界处进行。为了不引进高精度的插值所带来的麻烦,PSE 采用初始站的空间网格的分布,即式(2.28)。因此在外边界处可以进行类似于第 2 章的处理,所不同的是,那里是常微分方程,而这里是偏微分方程,需要考虑 x 方向的变化。对方程进行渐近处理,令 $y=y_{\max}$ 时,扰动方程中的 $Re\rightarrow\infty$,主流速度趋于自由流动 $U\equiv1,V\equiv0$,整理后方程组写为

$$
\begin{cases}
\left(\mathrm{i}\alpha+\dfrac{1}{\Delta x_j}\right)u_j^N+\dfrac{\partial v_j^N}{\partial y}+\mathrm{i}\beta w_j^N=\dfrac{u_{j-1}^N}{\Delta x_j}\\[2mm]
\left[\mathrm{i}(\alpha-\omega)+\dfrac{1}{\Delta x_j}\right]u_j^N+\mathrm{i}\alpha p_j^N=\dfrac{u_{j-1}^N}{\Delta x_j}\\[2mm]
\left[\mathrm{i}(\alpha-\omega)+\dfrac{1}{\Delta x_j}\right]v_j^N+\dfrac{\partial p_j^N}{\partial y}=\dfrac{v_{j-1}^N}{\Delta x_j}\\[2mm]
\left[\mathrm{i}(\alpha-\omega)+\dfrac{1}{\Delta x_j}\right]w_j^N+\mathrm{i}\beta p_j^N=\dfrac{w_{j-1}^N}{\Delta x_j}
\end{cases}\tag{3.31}
$$

经过重整可以得到

$$
\begin{bmatrix}p_j^N\\s_j^N\\t_j^N\end{bmatrix}=\begin{bmatrix}\dfrac{\mathrm{i}}{\alpha}\left[\mathrm{i}(\alpha-\omega)+\dfrac{1}{\Delta x_j}\right]u_j^N & 0 & 0\\[2mm] 0 & \mathrm{i}\alpha & 0\\[2mm] 0 & \mathrm{i}\beta & 0\end{bmatrix}\begin{bmatrix}u_j^N\\v_j^N\\w_j^N\end{bmatrix}-\begin{bmatrix}\dfrac{\mathrm{i}u_{j-1}^N}{\Delta x\alpha}\\[2mm]\dfrac{\mathrm{i}\alpha v_{j-1}^N-s_{j-1}^N}{\Delta x_j\mathrm{i}(\alpha-\omega)+1}\\[2mm]\dfrac{\mathrm{i}\beta v_{j-1}^N-t_{j-1}^N}{\Delta x_j\mathrm{i}(\alpha-\omega)+1}\end{bmatrix}\tag{3.32}
$$

记式中系数矩阵为 $\boldsymbol{A}$,右边的附加矢量为 $\boldsymbol{b}$。于是在外边界处的方程(3.29)就变为

$$-\widetilde{\boldsymbol{L}}_j^{N-1}\boldsymbol{q}_j^{N-1}+\begin{bmatrix}(\widetilde{\boldsymbol{M}}_j^N)_{11}+(\widetilde{\boldsymbol{M}}_j^N)_{12}\boldsymbol{A}\\(\widetilde{\boldsymbol{M}}_j^N)_{21}+(\widetilde{\boldsymbol{M}}_j^N)_{22}\boldsymbol{A}\end{bmatrix}\begin{bmatrix}u_j^N\\v_j^N\\w_j^N\end{bmatrix}=\widetilde{\boldsymbol{r}}_j^N+\begin{bmatrix}(\widetilde{\boldsymbol{M}}_j^N)_{12}\boldsymbol{b}\\(\widetilde{\boldsymbol{M}}_j^N)_{22}\boldsymbol{b}\end{bmatrix} \quad (3.33)$$

式中，$(\widetilde{\boldsymbol{M}}_j^N)_{11}$，$(\widetilde{\boldsymbol{M}}_j^N)_{12}$，$(\widetilde{\boldsymbol{M}}_j^N)_{21}$ 和 $(\widetilde{\boldsymbol{M}}_j^N)_{22}$ 分别为三阶子块。

3.5.3　线性 PSE 空间推进算法

　　与大多数抛物型方程的解法一样，PSE 也是在 x 方向作空间推进求解，同时对变系数 $\alpha(x)$ 作预估-校正迭代，具体算法如图 3.1 所示。

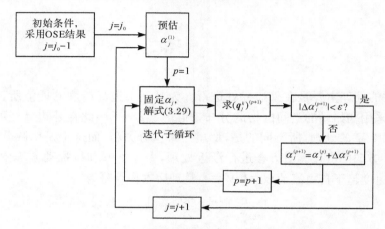

图 3.1　线性 PSE 空间推进算法示意图

主要步骤如下：

（1）先预估当地的特征值 $\alpha_j^{(1)}$。

当 $j=j_0$ 时，取 $\alpha_j^{(1)}$ 为 j_0-1 处的 OSE 结果。

当 $j>j_0$ 时，取 $\alpha_j^{(1)}$ 为 $j-1$ 处的 PSE 结果（即前一站的特征值）。

（2）定 $\alpha_j^{(p)}$ 的值不变，解方程（3.29），以求得 $(\boldsymbol{q}_j^k)^{(p+1)}$，进而得 $\hat{u}_{\max}^{(p+1)}$ 和 $(\partial\hat{u}_{\max}/\partial x)^{(p+1)}$；然后由式(3.20)得 $\alpha_j^{(p+1)}$，并令 $p=p+1$。

（3）重复步骤(2)直到迭代收敛，即 $\Delta\alpha_j^{(p+1)}=\alpha_j^{(p+1)}-\alpha_j^{(p)}<\varepsilon\approx10^{-9}$。

（4）向下游推进一步，即 $j=j+1$；转步骤(1)。

　　应当指出，由 PSE 的弱椭圆特性分析可知（见 3.8 节），在推进求解过程中的步长值不能取得太小。可以忽略流向的压强梯度 $\partial p/\partial x$（又称压力梯度）[5]，以便在不影响精度的情况下，克服对推进步长的限制；还可以在初始的几步取较大的步长值，以有效地消除因引入瞬态相而出现的波动。

3.5.4　二维 PSE 数值解

针对前面的三维 T-S 波分析,只要在式(3.2)中令 $\beta \equiv 0$ 就可以得到二维波的结果,这样做看似简单,实际上还是很麻烦的。因此,若只考虑二维扰动波时,可以直接导出扰动流函数形式的 PSE,能够更方便地进行数值求解[2]。

1. 流函数形式的 PSE

根据二维不可压缩流函数形式的无量纲 N-S 方程

$$\left(\frac{\partial}{\partial t}-\frac{1}{Re}\nabla^2+\frac{\partial \Psi}{\partial y}\frac{\partial}{\partial x}-\frac{\partial \Psi}{\partial x}\frac{\partial}{\partial y}\right)\nabla^2 \Psi=0 \qquad (3.34)$$

将流函数写为基本流与扰动之和的形式

$$\Psi(x,y,t)=\psi_{\mathrm{B}}(x,y)+\psi(x,y,t)$$

并代入式(3.34)中,减去平均流的 $\psi_{\mathrm{B}}(x,y)$ 所满足的方程,则有

$$\left(\frac{\partial}{\partial t}-\frac{1}{Re}\nabla^2+\frac{\partial \psi_{\mathrm{B}}}{\partial y}\frac{\partial}{\partial x}-\frac{\partial \psi_{\mathrm{B}}}{\partial x}\frac{\partial}{\partial y}\right)\nabla^2 \psi+\frac{\partial \psi}{\partial y}\frac{\partial^3 \psi_{\mathrm{B}}}{\partial x\partial y^2}-\frac{\partial \psi}{\partial y}\frac{\partial^3 \psi_{\mathrm{B}}}{\partial y^3}$$

$$=\left(\frac{\partial \psi}{\partial y}\frac{\partial}{\partial x}-\frac{\partial \psi}{\partial x}\frac{\partial}{\partial y}\right)\nabla^2 \psi+O(Re^{-2}) \qquad (3.35)$$

对于平板问题,平均流的 $\psi_{\mathrm{B}}(x,y)$ 可以由 Blasius 相似解给出。

进一步将扰动流函数按 T-S 波形式写为

$$\psi(x,y,t)=\phi(x,y)\chi(x,t)+\mathrm{c.c.} \qquad (3.36)$$

式中,$\chi(x,t)=\exp\left[\int_{x_0}^{x}\alpha(\xi)\mathrm{d}\xi-\mathrm{i}\omega t\right]$。根据 PSE 的基本假设,$\psi$ 对 x 的导数采用了由 $\partial \phi/\partial x$ 和 $\mathrm{d}\alpha/\mathrm{d}x$ 构成的如下线性关系式:

$$\frac{\partial^m \psi}{\partial x^m}=\left[\alpha^m\phi+m\alpha^{m-1}\frac{\partial \phi}{\partial x}+\frac{m}{2}(m-1)\alpha^{m-2}\frac{\mathrm{d}\alpha}{\mathrm{d}x}\phi\right]\chi+\mathrm{c.c.} \qquad (3.37)$$

将式(3.36)和式(3.37)代入式(3.35)并整理后,得到写成算子形式的二维线性抛物化稳定性方程

$$(L_0+L_1)\phi+L_2\frac{\partial \phi}{\partial x}+\frac{\mathrm{d}\alpha}{\mathrm{d}x}L_3\phi=0 \qquad (3.38)$$

边界条件为

$$\phi(x,0)=\frac{\partial}{\partial y}\phi(x,0)=0$$

$$y\to\infty,\quad \phi(x,y)=\frac{\partial}{\partial y}\phi(x,y)=0 \qquad (3.39\mathrm{a})$$

初始条件为

$$\phi(x_0,y)=f(y)$$

$$\alpha(x_0)=\alpha_0 \qquad (3.39\mathrm{b})$$

式中, L_0 到 L_3 的算子仅作用于 y ,可以表示为

$$L_0 = -\frac{1}{Re}(D^2+\alpha^2)^2 + \left(\frac{\partial \psi_B}{\partial y}\alpha - i\omega\right)(D^2+\alpha^2) - \frac{\partial^3 \psi_B}{\partial y^3}\alpha$$

$$L_1 = \frac{\partial^3 \psi_B}{\partial x \partial y^2}D - \frac{\partial \psi_B}{\partial x}(D^2+\alpha^2)D$$

$$L_2 = -\frac{4\alpha}{Re}(D^2+\alpha^2) + \frac{\partial \psi_B}{\partial y}(D^2+3\alpha^2) - 2i\omega\alpha - \frac{\partial^3 \psi_B}{\partial y^3}$$

$$L_3 = -\frac{2}{Re}(D^2+3\alpha^2) - i\omega + \frac{\partial \psi_B}{\partial y}3\alpha$$

(3.39c)

其中, $D = \partial/\partial y$; L_0 为 Orr-Sommerfeld 算子; L_1 为考虑基本流的法向速度分量的算子。

2. 正交函数逼近法

在 3.5.1 节中采用了差分方法离散 PSE,而采用正交函数逼近法,也是求解 PSE 的常用方法之一,特点是收敛速度快,达到的精度高[6,7]。下面讨论该方法用于非平行 Blasius 边界层流动的稳定性计算[8,9]。

这里选用 Chebyshev 多项式,是定义域为 $\bar{y} \in (-1,+1)$ 的正交函数族,用 $T_n(\bar{y})$ 表示, $T_n(\bar{y}) = \cos(n\arccos\bar{y})(n=0,1,2,3,\cdots)$,将函数 ϕ 写为

$$\phi = \sum_{n=0}^{N} a_n T_n(\bar{y})$$

(3.40)

对于 Blasius 边界层流动,其物理区域是半无限区域, $y \in [0,\infty)$ 。需要用代数变换,将物理区域映射到计算域。可以有不同的数学变换,这里采用如下代数变换:

$$\eta = \frac{y-L}{y+L}$$

(3.41)

式中, L 为用在物理域中控制配置点分布的参数。通过该变换,使 Blasius 边界层流动的物理域变换为 $\eta \in [-1,+1]$ 。相应的导数公式(采用记号 $D = d/d\eta$)可以写成如下形式:

$$\frac{d}{dy} = S_0(\eta)D$$

(3.42a)

$$\frac{d^2}{dy^2} = S_1(\eta)D^2 + S_2(\eta)D$$

(3.42b)

$$\frac{d^3}{dy^3} = S_3(\eta)D^3 + S_4(\eta)D^2 + S_5(\eta)D$$

(3.42c)

$$\frac{d^4}{dy^4} = S_6(\eta)D^4 + S_7(\eta)D^3 + S_8(\eta)D^2 + S_9(\eta)D$$

(3.42d)

式中,系数 $S_0(\eta) \sim S_9(\eta)$ 是与坐标变换有关的表达式。

对于线性抛物化稳定性方程(3.38),这里用 40 阶 Chebyshev 配置点的方法进行数值模拟。当 $\eta_j=\theta_j=\arccos y_j$,$y_j\in[-1,+1)$时,对方程(3.38)中的算子有如下的展开:

$$L_0: \quad -\frac{1}{Re}\big[s_6(\eta_j)T_i''''(\eta_j)+s_7(\eta_j)T_i'''(\eta_j)+s_8(\eta_j)T_i''(\eta_j)+s_9(\eta_j)T_i'(\eta_j)\big]$$

$$-\frac{2\alpha^2}{Re}\big[s_1(\eta_j)T_i''(\eta_j)+s_2(\eta_j)T_i'(\eta_j)\big]-\frac{\alpha^4}{Re}T_i(\eta_j)+\Big[\sum_{m=0}^N u_m T_m(\eta_j)\Big]\alpha$$

$$\cdot\big[s_1(\eta_j)T_i''(\eta_j)+s_2(\eta_j)T_i'(\eta_j)\big]+\Big[\sum_{m=0}^N u_m T_m(\eta_j)\Big]\alpha^3 T_i(\eta_j)$$

$$-iw\big[s_1(\eta_j)T_i''(\eta_j)+s_2(\eta_j)T_i'(\eta_j)+\alpha^2 T_i(\eta_j)\big]-\Big[s_1(\eta_j)\sum_{m=0}^N u_m T_m''(\eta_j)$$

$$+s_2(\eta_j)\sum_{m=0}^N u_m T_m'(\eta_j)\Big]\alpha T_i(\eta_j) \tag{3.43a}$$

$$L_1: \quad -\Big[s_1(\eta_j)\sum_{m=0}^N v_m T_m''(\eta_j)+s_2(\eta_j)\sum_{m=0}^N v_m T_m'(\eta_j)\Big]s_0(\eta_j)T_i'(\eta_j)$$

$$+\Big[\sum_{m=0}^N v_m T_m(\eta_j)\Big]\big[s_3(\eta_j)T_i'''(\eta_j)+s_4(z_j)T_i''(\eta_j)+s_5(\eta_j)T_i'(\eta_j)$$

$$+\alpha^2 s_0(\eta_j)T_i'(\eta_j)\big] \tag{3.43b}$$

$$L_2: \quad -\frac{4\alpha}{Re}\big[s_1(\eta_j)T_i''(\eta_j)+s_2(\eta_j)T_i'(\eta_j)+\alpha^2 T_i(\eta_j)\big]+\Big[\sum_{m=0}^N u_m T_m(\eta_j)\Big]$$

$$\cdot\big[s_1(\eta_j)T_i''(\eta_j)+s_2(\eta_j)T_i'(\eta_j)+3\alpha^2 T_i(\eta_j)\big]-2iw\alpha T_i(\eta_j)$$

$$-\Big[s_1(\eta_j)\sum_{m=0}^N u_m T_m''(\eta_j)+s_2(\eta_j)\sum_{m=0}^N u_m T_m'(\eta_j)\Big]T_i(\eta_j) \tag{3.43c}$$

$$L_3: \quad -\frac{2}{Re}\big[s_1(\eta_j)T_i''(\eta_j)+s_2(\eta_j)T_i'(\eta_j)+3\alpha^2 T_i(\eta_j)\big]-iw T_i(\eta_j)$$

$$+\Big[\sum_{m=0}^N u_m T_m(\eta_j)\Big]3\alpha T_i(\eta_j) \tag{3.43d}$$

式中的撇表示求导数。边界层流动的速度 $u(y)$ 和 $v(y)$ 及 Chebyshev 函数与各阶导数之间的关系式见文献[9]。

在流向上采用一阶差分格式,对二维线性抛物化稳定性方程(3.38)推进求解。因为 α 出现在算子中,故(3.38)系统是非线性的。通过迭代,即采用预估-校正方法来修正 α 值(α 的实部对应于空间物理波数,虚部对应于增长率),直到正规化条件满足为止。然后,向下游推进一步,重复上述过程。需要注意的是,在采用 Chebyshev 函数族离散方程,加入扰动边界条件时,需要考虑边界层内的流动变化快的特点,应当尽量多地保留对应于物理区域中位于边界层内的配置点的方程,以提高精度。

3. 局部法

合理地给出初始条件,对于求解 PSE 是十分重要的。非平行 PSE 的初始条件,即方程(3.39b),可以近似地采用平行流稳定性的结果。但是,如果采用局部法,即对局部区域考虑非平行性影响,则给出的 PSE 计算的初始条件更好。此外,局部处理的方法是利用基本流和一些扰动参数进行分析,因而也能提供一个既可以考虑非平行性又可以考虑非线性的处理方法(见 4.2.2 节)。

在流向的给定研究位置,如 x_0 处,假设 T-S 波的振幅足够小,因而可以用线性处理的方法。下面讨论局部法,给定参数 ω,Re 和平均流 ψ_B,可以求出方程(3.38)中未知量 $\phi,\partial\phi/\partial x,\alpha$ 和 $\mathrm{d}\alpha/\mathrm{d}x$。

引入 ϕ,α 和 ψ_B 对 $\xi = x - x_0$ 的 Taylor 级数展开式,并注意到,满足 PSE 假设及在主流的边界层近似范围内,高阶导数可以忽略,从而有

$$\phi(x,y) = \phi_0 + \xi\phi_1 \tag{3.44a}$$

$$\alpha(x) = \alpha_0 + \xi\alpha_1 \tag{3.44b}$$

$$\Psi(x,y,t) = (\phi_0 + \xi\phi_1)\exp\left[\int_0^\xi (\alpha_0 + \xi\alpha_1)\mathrm{d}\xi - \mathrm{i}\omega t\right] \tag{3.44c}$$

式中

$$\phi_0 = \phi(x_0,y), \quad \phi_1 = \frac{\partial\phi(x_0,y)}{\partial x}, \quad \alpha_0 = \alpha(x_0), \quad \alpha_1 = \frac{\mathrm{d}\alpha(x_0)}{\mathrm{d}x} \tag{3.45}$$

式(3.45)代入方程(3.38)后,可以写为

$$(L_0 + L_1)(\phi_0 + \xi\phi_1) + L_2\frac{\partial(\phi_0 + \xi\phi_1)}{\partial x} + \frac{\mathrm{d}(\alpha_0 + \xi\alpha_1)}{\mathrm{d}x}L_3(\phi_0 + \xi\phi_1) = 0 \tag{3.46}$$

令式(3.46)对任何变化的 ξ 都成立,可以得到以下两个方程:

$$(L_0 + L_1 + \alpha_1 L_3)\phi_0 + L_2\phi_1 = 0 \tag{3.47a}$$

$$(L_4 + \alpha_1 L_2)\phi_0 + L_0\phi_1 = 0 \tag{3.47b}$$

式中

$$L_4 = \frac{\partial^2\psi_B}{\partial x\partial y}(D^2 + \alpha^2)\alpha - \frac{\partial^4\psi_B}{\partial y^3\partial x}\alpha \tag{3.48}$$

方程组(3.47)及式(3.39a)关于 ϕ_0 和 ϕ_1 的齐次边界条件一起,构成了求解未知量 $\alpha_0,\phi_0(y),\alpha_1,\phi_1(y)$ 的方程组,该方程组能够同时确定具有 $O(Re^{-1})$ 精度的未知量。此外,求解该系统不需要通常的可解条件。与前面 PSE 方法类似,引入正规化条件,使 ϕ_0 和 ϕ_1 满足如下关系:

$$\frac{\mathrm{d}\phi_0(y_m)}{\mathrm{d}y} = 1, \quad \frac{\mathrm{d}\phi_1(y_m)}{\mathrm{d}y} = 0 \tag{3.49}$$

在局部处理范围内,采用 $\alpha_1 = 0$ 来近似这一正规化条件,则方程组(3.47)可以

改写为单一特征值 α_0 和特征矢量 (ϕ_0,ϕ_1) 的特征值问题的方程

$$\begin{bmatrix} L_0+L_1 & L_2 \\ L_4 & L_0 \end{bmatrix}\begin{bmatrix} \phi_0 \\ \phi_1 \end{bmatrix}=\begin{bmatrix} 0 \\ 0 \end{bmatrix} \qquad (3.50)$$

求解该方程,得到局部法的结果。由局部法给出的初始条件,比通常 OSE 给出的初始条件更合理与准确。

3.6　稳定性分析

通过 PSE 方法能够得到边界层稳定性研究所需的各种结果,包括扰动增长率、扰动振幅比及各种形状函数,随雷诺数、频率和展向波数的变化,并进行相关的稳定性分析。采用如下符号:起始站雷诺数 Re_0;边界层厚度 $\delta_0=\sqrt{\nu\,\tilde{x}_0/U_\infty}$;无量纲频率 F 和展向波数 b;当地边界层厚度 $\delta=\sqrt{\nu\,\tilde{x}/U_\infty}$,$x$ 为长度 $\tilde{x}$ 的无量纲值,长度的无量纲化参数为起始站的边界层厚度 δ_0。x 方向的推进计算是针对同一个 T-S 波(频率不变)进行的。由于存在如下关系:$Re/Re_0=\sqrt{x/x_0}$,Re_0 是基于 x_0 的,因而雷诺数与流向坐标一一对应,为方便分析物理问题,图中是以雷诺数为基准的。

PSE 与其他的结果比较。图 3.2 是扰动速度函数 $u(x,y)$ 随雷诺数变化的三维曲线。由图可以看出,PSE 方法假设 u 是 y 和 x 的函数是合理的。因为按照 OSE 理论,u 仅仅是 y 的函数,T-S 波的振幅随 x 的变化被单纯地理解为按指数增长;而按照 PSE 方法,将 T-S 波的振幅分解为按指数增长和随 x 的缓慢变化。图中 u 的最大模值随 x 的变化是很慢的,并且渐渐地远离物面,显示了扰动速度函数的慢变及其峰值外移的特性。图 3.3 给出了中性扰动速度函数的 PSE 计算结果与典型实验数据的比较[10],两者是一致的。

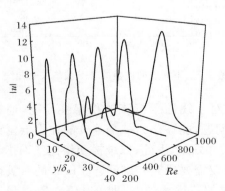

图 3.2　扰动速度函数 $u(x,y)$ 的模值分布

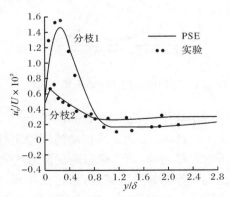

图 3.3　中性扰动速度函数的幅值变化

　　下面分析非平行性对稳定性的影响。图 3.4 是不同频率下的 T-S 波的扰动振幅比随流向的变化。图中有 PSE 的非平行性结果及局部平行理论的 OSE 结果,显示了扰动振幅比的变化规律和非平行性的影响。如图 3.4 所示,尽管平板边界层的非平行性是十分微弱的,但 PSE 的计算结果仍然能显示出非平行效应,尤其是在低频波时,非平行性的影响更大。随着频率的减小,它的最大值在增加,且往更大雷诺数处移动。图 3.5 是不同展向波数的 T-S 波的增长率(γ)随雷诺数的变化曲线。图中的展向波数 b 的大小反映了 T-S 波的三维性的强弱。如图中的 $b=0.3$ 曲线,除了增长率要比二维($b=0.0$)有所减小外,若按平行流(OSE)计算,扰动全是稳定的($\gamma<0$),而按非平行流(PSE)计算,则出现了一小段不稳定区($\gamma>1$)。显然,非平行性对三维扰动的影响较大,有时甚至会出现对于平行流来说是稳定的状态,而非平行性的影响却能使其逆转为不稳定的现象[11]。此外,从 Blasius 边界层的 $Re\text{-}F\text{-}b$ 空间中的一个中性面的 b 值等值线图(图 3.6[9]),也能看到类似的结果(实线和虚线分别为非平行和平行的),实线与虚线间出现明显的分离,显示了三维性的影响。对于每一条中性曲线,b 值是固定的,波传播角是变化的。例如,对 $b=0.3$ 的曲线,波传播方向角 $\theta(=\arctan(\beta/\alpha))$ 从 $Re=350$、$F=150$ 时的 35°,改变到 $Re=600$、$F=63$ 时的 66°。因此,需要考虑非平行性对三维稳定性的影响。

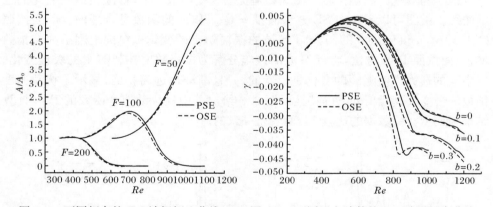

图 3.4　不同频率的 T-S 波振幅比曲线　　图 3.5　不同展向波数的 T-S 波增长率曲线

　　关于非平行流中的 Squire 变换[12]。对于线性平行流的稳定性问题,通过 Squire 变换,$\beta\neq0$ 的三维扰动的不稳定性问题,能够化为一个等价的在更低雷诺数下的二维问题,而失稳总是在雷诺数大时才发生,因此,二维扰动将比三维扰动先达到失稳的临界雷诺数,就这点来说,仅仅需要研究二维问题。PSE 的有关研究表明[2,9],对于传播方向略偏离流线方向的三维扰动波,即 β/α 值在 Re^{-1} 量级时,Squire 变换还是成立的。也就是说,量级为 Re^{-1} 的项对扰动波的稳定性影响

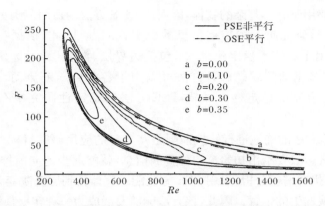

图 3.6　不同展向波数的 Blasius 边界层的中性曲线($b=10^3\beta/Re$)

并不大,因而可以预料,在 β/α 较小时影响也较小。但是,当 β/α 增加到较大值时,非平行影响大于 $O(Re^{-1})$,对扰动波稳定性的影响会十分显著,这时该变换不再有效。显然,对于非平行流的三维扰动,Squire 变换有着严重的局限性,图 3.5 和图 3.6 中展示的非平行性作用随三维性的增强而变大,也证实了这个结论,这时应当慎用 Squire 定理。

3.7　PSE 方法的优势

对于流动稳定性研究,PSE 方法有着不同于其他方法的特点而有明显的优势[13,14],是稳定性及其转捩问题研究的一种重要方法。

PSE 方法研究线性稳定性问题时,能够考虑到扰动的历史过程和基本流的流向变化,包括非平行性作用,提供了稳定性研究所需的空间振幅增长曲线,也可以考虑表面曲率等的影响。不同于传统的线性稳定性方程的特征解,PSE 解耦合非齐次的初始和边界条件,这样的初-边值问题更适用于分析扰动的增长,而在这些非齐次条件中,包括不易处理的自由湍流度或粗糙度等问题。

对于非线性稳定性问题,不同的频率 ω_n 和波数 β_m 的非线性 PSE 方程组能够同时求解,以处理单个模态的非线性演化或者不同模态之间的相互干扰(下标 n,m 是指相应模态的阶次)。因此,PSE 方法同样适用于模拟转捩的非线性阶段,在通常的有限模态数情况下,其非线性稳定性计算的速度是很快的,并可以一直推进到接近于转捩发生的位置。

PSE 方法与 DNS 方法相比,尽管 DNS 方法是转捩研究的一种最精确的数值方法,但是它对计算资源的苛求,目前还不能用于如一般飞行器那样的三维边界层转捩问题;而 PSE 方法则可以采用推进方法数值求解,不需耗费大量的计算资源;尤其是能够用于外形复杂的物体,因而比 DNS 方法的适用范围更大。

　　PSE 方法是研究向下游传播信息的稳定性问题,因此,根据它们的传播特性,该方法适用于对流不稳定流动[15],包括边界层、混合层、远场尾迹、圆管、槽道和射流等许多流动问题。PSE 方法可以用于各种可压缩流动,包括超声速/高超声速流的边界层稳定性。显然,PSE 方法在稳定性研究中有广泛的应用领域[13]。

　　通过 PSE 方法准确地进行转捩预测是其重要的应用研究目标[16,17]。利用抛物型方程的特性,只要给出初始流向位置的信息,就能逐步地向前推进求解,进行不同情况下的扰动增长分析;采用 PSE 方法能一直计算到层流溃变为湍流前的阶段,接近于转捩发生的位置。因此,该方法能够发展成为一种转捩预测新方法。

　　PSE 方法已成功地用于许多不同的流动问题。例如,郭欣和王强[18,19]最近将PSE 方法应用于可压缩混合层问题,通过求解抛物化稳定性方程,模拟扰动各模态的非线性演化,得到有关混合层流动研究的新结果。图 3.7(a)给出了混合层内涡卷的形成和涡并的演化;而在图 3.7(b)中则展示了超声速远场声辐射情况(计算条件:高、低来流马赫数分别为 2.5 与 1.5,温度比 1,雷诺数 750,基频扰动角频率 0.569,振幅为 2×10^{-3},1/2 亚谐扰动振幅 5×10^{-4})。图 3.8 给出的是三维混合层内瞬时压力等值面,清楚地显示了典型的 H-型 Λ 结构。随着扰动的增长,流

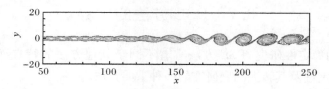

(a) 涡并结构($\omega_z=0.05\sim0.25$)

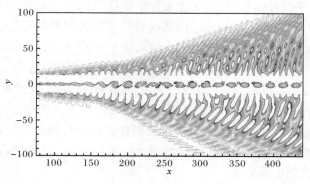

(b) 远场声辐射($p'/p_\infty=-0.002\sim0.002$)

图 3.7　PSE 在混合层结构模拟和声辐射预测的应用

场中出现了展向周期分布,流向交错排列的 Λ 结构(计算条件:高、低来流马赫数分别为 2.5 与 1.5,温度比 1,雷诺数 500,基频扰动角频率 0.562,振幅 $2×10^{-3}$,入口三维亚谐展向波数 0.7,振幅 $5×10^{-4}$)。研究表明,PSE 方法能快速模拟和展示三维 Λ 涡等转捩过程中的非线性涡结构。

图 3.8　混合层内瞬时压力等值面($p/p_\infty=0.945$)

又如,PSE 方法应用于喷流噪声产生的机理研究。流动噪声尤其是喷流噪声是流体力学中的一个十分重要的问题。图 3.9[20] 所示喷流比一般平面混合层更复杂,远场的噪声水平直接取决于喷流剪切层的大尺度相干结构和小尺度湍流结构。近年来采用类似于边界层稳定性的方法来研究喷流的剪切层,成功地将线性稳定性理论应用于该领域。由于 PSE 方法具有处理非平行问题的优势,人们逐渐开始采用 PSE 方法来处理其中的一些问题[21]。Gudmundsson 等[22] 和 Rodriguez 等[23] 的研究工作具有代表性,这是建立在人们对喷流剪切层中的相干结构和不稳

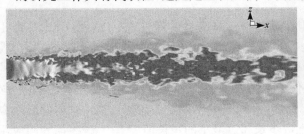

(a) 喷口附近轴向速度 u 分布　　　　　　　(b) 压力时间梯度 $\partial p/\partial t$

图 3.9　一般圆管射流瞬时流场及其声波散射分布

定波实质上是一致的认识上。Gudmundsson 等的计算表明,在较低频率的范围内通过 PSE 计算的压力幅值分布与实验结果是基本一致的(图 3.10[22])。

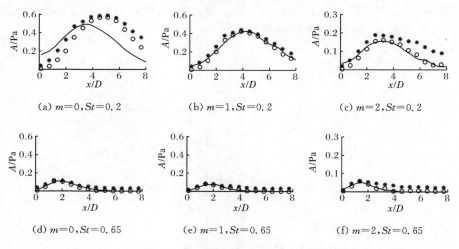

(a) $m=0, St=0.2$　　　　(b) $m=1, St=0.2$　　　　(c) $m=2, St=0.2$

(d) $m=0, St=0.65$　　　(e) $m=1, St=0.65$　　　(f) $m=2, St=0.65$

图 3.10　不同展向模态(m)及不同频率(St)的压力幅值分布
实线表示 PSE 计算值;符号表示实验测量值

　　概括来说,PSE 方法的优势在于以下几点:一是适用范围广,不仅可以用于平行流和线性问题,而且能同时考虑非平行和非线性作用,能够用于不同的边界层,各种剪切流,以及外形复杂物体的稳定性研究;二是计算速度快,采用高效的推进算法精确求解,且其数值解在适度的计算资源下就能获得;三是将稳定性计算推进到接近于转捩发生的位置,有发展成为转捩预测新方法的应用前景。涵盖了许多应用领域的 PSE 方法,已经发展成为边界层稳定性和转捩研究新的方法和途径。

3.8　PSE 的弱椭圆特性分析

　　PSE 的最终目的是希望在流线方向具有抛物特性[24]。然而,PSE 是真正的抛物化了吗? 否定的答案是很容易找到的,通过足够小的步长尺度推进,它就可能引起数值不稳定。类似于被抛物化的 N-S 方程(PNS),PSE 也显示出残留的弱椭圆特性[25]。这样的数值不稳定性及弱椭圆特性的影响,会使信息向上游传播[15]。为了抑制这种数值不稳定性,提出了许多方法,例如,减少或消除流线方向的压力梯度,取流线方向的推进步长超过最小的步长值等[15]。这些都表明应用于椭圆问题时,推进解的不适定性。这里以具有对流不稳定性的平板边界层平行流稳定性问题为例,分析抛物化稳定性方程的特征,识别导致椭圆特性的相关项,提出消除方法,并证明 PSE 解与全椭圆问题解的一致性[26]。

3.8.1　弱椭圆特性

扰动方程(2.4)和(2.5)经过线性化等处理后,所得线性小扰动方程组可以写为

$$\frac{\partial u}{\partial x}+\frac{\partial v}{\partial y}+\frac{\partial w}{\partial z}=0 \tag{3.51a}$$

$$\frac{\partial u}{\partial t}+U\,\frac{\partial u}{\partial x}+vU'+W\,\frac{\partial u}{\partial z}+\frac{\partial p}{\partial x}-\frac{1}{Re}\Delta u=0 \tag{3.51b}$$

$$\frac{\partial v}{\partial t}+U\,\frac{\partial v}{\partial x}+W\,\frac{\partial v}{\partial z}+\frac{\partial p}{\partial y}-\frac{1}{Re}\Delta v=0 \tag{3.51c}$$

$$\frac{\partial w}{\partial t}+U\,\frac{\partial w}{\partial x}+vW'+W\,\frac{\partial w}{\partial z}+\frac{\partial p}{\partial z}-\frac{1}{Re}\Delta w=0 \tag{3.51d}$$

式中,$\Delta=\frac{\partial^2}{\partial x^2}+\frac{\partial^2}{\partial y^2}+\frac{\partial^2}{\partial z^2}$;撇号代表对 y 求偏导数。对于给定的主流,在边界层近似范围内,方程(3.51)与 N-S 方程是等价的,因此为椭圆型方程。

上述偏微分方程的系数或是常数,或仅与主流 $\boldsymbol{V}_0(y)=[U(y),0,W(y)]^{\mathrm{T}}$ 有关,因此可以把每一个扰动物理量 $\boldsymbol{Q}$ 写为

$$Q(x,y,z,t)=q(x,y)\exp(\mathrm{i}\alpha x+\mathrm{i}\beta z-\mathrm{i}\omega t) \tag{3.52}$$

式中,α 为流向波数精确解 α_0 的估计值,该值在求解过程中不断更新。上述方程组的精确解可以表示为

$$Q(x,y,z,t)=q_0(y)\exp(\mathrm{i}\alpha_0 x+\mathrm{i}\beta z-\mathrm{i}\omega t) \tag{3.53}$$

把式(3.52)代入式(3.51),即得到扰动形状函数的控制方程组,该方程组与式(3.51)十分类似,只需将流线方向的导数重新定义

$$\frac{\partial^n}{\partial x^n}\to\left(\mathrm{i}\alpha+\frac{\partial}{\partial x}\right)^n \tag{3.54}$$

当采用 PSE 近似时,式(3.54)可简化为

$$\frac{\partial^n}{\partial x^n}\to(\mathrm{i}\alpha)^n+n(\mathrm{i}\alpha)^{(n-1)}\frac{\partial}{\partial x} \tag{3.55}$$

对于所得到的形状函数控制方程组,将导数项移至等号左边,其余项在等号右边用省略号表示,则有

$$c_1\,\frac{\partial u}{\partial x}+\frac{\partial v}{\partial y}=\cdots \tag{3.56a}$$

$$-\frac{1}{Re}\frac{\partial^2 u}{\partial y^2}+\left(U-\frac{2\mathrm{i}\alpha}{Re}\right)\frac{\partial u}{\partial x}+c_2\,\frac{\partial p}{\partial x}=\cdots \tag{3.56b}$$

$$-\frac{1}{Re}\frac{\partial^2 v}{\partial y^2}+\left(U-\frac{2\mathrm{i}\alpha}{Re}\right)\frac{\partial v}{\partial x}+\frac{\partial p}{\partial y}=\cdots \tag{3.56c}$$

$$-\frac{1}{Re}\frac{\partial^2 w}{\partial y^2}+\left(U-\frac{2\mathrm{i}\alpha}{Re}\right)\frac{\partial w}{\partial x}=\cdots \tag{3.56d}$$

式中，c_1 和 c_2 的值取为 1，下面将借助于它们来识别导致椭圆特性的有关项。为了分析 PSE 方程的特征，可以分别用 λQ 和 μQ 代替 Q_x 和 Q_y，从而得到以 $\boldsymbol{AQ}=\cdots$ 的形式表达的系统，其中

$$\boldsymbol{A}=\begin{bmatrix} c_1\lambda & \mu & 0 & 0 \\ C & 0 & 0 & c_2\lambda \\ 0 & C & 0 & \mu \\ 0 & 0 & C & 0 \end{bmatrix} \tag{3.57a}$$

式中

$$C=\left(U-\frac{2\mathrm{i}\alpha}{Re}\right)\lambda-\frac{1}{Re}\mu^2 \tag{3.57b}$$

如果行列式 $\det\boldsymbol{A}=0$ 的根 $\lambda=\lambda(\mu)$，对于 μ 的所有实数值均为实数，则原始方程的椭圆特性将被完全去掉。由

$$\det\boldsymbol{A}=(c_1c_2\lambda^2+\mu^2)\frac{[-(ReU-2\mathrm{i}\alpha)\lambda+\mu^2]^2}{Re^2} \tag{3.58}$$

可以得到

$$\lambda=\pm\mathrm{i}\mu,\qquad \frac{\mu^2}{ReU-2\mathrm{i}\alpha} \tag{3.59}$$

有趣的是，U 的符号不影响第三个根的虚部值大小。由式(3.58)和式(3.59)可知，若 c_1、c_2 和 α 的实部均不等于零，则三个根都是复数，这表明 PSE 仍然是椭圆型的，尽管与作抛物化处理之前的方程相比，椭圆特性的程度已减弱很多。弱椭圆特性的来源有两个：一是声源；二是黏性源。

3.8.2　消除方法

为了从 PSE 中消除椭圆特性，可以用下面两种方法：

(1) 消除来自声源的椭圆特性。认为膨胀的扰动以有限的速度传播（这是不可压缩假设的例外现象）。为消除来自声源的椭圆特性，可以令 c_1 或 c_2 为零，即忽略连续方程中 u 速度形状函数的流向导数，或动量方程中压力的流向梯度。这是从严格意义上消除来自声源的椭圆特性。实际上，为了避免数值不稳定性，可以通过令 c_1 或 c_2 为小于 1 的常数来达到这一目的。但是当马赫数大于 1 时，无须这样做，因为扰动波向上游的传播自然受到抑制。

(2) 消除来自黏性源的椭圆特性。当 $Re\gg1$ 时，第三个根的虚部值很小。通过引进额外的近似得到适定的抛物化问题，从而在求解过程中无须对推进步长作限制。该近似为

$$\frac{1}{Re}\frac{\partial^2}{\partial x^2} \rightarrow \frac{(\mathrm{i}\alpha)^2}{Re} + O\left(\frac{1}{Re^{1/2}}\right) \tag{3.60}$$

此时第三个根是实数,$\lambda = \mu^2/ReU$。甚至可以选择足够大的推进步长去"跳过"小的向上游的影响,也提高了实际应用中的效率。对于简单的向后差分推进,Li 等[27]获得了推进步长 Δx 的极限,$\Delta x > |\alpha|^{-1}$。实际上,虽然该极限对于大多数应用是可以接受的,但往往难以满足在形状函数快速变化时的高分辨率的要求,如在转捩的后阶段。

3.8.3 解的一致性

可以证明抛物型稳定性方程解与全椭圆问题解的一致性。设在流线 x 处的精确解已知,我们在 $x+\mathrm{d}x$ 处进行求解。进一步假设新位置处的解 α 与精确解 α_0 的差为 $\delta\alpha$

$$\alpha = \alpha_0 - \delta\alpha \tag{3.61}$$

当采用 3.8.2 节中的(1)(取 $c_2 = 0$)和(2)的两种方法消除椭圆特性时,控制方程组为

$$\left(\mathrm{i}\alpha + \frac{\partial}{\partial x}\right)u + \frac{\partial v}{\partial y} + \mathrm{i}\beta w = 0 \tag{3.62a}$$

$$\left(-\mathrm{i}\omega + \mathrm{i}\alpha U + \mathrm{i}\beta W + \frac{\alpha^2}{Re} + \frac{\beta^2}{Re} - \frac{1}{Re}\frac{\partial^2}{\partial y^2}\right)u + vU' + \mathrm{i}\alpha p + U\frac{\partial u}{\partial x} = 0 \tag{3.62b}$$

$$\left(-\mathrm{i}\omega + \mathrm{i}\alpha U + \mathrm{i}\beta W + \frac{\alpha^2}{Re} + \frac{\beta^2}{Re} - \frac{1}{Re}\frac{\partial^2}{\partial y^2}\right)v + \frac{\partial p}{\partial y} + U\frac{\partial v}{\partial x} = 0 \tag{3.62c}$$

$$\left(-\mathrm{i}\omega + \mathrm{i}\alpha U + \mathrm{i}\beta W + \frac{\alpha^2}{Re} + \frac{\beta^2}{Re} - \frac{1}{Re}\frac{\partial^2}{\partial y^2}\right)w + vW' + \mathrm{i}\beta p + U\frac{\partial w}{\partial x} = 0 \tag{3.62d}$$

另一方面,当 $|\delta\alpha/\alpha_0| \ll 1$ 时,精确解满足下列方程组:

$$(\mathrm{i}\alpha + \mathrm{i}\delta\alpha)u + \frac{\partial v}{\partial y} + \mathrm{i}\beta w = 0 \tag{3.63a}$$

$$\left(-\mathrm{i}\omega + \mathrm{i}\alpha U + \mathrm{i}\beta W + \frac{\alpha^2}{Re} + \frac{\beta^2}{Re} - \frac{1}{Re}\frac{\partial^2}{\partial y^2}\right)u + vU'$$
$$+ \mathrm{i}\alpha p + \mathrm{i}U\delta\alpha u + \frac{2\alpha\delta\alpha}{Re}u + \mathrm{i}\delta\alpha p = 0 \tag{3.63b}$$

$$\left(-\mathrm{i}\omega + \mathrm{i}\alpha U + \mathrm{i}\beta W + \frac{\alpha^2}{Re} + \frac{\beta^2}{Re} - \frac{1}{Re}\frac{\partial^2}{\partial y^2}\right)v + \frac{\partial p}{\partial y} + \mathrm{i}U\delta\alpha v + \frac{2\alpha\delta\alpha}{Re}v = 0 \tag{3.63c}$$

$$\left(-\mathrm{i}\omega + \mathrm{i}\alpha U + \mathrm{i}\beta W + \frac{\alpha^2}{Re} + \frac{\beta^2}{Re} - \frac{1}{Re}\frac{\partial^2}{\partial y^2}\right)w + vW' + \mathrm{i}\beta p + \mathrm{i}U\delta\alpha w + \frac{2\alpha\delta\alpha}{Re}w = 0 \tag{3.63d}$$

上述两个方程组等价的条件是

$$\frac{\partial u}{\partial x} = \mathrm{i}\delta\alpha u \tag{3.64a}$$

$$U\frac{\partial u}{\partial x}=\mathrm{i}U\delta\alpha u+\frac{2\alpha}{Re}\frac{\delta\alpha}{}u+\underline{\underline{\mathrm{i}\delta\alpha p}} \tag{3.64b}$$

$$U\frac{\partial v}{\partial x}=\mathrm{i}U\delta\alpha v+\frac{2\alpha}{Re}\frac{\delta\alpha}{}v \tag{3.64c}$$

$$U\frac{\partial w}{\partial x}=\mathrm{i}U\delta\alpha w+\frac{2\alpha}{Re}\frac{\delta\alpha}{}w \tag{3.64d}$$

注意到，在上述方程中"下面划线"的项，在左边没有对应项，但在通常的 PSE 方法中是有的。下面"划单线"的项是可以忽略的小项。如果波数的初始值取得不恰当，下面"划双线"的项可能变得不可忽略，且有可能导致发散，其原因是式(3.64a)与式(3.64b)的不一致性。但当 $\delta\alpha\rightarrow0$ 时，这种不一致性将被去掉。乍看起来，常规的 PSE 是较好的，因为它保留了式(3.64a)左边的一些项，这些项平衡了"下面划线"的项。然而，这种一致性可能是以方程的不适定性为代价的。考虑到在迭代求解过程中，不适定性较之不一致性显得更为重要，所以，应该采用上述修正。至于波数的修正，可以通过任意一个使得 $\partial/\partial x$ 与 $\mathrm{i}\delta\alpha$ 等价的关系来进行。例如

$$\delta\alpha=\mathrm{Im}\frac{\displaystyle\int_0^\infty\frac{\partial q}{\partial x}\mathrm{d}y}{\displaystyle\int_0^\infty q\mathrm{d}y} \tag{3.65}$$

式中，q 通常可以表示为速度 u 的形状函数；Im 代表虚部。对于剪切流来说，式(3.52)、式(3.53)和式(3.61)可以合并为

$$Q(x,y,z,t)=q_0(y)\exp(\mathrm{i}\alpha_0x+\mathrm{i}\beta z-\mathrm{i}\omega t)$$
$$=[q_0(y)\exp(\mathrm{i}\delta\alpha x)]\exp(\mathrm{i}\alpha x+\mathrm{i}\beta z-\mathrm{i}\omega t) \tag{3.66}$$

式中，括号内的量是式(3.62)靠近收敛处的解。把它代入式(3.65)，即可以得到所需要的修正值 $\delta\alpha$。

从上述分析可以得出如下结论：

(1) 通常的抛物型稳定性方程中有来自声源和黏性源的残留椭圆特性，这是引起数值不稳定性的原因，对此特性可以分别通过忽略或部分忽略压力形状函数的流向梯度和引进额外的近似来消除或抑制。

(2) 当波数的初值及其修正是恰当的时候，在波数的修正值趋于零的情况下，消除了椭圆特性的抛物型稳定性方程的解与全椭圆问题的解是一致的。

参 考 文 献

[1] Herbert T, Bertolotti F P. Stability analysis of nonparallel boundary layers. Bull Am Phys Soc,1987,32:2079－2806.

[2] Bertolotti F P. Linear and Nonlinear Stability of Boundary Layers with Streamwise Varying

Properties. PhD Thesis. Columbus: The Ohio State University, 1991.

[3] 夏浩. 非平行边界层稳定性研究. 南京: 南京航空航天大学硕士学位论文, 2001.

[4] Langlois M, MacDonald P, Casalis G, et al. A detailed comparison of non-parallel stability results with experimental data. AIAA Pap 98—0335, 1998.

[5] Malik M R, Li F. Transition studies for swept wing flows using PSE. AIAA Pap 93—0077, 1977.

[6] Orszag S A. Accurate solution of the Orr-Sommerfeld stability equation. J Fluid Mech, 1971, 50(4): 689—703.

[7] 周恒, 赵耕夫. 流动稳定性. 北京: 国防工业出版社, 2004.

[8] Wang W Z, Tang D B. Calculation of two-dimensional parabolic stability equations. Transaction of Nanjing University of Aeronautics and Astronautics, 2000, 17(1): 36—41.

[9] 王伟志. 非平行流边界层稳定性问题研究. 南京: 南京航空航天大学博士学位论文, 2002.

[10] Schlichting H. Boundary Layer Theory. 7th ed. New York: McGraw-Hill, 1979.

[11] 夏浩, 唐登斌, 陆昌根. 三维扰动波的非平行稳定性研究. 力学学报, 2002, 34(5): 688—695.

[12] Squire H B. On the stability for three dimensional disturbances of viscous fluid flow between parallel walls. Proc R Soc London Ser A, 1933, 142: 621—628.

[13] Herbert T. Parabolized stability equations. Annu Rev Fluid Mech, 1997, 29: 245—283.

[14] Airiau C, Casalis G. Nonlinear PSE compared with DNS and experiment//Kobayashi R. Laminar-Turbulent Transition. New York: Springer-Verlag, 1994: 85—92.

[15] Chang C L, Malik M R, Erlebacher G, et al. Compressible stability of growing boundary layers using parabolized stability equations. AIAA Pap 91—1636, 1991.

[16] Herbert T. Progress in applied transition analysis. AIAA Pap 96—1993, 1996.

[17] 张永明, 周恒. PSE 在可压缩边界层转捩问题中的应用. 应用数学和力学, 2008, 29(7): 757—763.

[18] 郭欣. 基于 PSE 高速平面自由剪切层稳定性分析及涡结构模拟. 博士后出站报告. 中国航天空气动力技术研究院, 2012.

[19] 郭欣, 王强. 基于 PSE 的单股剪切混合流稳定性分析. 航空学报, 2011, 32(8): 1411—1420.

[20] Xia H, Tucker P G, Eastwood S. Large-eddy simulations of chevron jet flows with noise predictions. Int J Heat Fluid Fl, 2009, 30(6): 1067—1079.

[21] Piot E, Casalis G, Muller F. A comparative use of the PSE and LES approaches for jet noise predictions. AIAA Pap 2006—2441, 2006.

[22] Gudmundsson K, Colonius T. Instability wave models for the near-field fluctuations of turbulent jets. J Fluid Mech, 2011, 689: 97—128.

[23] Rodriguez D, Samanta A, Cavalieri A V G, et al. Parabolized stability equation models for predicting large-scale mixing noise of turbulent round jets. AIAA Pap 2011—2838, 2011.

[24] Haj-Hariri H. Characteristics analysis of the parabolized stability equations. Stud Appl Math, 1994, 92: 41—53.

[25] 李明军,高智. 二维抛物化稳定性方程的特征和次特征. 应用力学学报,2002,19(3):
　　124—127.

[26] 郭乃龙. 三维不可压边界层抛物化稳定性方程的椭圆特性研究. 航空学报,1999,20(2):
　　104—106.

[27] Li F, Malik M R. Mathematical nature of parabolized stability equations//Kobayashi R.
　　Laminar-Turbulent Transition. New York:Springer-Verlag,1994:205—212.

第 4 章　非平行流非线性边界层稳定性

4.1 引　　言

在第 2 章线性稳定性的研究中,引入线性化假设,忽略了小扰动项之间的乘积。实验研究也显示,T-S 扰动波在失稳点下游的一段很长距离内按线性规律增长。但是,按照小扰动理论的结果,扰动按指数型增长,以时间模式为例,其幅值将趋于无穷大,显然是与实际情况不符的。事实上,当二维 T-S 波的振幅随着时间或者空间的增长并达到一定程度时,就进入了非线性增长阶段。此时线性稳定性理论就不再适用,扰动之间的影响不能被忽略,必须考虑扰动的非线性作用。若同时又要考虑非平行性的影响,则需要研究非平行流非线性边界层稳定性问题。

非线性稳定性问题是研究边界层转捩过程的重要内容,涉及的问题也很复杂。通过非线性的作用,一方面,扰动行波从初始的正弦波形逐渐演变成复杂的波形(通过快速 Fourier 变换,可以得到它的高频谐波);另一方面,不同频率及不同展向周期的行波之间会出现相互干扰。一种合理的处理办法是将这种周期性扰动分解成基本模态和高频谐波模态。当后者的幅值变得越来越大,以至于和基本模态的幅值同量级时,扰动的周期性就不再明显,在极限情况下,如白噪声或广谱状态时,流动不再具有任何周期性而呈现湍流状态。

在转捩问题的研究中,二维波和三维波的相互关系尤其引起人们的关注。早期认为三维波的出现是由 T-S 波在横向上不同的增长率引起的,而湍流斑的出现被认为是由二次不稳定性引起的。后来的实验结果使人们对此概念产生了怀疑。Herbert[1] 提出,在有限振幅 T-S 波构成的二维周期流中,三维扰动是由参数共振引起的。大量的实验也表明,在边界层转捩的过程中,三维扰动的二次失稳是其重要途径。流动失稳虽然是从二维扰动形式开始的,但后来必然会出现幅值增长很快的三维扰动波,尽管这时二维扰动(T-S 波)的振幅还很小,但是对于三维扰动来说已经变得很不稳定了,它的放大率比原二维扰动波的大得多,并在进一步演化中起主导性作用。

在二次失稳后的三维扰动向湍流过渡的转捩过程有着不同的路径。Klebanoff 等[2] 的经典性实验研究表明,从低振幅扰动中出现的频率和 T-S 波相同的三维模态,在与 T-S 波相互作用下,导致了数目不断增长的流向和展向谐波的产生,并向湍流演变,人们后来称这种三维扰动的演变为"K 型"转捩(或稳定性)。在 K 型转捩中,三维扰动波长和二维 T-S 波相同,出现了排列整齐的"峰谷"结构[图 4.1(a)]。基本扰动模态及其谐波间的共振在 K 型转捩中起主导作用[3,4]。Herbert[5]后来又区分出另一条通向转捩的路径,称为 H 型,这是发生在 T-S 波初始振幅更低时,主要由 T-S 波和具有 T-S 波的一半频率的三维亚谐波模态之间的非线性相互作用形成的。H 型的三维扰动的流向波长是二维 T-S 波的二倍,出现"峰谷"交错排列的结构[图 4.1(b)]。其主要特征是展向周期性亚谐波的快速增长,亚谐波模态共振在 H 型转捩中起主导作用,又称为亚谐波转捩[6]。Craik[7]指出的路径称为"C 型"转捩,主要特征与"H 型"类似[8,9],其差别是:初始振幅比 H 型还低;流向与展向波长之比也更小。实际上,"H 型"和"C 型"两种转捩过程都是亚谐模态转捩(有时合称为"N 型"转捩[4,10])。尽管这些转捩过程的初始扰动波的振幅都比较低,但相对来说,对于初始振幅更小的三维扰动流场将出现 C 型;稍大的初始振幅,出现 H 型;再大一些的振幅(但仍然是小量)则是 K 型。应当指出,在边界层稳定性研究中,若取较大初始振幅(如达到 5% 的来流速度)的二维波进行研究,在理论上也是可以求解的,而实际上,二维波在小得多的振幅(如 1% 或 2% 的来流速度)情况下,就已经历了三维变化的阶段。

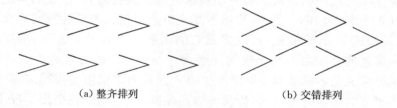

(a) 整齐排列　　　　　　　　　　　　(b) 交错排列

图 4.1　峰谷结构示意图

采用 PSE 方法,研究非线性边界层稳定性是非常有效的。通常是先研究二维非线性稳定性,为三维问题研究提供一定的基础,就像 DNS 研究的发展过程一样[11,12]。本章讨论 H 型和 C 型的三维扰动的非线性演化,而 K 型的分析则详见第 9 章。

4.2　二维非线性边界层稳定性

在基本流的扰动向下游发展过程中,对于扰动是单一频率的扰动波,因扰动控制方程中含有非线性作用项,将会产生高阶的谐波。例如,在开始时,单一频率波的幅值给定为 A,频率为 F,那么所产生的高阶谐波应该是 $2F,3F,\cdots$,相应的幅值为 $A^2,A^3\cdots$。当幅值 A 足够小时(如 $A<0.1\%$),这些高阶谐波是完全可以忽

略的,也就是说,不考虑非线性作用,即为线性过程。但是,当 A 增加到一定的量级时,这些量将变得越来越大而不能被忽略,甚至可能导致振幅序列 A^2,A^3…趋于崩溃。此外,还会产生幅值为 A^2、频率为 $0F$ 的谐波,称为均流变形(mean flow distortion,MFD)。这些将在后面分析和讨论[13]。

4.2.1　二维非线性抛物化稳定性方程

对于二维流动,式(3.34)是流函数形式的 N-S 方程。考虑非线性作用,此时流场由下列因素构成:主流、变形的 T-S 波和它的谐波。这样就有

$$\psi(x,y,t) = \Psi_{\mathrm{B}}(x,y) + \sum_{n=-\infty}^{\infty} \phi_n(x,y)\exp\left[\int_{x_0}^x \alpha_n(\xi)\mathrm{d}\xi - \mathrm{i}n\omega t\right] \quad (4.1)$$

式中,$\alpha_n = \gamma_n + \mathrm{i}n\alpha$,即取谐波的波数是 α 的整数倍,而增长率是独立的。

将式(4.1)代入扰动方程(3.35),利用式(3.37)并将相同的频率项合并,得到如下一组耦合非线性抛物化稳定性方程(nonlinear parabolized stability equations,NPSE)。

$$\left\{\left[L_0(\alpha_n) + L_1(\alpha_n)\right]\phi_n + L_2(\alpha_n)\frac{\partial\phi_n}{\partial x}\right\}\exp\left[\int_{x_0}^x \alpha_n(\xi)\mathrm{d}\xi\right]$$

$$= \sum_{m=-\infty}^{\infty} N[\alpha_m, \alpha_{n-m}, \phi_m(x,y), \phi_{n-m}(x,y)]\exp\left[\int_{x_0}^x (\alpha_m + \alpha_{n-m})\mathrm{d}\xi\right] \quad (4.2\mathrm{a})$$

式中,算子 L_0,L_1,L_2 参见式(3.39c),算符 N 表示非线性作用项,可以写为

$$N(k,m) = \left(\alpha_k\phi_k + \frac{\partial\phi_k}{\partial x}\right)\left(\alpha_m^2\frac{\partial\phi_m}{\partial y} + 2\alpha_m\frac{\partial^2\phi_m}{\partial x\partial y} + \frac{\partial^3\phi_m}{\partial y^3}\right)$$

$$- \frac{\partial\phi_k}{\partial y}\left(\alpha_m^3\frac{\partial\phi_m}{\partial y} + 3\alpha_m^2\frac{\partial\phi_m}{\partial x} + \alpha_m\frac{\partial^2\phi_m}{\partial y^2} + \frac{\partial^3\phi_m}{\partial x\partial y^2}\right) \quad (4.2\mathrm{b})$$

这里已经使用了正规化条件 $\mathrm{d}\alpha_n/\mathrm{d}x \approx 0$ 而简化了方程,并在每一步推进中保持 α_n 为常数。

式(4.1)中相关分量的边界条件为

$$y=0,\text{或 } y\rightarrow\infty: \phi_n = \frac{\partial\phi_n}{\partial y} = 0, \quad n=1,2,3,\cdots,M \quad (4.2\mathrm{c})$$

$$y=0: \phi_0 = \frac{\partial\phi_0}{\partial y} = \frac{\partial^3\phi_0}{\partial y^3} = 0; \quad y\rightarrow\infty: \frac{\partial\phi_0}{\partial y} = 0 \quad (4.2\mathrm{d})$$

上式表示速度 u 和 v 在壁面上及无穷远处为零。而对于均流变形,不能采用 $v=0$ 的边界条件。

对于 NPSE 的每一个模态需加入一个正规化条件。由于在有限振幅的情况下,T-S 波的速度剖面和谐波可能演变出多个局部最大值,所以这里采用与 $\hat{u}$ 相关的积分为正规化条件,如下所示:

$$\text{Re}\left[\int_0^\infty \frac{\partial \hat{u}_n}{\partial x}\hat{u}_n^+ \mathrm{d}y\right]=0, \quad n=0,1,2,\cdots,M \tag{4.3a}$$

$$\text{Im}\left[\int_0^\infty \frac{\partial \hat{u}_1}{\partial x}\hat{u}_1^+ \mathrm{d}y\right]=0 \tag{4.3b}$$

方程(4.2)和方程(4.3)提供了(2M+3)个方程,这样可以求解 $\phi_n(x,y)$,$\gamma_n(x)$ ($n=0,1,2,\cdots,M$)和 $\alpha(x)$,共(2M+3)个未知数。

4.2.2　初始条件与局部法

对于求解 NPSE 方程所需的初始条件,可以用局部法计算。这个方法是采用一系列耦合的差分方程,将抛物化偏微分方程近似为一个特征值问题的形式。原则上,局部法能够用一个迭代序列,展开为包括非线性项和求解 T-S 波及所有谐波的系统,可以用牛顿迭代法,但是很费机时。设 T-S 波频率为 F,谐波 $2F$,$3F$,$4F$ 和 $0F$,它们的速度剖面用 35 阶 Chebyshev 多项式,结果形成了很大的代数系统。这里的迭代过程是用 Landau 展开式,展开为一系列普通微分差分方程,并且按步骤求解,而不是同时求解。

在非线性方程的推导过程中,仍将"单个"的扰动采用类似于式(3.36)的表达式,即

$$\psi_n(x,y,t)=\phi_n(x,y)\chi_n(x,t)+\text{c.c.} \tag{4.4}$$

式中,$\chi_n(x,t)=\exp\left[\int_{x_0}^x \alpha_n(\xi)\mathrm{d}\xi-\mathrm{i}n\omega t\right]$,$\alpha_n=\gamma_n+\mathrm{i}n\alpha$。如不另行说明,后面的下标 n,m,k 均表示相应的 n,m,k 阶谐波形式的模态。

参考 3.5.4 节中的线性局部法的步骤,可以得到用于非线性局部分析的如下微分方程组($n>0$):

$$(L_0+L_1)\phi_n+L_2\frac{\partial \phi_n}{\partial x}=\sum_{k=-\infty}^{\infty}N(k,n-k) \tag{4.5a}$$

$$L_4\phi_n+L_0\frac{\partial \phi_n}{\partial x}=\sum_{k=-\infty}^{\infty}\left(\gamma_k+\gamma_{n-k}-\gamma_n+\frac{\partial}{\partial x}\right)N(k,n-k) \tag{4.5b}$$

式中,在导出式(4.5b)时,用到了如下关系式:

$$\alpha_k+\alpha_{n-k}-\alpha_n=(\gamma_k+\gamma_{n-k}-\gamma_n)+\mathrm{i}[k\alpha+(n-k)\alpha-n\alpha]=\gamma_k+\gamma_{n-k}-\gamma_n \tag{4.6}$$

算符 N 如式(4.2b)所示,N_x 可以写成如下表达式:

$$\begin{aligned}
\frac{\partial}{\partial x}N(k,m)=&\ \alpha_k\frac{\partial \phi_k}{\partial x}\left(\alpha_m^2\frac{\partial \phi_m}{\partial y}+2\alpha_m\frac{\partial^2 \phi_m}{\partial x\partial y}+\frac{\partial^3 \phi_m}{\partial y^3}\right)\\
&+\left(\alpha_k\phi_k+\frac{\partial \phi_k}{\partial x}\right)\left(\alpha_m^2\frac{\partial^2 \phi_m}{\partial x\partial y}+\frac{\partial^4 \phi_m}{\partial x\partial y^3}\right)\\
&-\frac{\partial^2 \phi_k}{\partial x\partial y}\left(\alpha_m^3\phi_m+3\alpha_m^2\frac{\partial \phi_m}{\partial x}+\alpha_m\frac{\partial^2 \phi_m}{\partial y^2}+\frac{\partial^3 \phi_m}{\partial x\partial y^2}\right)
\end{aligned}$$

$$-\frac{\partial \phi_k}{\partial y}\left(\alpha_m^3 \frac{\partial \phi_m}{\partial x}+\alpha_m \frac{\partial^3 \phi_m}{\partial x \partial y^2}\right) \tag{4.7}$$

考虑到高阶谐波是由低阶波的非线性作用产生的,因而初始时可采用如下的近似:

$$\alpha_n = n\alpha_1, \quad n>1 \tag{4.8}$$

在这点处的未知数是剖面 ϕ_n 和指数 α_1,然后将这些方程中的每个参数,都展开为关于振幅 A 的 Taylor 级数。由于 N-S 方程是二阶非线性方程,导致方程中以 A 的偶数次方出现,通过 Landau 展开式,可以得到如下表达式:

$$\begin{aligned}
\alpha_1 &= \alpha_{10}+A^2\alpha_{11}+A^4\alpha_{12}+\cdots \\
\phi_1 &= \phi_{10}+A^2\phi_{11}+A^4\phi_{12}+\cdots \\
\phi_2 &= \phi_{20}+A^2\phi_{21}+A^4\phi_{22}+\cdots
\end{aligned} \tag{4.9}$$

且流场可以表示为

$$\begin{aligned}
\Psi(x,y,t,A) &= \Psi_{\mathrm{B}}(x,y)+A^2[\phi_{01}+A^2\phi_{02}+A^4\phi_{03}+\cdots]\exp(a_0 x) \\
&\quad +A(\phi_{10}+A^2\phi_{11}+A^4\phi_{12}+\cdots)\exp[(a_{10}+A^2a_{11}+A^4a_{12}+\cdots)x-\mathrm{i}\omega t] \\
&\quad +A^2(\phi_{20}+A^2\phi_{21}+A^4\phi_{22}+\cdots)\exp[2(a_{10}+A^2a_{11}+A^4a_{12}+\cdots)x-\mathrm{i}2\omega t] \\
&\quad +A^3(\phi_{30}+A^2\phi_{31}+A^4\phi_{32}+\cdots)\exp[3(a_{10}+A^2a_{11}+A^4a_{12}+\cdots)x-\mathrm{i}3\omega t] \\
&\quad +\cdots+\mathrm{c.c.}
\end{aligned} \tag{4.10}$$

利用该关系式,式(4.5)整理后有[14]

$$A^n\left\{\left[(L_{00}+A^2L_{02}+A^4L_{04}+\cdots)+(L_{10}+A^2L_{12}+A^4L_{14}+\cdots)\right]\right.$$

$$\cdot(\phi_{n0}+A^2\phi_{n1}+A^4\phi_{n2}+\cdots)+\left[(L_{20}+A^2L_{22}+A^4L_{24}+\cdots)\right.$$

$$\left.\left.\cdot\left(\frac{\partial \phi_{n0}}{\partial x}+A^2\frac{\partial \phi_{n1}}{\partial x}+A^4\frac{\partial \phi_{n2}}{\partial x}+\cdots\right)\right]\right\} \tag{4.11a}$$

$$=A^{n+2}N(0,n)+A^n\left[\sum_{k=1}^{n-1}N(k,n-k)\right]+A^{n+2}N(n,0)$$

$$A^n\left\{\left[(L_{40}+A^2L_{42}+A^4L_{44}+\cdots)\cdot(\phi_{n0}+A^2\phi_{n1}+A^4\phi_{n2}+\cdots)\right]\right.$$

$$\left.+\left[(L_{00}+A^2L_{02}+A^4L_{04}+\cdots)\cdot\left(\frac{\partial \phi_{n0}}{\partial x}+A^2\frac{\partial \phi_{n1}}{\partial x}+A^4\frac{\partial \phi_{n2}}{\partial x}+\cdots\right)\right]\right\}$$

$$=A^{n+2}\frac{\partial}{\partial x}N(0,n)+A^n\left[\sum_{k=1}^{n-1}\frac{\partial}{\partial x}N(k,n-k)\right]+A^{n+2}\frac{\partial}{\partial x}N(n,0) \tag{4.11b}$$

式(4.11)适用于 $n\geqslant 1$。对于初始条件,计算中取 $n=1$,即取 T-S 波的初始站的值作为初值。那么在 A^1 上有

$$\begin{bmatrix} L_{00}+L_{10} & L_{20} \\ L_{40} & L_{00} \end{bmatrix} \begin{bmatrix} \phi_{10} \\ \dfrac{\partial \phi_{10}}{\partial x} \end{bmatrix} = 0 \qquad (4.12)$$

式中,算子 $L_{00} \sim L_{40}$ 与前面的算子 $L_0 \sim L_4$ 相同。式(4.12)为特征值-特征矢量问题,未知特征值为 α_{10},特征矢量为 $\phi_{10}, \dfrac{\partial \phi_{10}}{\partial x}$。通过 Müller 法可以求出未知量。

对于 $n>1$ 的高阶谐波的初始特征值用 $\alpha_{n0}=n\alpha_{10}$ 近似,代入方程后求出 $\phi_{n0}, \dfrac{\partial \phi_{n0}}{\partial x}$,并把它们与 $\alpha_{10}, \phi_{10}, \dfrac{\partial \phi_{10}}{\partial x}$ 一起作为非线性 PSE 的初始条件。取 $n=1$ 是用局部法作为 PSE 初始条件,当 $n=2,3,4\cdots$,得到了用局部法计算高阶谐波的表达式。

4.2.3　均流变形与模态分析

1. 均流变形

均流变形是由 T-S 波和均流变形本身以及其他谐波之间的二次方相互作用所决定的,相对于谐波,T-S 波占有主导地位。因此,均流变形的空间增长率将近似为 T-S 波增长率的两倍。此时,用 α_0 表示这个指数增长率。对于非平行主流下的空间增长的稳定性问题,对均流变形采用了近似计算。为了得到一个普通差分方程,假设均流变形剖面、T-S 波和各次谐波在局部其形状是自相似的,可以表示为

$$\psi_n = \delta(x) f_n(\eta) \exp(n \bar{\alpha}_n x - in\omega t), \quad n=0,1,2,\cdots \qquad (4.13)$$

因而,进一步有

$$u = \frac{\partial \psi}{\partial y} = \frac{\partial \psi_B}{\partial y} + \sum_{\substack{n=-\infty \\ n\neq 0}}^{\infty} A^n f'_n \exp(\bar{\alpha}_n x - in\omega t) \qquad (4.14)$$

$$v = -\frac{\partial \psi_B}{\partial x} - \sum_{\substack{n=-\infty \\ n\neq 0}}^{\infty} \left[\frac{\delta(x)}{2x} f_n - \frac{y}{2x} f'_n + \delta(x) f_n \bar{\alpha}_n \right] A^n \exp(\bar{\alpha}_n x - in\omega t) \qquad (4.15)$$

式中,$\eta=y/\delta(x)$, $f_n(\eta)=\phi_n(x_0,y)$,其 $\eta(x_0,y)=y$。$\bar{\alpha}_n$ 是基于 $u'_{\max}$ 的增长率和波数,这里没有采用式(4.8)中的近似 $n\alpha_1$,以使剖面 f_n 更好地满足自相似条件。将式(4.13)代入定常流 N-S 方程的 u 分量方程,即

$$u \frac{\partial u}{\partial x} + v \frac{\partial u}{\partial y} = \frac{1}{Re} \left(\frac{\partial^2 u}{\partial x^2} + \frac{\partial^2 u}{\partial y^2} \right) \qquad (4.16)$$

式中,Re 为雷诺数。结合式(4.14)和式(4.15),忽略 $O(Re^{-2})$ 量级的项,可以写为

$$-\frac{\alpha_0^2}{Re} f'_0 + \alpha_0 (f'_0 F' - f_0 F'') - \frac{1}{2Re}(2f'''_0 + Ff''_0 + F'' f_0)$$

$$= \sum_{\substack{n=-\infty \\ n\neq 0}}^{\infty} \bar{\alpha}_n f_n f''_{-n} - \bar{\alpha}_{-n} f'_{-n} f'_n \qquad (4.17)$$

方程中忽略了与自相似假设所产生的误差同量级的项。主流的流函数用 $F(\eta)$ 表示,此处的 $F(\eta)$ 可以通过求解 Blasius 方程得到。类似于方程(4.9),将 f_n,α_0 和 $\bar{\alpha}_1$ 按 A^2 展开为级数形式,将 A 的同次方项合并。从非线性作用的角度分析,可以得到 $\alpha_0 = 2\gamma_1 = 2Re(\alpha_1)$。计算表明,剖面 f_0 的值对 α_0 的选择是很敏感的,因此,从一个普通差分方程得到一个好的均流变形的近似会有一些困难。而通过求解抛物化稳定方程,则能更精确计算均流变形,下面介绍这种方法。

由于稳定性方程是通过 N-S 方程得到的,因此,均流变形如同 T-S 波和其他谐波一样是满足稳定性方程的。这样可以将均流变形当做一般的谐波,通过给定初始条件,采用 PSE 空间推进求解而得到[15]。例如,对于非线性抛物化稳定性方程,离散后可以写成方程组[16]

$$(\boldsymbol{L}_{m,n}\boldsymbol{X}_{m,n})_i = \boldsymbol{F}_{m,n} + (\boldsymbol{L}_{m,n}\boldsymbol{X}_{m,n})_{i-1} \qquad (4.18)$$

式中,$\boldsymbol{L}_{m,n}$ 为线性项系数矩阵;$\boldsymbol{X}_{m,n}$ 为形状函数矢量;$\boldsymbol{F}_{m,n}$ 为非线性项;下标 i 为流向站位。均流变形控制方程写为

$$(\boldsymbol{L}_{0,0}\boldsymbol{X}_{0,0})_i = \boldsymbol{F}_{0,0} + (\boldsymbol{L}_{0,0}\boldsymbol{X}_{0,0})_{i-1} \qquad (4.19)$$

其中,系数矩阵中频率、展向波数和流向波数均为零,其指数增长率,同样用空间推进方法,满足正规化条件,修正迭代计算而得到。与其他谐波一样,计算之前要给出初始条件。初始条件的控制方程是通过忽略流向导数,可以写为

$$(\boldsymbol{L}_{0,0}\boldsymbol{X}_{0,0})_i = \boldsymbol{F}_{0,0} \qquad (4.20)$$

在求解上述方程时,还要指定指数增长率。为避免为零带来的奇异性,通常指定指数增长率为正小量,方程右边项为共轭扰动波之间非线性作用项。另外为了满足质量平衡条件,均流变形在 $y \to \pm\infty$ 时,$\partial\tilde{v}_{0,0}/\partial y = 0$。

还要指出的是,需要仔细地处理均流变形过程计算,这是因为它强烈地依赖于上游的流场信息,是流向发展过程中流向变化积累的结果。

2. 模态分析

在式(4.1)的定义中,将谐波在区间 $(-\infty,\infty)$ 上展开(对于模态而言只取整数),由于实际物理量是实数,对于 $n>0$ 的情形,得到 $-n$ 次谐波与相应的 n 次谐波的关系式为

$$\phi_{-n}(x,y) = \tilde{\phi}_n(x,y) \qquad (4.21a)$$

"~"表示复共轭。还有

$$\gamma_{-n}(x) = \gamma_n(x) \qquad (4.21b)$$

这样,在计算中的负模态谐波由相应的正模态谐波给出,对于 N 阶谐波的非线性

计算,真正要求解的就是 $N+1$ 个模态,$0,1,2,\cdots,N$。此外,对于阶次分别为 m 和 k 的谐波而言,通过非线性相互作用得到的新模态及其振幅的量级见表4.1,其中数字表示非线性作用得到的模态的次数,对应的 A^n 表示相应模态振幅的量级。

表 4.1 m 和 k 次谐波非线性相互作用分析

$m+k$ 分析	$\cdots$	\multicolumn{9}{c}{m 次谐波}	$\cdots$
		-4	-3	-2	-1	0	1	2	3	4	
$\cdots$						$\cdots$					
-4		-8, A^8	-7, A^7	-6, A^6	-5, A^5	-4, A^6	-3, A^5	-2, A^6	-1, A^7	0, A^8	
-3		-7, A^7	-6, A^6	-5, A^5	-4, A^4	-3, A^5	-2, A^4	-1, A^5	0, A^6	1, A^7	
-2		-6, A^6	-5, A^5	-4, A^4	-3, A^3	-2, A^4	-1, A^3	0, A^4	1, A^5	2, A^6	
-1		-5, A^5	-4, A^4	-3, A^3	-2, A^2	-1, A^2	0, A^2	1, A^3	2, A^4	3, A^5	
0 ($\cdots$)	$\cdots$	-4, A^6	-3, A^5	-2, A^4	-1, A^3	0, A^2	1, A^3	2, A^4	3, A^5	4, A^6	$\cdots$
1		-3, A^5	-2, A^4	-1, A^3	0, A^2	1, A^3	2, A^3	3, A^4	4, A^5	5, A^5	
2		-2, A^6	-1, A^5	0, A^4	1, A^3	2, A^4	3, A^3	4, A^4	5, A^5	6, A^6	
3		-1, A^7	0, A^6	1, A^5	2, A^4	3, A^5	4, A^4	5, A^5	6, A^6	7, A^7	
4		0, A^8	1, A^7	2, A^6	3, A^5	4, A^6	5, A^5	6, A^6	7, A^7	8, A^8	
$\cdots$						$\cdots$					

（左侧竖列标注：k 次谐波）

实际上对于一定的谐波次数,通过对量级的分析,就能给出所需要的 m 和 k。例如,当计算一次谐波的时候,由表4.1就有如下 m 和 k 的组合(若预定的模态范围为$[-4,4]$):$(-3,4)$,$(-2,3)$,$(-1,2)$,$(0,1)$,$(1,0)$,$(2,-1)$,$(3,-2)$,$(4,-3)$;所对应的量级分别为 A^7,A^5,A^3,A^3,A^3,A^3,A^5,A^7。结合在具体数值计算中对模态及量级范围的约定,如在上例中,若取模态范围为$[-3,3]$,量级取 A^6,则可以选用$(-2,3)$,$(-1,2)$,$(0,1)$,$(1,0)$,$(2,-1)$和$(3,-2)$的 m 和 k 组合;而若取量级为 A^4,则可以选用$(-1,2)$,$(0,1)$,$(1,0)$和$(2,-1)$的 m 和 k 组合。

4.2.4　算法与算例分析

非线性问题求解的推进算法,是与线性问题所用方法相类似的,但在过程中需要额外的迭代用于计算很多非线性项,因而非线性的计算要比线性计算复杂得多。这里的数值离散,在法向上采用谱配置方法,而流向的导数仍用差分格式近似计算。得到的代数系统有两部分是非线性的:一是如同线性情况那样,系统包含 α_n 和 ϕ_n 的乘积;二是方程右边有非线性项,且耦合了所有的方程。总体上仍采用迭代方法求解非线性方程组,在过程中用预估-校正方法,对每一迭代中的 α_n 和 ϕ_n 进行修正,直到对每一个 n,其正规化条件达到预先指定的精度为止。

经过离散化后的方程可以写为

$$[\Delta x_j(L_0 + L_1) + L_2]\phi_{n,j+1}$$

$$= L_2\phi_{n,j} + \Delta x_j \sum_{m=-\infty}^{\infty} (\phi_{m,j}; \phi_{n-m,j}) \cdot \frac{A_{m,j+1}A_{n-m,j+1}}{A_{n,j+1}} \qquad (4.22)$$

式中

$$A_{n,j+1} = A_{n,0}\exp\left[\int_{x_0}^{x_j} \gamma_n(\xi)\mathrm{d}\xi + \frac{\gamma_{n,j} + \gamma_{n,j+1}}{2} \cdot \Delta x_j\right] \qquad (4.23)$$

迭代过程是:首先在 x_{j+1} 处对每个 n 求解方程(4.22),得到 $\phi_{n,j+1}$;然后通过式(4.24)和式(4.25)计算:

$$\Delta\gamma_{n,j+1} = \mathrm{Re}\left[\left(\int_0^{\infty} \hat{u}_n\hat{u}_n^+\mathrm{d}y\right)^{-1}\int_0^{\infty} \frac{\partial\hat{u}_n}{\partial x}\hat{u}_n^+\mathrm{d}y\right] \qquad (4.24)$$

$$\Delta\alpha_{j+1} = \mathrm{Im}\left[\left(\int_0^{\infty} \hat{u}_1\hat{u}_1^+\mathrm{d}y\right)^{-1}\int_0^{\infty} \frac{\partial\hat{u}_1}{\partial x}\hat{u}_1^+\mathrm{d}y\right] \qquad (4.25)$$

对增长率 γ_n 和波数进行修正,式中"+"代表复共轭。迭代一直到 $n=0,1,2,\cdots$ 时都满足 $\max|\Delta\gamma+\mathrm{i}\Delta\alpha|<10^{-8}$。这时,可以向前推进一步,并重复上述过程。

通过算例的结果,分析非线性边界层稳定性问题。选频率 $F=86$ 的二维 T-S 波,取不同初始振幅($A_0=0.25\%$ 与 0.30%),从 $Re=400$ 处开始向下游推进。图 4.2 是波振幅随雷诺数变化的曲线,分别为 T-S 波和 2F 谐波的振幅。结果表明,在有限振幅下的非线性作用,随着振幅增大而增强。对于 T-S 波,当 $A_0=0.25\%$ 时,扰动在 $Re=875$ 时达到最大值 2.435%,然后逐渐衰减。当 $A_0=0.30\%$ 时,扰动持续增长到更大 Re 数。对于 2F 谐波也有同样的趋势,但数值要小得多。从图中的非线性曲线和线性曲线的比较可以看出,在雷诺数比较小时,非线性作用并不明显,两条曲线基本重合;当雷诺数进一步增大时,两曲线开始偏离,非线性作用使扰动持续增长到更后的位置、达到更大值,也延缓了开始衰减的位置。图中的圆形和三角形等符号是 Bertolotti 等[17] 的 DNS 结果。图 4.3 给出了 T-S 波和 2F 谐波的速度 u 剖面曲线,横轴是均方根振幅。由图可见,二次谐波的形状与 T-S 波有些相似,这可能与二阶模态的非线性项含有 T-S 波(一阶模态)的非线性乘积有关,也表明高阶谐波模态受到了基本模态的一定影响。由图可以看出,非线性 PSE 的结果与 DNS 的数据是一致的,这也说明了忽略$O(Re^{-2})$量级项的分析是合理的。

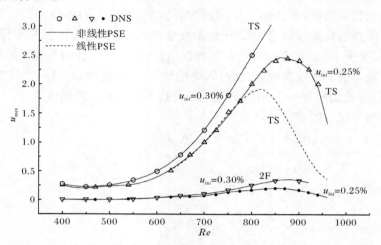

图 4.2　不同初始振幅的 T-S 波及其二次谐波的非线性演化比较

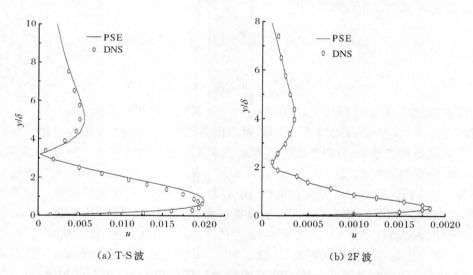

(a) T-S 波　　　　　　　　　　　　　(b) 2F 波

图 4.3　T-S 波与二次谐波的速度剖面($Re=796, F=86, A_0=0.25\%$)

一般来说,对于 y 方向导数的离散,差分方法也是常用的有效方法,如采用两点四阶紧致差分格式,就能达到很好的效果[18]。

进一步分析高阶谐波的振幅和速度剖面的变化。在图 4.4 中依次给出了 T-S

波和 $2F$、$3F$、$4F$ 谐波的扰动振幅随雷诺数的变化曲线。T-S 波的初始振幅为 0.25%，相应的 $2F$、$3F$、$4F$ 的初始振幅近似为 $(0.25\%)^2$，$(0.25\%)^3$，$(0.25\%)^4$，图中的谐波计算从 $Re=400$ 推进到 $Re=770$。这里的 $3F$、$4F$ 谐波在 $Re=400$ 处的初始振幅太小，近似于 0，$3F$ 是从 $Re=475$ 开始增长，$4F$ 则更后，是在 $Re=630$ 开始的。也就是说，谐波阶越高，开始增长的位置越向后推迟。此外，图中还给出了部分直接数值模拟的数据（用三角形表示）[19]，显示出 NPSE 的结果与 DNS 数据是一致的。再看速度剖面曲线的变化。图 4.5 给出了 T-S 波及高阶谐波 $2F$、$3F$ 和 $4F$ 的速度剖面（$Re=700$，$A_0=0.25\%$）。由图可见，它们的曲线分布及峰值的大小和对应的位置均有明显的差异（注意在图中的两边标有不同纵坐标尺度）。

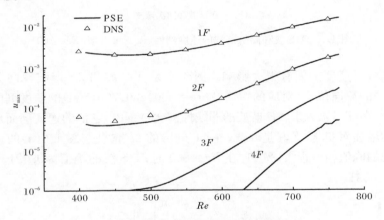

图 4.4　T-S 波及其谐波振幅随雷诺数的变化

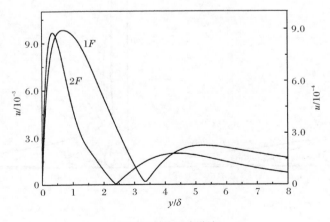

(a) T-S 波和二次谐波

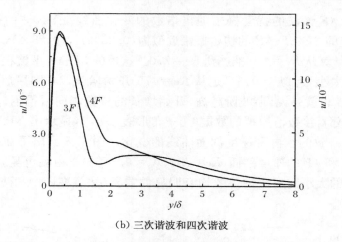

(b) 三次谐波和四次谐波

图 4.5　T-S 波和高阶谐波的速度剖面$(A_0 = 0.25\%, Re = 700)$

雷诺数对速度剖面有很大影响。图 4.6 是 T-S 波和 $2F$ 谐波在向下游发展时,在不同的流向位置(对应的雷诺数 $Re = 500, 600, 700, 800$)的速度剖面。由图可以看出,在 T-S 波及其 $2F$ 谐波的非线性演化过程中,它们的速度剖面形状都随雷诺数的增加而变化,尤其是峰值。图 4.6(b) 的 $2F$ 谐波与图 4.6(a) 的 T-S 波的剖面曲线的峰值相差很大,例如,在 $Re = 800$ 时,T-S 波的峰值为 0.021,而 $2F$ 谐波只有 0.0031。

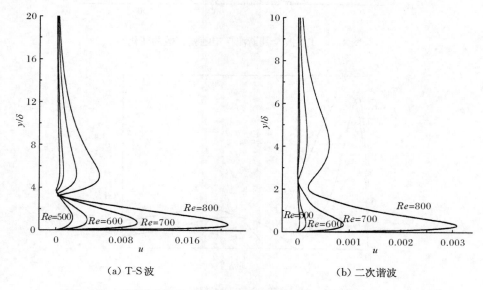

(a) T-S 波　　　　　　　　　　　　　　　(b) 二次谐波

图 4.6　不同雷诺数的 T-S 波和二次谐波的速度剖面$(A_0 = 0.25\%)$

　　扰动频率的影响也是明显的。图 4.7 是在不同扰动频率下（分别为 $F=86$，120,150)的 T-S 波及 $2F$ 谐波的速度剖面。由图 4.7(a)可见,对于不同的频率,T-S 波的速度剖面形状的差别很大,尤其是峰值的变化,随着频率的增加而减小。例如,在 $F=86$ 时,峰值为 0.01;在 $F=120$ 时为 0.0052;而在 $F=150$ 时就更小了,只有 0.0002。此外,$2F$ 谐波随频率的变化[图 4.7(b)]也类似于 T-S 波,但是相应的峰值则要小得多。

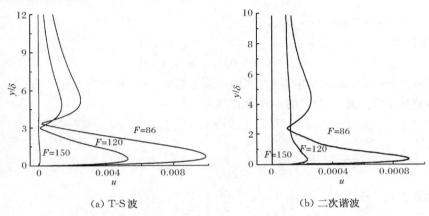

(a) T-S 波　　　　　　　　　　　　(b) 二次谐波

图 4.7　不同频率的 T-S 波和二次谐波速度剖面($A_0=0.25\%$,$Re=700$)

4.3　空间演化的二次稳定性

　　一般来说,二维波的失稳称为初次失稳,而把三维波的失稳称为二次失稳,又称二次稳定性。Orszag 等[20]用谱展开法和牛顿迭代法求解二次稳定性的非线性特征值问题,并把这一方法应用到平面 Poiseuille 流、Couette 流和圆管流中,得到了与实验相一致的结果。Herbert[1]采用 Galileo 变换使二维周期流变为定常的,再把二次稳定性解表示成 Flöquet 形式,然后进行求解。这里采用 Herbert 的分析方法,研究可以有压力梯度的边界层流动的三维亚谐扰动的二次稳定性问题,讨论不同初始振幅对二次稳定性的影响,并能够为三维非线性问题提供亚谐模态的初始条件。

　　在研究三维扰动稳定性的过程中,其二维基本流场由边界层平均流和振幅为 A 的 T-S 波组成,可以表示为

$$\boldsymbol{V}_2(x,y)=\boldsymbol{V}_0(y)+A\boldsymbol{V}_1(x,y) \tag{4.26}$$

其中,依据平行假设[21],$\boldsymbol{V}_0=(U(y),0)$;从 OSE 解可以得到 $\boldsymbol{V}_1=(u_1,v_1)$;而 $A=A_0\exp(-\alpha_i x)$,考虑到 $|\alpha_i|\ll1$,可以近似认为 A 为常数。按照 Flöquet 理论,

对于二维基本流动的三维亚谐扰动的空间演化问题,其流场可写为

$$V(x,y,z,t) = V_2(x,y,t) + v(x,y,z,t) \tag{4.27}$$

式中,$V_2 = (U_2, V_2, 0)$,扰动速度矢量 $v = (u, v, w)$。相对于 V_2,v 为小量。

式(4.27)代入不可压缩流涡量传输方程后,扰动的控制方程可以写为

$$\nabla \cdot v = 0$$

$$\left(\frac{\partial}{\partial t} + V_2 \cdot \nabla - \frac{1}{Re}\nabla^2\right)\boldsymbol{\omega} + (v \cdot \nabla)\boldsymbol{\Omega}_2 - (\boldsymbol{\Omega}_2 \cdot \nabla)v - (\boldsymbol{\omega} \cdot \nabla)V_2$$

$$= (\boldsymbol{\omega} \cdot \nabla)v - (v \cdot \nabla)\boldsymbol{\omega} \tag{4.28}$$

边界条件为

$$y = 0, v = 0; \quad y \to \infty, v \to 0 \tag{4.29}$$

将速度和涡量都用分量表示,利用连续方程 $\nabla \cdot v = 0$,消去 v 在 z 方向上的分量 w,将分量形式的三个控制方程合并写为

$$\left(\frac{\partial}{\partial t} + U_2 \frac{\partial}{\partial x} + V_2 \frac{\partial}{\partial y} - \frac{1}{Re}\nabla^2 - \frac{\partial V_2}{\partial y}\right)\nabla^2 v - 2\frac{\partial V_2}{\partial y}\frac{\partial \xi}{\partial z} + \frac{\partial V_2}{\partial x}\left(\frac{\partial \zeta}{\partial y} + \frac{\partial \eta}{\partial z}\right)$$

$$+ \frac{\partial \xi_2}{\partial y}\frac{\partial v}{\partial x} + \frac{\partial \xi_2}{\partial x}\left(2\frac{\partial u}{\partial x} + \frac{\partial v}{\partial y}\right) + \frac{\partial^2 \xi_2}{\partial x \partial y}v + \frac{\partial^2 \xi_2}{\partial x^2}u = 0 \tag{4.30a}$$

$$\left(\frac{\partial}{\partial t} + U_2 \frac{\partial}{\partial x} + V_2 \frac{\partial}{\partial y} - \frac{1}{Re}\nabla^2 - \frac{\partial V_2}{\partial y}\right)\left(\frac{\partial^2 u}{\partial x^2} + \frac{\partial^2 u}{\partial z^2} + \frac{\partial^2 v}{\partial x \partial y}\right)$$

$$+ \frac{\partial U_2}{\partial y}\frac{\partial^2 v}{\partial z^2} + \frac{\partial V_2}{\partial x}\left(\frac{\partial^2 u}{\partial x \partial y} + \frac{\partial^2 v}{\partial y^2}\right) = 0 \tag{4.30b}$$

在二次稳定性的研究中,认为二维基本流 V_2 在以 T-S 波的相速度行进的动坐标系中是周期性的。根据 Flöquet 理论,三维解可以表示为[22]

$$v = e^{\sigma t} e^{\gamma x'} e^{i\beta z} e^{i\hat{\alpha}x'} v(y) \tag{4.31}$$

$$x' = x - c_r t, \quad c_r = \omega/\alpha_r, \quad \hat{\alpha} = \alpha/2 \tag{4.32}$$

将式(4.31)和式(4.32)及式(4.26)等代入式(4.30)中,整理后可得下列方程:

$$\left[\frac{K^2 - 2i\hat{a}\gamma}{Re}D^2 - \left(\frac{K^2}{Re} + \sigma - \frac{4i\hat{a}\gamma}{Re}\right)K^2 + \frac{4\hat{a}^2\gamma^2}{Re} + 2i\hat{a}\gamma\sigma\right]u - [\gamma(2\hat{a}^2 + K^2)$$

$$+ i\hat{a}(K^2 - 2\gamma^2)](U_0 - C)u - \left[\frac{\gamma + i\hat{a}}{Re}D^3 - \frac{\gamma}{Re}(2\hat{a}^2 + K^2)D\right.$$

$$\left. - \frac{i\hat{a}}{Re}(K^2 - 2\gamma^2)D - (\gamma + i\hat{a})\sigma D\right]v$$

$$+ [(\gamma^2 - \hat{a}^2) + 2i\hat{a}\gamma](U_0 - C)Dv - \beta^2 U_0'v - A\{2i\hat{a}(2\hat{a}^2 - K^2)\phi D\tilde{u}$$

$$+ [-(2\hat{a}^2 - K^2)\gamma + i\hat{a}(K^2 + 2\gamma^2)]\phi'\tilde{u} + 2\hat{a}(i\gamma - \hat{a})\phi D^2\tilde{v}$$

$$- (\gamma^2 + \hat{a}^2)\phi'D\tilde{v} + \beta^2\phi''\tilde{v}\} = 0 \tag{4.33a}$$

$$\left[\frac{1}{Re}\mathrm{D}^4 - \left(\frac{2K^2}{Re} + \sigma - \frac{4\mathrm{i}\hat{a}\gamma}{Re}\right)\mathrm{D}^2 + \left(\frac{K^2}{Re} + \sigma - \frac{4\mathrm{i}\hat{a}\gamma}{Re}\right)K^2 - \frac{4\hat{a}^2\gamma^2}{Re} - 2\mathrm{i}\hat{a}\gamma\sigma\right]v$$

$$- \{(\gamma + \mathrm{i}\hat{a})(U_0 - C)\mathrm{D}^2 - [\gamma(2\hat{a}^2 + K^2)$$

$$+ \mathrm{i}\hat{a}(K^2 - 2\gamma^2)](U_0 - C) - (\gamma + \mathrm{i}\hat{a})U_0''\}v$$

$$+ A\{4\hat{a}^2\phi\mathrm{D}^2\tilde{u} + 4(\hat{a}\gamma\mathrm{i} + \hat{a}^2)\phi'\mathrm{D}\tilde{u} + 4\hat{a}[\hat{a}K^2\phi + \gamma\mathrm{i}(\phi'' - 2\hat{a}^2\phi)]\tilde{u}$$

$$+ 2\hat{a}\mathrm{i}\phi\mathrm{D}^3\tilde{v} - (\gamma - 3\hat{a})\phi'\mathrm{D}^2\tilde{v} - 2\hat{a}[2\hat{a}\gamma\phi - \mathrm{i}(\mathrm{D}^2 - K^2)\phi]\mathrm{D}\tilde{v}$$

$$+ \gamma[(\mathrm{D}^2 + K^2 - 6\hat{a}^2)\phi' + \mathrm{i}\hat{a}(\mathrm{D}^2 - 3K^2 - 2\gamma^2)\phi']\tilde{v}\} = 0 \qquad (4.33\mathrm{b})$$

式中，$K^2 = \alpha^2 + \beta^2 - \gamma^2$；"～"表示复共轭。

边界条件为

$$y = 0 : u = v = \mathrm{D}v = 0 \qquad (4.34\mathrm{a})$$

$$y \to \infty : u, v, \mathrm{D}v \to 0 \qquad (4.34\mathrm{b})$$

齐次方程组(4.33)～(4.34)构成了特征值问题。对给定的 α, β, ϕ, Re，可以数值求解得到 γ。

下面讨论 T-S 波在不同初始振幅条件下的二次稳定性结果[23]。取无量纲频率 $F = 124$，与文献[4]中的实验参数接近。图 4.8 给出了在 Blasius 边界层流动中，不同 T-S 波的初始振幅(A)对亚谐扰动的影响，显示出 T-S 波及与二次稳定性相关的三维亚谐扰动之间的参数响应，是在较大范围的展向波数中发生的。随着 T-S 波初始振幅的增加，亚谐扰动的增长率(γ)增大了，且对应于二次稳定性的展向波数的范围也扩大了。由图还可以看出，当这个振幅减小时，能够延缓亚谐扰动的二次失稳的发生，降低了增长率。计算结果还表明，当 $A < 0.0001$ 时，空间演化的亚谐扰动已经都是稳定的，这说明只有当 T-S 波的初始振幅达到一定阈值之后，才会产生增长的亚谐扰动。

进一步分析有压力梯度的情况[24]。对于二维基本流有压力梯度的 Falkner-Skan 相似流动，无量纲流函数形式的方程可以写为

$$f''' + \frac{m+1}{2}ff'' + m[1 - (f')^2] = 0 \qquad (4.35)$$

边界条件

$$\eta = 0 : f = f' = 0; \quad \eta \to \infty : f' \to 1 \qquad (4.36)$$

通过求解方程，可以得到主流解。随着参数 m 的变化（与绕尖楔流动的角度有关），对应的流动代表不同的压力梯度 p

$$p = -\frac{2m}{1+m} \qquad (4.37)$$

这里 p 小于 0 时为逆压，大于 0 时为顺压。图 4.9 给出的是在不同压力梯度下的

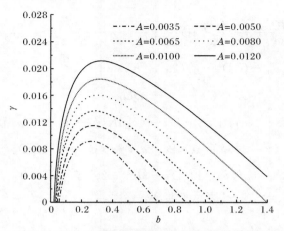

图 4.8　不同 T-S 波初始振幅的亚谐扰动增长率随展向波数的变化

二次稳定性的增长率随雷诺数的变化曲线。由图可见，在开始阶段，随着雷诺数的增加，亚谐扰动的增长率变大，同时 T-S 波的振幅也增大了，这又进一步促进了亚谐扰动的快速增长；当雷诺数继续增加并达到一定值时，它们会出现峰值并随后衰减，但是亚谐扰动增长率达到的峰值要比 T-S 波大得多，对应的雷诺数也大，也就是说，在某一段雷诺数范围内，T-S 波已经衰减，而亚谐扰动仍在继续增长。图中还清楚地显示了在给定雷诺数的情况下，压力梯度对初次和二次失稳的影响都是明显的，逆压梯度的存在加速了不稳定现象的出现，加大了不稳定扰动的增长率；而顺压梯度的影响正好相反，推迟了不稳定的发生，也减小了扰动的增长率。

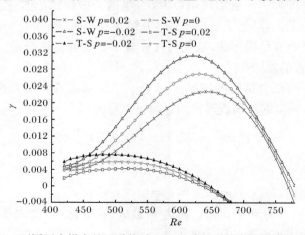

图 4.9　不同压力梯度的亚谐扰动和 T-S 波的增长率随雷诺数的变化

4.4　三维非线性边界层稳定性

对于三维非线性扰动问题,与前面的二维非线性分析相比,还需要同时考虑在展向的变化,因而会有更复杂的扰动间的相互作用。借助于谐振分析,有些相互作用与其他的相比有着明显的强势,因此,不需要同时考虑所有可能的相互作用。通过二次稳定性的分析,可以给出三维扰动的频率和展向波数的范围,能够提供亚谐波所需要的初始条件。

在下面的研究中,把展向波数 β 的值作为一个自由参数,取值与实验情况相对应,以便于比较。T-S 波的频率也是可以选择的。需要指出的是,这种频率和展向波数的选择,并不是 PSE 中的假设或者限制,而是属于物理现象所规定的。这种选择和确定是与感受性问题(见第 7 章)相关的[25,26]。在流线方向上选定的位置,参照先前的计算结果和实验数据,选择两个扰动(包括它们的谐波):一个是具有规定频率 2F 和振幅 A 的 T-S 波;另一个是具有特定展向波数 β、频率 F 及振幅 B 的三维扰动模态进行稳定性研究。

4.4.1　三维非线性抛物化稳定性方程

将无量纲 N-S 方程写成涡量形式,并把速度场分解为基本流动项和扰动项,并将所得到的扰动方程,利用连续方程及涡量与速度偏导数之间的关系进行重组,得到如下形式的控制方程组:

$$\left(\frac{\partial}{\partial t}+U_{\mathrm{B}}\frac{\partial}{\partial x}+V_{\mathrm{B}}\frac{\partial}{\partial y}-\frac{1}{Re}\nabla^2-\frac{\partial V_{\mathrm{B}}}{\partial y}\right)\nabla^2 v-2\frac{\partial V_{\mathrm{B}}}{\partial y}\frac{\partial \xi}{\partial z}+\frac{\partial V_{\mathrm{B}}}{\partial x}\left(\frac{\partial \zeta}{\partial y}+\frac{\partial \eta}{\partial z}\right)$$

$$+\frac{\partial \xi_{\mathrm{B}}}{\partial y}\frac{\partial v}{\partial x}+\frac{\partial \xi_{\mathrm{B}}}{\partial x}\left(2\frac{\partial u}{\partial x}+\frac{\partial v}{\partial y}\right)+\frac{\partial^2 \xi_{\mathrm{B}}}{\partial x\partial y}v+\frac{\partial^2 \xi_{\mathrm{B}}}{\partial x^2}u$$

$$=-\left(\xi\frac{\partial}{\partial x}+\eta\frac{\partial}{\partial y}+\zeta\frac{\partial}{\partial z}\right)\eta$$

$$-\left(u\frac{\partial}{\partial x}+v\frac{\partial}{\partial y}+w\frac{\partial}{\partial z}\right)\left(\frac{\partial \zeta}{\partial x}-\frac{\partial \xi}{\partial z}\right)-\left(\frac{\partial \xi}{\partial z}\frac{\partial}{\partial x}+\frac{\partial \eta}{\partial z}\frac{\partial}{\partial y}+\frac{\partial \zeta}{\partial z}\frac{\partial}{\partial z}\right)u$$

$$+\left(\frac{\partial \xi}{\partial x}\frac{\partial}{\partial x}+\frac{\partial \eta}{\partial x}\frac{\partial}{\partial y}+\frac{\partial \zeta}{\partial x}\frac{\partial}{\partial z}\right)w+\left(\frac{\partial u}{\partial z}\frac{\partial}{\partial x}+\frac{\partial v}{\partial z}\frac{\partial}{\partial y}+\frac{\partial w}{\partial z}\frac{\partial}{\partial z}\right)\xi$$

$$-\left(\frac{\partial u}{\partial x}\frac{\partial}{\partial x}+\frac{\partial v}{\partial x}\frac{\partial}{\partial y}+\frac{\partial w}{\partial x}\frac{\partial}{\partial z}\right)\zeta \tag{4.38a}$$

$$\left(\frac{\partial}{\partial t}+U_{\mathrm{B}}\frac{\partial}{\partial x}+V_{\mathrm{B}}\frac{\partial}{\partial y}-\frac{1}{Re}\nabla^2-\frac{\partial V_{\mathrm{B}}}{\partial y}\right)\left(\frac{\partial^2 u}{\partial x^2}+\frac{\partial^2 u}{\partial z^2}+\frac{\partial^2 v}{\partial x\partial y}\right)$$

$$+\frac{\partial U_{\mathrm{B}}}{\partial y}\frac{\partial^2 v}{\partial z^2}+\frac{\partial V_{\mathrm{B}}}{\partial x}\left(\frac{\partial^2 u}{\partial x\partial y}+\frac{\partial^2 v}{\partial y^2}\right)$$

$$= \Big(\xi\frac{\partial}{\partial x} + \eta\frac{\partial}{\partial y} + \zeta\frac{\partial}{\partial z}\Big)\frac{\partial v}{\partial z} + \Big(\frac{\partial\xi}{\partial z}\frac{\partial}{\partial x} + \frac{\partial\eta}{\partial z}\frac{\partial}{\partial y} + \frac{\partial\zeta}{\partial z}\frac{\partial}{\partial z}\Big)v$$

$$- \Big(u\frac{\partial}{\partial x} + v\frac{\partial}{\partial y} + w\frac{\partial}{\partial z}\Big)\frac{\partial\eta}{\partial z} - \Big(\frac{\partial u}{\partial z}\frac{\partial}{\partial x} + \frac{\partial v}{\partial z}\frac{\partial}{\partial y} + \frac{\partial w}{\partial z}\frac{\partial}{\partial z}\Big)\eta \quad (4.38\text{b})$$

式中,下标 B 表示二维基本流动项;u,v 为扰动量,ξ,η,ζ 为扰动涡量的分量。

在给定频率 2F(T-S 波),流向波数 2α、相速度 c 和展向波数 β 的条件下,把扰动流场展开成具有展向波数 $k\beta(k=0,1,2,\cdots)$ 和频率 $nF(n=0,1,2,\cdots)$ 的 Fourier 分量,相应的流向波数为 $n\alpha$,这些分量具有与 T-S 波相等的相速度。这样流场可以表示为

$$v = v_B + \sum_{n=-\infty}^{\infty}\sum_{k=-\infty}^{\infty} v_{(n,k)} \quad (4.39)$$

式中,$v_{(n,k)}$ 可以写为

$$v_{(n,k)}(x,y,z,t) = \hat{v}_{(n,k)}(x,y)\exp\Big[\mathrm{i}k\beta z - \mathrm{i}n\omega t + \int_{x_0}^{x}\alpha_{(n,k)}(\xi)\mathrm{d}\xi\Big] \quad (4.40)$$

其中,复指数 $\alpha_{(n,k)}(x)$ 表示增长率和流线方向的波数,写为

$$\alpha_{(n,k)}(x) = \gamma_{(n,k)}(x) + \mathrm{i}n\alpha(x) \quad (4.41)$$

这里用记号 (n,k) 表示相应的模态,整数 n 是频率 ω 的倍数($\omega = F \cdot Re/10^6$),2ω 是 T-S 波的频率,k 是展向波数 β 的倍数。

对于三维扰动 $\hat{v}$,假设在边界层内的速度剖面、扰动波长和增长率在流向的变化是缓慢的,因此,$v_{(n,k)}$、$\alpha_{(n,k)}$ 和 $\gamma_{(n,k)}$ 对 x 的二阶导数及一阶导数的乘积是足够地小而可以忽略。这样对每一个模态,其 u,v 流向导数有如下的简化形式:

$$\frac{\partial^m u_{(n,k)}}{\partial x^m} = \Big[\alpha_{(n,k)}\hat{u}_{(n,k)} + ma_{(n,k)}^{m-1}\frac{\partial\hat{u}_{(n,k)}}{\partial x} + \frac{m}{2}(m-1)a_{(n,k)}^{m-2}\frac{\mathrm{d}a_{(n,k)}}{\mathrm{d}x}\hat{u}_{(n,k)}\Big]\chi_{(n,k)}$$

$$(4.42)$$

式中,$\chi_{(n,k)} = \exp\Big[\mathrm{i}k\beta z - \mathrm{i}n\omega t + \int_{x_0}^{x}\alpha_{(n,k)}(\xi)\mathrm{d}\xi\Big]$。

将式(4.39)代入扰动方程(4.38)中,并利用式(4.42),合并含有相同频率 $n\omega$ 和展向波数 $k\beta$ 的项,得到耦合的偏微分方程组为

$$\Big(-2a_{(n,k)}\frac{\partial U_B}{\partial x}\frac{\partial}{\partial y} - 2a_{(n,k)}\frac{\partial^2 U_B}{\partial x\partial y}\Big)[\hat{u}_{(n,k)}] + \Big\{-\frac{1}{Re}\frac{\partial^4}{\partial y^4} + V_B\frac{\partial^3}{\partial y^3}$$

$$+ \Big[a_{(n,k)}U_B - \mathrm{i}n\omega - \frac{2}{Re}(a_{(n,k)}^2 - k^2\beta^2) - \frac{\partial U_B}{\partial x}\Big]\frac{\partial^2}{\partial y^2}$$

$$+ \Big[V_B(a_{(n,k)}^2 - k^2\beta^2) - \frac{\partial^2 U_B}{\partial x\partial y}\Big]\frac{\partial}{\partial y} + (a_{(n,k)}^2 - k^2\beta^2)\frac{\partial U_B}{\partial x} - a_{(n,k)}\frac{\partial^2 U_B}{\partial y^2}$$

$$- \frac{\partial^3 U_B}{\partial x\partial y^2} + (a_{(n,k)}^2 - k^2\beta^2)\Big[a_{(n,k)}U_B - \mathrm{i}n\omega - \frac{1}{Re}(a_{(n,k)}^2 - k^2\beta^2)\Big]\Big\}[\hat{v}_{(n,k)}]$$

$$+\left[U_{\mathrm{B}}\frac{\partial^2}{\partial y^2}-2\mathrm{i}a_{(n,k)}n\omega+U_{\mathrm{B}}(3a_{(n,k)}^2-k^2\beta^2)-\frac{\partial^2 U_B}{\partial y^2}\right]\left[\frac{\partial\hat{v}_{(n,k)}}{\partial x}\right]$$

$$=\sum_{i=-\infty}^{\infty}\sum_{j=-\infty}^{\infty}N^1(i,j,n-i,k-j) \tag{4.43a}$$

$$\left\{-\frac{1}{Re}(a_{(n,k)}^2-k^2\beta^2)\frac{\partial^2}{\partial y^2}+V_{\mathrm{B}}(a_{(n,k)}^2-k^2\beta^2)\frac{\partial}{\partial y}\right.$$

$$\left.+(a_{(n,k)}^2-k^2\beta^2)\left[a_{(n,k)}U_{\mathrm{B}}-\mathrm{i}n\omega-\frac{1}{Re}(a_{(n,k)}^2-k^2\beta^2)-\frac{\partial V_B}{\partial y}\right]\right\}\left[\hat{u}_{(n,k)}\right]$$

$$+\left\{-\frac{a_{(n,k)}}{Re}\frac{\partial^3}{\partial y^3}+a_{(n,k)}V_{\mathrm{B}}\frac{\partial^2}{\partial y^2}+a_{(n,k)}\left[a_{(n,k)}U_{\mathrm{B}}-\mathrm{i}n\omega-\frac{\partial V_B}{\partial y}\right.\right.$$

$$\left.\left.-\frac{1}{Re}(a_{(n,k)}^2-k^2\beta^2)\right]\frac{\partial}{\partial y}-k^2\beta^2\frac{\partial U_B}{\partial y}\right\}\left[\hat{v}_{(n,k)}\right]$$

$$+\left[U_{\mathrm{B}}(3a_{(n,k)}^2-k^2\beta^2)-2\mathrm{i}a_{(n,k)}n\omega\right]\left[\frac{\partial\hat{u}_{(n,k)}}{\partial x}\right]$$

$$+(2a_{(n,k)}U_{\mathrm{B}}-\mathrm{i}n\omega)\frac{\partial}{\partial y}\left[\frac{\partial\hat{v}_{(n,k)}}{\partial x}\right]$$

$$=\sum_{i=-\infty}^{\infty}\sum_{j=-\infty}^{\infty}N^2(i,j,n-i,k-j) \tag{4.43b}$$

该方程可以写成简洁的算子形式[27]，有

$$L_u^1\left[\hat{u}_{(n,k)}\right]+L_v^1\left[\hat{v}_{(n,k)}\right]+M_u^1\left[\frac{\partial\hat{u}_{(n,k)}}{\partial x}\right]+M_v^1\left[\frac{\partial\hat{v}_{(n,k)}}{\partial x}\right]$$

$$=\sum_{i=-\infty}^{\infty}\sum_{j=-\infty}^{\infty}N^1(i,j,n-i,k-j) \tag{4.44a}$$

$$L_u^2\left[\hat{u}_{(n,k)}\right]+L_v^2\left[\hat{v}_{(n,k)}\right]+M_u^2\left[\frac{\partial\hat{u}_{(n,k)}}{\partial x}\right]+M_v^2\left[\frac{\partial\hat{v}_{(n,k)}}{\partial x}\right]$$

$$=\sum_{i=-\infty}^{\infty}\sum_{j=-\infty}^{\infty}N^2(i,j,n-i,k-j) \tag{4.44b}$$

式中,左边的算子是与式(4.43)左边的相关项对应的;右边非线性项的算符 N^1 和 N^2 表达式见附录 A。

　　边界条件为

$$u_{(n,k)}(x,0)=0,\quad v_{(n,k)}(x,0)=\frac{\partial}{\partial y}v_{(n,k)}(x,0)=0 \tag{4.45a}$$

$$y\rightarrow\infty:u_{(n,k)}(x,y)=0,v_{(n,k)}(x,y)=\frac{\partial}{\partial y}v_{(n,k)}(x,y)=0 \tag{4.45b}$$

方程(4.44)～方程(4.45)组成抛物化稳定性方程。

　　进一步研究表明,由于式(4.40)右侧中对 x 的定义要用额外的方程加以确

定,又必须使 $\hat{u}_{(n,k)}(x,y)$，$\hat{v}_{(n,k)}(x,y)$ 和 $\alpha(x)$ 满足慢变条件,因此,可以通过对 $\hat{u}_{(n,k)}(x,y)$ 在 x 方向变化的限制来达到要求,这就是正规化条件,选择形式

$$\int_0^\infty \frac{\partial\hat{u}(x,y)}{\partial x}\hat{u}^+(x,y)\mathrm{d}y = 0 \tag{4.46}$$

上标"＋"代表复共轭,从而有

$$\int_0^\infty \hat{u}_{(n,k)}^+ \frac{\partial\hat{u}_{(n,k)}}{\partial x}\mathrm{d}y = 0,\quad n = 2,\quad k = 0 \tag{4.47}$$

$$\mathrm{Re}\left\{\int_0^\infty \hat{u}_{(n,k)}^+ \frac{\partial\hat{u}_{(n,k)}}{\partial x}\mathrm{d}y\right\} = 0 \tag{4.48}$$

这样,方程(4.44)和方程(4.45),与正规化条件式(4.47)和式(4.48)一起,构成了常见的(二维主流)三维非线性抛物化稳定性方程。

4.4.2　三维模态分析

三维非线性作用不仅存在于不同频率之间,还存在于不同展向波数之间,其相互作用发生在不同数目的波组合中。例如,在 H 型三维扰动的演化过程中,亚谐扰动波、二维 T-S 波及其谐波相互之间通过非线性的作用,将产生一系列新的模态。这里给出通过非线性作用产生的新模态及相应的分析。对于初始条件为 T-S 波、H 模态和均流变形(0,0)构成的 H 型的演化过程,用"T"表示 T-S 波,亚谐波用"H"表示,并假设开始时这些波具有小振幅,起始状态的模态见表 4.2。

表 4.2　起始状态模态分析

k \ n	0	1	2
0			T
1		H	

当它们的振幅增长时,其谐波和新的模态产生了,第一个新的模态集合见表 4.3,小写字母表示相应模态量级的非线性乘积。进一步在表 4.4 中给出了在振幅展开式中的下一个量级的新模态。

表 4.3　非线性作用产生的新模态分析之一

k \ n	0	1	2	3	4
0	t^2		T		t^2
1		H		ht	
2	h^2		h^2		h^2t

表 4.4　非线性作用产生的新模态分析之二

k＼n	0	1	2	3	4	5	6
0	t^2		T		t^2		t^3
1		H		ht		t^2h	
2	h^2		h^2		h^2t		h^2t^2
3		h^3		h^3		h^3t	

此处标示了所有模态及其开始时的量级,即流场中(n,k)的组成。对于给定的(n,k),假定由(n_1,k_1)和(n_2,k_2)经过非线性作用产生对它的强制作用,也就是说存在如下关系:

$$n_1＋n_2＝n,\quad k_1＋k_2＝k \tag{4.49}$$

这里对模态的分析,截至 $n＝6$ 和 $k＝3$,即取 $n\in[-6,6]$,$k\in[-3,3]$,并进而对(n,k)模态产生的相关非线性项进行分析和计算。

例如,对$(3,1)$模态,可能的(n_1,n_2)组合有

$(-3,6),(-2,5),(-1,4),(0,3),(1,2),(2,1),(3,0),(4,-1),(5,-2),(6,-3)$

可能的(k_1,k_2)组合有

$(-2,3),(-1,2),(0,1),(1,0),(2,-1),(3,-2)$

考虑到表 4.4 的约束,最终对模态$(3,1)$产生非线性强制作用的所有(n_1,k_1)和(n_2,k_2)组合为

$(-3,-1)$和$(6,2)$	$(-3,1)$和$(6,0)$	$(-3,3)$和$(6,-2)$
$(-2,-2)$和$(5,3)$	$(-2,0)$和$(5,1)$	$(-2,2)$和$(5,-1)$
$(-1,-1)$和$(4,2)$	$(-1,1)$和$(4,0)$	$(-1,3)$和$(4,-2)$
$(0,-2)$和$(3,3)$	$(0,0)$和$(3,1)$	$(0,2)$和$(3,-1)$
$(1,-1)$和$(2,2)$	$(1,1)$和$(2,0)$	$(1,3)$和$(2,-2)$
$(2,-2)$和$(1,3)$	$(2,0)$和$(1,1)$	$(2,2)$和$(1,-1)$
$(3,-1)$和$(0,2)$	$(3,1)$和$(0,0)$	$(3,3)$和$(0,-2)$
$(4,-2)$和$(-1,3)$	$(4,0)$和$(-1,1)$	$(4,2)$和$(-1,-1)$
$(5,-1)$和$(-2,2)$	$(5,1)$和$(-2,0)$	$(5,3)$和$(-2,-2)$
$(6,-2)$和$(-3,3)$	$(6,0)$和$(-3,1)$	$(6,2)$和$(-3,-1)$

其他模态可以进行类似的分析。显然三维非线性模态分析是很复杂的.

4.4.3　数值方法

首先分析速度剖面之间的关系。因为速度剖面 $\hat{u}_{(n,k)}$,$\hat{v}_{(n,k)}$ 和 $\hat{w}_{(n,k)}$ 是复数,对

于实际物理问题,复速度剖面应该满足的关系为

$$\hat{u}_{(n,k)} = \hat{u}_{(n,-k)}, \quad \hat{u}_{(n,k)} = \hat{u}_{(-n,k)}^{+}$$
$$\hat{v}_{(n,k)} = \hat{v}_{(n,-k)}, \quad \hat{v}_{(n,k)} = \hat{v}_{(-n,k)}^{+} \quad\quad (4.50)$$
$$\hat{w}_{(n,k)} = -\hat{w}_{(n,-k)}, \quad \hat{w}_{(n,k)} = -\hat{w}_{(-n,k)}^{+}$$

在这里,$\hat{u}$ 和 $\hat{v}$ 之所以对参数 k 存在上述关系,是因为 β 在控制方程中总是以二次方的形式出现;$\hat{w}$ 对 k 的关系来源于连续性方程。

另外还存在如下关系:

$$\gamma_{(n,k)} = \gamma_{(-n,k)} = \gamma_{(-n,-k)} = \gamma_{(n,-k)} \quad\quad (4.51)$$

故仅将具有指标 $n \geqslant 0, k \geqslant 0$ 的模态求解并存储。因此,虽然在 $n=6$ 和 $k=3$ 处截断的 Fourier 级数的非线性计算一共包含了 91 个模态,但数值求解中只需对其中的 28 个模态进行存储。

三维非线性问题的数值方法,实际上是与 4.4.2 节二维空间推进数值解法类似。在推进过程的每一步由数个迭代构成,在迭代中,依据式(4.52)对 $\gamma_{(n,k)}$ 和 α 的值加以更新以满足正规化条件:

$$\begin{cases} \Delta\gamma_{(n,k)} = \mathrm{Re}\left\{ \int_0^\infty (\hat{u}_{(n,k,m+1)} + \hat{u}_{(n,k,m)}) + (\hat{u}_{(n,k,m+1)} - \hat{u}_{(n,k,m)})/(2\Delta x)\mathrm{d}y \right\} \\ \Delta\alpha = \mathrm{Im}\left\{ \int_0^\infty (\hat{u}_{(2,0,m+1)} + \hat{u}_{(2,0,m)}) + (\hat{u}_{(2,0,m+1)} - \hat{u}_{(2,0,m)})/(2\Delta x)\mathrm{d}y \right\} \end{cases} \quad (4.52)$$

下标 m 是指流向步数,$x = x_0 + m\Delta x$。每一步的精确迭代次数随着 $\gamma_{(n,k)}$ 和 α 的收敛速率而变化。

初始条件由 T-S 波、均流变形、亚谐波(对于 H 型、C 型)及 T-S 波的谐波组成。T-S 波(2,0)由线性 PSE 结果给出;谐波(4,0)和(6,0)用基于振幅的 Landau 展开式进行计算;均流变形(0,0)可以用近似计算;对于亚谐波(1,1)则用二次稳定性计算的结果。

在 PSE 具体的计算过程中,对于每一个模态的非线性强制项的大小,在每一步中都对其作监测。当它的大小超过预先设定的阈值,需要引进新的模态,通过求解非齐次的局部方程(不同的模态有相应的方程给出),得到相应的速度剖面、流向导数和指数因子 $\alpha_{(n,k)}$。在向下游推进过程中,就由上一站的已知项来确定下一站中的相关项,例如,对于 $j+1$ 点上的模态(3,1),就由 j 处,进行如 4.4.2 节的非线性模态分析,对所有 (n_1,k_1) 和 (n_2,k_2) 组合产生的强制项的总和加以控制。

4.5　H 型三维扰动的非线性稳定性

Wang 等[28]通过算例,详细分析了 H 型三维扰动的非线性边界层稳定性的演

化过程。与二次稳定性问题的研究一样,取无量纲频率 $F=124$,这是与 Kachanov 等[4] 的经典性实验中振动条的振动频率接近。在 $Re=420$ 处给出 PSE 的初始条件中,基于 u 剖面均方根最大值的 T-S 波振幅 $A_{ini}=0.46\%$,展向波数 $\beta=0.14$(与 $b=\beta\times10^3/Re=1/3$ 相对应)。采用截断至 $n=6$ 和 $k=3$ 的 Fourier 分析,求解非线性 PSE,计算范围为 $Re=420\sim695$,并将数值结果与实验数据及 DNS 结果进行比较。

先分析振幅曲线的非线性演化。不同亚谐波初始振幅的部分模态振幅曲线在图 4.10 中,同时也列出了实验结果[4](实验是在 $\eta=1.3$ 处测量的振幅,计算也取对应的值)。计算结果和实验数据分别用实线和符号表示。总的来说,二者大体上是一致的,反映了相同的变化规律;但是也有曲线稍有差别,可能是由于实验中前缘的存在及其他影响。由图可以看出,在 Re 达到较大值时,如 $Re=550$,T-S 波振幅曲线还比较平缓,而谐波的振幅上升很快,说明模态之间已存在明显的非线性作用。图 4.10(b)是在亚谐波初始振幅较大($B_{ini}=0.0044\%$)的情况下的各谐波振幅的变化,显示了初始振幅增大后带来的影响,如模态(3,1)的开始位置约在 $Re=490$,而在初始振幅较小($B_{ini}=0.0035\%$)时[图 4.10(a)],大概推迟到 $Re=510$ 左右。图 4.11 则是与实验对应的在 $Re=608$ 的模态(1,1)和(5,1)的 u 速度剖面,并有 Fasel 等[12] 的 DNS 数据。以上结果显示,采用 NPSE 方法得到的三维扰动非线性演化过程,与实验及精确的 DNS 相比是一致的;而 PSE 方法的高效推进求解,比 DNS 的计算时间成数量级地减少,展示了 PSE 方法在非线性稳定性计算中的重要作用。

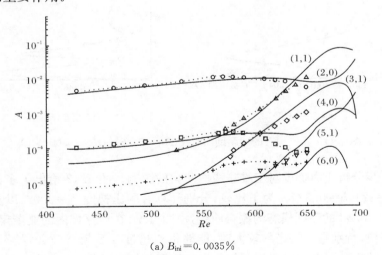

(a) $B_{ini}=0.0035\%$

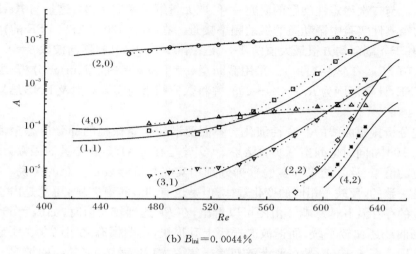

(b) $B_{\text{ini}}=0.0044\%$

图 4.10　H 型三维扰动的部分模态振幅曲线的非线性演化($F=124,b=0.33,A_{\text{ini}}=0.46\%$)

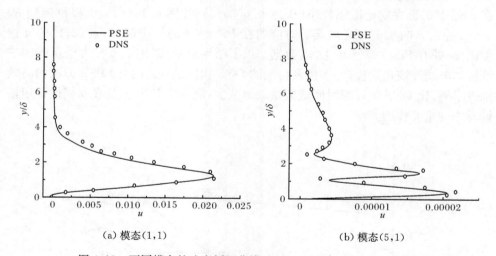

(a) 模态(1,1)　　　　　　　　　　(b) 模态(5,1)

图 4.11　不同模态的速度剖面曲线($A_{\text{ini}}=0.46\%,B_{\text{ini}}=0.0044\%$)

　　进一步分析压力梯度对三维非线性演化的影响。图 4.12 给出了多种模态的结果($F=124,b=0.33$)。为了比较,分别计算有顺压梯度 $p=0.02$,以及有逆压梯度 $p=-0.02$ 的不同模态的振幅曲线,由图可见,在计算域内的亚谐模态(1,1)的增长很快,特别是在雷诺数较大时,能够很快超过 T-S 模态(2,0)的振幅,成了扰动影响的主要因素。对比不同的压力梯度下的结果可见,如亚谐模态(1,1),在顺压梯度 $p=0.02$ 时的最大值是 0.017,而在逆压梯度 $p=-0.02$ 时相应的最大值是 0.421。而对 $p=0$ 的 Blasius 边界层流动,其最大值为 0.080。图 4.13 是在不同压力梯度下,模态(1,1)和(2,2)的振幅演化曲线($F=124,b=0.33$)的比较。
这些结果都显示了压力梯度的影响规律,即逆压梯度促使扰动振幅增大,而顺压
梯度则相反,使扰动振幅减小。

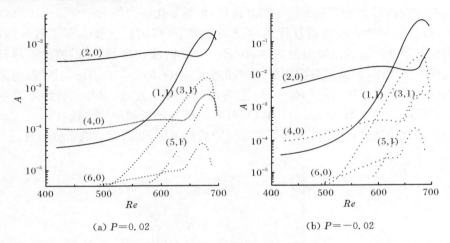

(a) $P=0.02$　　　　　　　　　　　(b) $P=-0.02$

图 4.12　有压力梯度的多种模态振幅曲线($A_{ini}=0.46\%,B_{ini}=0.0035\%$)

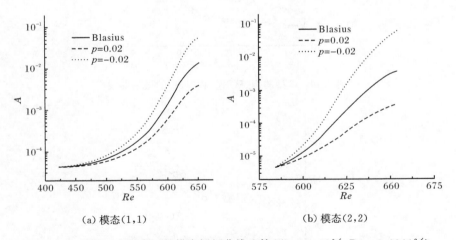

(a) 模态(1,1)　　　　　　　　　　(b) 模态(2,2)

图 4.13　不同压力梯度下的模态振幅曲线比较($A_{ini}=0.46\%,B_{ini}=0.0044\%$)

4.6　C 型稳定性分析

通过三维 NPSE 方法,同样能够计算 C 型三维扰动的空间演化,分析各种复
杂的非线性关系和不同模态发展。这一类边界层稳定性研究,采用的是类似于 H

型的研究方法,这里就不再赘述了。Liu 等[9]通过平板边界层的算例,显示了 C 型三维扰动的 T-S 波及不同谐波的非线性演化过程。

图 4.14 给出的是 C 型扰动振幅曲线的计算与实验结果。由图可以看到,T-S波振幅曲线与 C 型的实验数据[8]吻合甚好,包括变化很快的 $Re=700\sim750$ 区域。随着流向进一步推进,非线性作用也越来越显著,特别是在较大雷诺数区域内。注意到三维亚谐波的振幅演化曲线,在 $Re<690$ 的流向区域,亚谐波的振幅很小且曲线变化缓慢,但是随着雷诺数进一步增大,如在 $Re>700$ 的流向区域,亚谐波的振幅曲线上升很快,并在 $Re=730$ 左右超过了 T-S 波,这也和实验结果是一致的。其他的一些模态,如(2,2)、(3,1)和(4,2)模态的振幅演化曲线在图 4.15 中,随着雷诺数的增大,这些模态的振幅曲线增长都很快,非线性影响十分显著。

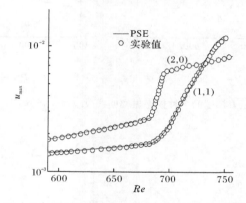

图 4.14　C 型的模态(2,0)和(1,1)的振幅曲线

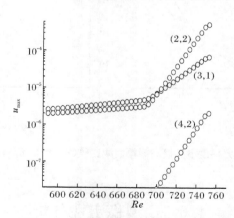

图 4.15　C 型的部分模态的振幅曲线

不同雷诺数的 T-S 波(2,0)的流向速度剖面在图 4.16 中,显然在较大的雷诺数($Re=736$)时,剖面曲线的峰值更大,离开物面的距离也变大。亚谐波(1,1)在

不同雷诺数下的流向速度剖面的三维演化展示在图 4.17 中，由图可见，曲线峰值随雷诺数增大而连续地增长，但是这个增长在小雷诺数的线性阶段是缓慢的；随着向下游的进一步发展，非线性作用明显地增强，其峰值在急剧增大的同时，所对应的位置也逐渐远离物体壁面，显示了扰动的非线性演化的复杂过程。

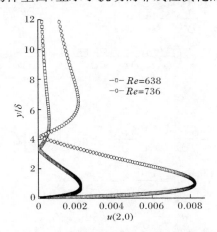

图 4.16　不同雷诺数的 T-S 波流向速度剖面

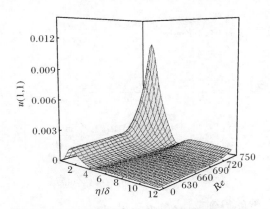

图 4.17　亚谐波流向速度剖面随雷诺数的变化

附录 A　非线性项的完整表达式

在式(4.44)中的右端非线性项是以算符形式给出的。对于给定模态(n,k)，如前所述，模态(i,j)和$(n-i,k-j)$间的非线性相互作用对模态(n,k)起着控制作用。具体而言，式(4.44a)右端非线性项可以展开为

$$-\left(\xi_{(i,j)}\frac{\partial}{\partial x}+\eta_{(i,j)}\frac{\partial}{\partial y}+\zeta_{(i,j)}\frac{\partial}{\partial z}\right)\eta_{(n-i,k-j)}-\left(u_{(i,j)}\frac{\partial}{\partial x}+v_{(i,j)}\frac{\partial}{\partial y}+w_{(i,j)}\frac{\partial}{\partial z}\right)$$

$$\cdot\left(\frac{\partial\zeta_{(n-i,k-j)}}{\partial x}-\frac{\partial\xi_{(n-i,k-j)}}{\partial z}\right)-\left(\frac{\partial\xi_{(i,j)}}{\partial z}\frac{\partial}{\partial x}+\frac{\partial\eta_{(i,j)}}{\partial z}\frac{\partial}{\partial y}+\frac{\partial\zeta_{(i,j)}}{\partial z}\frac{\partial}{\partial z}\right)u_{(n-i,k-j)}$$

$$+\left(\frac{\partial\xi_{(i,j)}}{\partial x}\frac{\partial}{\partial x}+\frac{\partial\eta_{(i,j)}}{\partial x}\frac{\partial}{\partial y}+\frac{\partial\zeta_{(i,j)}}{\partial x}\frac{\partial}{\partial z}\right)w_{(n-i,k-j)}+\left(\frac{\partial u_{(i,j)}}{\partial z}\frac{\partial}{\partial x}+\frac{\partial v_{(i,j)}}{\partial z}\frac{\partial}{\partial y}\right.$$

$$\left.+\frac{\partial w_{(i,j)}}{\partial z}\frac{\partial}{\partial z}\right)\xi_{(n-i,k-j)}-\left(\frac{\partial u_{(i,j)}}{\partial x}\frac{\partial}{\partial x}+\frac{\partial v_{(i,j)}}{\partial x}\frac{\partial}{\partial y}+\frac{\partial w_{(i,j)}}{\partial x}\frac{\partial}{\partial z}\right)\zeta_{(n-i,k-j)}$$

$$\text{(A. 1)}$$

由于

$$u_x=\frac{\partial u_{(n,k)}}{\partial x}=\left[\frac{\partial\hat{u}_{(n,k)}}{\partial x}+a_{(n,k)}\hat{u}_{(n,k)}\right]\chi_{(n,k)} \qquad\text{(A. 2a)}$$

$$u_y=\frac{\partial u_{(n,k)}}{\partial y}=\frac{\partial\hat{u}_{(n,k)}}{\partial y}\chi_{(n,k)} \qquad\text{(A. 2b)}$$

$$u_z=\frac{\partial u_{(n,k)}}{\partial z}=\mathrm{i}k\beta\hat{u}_{(n,k)}\chi_{(n,k)} \qquad\text{(A. 2c)}$$

又由连续方程

$$\hat{w}_{(n,k)}=\frac{-1}{\mathrm{i}k\beta}\left[a_{(n,k)}\hat{u}_{(n,k)}+\frac{\partial\hat{u}_{(n,k)}}{\partial x}+\frac{\partial\hat{v}_{(n,k)}}{\partial y}\right]\chi_{(n,k)}, \quad k\neq0 \qquad\text{(A. 3)}$$

可以得到

$$w_x=\frac{\partial\hat{w}_{(n,k)}}{\partial x}=\frac{-1}{\mathrm{i}k\beta}\left[a_{(n,k)}\frac{\partial\hat{u}_{(n,k)}}{\partial x}+\frac{\partial^2\hat{v}_{(n,k)}}{\partial x\partial y}\right]\chi_{(n,k)}, \quad k\neq0 \qquad\text{(A. 4a)}$$

$$w_y=\frac{\partial\hat{w}_{(n,k)}}{\partial y}=\frac{-1}{\mathrm{i}k\beta}\left[a_{(n,k)}\frac{\partial\hat{u}_{(n,k)}}{\partial y}+\frac{\partial^2\hat{u}_{(n,k)}}{\partial x\partial y}+\frac{\partial^2\hat{v}_{(n,k)}}{\partial y^2}\right]\chi_{(n,k)}, \quad k\neq0 \qquad\text{(A. 4b)}$$

$$w_z=\frac{\partial\hat{w}_{(n,k)}}{\partial z}=\mathrm{i}k\beta\hat{w}_{(n,k)}\chi_{(n,k)} \qquad\text{(A. 4c)}$$

这样结合式(4.42),就能得到 u_{xy}, u_{yy}, u_{zx}, u_{zy}…

考虑到

$$\xi_{(n,k)}=\frac{\partial w_{(n,k)}}{\partial y}-\frac{\partial v_{(n,k)}}{\partial z}=\left[\frac{\partial\hat{w}_{(n,k)}}{\partial y}-\mathrm{i}k\beta\hat{v}_{(n,k)}\right]\chi_{(n,k)} \qquad\text{(A. 5a)}$$

$$\eta_{(n,k)}=\frac{\partial u_{(n,k)}}{\partial z}-\frac{\partial w_{(n,k)}}{\partial x}=\left[\mathrm{i}k\beta\hat{u}_{(n,k)}-\frac{\partial\hat{w}_{(n,k)}}{\partial x}-a_{(n,k)}\hat{w}_{(n,k)}\right]\chi_{(n,k)} \qquad\text{(A. 5b)}$$

$$\zeta_{(n,k)}=\frac{\partial v_{(n,k)}}{\partial x}-\frac{\partial u_{(n,k)}}{\partial y}=\left[\frac{\partial\hat{v}_{(n,k)}}{\partial x}+a_{(n,k)}\hat{v}_{(n,k)}-\frac{\partial\hat{u}_{(n,k)}}{\partial y}\right]\chi_{(n,k)} \qquad\text{(A. 5c)}$$

进而可得

$$\xi_x = \frac{\partial \xi_{(n,k)}}{\partial x} = \left[a_{(n,k)} \frac{\partial \hat{w}_{(n,k)}}{\partial x} + \frac{\partial^2 \hat{w}_{(n,k)}}{\partial x \partial y} - \mathrm{i}k\beta \left(a_{(n,k)} \hat{v}_{(n,k)} + \frac{\partial \hat{v}_{(n,k)}}{\partial x} \right) \right] \chi_{(n,k)}$$

$$(\text{A. 6a})$$

$$\xi_y = \frac{\partial \xi_{(n,k)}}{\partial y} = \left[\frac{\partial^2 \hat{w}_{(n,k)}}{\partial y^2} - \mathrm{i}k\beta \frac{\partial \hat{v}_{(n,k)}}{\partial y} \right] \chi_{(n,k)} \qquad (\text{A. 6b})$$

$$\xi_z = \frac{\partial \xi_{(n,k)}}{\partial z} = \left[\mathrm{i}k\beta \frac{\partial \hat{w}_{(n,k)}}{\partial y} + k^2 \beta^2 \frac{\partial \hat{v}_{(n,k)}}{\partial y} \right] \chi_{(n,k)} \qquad (\text{A. 6c})$$

类似地,可得 $\eta_x, \eta_y, \eta_z, \zeta_x, \zeta_y, \zeta_z$;进一步,也能给出相应的二阶导数。

将上面的表达式代入式(A.1),并引进算符,得到式(4.44a)右端的非线性项表达式为

$$\begin{aligned}
N^1(i,j,n-i,k-j) = {}& N_1^1 \hat{u}_{(i,j)} \frac{\partial \hat{u}_{(n-i,k-j)}}{\partial y} + N_2^1 \hat{u}_{(i,j)} \frac{\partial^2 \hat{u}_{(n-i,k-j)}}{\partial x \partial y} \\
& + N_3^1 \hat{u}_{(i,j)} \hat{v}_{(n-i,k-j)} + N_4^1 \hat{u}_{(i,j)} \frac{\partial \hat{v}_{(n-i,k-j)}}{\partial x} \\
& + N_5^1 \hat{u}_{(i,j)} \frac{\partial^3 \hat{v}_{(n-i,k-j)}}{\partial x \partial y^2} + N_6^1 \hat{u}_{(i,j)} \frac{\partial^2 \hat{v}_{(n-i,k-j)}}{\partial y^2} \\
& + N_7^1 \frac{\partial \hat{u}_{(i,j)}}{\partial x} \hat{v}_{(n-i,k-j)} + N_8^1 \frac{\partial \hat{u}_{(i,j)}}{\partial x} \frac{\partial^2 \hat{v}_{(n-i,k-j)}}{\partial y^2} \\
& + N_9^1 \frac{\partial \hat{u}_{(i,j)}}{\partial x} \frac{\partial \hat{u}_{(n-i,k-j)}}{\partial y} + N_{10}^1 \frac{\partial \hat{u}_{(i,j)}}{\partial x} \hat{u}_{(n-i,k-j)} \\
& + N_{11}^1 \frac{\partial \hat{u}_{(i,j)}}{\partial x} \frac{\partial \hat{u}_{(n-i,k-j)}}{\partial x} + N_{12}^1 \frac{\partial \hat{u}_{(i,j)}}{\partial y} \frac{\partial \hat{v}_{(n-i,k-j)}}{\partial y} \\
& + N_{13}^1 \frac{\partial \hat{u}_{(i,j)}}{\partial y} \frac{\partial^2 \hat{v}_{(n-i,k-j)}}{\partial x \partial y} + N_{14}^1 \frac{\partial^2 \hat{u}_{(i,j)}}{\partial x \partial y} \hat{u}_{(n-i,k-j)} \\
& + N_{15}^1 \frac{\partial^2 \hat{u}_{(i,j)}}{\partial x \partial y} \frac{\partial \hat{v}_{(n-i,k-j)}}{\partial y} + N_{16}^1 \frac{\partial^2 \hat{u}_{(i,j)}}{\partial y^2} \hat{u}_{(n-i,k-j)} \\
& + N_{17}^1 \frac{\partial^2 \hat{u}_{(i,j)}}{\partial y^2} \frac{\partial \hat{u}_{(n-i,k-j)}}{\partial x} + N_{18}^1 \frac{\partial^2 \hat{u}_{(i,j)}}{\partial y^2} \frac{\partial \hat{v}_{(n-i,k-j)}}{\partial y} \\
& + N_{19}^1 \hat{v}_{(i,j)} \hat{u}_{(n-i,k-j)} + N_{20}^1 \hat{v}_{(i,j)} \frac{\partial \hat{u}_{(n-i,k-j)}}{\partial x} \\
& + N_{21}^1 \hat{v}_{(i,j)} \frac{\partial^2 \hat{u}_{(n-i,k-j)}}{\partial y^2} + N_{22}^1 \hat{v}_{(i,j)} \frac{\partial^3 \hat{u}_{(n-i,k-j)}}{\partial x \partial y^2}
\end{aligned}$$

$$+ N_{23}^1 \hat{v}_{(i,j)} \frac{\partial \hat{v}_{(n-i,k-j)}}{\partial y} + N_{24}^1 \hat{v}_{(i,j)} \frac{\partial^2 \hat{v}_{(n-i,k-j)}}{\partial x \partial y}$$

$$+ N_{25}^1 \hat{v}_{(i,j)} \frac{\partial^3 \hat{v}_{(n-i,k-j)}}{\partial y^3} + N_{26}^1 \frac{\partial \hat{v}_{(i,j)}}{\partial x} \hat{u}_{(n-i,k-j)}$$

$$+ N_{27}^1 \frac{\partial \hat{v}_{(i,j)}}{\partial x} \frac{\partial \hat{v}_{(n-i,k-j)}}{\partial y} + N_{28}^1 \frac{\partial \hat{v}_{(i,j)}}{\partial x} \frac{\partial^2 \hat{u}_{(n-i,k-j)}}{\partial y^2}$$

$$+ N_{29}^1 \frac{\partial \hat{v}_{(i,j)}}{\partial y} \frac{\partial \hat{u}_{(n-i,k-j)}}{\partial y} + N_{30}^1 \frac{\partial \hat{v}_{(i,j)}}{\partial y} \frac{\partial^2 \hat{u}_{(n-i,k-j)}}{\partial x \partial y}$$

$$+ N_{31}^1 \frac{\partial \hat{v}_{(i,j)}}{\partial y} \hat{v}_{(n-i,k-j)} + N_{32}^1 \frac{\partial \hat{v}_{(i,j)}}{\partial y} \frac{\partial \hat{v}_{(n-i,k-j)}}{\partial x}$$

$$+ N_{33}^1 \frac{\partial \hat{v}_{(i,j)}}{\partial y} \frac{\partial^2 \hat{v}_{(n-i,k-j)}}{\partial y^2} + N_{34}^1 \frac{\partial \hat{v}_{(i,j)}}{\partial y} \frac{\partial^3 \hat{v}_{(n-i,k-j)}}{\partial x \partial y^2}$$

$$+ N_{35}^1 \frac{\partial^2 \hat{v}_{(i,j)}}{\partial y^2} \hat{u}_{(n-i,k-j)} + N_{36}^1 \frac{\partial^2 \hat{v}_{(i,j)}}{\partial y^2} \frac{\partial \hat{u}_{(n-i,k-j)}}{\partial x}$$

$$+ N_{37}^1 \frac{\partial^2 \hat{v}_{(i,j)}}{\partial y^2} \frac{\partial \hat{v}_{(n-i,k-j)}}{\partial y} + N_{38}^1 \frac{\partial^2 \hat{v}_{(i,j)}}{\partial y^2} \frac{\partial^2 \hat{v}_{(n-i,k-j)}}{\partial x \partial y}$$

$$+ N_{39}^1 \frac{\partial^3 \hat{v}_{(i,j)}}{\partial x \partial y^2} \hat{u}_{(n-i,k-j)} + N_{40}^1 \frac{\partial^3 \hat{v}_{(i,j)}}{\partial x \partial y^2} \frac{\partial \hat{v}_{(n-i,k-j)}}{\partial y}$$

$$+ N_{41}^1 \frac{\partial^2 \hat{v}_{(i,j)}}{\partial x \partial y} \frac{\partial \hat{u}_{(n-i,k-j)}}{\partial y} + N_{42}^1 \frac{\partial^2 \hat{v}_{(i,j)}}{\partial x \partial y} \frac{\partial^2 \hat{v}_{(n-i,k-j)}}{\partial y^2}$$

$$+ N_{43}^1 \frac{\partial^2 \hat{v}_{(i,j)}}{\partial x \partial y} \hat{v}_{(n-i,k-j)} \tag{A.7}$$

类似地,可以得到式(4.44b)的右端非线性项表达式为

$$N^2(i,j,n-i,k-j) = N_1^2 \hat{u}_{(i,j)} \hat{u}_{(n-i,k-j)} + N_2^2 \hat{u}_{(i,j)} \frac{\partial \hat{u}_{(n-i,k-j)}}{\partial x}$$

$$+ N_3^2 \hat{u}_{(i,j)} \frac{\partial \hat{v}_{(n-i,k-j)}}{\partial y} + N_4^2 \hat{u}_{(i,j)} \frac{\partial^2 \hat{v}_{(n-i,k-j)}}{\partial x \partial y}$$

$$+ N_5^2 \frac{\partial \hat{u}_{(i,j)}}{\partial x} \hat{u}_{(n-i,k-j)} + N_6^2 \frac{\partial \hat{u}_{(i,j)}}{\partial x} \frac{\partial \hat{v}_{(n-i,k-j)}}{\partial y}$$

$$+ N_7^2 \frac{\partial \hat{u}_{(i,j)}}{\partial y} \hat{v}_{(n-i,k-j)} + N_8^2 \frac{\partial \hat{u}_{(i,j)}}{\partial y} \frac{\partial \hat{v}_{(n-i,k-j)}}{\partial x}$$

$$+ N_9^2 \frac{\partial^2 \hat{u}_{(i,j)}}{\partial x \partial y} \hat{v}_{(n-i,k-j)} + N_{10}^2 \hat{v}_{(i,j)} \hat{v}_{(n-i,k-j)}$$

$$+ N_{11}^2 \hat{v}_{(i,j)} \frac{\partial \hat{v}_{(n-i,k-j)}}{\partial x} + N_{12}^2 \hat{v}_{(i,j)} \frac{\partial^2 \hat{v}_{(n-i,k-j)}}{\partial y^2}$$

$$+ N_{13}^2 \hat{v}_{(i,j)} \frac{\partial^3 \hat{v}_{(n-i,k-j)}}{\partial x \partial y^2} + N_{14}^2 \hat{v}_{(i,j)} \frac{\partial \hat{u}_{(n-i,k-j)}}{\partial y}$$

$$+ N_{15}^2 \hat{v}_{(i,j)} \frac{\partial^2 \hat{u}_{(n-i,k-j)}}{\partial x \partial y} + N_{16}^2 \frac{\partial \hat{v}_{(i,j)}}{\partial x} \hat{v}_{(n-i,k-j)}$$

$$+ N_{17}^2 \frac{\partial \hat{v}_{(i,j)}}{\partial y} \hat{u}_{(n-i,k-j)} + N_{18}^2 \frac{\partial \hat{v}_{(i,j)}}{\partial y} \frac{\partial \hat{u}_{(n-i,k-j)}}{\partial x}$$

$$+ N_{19}^2 \frac{\partial \hat{v}_{(i,j)}}{\partial y} \frac{\partial \hat{v}_{(n-i,k-j)}}{\partial y} + N_{20}^2 \frac{\partial \hat{v}_{(i,j)}}{\partial y} \frac{\partial^2 \hat{v}_{(n-i,k-j)}}{\partial x \partial y}$$

$$+ N_{21}^2 \frac{\partial^2 \hat{v}_{(i,j)}}{\partial x \partial y} \frac{\partial \hat{v}_{(n-i,k-j)}}{\partial y} + N_{22}^2 \frac{\partial^2 \hat{v}_{(i,j)}}{\partial y^2} \hat{v}_{(n-i,k-j)}$$

$$+ N_{23}^2 \frac{\partial^2 \hat{v}_{(i,j)}}{\partial y^2} \frac{\partial \hat{v}_{(n-i,k-j)}}{\partial x} \tag{A.8}$$

其中的算符集 $N_m^1 (m=1,2,\cdots,43)$ 和 $N_k^2 (k=1,2,\cdots,23)$ 可以表示为

当 $j \neq k, j \neq 0, k \neq 0$ 时：

N_1^1：　$jk\beta^2 - 2a_{(n-i,k-j)} \left(\frac{j}{k-i} a_{(n-i,k-j)} - a_{(i,j)} \right) - \frac{2k-j}{j} a_{i,j}^2 - \frac{j}{k-j} a_{(i,j)} a_{(n-i,k-j)}$

　　　　$+ \frac{1}{j(k-j)\beta^2} a_{(i,j)}^2 a_{(n-i,k-j)} (a_{(i,j)} + a_{(n-i,k-j)})$

N_2^1：　$2a_{(i,j)} - \frac{j}{k-j} (a_{(i,j)} + 4a_{(n-i,k-j)}) + \frac{1}{j(k-j)\beta^2} a_{(i,j)}^2 (a_{(i,j)} + 2a_{(n-i,k-j)})$

N_3^1：　$\left[(k-j)k\beta^2 - (a_{(i,j)} + a_{(n-i,k-j)}) a_{(n-i,k-j)} \right] \left(a_{(n-i,k-j)} - \frac{k-j}{j} a_{(i,j)} \right)$

N_4^1：　$(k-j)k\beta^2 + 2a_{(i,j)} a_{(n-i,k-j)} \frac{k-2j}{j} + \frac{k-j}{j} a_{(i,j)}^2 - 3a_{(n-i,k-j)}^2$

N_5^1：　$-\frac{2j}{k-j} - 1 + \frac{1}{j(k-j)\beta^2} a_{(i,j)}^2$

N_6^1：　$\left(\frac{a_{i,j}^2}{j(k-j)\beta^2} - \frac{j}{k-j} \right) (a_{(i,j)} + a_{(n-i,k-j)}) - \frac{k-j}{j} a_{(n-i,k-j)} + \frac{k}{j} a_{(i,j)}$

N_7^1：　$\frac{2}{j} (k-j) a_{(i,j)} a_{(n-i,k-j)} + \frac{k-2j}{j} a_{(n-i,k-j)}^2 - \frac{k(k-j)^2 \beta^2}{j}$

N_8^1：　$1 + \frac{1}{j(k-j)\beta^2} (3a_{(i,j)}^2 + 2a_{(i,j)} a_{(n-i,k-j)}) + \frac{(k-j)^2 - j^2}{j(k-j)}$

N_9^1：　$\left(1 - \frac{j}{k-j} \right) a_{(n-i,k-j)} - \left(\frac{4k-4j}{j} + 1 \right) a_{(i,j)} + \frac{a_{(i,j)} a_{(n-i,k-j)}}{j(k-j)\beta^2} (2a_{(n-i,k-j)} + 3a_{(i,j)})$

$N_{10}^1:$　$a_{(n-i,k-j)}(a_{(i,j)}+a_{(n-i,k-j)})\left(1-\dfrac{a_{(n-i,k-j)}^2}{j(k-j)\beta^2}\right)+\dfrac{k}{j}a_{(i,j)}a_{(n-i,k-j)}-k(k-j)\beta^2$

$N_{11}^1:$　$2(a_{(i,j)}+a_{(n-i,k-j)})-\dfrac{a_{(i,j)}a_{(n-i,k-j)}}{j(k-j)\beta^2}\left(2a_{(i,j)}+3a_{(n-i,k-j)}+\dfrac{k-j}{j}a_{(i,j)}\right)$

$N_{12}^1:$　$\left(1-\dfrac{a_{(i,j)}a_{(n-i,k-j)}}{j(k-j)\beta^2}\right)(a_{(i,j)}+a_{(n-i,k-j)})$

$N_{13}^1:$　$1-\dfrac{a_{(i,j)}}{j(k-j)\beta^2}(a_{(i,j)}+2a_{(n-i,k-j)})$

$N_{14}^1:$　$\dfrac{k}{j}a_{(n-i,k-j)}-\dfrac{a_{(n-i,k-j)}^2}{j(k-j)\beta^2}(2a_{(i,j)}+a_{(n-i,k-j)})$

$N_{15}^1:$　$-\dfrac{a_{(n-i,k-j)}}{j(k-j)\beta^2}(2a_{(i,j)}+a_{(n-i,k-j)})$

$N_{16}^1:$　$a_{(n-i,k-j)}$

$N_{17}^1:$　1

$N_{18}^1:$　1

$N_{19}^1:$　$\left[(k-j)a_{(i,j)}-ja_{(n-i,k-j)}\right]\left[k\beta^2-\dfrac{1}{k-j}a_{(n-i,k-j)}(a_{(i,j)}+a_{(n-i,k-j)})\right]$

$N_{20}^1:$　$-jk\beta^2+2a_{(i,j)}a_{(n-i,k-j)}\left(\dfrac{j}{k-j}-1\right)+\dfrac{3j}{k-j}a_{(n-i,k-j)}^2-a_{(i,j)}^2$

$N_{21}^1:$　$a_{(i,j)}-\dfrac{j}{k-j}a_{(n-i,k-j)}$

$N_{22}^1:$　$-\dfrac{j}{k-j}$

$N_{23}^1:$　$jk\beta^2+(a_{(i,j)}+a_{(n-i,k-j)})\left(\dfrac{2j-k}{k-j}a_{(n-i,k-j)}-a_{(i,j)}\right)$

$N_{24}^1:$　$\dfrac{j}{k-j}(a_{(i,j)}+2a_{(n-i,k-j)})-2(a_{(i,j)}+a_{(n-i,k-j)})$

$N_{25}^1:$　$-\dfrac{j}{k-j}$

$N_{26}^1:$　$k(k-j)\beta^2-\dfrac{k}{k-j}a_{(n-i,k-j)}^2-2a_{(i,j)}a_{(n-i,k-j)}$

$N_{27}^1:$　$-\left(\dfrac{j}{k-j}+2\right)a_{(n-i,k-j)}-2a_{(i,j)}$

$N_{28}^1:$　1

$N_{29}^1:$　$-\left(\dfrac{2k-2j}{j}+1\right)a_{(i,j)}+a_{(n-i,k-j)}+\dfrac{1}{j(k-j)\beta^2}a_{(i,j)}a_{(n-i,k-j)}(a_{(i,j)}+a_{(n-i,k-j)})$

$N_{30}^1:$　$1+\dfrac{1}{j(k-j)\beta^2}a_{(i,j)}(a_{(i,j)}+2a_{(n-i,k-j)})$

N_{31}^1 : $\quad \dfrac{k-j}{j}(1-(k-j)^2\beta^2)-(k-j)^2\beta^2+\dfrac{k-j}{j}a_{(i,j)}a_{(n-i,k-j)}$

N_{32}^1 : $\quad \dfrac{k-j}{j}(a_{(i,j)}+2)$

N_{33}^1 : $\quad \dfrac{1}{j(k-j)\beta^2}a_{(i,j)}(a_{(i,j)}+a_{(n-i,k-j)})+\dfrac{k}{j}$

N_{34}^1 : $\quad \dfrac{1}{j(k-j)\beta^2}a_{(i,j)}$

N_{35}^1 : $\quad \dfrac{k}{j}a_{(n-i,k-j)}-\dfrac{a_{(n-i,k-j)}^2}{j(k-j)\beta^2}(a_{(i,j)}+a_{(n-i,k-j)})$

N_{36}^1 : $\quad \dfrac{k}{j}-\dfrac{a_{(n-i,k-j)}}{j(k-j)\beta^2}(2a_{(i,j)}+3a_{(n-i,k-j)})$

N_{37}^1 : $\quad -\dfrac{a_{(n-i,k-j)}}{j(k-j)\beta^2}(a_{(i,j)}+a_{(n-i,k-j)})$

N_{38}^1 : $\quad -\dfrac{1}{j(k-j)\beta^2}(a_{(i,j)}+2a_{(n-i,k-j)})$

N_{39}^1 : $\quad -\dfrac{1}{j(k-j)\beta^2}a_{(n-i,k-j)}^2$

N_{40}^1 : $\quad -\dfrac{1}{j(k-j)\beta^2}a_{(n-i,k-j)}$

N_{41}^1 : $\quad -1-2\dfrac{k-j}{j}+\dfrac{a_{(n-i,k-j)}}{j(k-j)\beta^2}(2a_{(i,j)}+a_{(n-i,k-j)})$

N_{42}^1 : $\quad -\dfrac{1}{j(k-j)\beta^2}(2a_{(i,j)}+a_{(n-i,k-j)})$

N_{43}^1 : $\quad \dfrac{k-j}{j}a_{(n-i,k-j)}$

N_1^2 : $\quad (k-j)k\beta^2\left(a_{(n-i,k-j)}-\dfrac{k-j}{j}a_{(i,j)}\right)-\dfrac{k}{k-j}a_{(n-i,k-j)}^3+\dfrac{k}{j}a_{(i,j)}a_{(n-i,k-j)}^2$

N_2^2 : $\quad (k-j)k\beta^2-\dfrac{3k}{k-j}a_{(n-i,k-j)}^2+\dfrac{2k}{j}a_{(i,j)}a_{(n-i,k-j)}$

N_3^2 : $\quad -jk\beta^2+\dfrac{k}{j}a_{(i,j)}(a_{(i,j)}+a_{(n-i,k-j)})-\dfrac{k}{k-j}a_{(n-i,k-j)}^2$

N_4^2 : $\quad -\dfrac{2k}{k-j}a_{(n-i,k-j)}+\dfrac{k}{j}a_{(i,j)}$

N_5^2 : $\quad \dfrac{k}{j}(a_{(n-i,k-j)}^2-(k-j)^2\beta^2)$

N_6^2 : $\quad \dfrac{k}{j}(2a_{(i,j)}+a_{(n-i,k-j)})$

N_7^2 : $\quad (k-j)k\beta^2-\dfrac{k}{j}a_{(i,j)}a_{(n-i,k-j)}$

N_8^2：　$-\dfrac{k}{j}a_{(i,j)}$

N_9^2：　$-\dfrac{k}{j}a_{(n-i,k-j)}$

N_{10}^2：　$k\beta^2\big[ja_{(n-i,k-j)}-(k-j)a_{(i,j)}\big]$

N_{11}^2：　$jk\beta^2$

N_{12}^2：　$-\dfrac{k}{k-j}a_{(n-i,k-j)}$

N_{13}^2：　$-\dfrac{k}{k-j}$

N_{14}^2：　$(k-j)k\beta^2-\dfrac{k}{k-j}a_{(n-i,k-j)}^2$

N_{15}^2：　$-\dfrac{2k}{k-j}a_{(n-i,k-j)}$

N_{16}^2：　$-(k-j)k\beta^2$

N_{17}^2：　$\dfrac{k}{j}(a_{(n-i,k-j)}^2-(k-j)^2\beta^2)$

N_{18}^2：　$\dfrac{2k}{j}a_{(n-i,k-j)}$

N_{19}^2：　$\dfrac{k}{j}(a_{(i,j)}+a_{(n-i,k-j)})$

N_{20}^2：　$\dfrac{k}{j}$

N_{21}^2：　$\dfrac{k}{j}$

N_{22}^2：　$-\dfrac{k}{j}a_{(n-i,k-j)}$

N_{23}^2：　$-\dfrac{k}{j}$

对于当 $j=0,j\neq k$ 时,或者当 $j=k\neq0$ 时,或者当 $j=k=0$ 时的情况,可以类似地得到相关的表达式。

参 考 文 献

[1] Herbert T. Secondary instability of boundary layers. Annu Rev Fluid Mech, 1988, 20: 487—526.

[2] Klebanoff P S, Tidstrom K D, Sargent L M. The Three-dimensional nature of boundary layer

stability. J Fluid Mech,1962,12:1—34.

[3] Hama F R,Nutant J. Detailed flow-field observations in the transition process in a thick boundary layer. Proc 1963 Heat Transfer & Fluid Mech Inst. Pal Alto:Stanford University Press,1963:77—93.

[4] Kachanov Y S,Levchenko V Y. The resonant interaction of disturbances at laminar-turbulent transition in a boundary layer. J Fluid Mech,1984,138:209—247.

[5] Herbert T. Secondary instability of plane channel flow to subharmonic three dimensional disturbance. Physics of Fluids,1983,26(3):871—874.

[6] Herbert T. Analysis of the subharmonic rout to transition in boundary layers. AIAA Pap 84—0009,1984.

[7] Craik A D D. Non-linear resonant instability in boundary layers. J Fluid Mech,1971,50: 393—413.

[8] Saric W S,Kozlov V V,Levchenko V Y. Forced and unforced subharmonic resonance in boundary-layer transition. AIAA Pap 84—0007,1984.

[9] Liu J X,Tang D B,Yang Y Z. On nonlinear evolution of C-type instability in nonparallel boundary layers. Chinese Journal of Aeronautics,2007,20:313—319.

[10] Kachanov Y S,Kozlov V V,Levchenko V Y. Nonlinear development of a wave in a boundary layer. Izv Akad Nauk SSSR,Mekh Zhidk I Gaza,1977,3:49—53 (in Russian)(Translated in Fluid Dyn,1978,12:383—390).

[11] Fasel H F. Investigation of the stability of boundary layers by a finite-difference model of the Navier-Stokes equation. J Fluid Mech,1976,78:355—383.

[12] Fasel H F,Rist U,Konzelmann U. Numerical investigation of the three-dimensional development in a boundary layer transition. AIAA J,1990,28(1):29—37.

[13] 王伟志. 非平行流边界层稳定性问题研究. 南京:南京航空航天大学博士学位论文,2002.

[14] Guo L L,Tang D B,Liu J X. Evolution analysis of T-S wave and high-order harmonics in boundary layers. Transactions of Nanjing University of Aeronautics and Astronautics, 2006,23(1):8—14.

[15] Day M J. Structure and Stability of Compressible Reacting Mixing Layer. PhD Thesis. Stanford:Stanford University,1999.

[16] 郭欣. 基于 PSE 高速平面自由剪切层稳定性分析及涡结构模拟. 博士后出站报告. 中国航天空气动力技术研究院,2012.

[17] Bertolotti F P,Herbert T,Spalart P R. Linear and nonlinear stability of the Blasius boundary layer. J Fluid Mech,1992,242:441—474.

[18] 唐登斌,夏浩. 有限振幅 T-S 波在非平行边界层中的非线性演化研究. 应用数学和力学, 2002,23(6):588—596.

[19] Spalart P,Yang K S. Numerical study on ribbon-induced transition in Blasius flow. J Fluid Mech,1987,178:345—365.

[20] Orszag S A,Patera A T. Secondary instability of wall-bounded shear flows. J Fluid Mech,

1983,128:347－385.

[21] 范绪其,楼卓时. 二维平板可压缩边界层的二次稳定性分析. 应用数学和力学,1999, 20(5):486－490.

[22] Wang D Y, Zhao G F. On secondary instability with respect to three-dimensional subharmonic disturbances in boundary layer. Acta Mechanica Sinica,1992,8(3):231－236.

[23] 王伟志,唐登斌. Falkner-Skan 流空间演化的二次稳定性研究. 空气动力学学报,2002, 20(4):477－482.

[24] 唐登斌. 黏性流体动力学. 南京:南京航空航天大学,1997.

[25] Reshotko E. Environment and receptivity. AGARD R-709,1984:4－1～4－11.

[26] Crouch J D, Bertolotti F P. Nonlocalized receptivity of boundary layers to three-dimensional disturbance. AIAA Pap 92－0740,1992.

[27] Bertolotti F P. Linear and Nonlinear Stability of Boundary Layers with Streamwise Varying Properties. PhD Thesis. Columbus:The Ohio State University,1991.

[28] Wang W Z, Tang D B. Studies on nonlinear stability of three-dimensional H-type disturbance. Acta Mechanica Sinica,2003,19(6):517－526.

第 5 章   高速边界层稳定性

5.1   引   言

随着超声速运输飞机、超声速巡航歼击机以及高超声速航天飞行器的发展，人们对于超声速和高超声速飞行器的边界层稳定性研究有了更多关注。通过高速流动的边界层稳定性及其转捩研究，为精确的飞行器气动力和气动热计算，以及流动转捩预测和层流控制技术的应用提供了可靠的理论依据，并与提高飞行性能和安全性紧密相关，成了高速飞行器气动设计的重要内容。

对于可压缩流边界层稳定性的研究，比不可压缩流更为复杂和困难，其稳定性分析也更多地依赖于数值计算的结果。这是因为可压缩流稳定性实验所需的设备（尤其是长时间运行的超/高超声速实验装置）及技术要求都很高，还难以像不可压缩流那样做很深入的实验研究。可压缩流边界层的影响参数众多，需要求解更多的扰动物理量，稳定性方程的数值解也更复杂，其结果直接影响边界层稳定性分析。Mack[1] 总结了可压缩流线性边界层稳定性研究的发展进程，揭示了可压缩流与不可压缩流稳定性之间的差别，指出无黏扰动对于可压缩流的重要性，当来流达到一定的超声速马赫数以上（这里称为高马赫数），无黏不稳定性占有主导地位[2]。

无黏稳定性理论，假设黏性的影响很小而忽略不计，是研究无黏性的不稳定性问题。但是黏性是边界层形成的基本条件，稳定性方程中的基本流参数就是边界层方程的黏性解。因此，无黏性不稳定性是作为有黏性时的雷诺数趋于无穷大的一个极限情况。Lees 等[3] 对可压缩流无黏稳定性方程的数学性质进行了分析和研究，着重讨论两个重要参数：广义拐点和相对马赫数。广义拐点是指边界层内 $d(\rho du/dy)/dy=0$ 的点，广义拐点的存在是无黏不稳定的充分条件；相对马赫数定义为 $\overline{Ma}=Ma-c_r/a$，是当地相对于相速度 c_r 的马赫数，依据它的不同数值，可以在边界层内划分出性质完全不同的局部扰动区域。

在高速边界层的稳定性问题中，当存在局部超声速扰动区域时，将出现多重不稳定模态。在这些模态中，传统的第一模态仍然与不可压缩流中的 T-S 波一样，而其他高阶模态在不可压缩流中并没有相对应的，其中，高阶模态中频率最低的第二模态增长率最大。数值研究显示，无黏稳定性的多重不稳定解，在黏性扰动中都能找到对应者，因此黏性扰动也具有多重不稳定性。郭欣[4] 通过一系列数值计算,对高马赫数的无黏与黏性的多重不稳定模态做了详细分析和对比。袁湘江等[5]、沈清等[6]则对超声速和高超声速流的稳定性特点以及尾迹流场稳定性进行了探讨。

在一般可压缩流边界层稳定性研究中,常常引入平行流假设和进行线性化处理,并在此基础上求解稳定性方程和进行稳定性分析[7,8]。下面先研究非平行可压缩流的边界层稳定性,再讨论超声速和高超声速流的问题:通过无黏稳定性方程,研究无黏稳定性及多重模态问题;利用 PSE 方法研究线性及非线性的边界层稳定性,尤其是在高马赫数时的黏性多重不稳定模态及其流场特征。

5.2　可压缩流边界层方程及基本流参数

通过求解可压缩流边界层方程,得到边界层内基本流参数,为边界层稳定性计算提供必要的条件。对于一般二维可压缩流边界层流动,引入边界层假设,可得如下边界层控制方程[9]:

$$\frac{\partial(\rho u)}{\partial x}+\frac{\partial(\rho v)}{\partial y}=0 \tag{5.1a}$$

$$\rho u \frac{\partial u}{\partial x}+\rho v \frac{\partial u}{\partial y}=-\frac{\mathrm{d}p}{\mathrm{d}x}+\frac{\partial}{\partial y}\left(\mu \frac{\partial u}{\partial y}\right) \tag{5.1b}$$

$$\rho u c_p \frac{\partial T}{\partial x}+\rho v c_p \frac{\partial T}{\partial y}=u \frac{\mathrm{d}p}{\mathrm{d}x}+\frac{\partial}{\partial y}\left(\frac{\mu}{Pr}c_p \frac{\partial T}{\partial y}\right)+\mu\left(\frac{\partial u}{\partial y}\right)^2 \tag{5.1c}$$

以及状态方程

$$p=\rho RT \tag{5.1d}$$

方程(5.1a)～方程(5.1c)分别为连续方程、x 方向动量方程和能量方程。μ 为黏性系数,κ 为热传导系数,c_p 为定压比热,它们都是温度的函数,普朗特数 $Pr=\mu c_p/\kappa$。

对于平板边界层,采用坐标变换

$$\xi=\rho_e u_e \mu_e x \tag{5.2}$$

$$\eta=(Re_x)^{\frac{1}{2}}\int_0^y \frac{\rho}{\rho_e}\frac{\mathrm{d}y}{x}=\sqrt{\frac{\rho_e u_e x}{\mu_e}}\int_0^y \frac{\rho}{\rho_e}\frac{\mathrm{d}y}{x} \tag{5.3}$$

假设流动具有相似性:$u=u_e(\xi)f'(\eta)$,$T=T_e(\xi)g(\eta)$。引入可压缩流的流函数 ψ,以及 $\rho u=\partial\psi/\partial y$ 和 $\rho v=-\partial\psi/\partial x$,消去连续方程,并用自由流的各对应相关量作为参考量,参考长度为 $\delta_0=\sqrt{\nu_e x_0/u_e}$,所得到的无量纲边界层方程为

$$(\rho\mu f'')'+\frac{1}{2}ff''=0 \tag{5.4a}$$

$$\frac{1}{2}c_p fg'+\frac{1}{Pr_e}(\kappa g'\rho)+\rho\mu Ec(f'')^2=0 \tag{5.4b}$$

以及无量纲状态方程

$$\rho g = 1 \tag{5.5}$$

边界条件为

$$f(0) = f'(0) = 0, \quad f'(y \to \infty) = 1 \tag{5.6a}$$

$$g(0) = \mathrm{const}, \quad 或 g'(0) = 0, \quad 以及 g(y \to \infty) = 1 \tag{5.6b}$$

式中，$Ec = \dfrac{u_e^2}{c_{pe} T_e}$，$Pr_e = \dfrac{\mu_e c_{pe}}{\kappa_e}$。在壁面边界条件中，$g(0) = \mathrm{const}$，用于等温壁；$g'(0) = 0$ 用于绝热壁。还要指出的是，可压缩流边界层的 μ、κ 及 c_p 等热力学参数都受温度的影响，需要选择合适的表达式。例如，黏性系数常用 Sutherland 公式

$$\frac{\mu}{\mu_\infty} = \left(\frac{T}{T_\infty} \right)^{\frac{3}{2}} + \frac{T_\infty + C}{T + C}$$

式中，常数 $C = 110.4\mathrm{K}$，也可以用温度 T 的 4 次多项式的近似表达式[10]，进而计算其他热力学参数。

边界层方程(5.4)、(5.5)及边界条件(5.6)构成边界层微分方程组，可以采用打靶法和四阶 Runge-Kutta 方法进行求解。

下面分析不同马赫数(从不可压缩流一直到高超声速流)的边界层基本流的参数分布[4]。图 5.1 是绝热壁平板边界层的速度(u)和温度(T)分布，图中 y 为无量纲量(参考长度 δ_x)，边界层外流动的驻点温度：在马赫数 4.0 以下时为 311K，在 5.0~6.0 时为 60K。由图可见，在马赫数较大时(如 $Ma = 3.0$ 以上)，边界层内大部分区域为近似线性速度分布，而在马赫数很低时(如 $Ma = 0.02$ 的不可压缩流)，边界层的温度趋近于常值 1。速度和温度的法向导数 $\partial u/\partial y$，$\partial T/\partial y$ 的分布显示在图 5.2 中，对应于近似线性的速度分布，其速度法向导数值近似为常数；$Ma = 0.02$ 时的温度法向导数趋近于零。随着马赫数的增加，边界层内的温度及其导数分布随之发生了很大的变化。

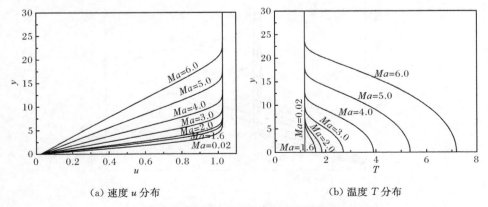

(a) 速度 u 分布　　　　　　　　　　(b) 温度 T 分布

图 5.1　不同马赫数的边界层基本流的速度和温度分布

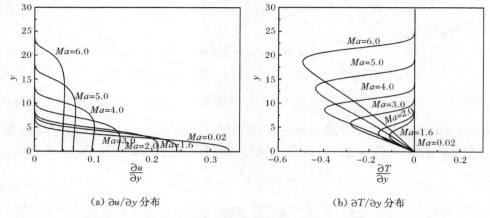

（a）∂u/∂y 分布　　　　　　　　　　　　　（b）∂T/∂y 分布

图 5.2　不同马赫数的边界层基本流的速度和温度的导数分布

　　不同马赫数的边界层法向速度 v 分布曲线在图 5.3 中，图中横坐标是 vRe，其数值与速度 u 的横坐标为同一量级，因此速度 v 为 $u \times 1/Re$ 量级。在 v 的计算式中含有 $1/Re$ 项，因此，平板边界层流动中法向速度 v 相对于流向速度 u 为小量，故可以近似地将平板边界层流动视为局部平行流动。一个很有意义的参数，$\frac{\partial}{\partial y}\left(\rho\, \frac{\partial u}{\partial y}\right)$，在边界层内的分布曲线如图 5.4 所示，注意到它的零值点的存在及其所对应的法向位置。对于不可压缩流动，仅在 $y=0$ 处（物面）存在零值点。而对于可压缩流，如图 5.4 所示，除了在物面之外，边界层内还存在另外的 $\frac{\partial}{\partial y}\left(\rho\, \frac{\partial u}{\partial y}\right)$ 的零值点，其所在法向位置随马赫数变化，后面还会讨论这个重要参数。

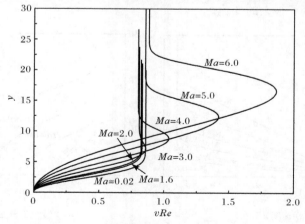

图 5.3　不同马赫数的边界层法向速度 v 分布

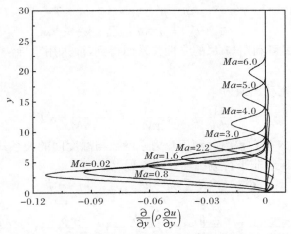

图 5.4　不同马赫数的边界层参数 $\frac{\partial}{\partial y}\left(\rho\frac{\partial u}{\partial y}\right)$ 分布

5.3　可压缩流边界层稳定性

5.3.1　扰动方程

在可压缩流边界层中,扰动的变化为可压缩 N-S 方程组和状态方程所控制,可以写成如下形式(这里未计及彻体力与化学反应等):

$$\frac{\partial\rho}{\partial t}+\nabla\cdot(\rho\boldsymbol{V})=0$$

$$\rho\left[\frac{\partial\boldsymbol{V}}{\partial t}+(\boldsymbol{V}\cdot\nabla)\boldsymbol{V}\right]=-\nabla p+\nabla[\lambda(\nabla\cdot\boldsymbol{V})]+\nabla\cdot[\mu(\nabla\boldsymbol{V}+\nabla\boldsymbol{V}^{\mathrm{T}})] \qquad (5.7)$$

$$\rho c_p\left[\frac{\partial T}{\partial t}+(\boldsymbol{V}\cdot\nabla)T\right]=\nabla(\kappa T)+\frac{\partial p}{\partial t}+(\boldsymbol{V}\cdot\nabla)p+\Phi$$

$$p=\rho RT$$

式中,Φ 为耗散函数,$\Phi=\lambda(\nabla\cdot\boldsymbol{V})^2+\frac{\mu}{2}(\nabla\boldsymbol{V}+\nabla\boldsymbol{V}^{\mathrm{T}})^2$,$\lambda$ 为体膨胀黏性系数,根据 Stokes 假设,$\lambda=-\frac{2}{3}\mu$。

对方程中的物理变量进行无量纲化处理,取参考量(特征尺度):长度 $L=\delta_0=\sqrt{\nu_e x_0/u_e}$,压强 $\rho_e u_e^2$,时间 L/u_e,其他的变量分别取对应的边界层的外边界值,如速度 U_e、密度 ρ_e 等,以及雷诺数 $R_0=\rho_e U_e\delta_0/\nu_e$,Prandtl 数 $\sigma=c_{pe}\mu_e/\kappa_e$ 和 Eckert 数 $Ec=U_e^2/(c_{pe}T_e)$。将流场分解为平均流(边界层方程解)与扰动之和,如

$$\boldsymbol{V}=\bar{\boldsymbol{V}}+\boldsymbol{V}',\quad p=\bar{p}+p',\quad \rho=\bar{\rho}+\rho',\quad T=\bar{T}+T'$$
$$c_p=\bar{c}_p+c_p',\quad \mu=\bar{\mu}+\mu',\quad \kappa=\bar{\kappa}+\kappa' \tag{5.8}$$

这里的 C_P'、μ' 和 κ' 可利用与 T' 的线性关系而得到,而采用求导法则能够求出它们对坐标的导数。

进一步可得扰动压强为

$$p'=\frac{1}{\gamma Ma^2}\bar{\rho}T'+\frac{1}{\gamma Ma^2}\bar{T}\rho'+\frac{1}{\gamma Ma^2}\rho'T' \tag{5.9}$$

以上关系式代入 N-S 方程组并利用热力学参数与温度间的关系式,整理后可以得到如下形式的可压缩非平行流扰动控制方程[11]:

$$\boldsymbol{\Gamma}^l\frac{\partial\boldsymbol{\phi}}{\partial t}+\boldsymbol{A}^l\frac{\partial\boldsymbol{\phi}}{\partial x}+\boldsymbol{B}^l\frac{\partial\boldsymbol{\phi}}{\partial y}+\boldsymbol{C}^l\frac{\partial\boldsymbol{\phi}}{\partial z}+\boldsymbol{D}^l\boldsymbol{\phi}-\boldsymbol{V}_{xx}^l\frac{\partial^2\boldsymbol{\phi}}{\partial x^2}$$
$$-\boldsymbol{V}_{xy}^l\frac{\partial^2\boldsymbol{\phi}}{\partial x\partial y}-\boldsymbol{V}_{yy}^l\frac{\partial^2\boldsymbol{\phi}}{\partial y^2}-\boldsymbol{V}_{xz}^l\frac{\partial^2\boldsymbol{\phi}}{\partial x\partial z}-\boldsymbol{V}_{yz}^l\frac{\partial^2\boldsymbol{\phi}}{\partial y\partial z}-\boldsymbol{V}_{zz}^l\frac{\partial^2\boldsymbol{\phi}}{\partial z^2}=\boldsymbol{F}^n \tag{5.10}$$

式中,扰动矢量 $\boldsymbol{\phi}=[\rho',u',v',w',T']^T$。方程左边是有关扰动的线性部分,系数矩阵 $\boldsymbol{\Gamma}^l,\boldsymbol{A}^l,\boldsymbol{B}^l,\cdots$ 等(带上标 l),仅与层流基本流参数有关。这些系数矩阵及右边的非线性项 $\boldsymbol{F}^n$(带上标 n)的表达式见附录 B。

5.3.2　线性抛物化稳定性方程

若扰动方程(5.10)右边的非线性项 $\boldsymbol{F}^n$ 忽略不计,则可得到线性扰动方程

$$\boldsymbol{\Gamma}^l\frac{\partial\boldsymbol{\phi}}{\partial t}+\boldsymbol{A}^l\frac{\partial\boldsymbol{\phi}}{\partial x}+\boldsymbol{B}^l\frac{\partial\boldsymbol{\phi}}{\partial y}+\boldsymbol{C}^l\frac{\partial\boldsymbol{\phi}}{\partial z}+\boldsymbol{D}^l\boldsymbol{\phi}-\boldsymbol{V}_{xx}^l\frac{\partial^2\boldsymbol{\phi}}{\partial x^2}-\boldsymbol{V}_{xy}^l\frac{\partial^2\boldsymbol{\phi}}{\partial x\partial y}$$
$$-\boldsymbol{V}_{yy}^l\frac{\partial^2\boldsymbol{\phi}}{\partial y^2}-\boldsymbol{V}_{xz}^l\frac{\partial^2\boldsymbol{\phi}}{\partial x\partial z}-\boldsymbol{V}_{yz}^l\frac{\partial^2\boldsymbol{\phi}}{\partial y\partial z}-\boldsymbol{V}_{zz}^l\frac{\partial^2\boldsymbol{\phi}}{\partial z^2}=0 \tag{5.11}$$

将该扰动方程中的扰动量按照 *Fourier* 级数展开,级数中每一项都是单一的正弦或余弦波。对于线性稳定性问题,不同扰动波之间相互作用可以忽略,因此只对单一谐波分量进行研究。根据 *PSE* 假设,把每一个谐波分量分解为沿流向慢变的扰动形状函数和快变的波状函数,表达为

$$\boldsymbol{\phi}=\boldsymbol{\psi}(x,y)\exp\Big[\mathrm{i}\Big(\int_{x_0}^x\alpha(x)\mathrm{d}x+\beta z-\omega t\Big)\Big] \tag{5.12}$$

式中,扰动形状函数 $\boldsymbol{\psi}=[\hat{\rho},\hat{u},\hat{v},\hat{w},\hat{T}]^T$。忽略扰动形状函数及流向复波数的流向二阶及更高阶的导数,求出扰动量的流向导数[类似式(3.37)]及展向和法向导数,代入扰动方程(5.11),可以写为

$$\Big[-\mathrm{i}\omega\boldsymbol{\Gamma}^l+\boldsymbol{D}^l+\mathrm{i}\alpha\boldsymbol{A}^l+\mathrm{i}\beta\boldsymbol{C}^l-\Big(\mathrm{i}\frac{\mathrm{d}\alpha}{\mathrm{d}x}-\alpha^2\Big)\boldsymbol{V}_{xx}^l+\alpha\beta\boldsymbol{V}_{xz}^l+\beta^2\boldsymbol{V}_{zz}^l\Big]\boldsymbol{\psi}$$
$$+(\boldsymbol{A}^l-2\mathrm{i}\alpha\boldsymbol{V}_{xx}^l-\mathrm{i}\beta\boldsymbol{V}_{xz}^l)\frac{\partial\boldsymbol{\psi}}{\partial x}+(\boldsymbol{B}^l-\mathrm{i}\alpha\boldsymbol{V}_{xy}^l-\mathrm{i}\beta\boldsymbol{V}_{yz}^l)\frac{\partial\boldsymbol{\psi}}{\partial y}-\boldsymbol{V}_{xy}^l\frac{\partial\boldsymbol{\psi}}{\partial x\partial y}-\boldsymbol{V}_{yy}^l\frac{\partial^2\boldsymbol{\psi}}{\partial y^2}=0$$
$$\tag{5.13}$$

若再忽略扰动流向导数与 $1/Re$ 相乘的项,所得线性抛物化稳定性方程为

$$\hat{\boldsymbol{D}}\boldsymbol{\psi} + \hat{\boldsymbol{A}}\,\frac{\partial \boldsymbol{\psi}}{\partial x} + \hat{\boldsymbol{B}}\,\frac{\partial \boldsymbol{\psi}}{\partial y} - \hat{\boldsymbol{V}}_{yy}\,\frac{\partial^2 \boldsymbol{\psi}}{\partial y^2} = 0 \tag{5.14}$$

式中,系数矩阵为

$$\hat{\boldsymbol{D}} = -\,\mathrm{i}\omega\boldsymbol{\Gamma}^l + \boldsymbol{D}^l + \mathrm{i}\alpha\boldsymbol{A}^l + \mathrm{i}\beta\boldsymbol{C}^l - \left(\mathrm{i}\cdot\frac{\mathrm{d}\alpha}{\mathrm{d}x} - \alpha^2\right)\boldsymbol{V}_{xx}^l + \alpha\beta\boldsymbol{V}_{xz}^l + \beta^2\boldsymbol{V}_{zz}^l$$

$$\hat{\boldsymbol{A}} = \boldsymbol{A}^l - 2\mathrm{i}\alpha\boldsymbol{V}_{xx}^l - \mathrm{i}\beta\boldsymbol{V}_{xz}^l$$

$$\hat{\boldsymbol{B}} = \boldsymbol{B}^l - \mathrm{i}\alpha\boldsymbol{V}_{xy}^l - \mathrm{i}\beta\boldsymbol{V}_{yz}^l \tag{5.15}$$

在边界层近壁区,特别是在临界层与壁面之间的区域[12],由于物理量的急剧变化,以及边界层沿流向不断增长,所以常采用曲线坐标系 (ξ, η) 进行处理。新的曲线坐标与原直角坐标的变换关系为

$$\xi = x, \qquad \eta = \frac{c_2 y/\delta}{c_1 + y/\delta} \tag{5.16}$$

式中,$c_2 = 1 + c_1/(y_{\max}/\delta)$;$c_1 = \dfrac{(y_i/\delta)(y_{\max}/\delta)}{(y_{\max}/\delta) - 2(y_i/\delta)}$,$\delta$ 为边界层厚度,是坐标 x 的函数,y_i/δ 为网格分布的调控参数,$y_{\max}$ 是计算所取最大的边界层外边界,在稳定性计算中一般取值大于 8。最后,曲线坐标系 (ξ, η) 下的非平行流线性抛物化稳定性方程(LPSE)可以写为

$$\tilde{\boldsymbol{D}}\boldsymbol{\psi} + \tilde{\boldsymbol{A}}\,\frac{\partial \boldsymbol{\psi}}{\partial \xi} + \tilde{\boldsymbol{B}}\,\frac{\partial \boldsymbol{\psi}}{\partial \eta} = \tilde{\boldsymbol{V}}_{\eta\eta}\,\frac{\partial^2 \boldsymbol{\psi}}{\partial \eta^2} \tag{5.17}$$

式中,系数矩阵为

$$\tilde{\boldsymbol{D}} = \hat{\boldsymbol{D}}$$

$$\tilde{\boldsymbol{A}} = \xi_x \hat{\boldsymbol{A}} + \xi_y \hat{\boldsymbol{B}}$$

$$\tilde{\boldsymbol{B}} = \eta_x \hat{\boldsymbol{A}} + \eta_y \hat{\boldsymbol{B}} - \boldsymbol{V}_{yy}^l$$

$$\tilde{\boldsymbol{V}}_{\eta\eta} = \boldsymbol{V}_{yy}^l (\eta_y)^2 \tag{5.18}$$

边界条件为

$$\eta = 0, \quad \begin{cases} \hat{u} = 0 \\ \hat{v} = 0 \\ \hat{w} = 0 \\ \hat{T} = 0 \ \text{或} \ \partial \hat{T}/\partial \eta = 0 \end{cases} \tag{5.19a}$$

以及

$$\eta \to \infty, \quad \begin{cases} \hat{u} = 0 \\ \hat{v} = 0 \\ \hat{w} = 0 \\ \hat{T} = 0 \end{cases} \qquad (5.19b)$$

在式(5.19a)的物面边界条件中：扰动温度 $\hat{T} = 0$ 是对常温壁；$\partial \hat{T}/\partial \eta = 0$ 是对绝热壁。

5.3.3　数值方法

边界条件对于稳定性方程的求解十分重要，它直接影响到波数、增长率及扰动形状函数的精度。由于方程(5.17)中还含有未知量 $\hat{\rho}$，因此除了物面边界条件(5.19a)，还需对 $\hat{\rho}$ 指定边界条件。可以有不同的方法，例如，采用人工 Neumann 压强边界作为边界条件[13]，也有直接用连续方程[11]，或者用法向动量方程[11]作为边界条件，还有将法向动量方程与连续方程合并化简后的一阶方程作为边界条件[14]等。Malik 等[7]曾在求解平行流的稳定性方程时用了一种所谓的交错网格方法，而不增加额外的边界条件，当然这种方法只适用于平行流。经过分析比较后，这里采用连续方程及物面边界条件(5.19a)作为物面边界处的方程。

注意到式(5.19b)的外边界条件中的 $\eta \to \infty$，即取法向无穷远作为外边界。除了谱方法能采用一定的变换把计算域取到无穷远外，差分方法一般是不能把边界层的外边界取到无穷远。因此对于有限远的边界层外边界，需要将该条件进行改写，同时也要满足扰动速度与温度在靠近外边界时趋于零。对于平行流，通常用特征根的方法建立边界条件[15]，但这种方法很复杂。这里采用渐近外边界条件，即用无黏稳定性方程作为外边界条件。由于在靠近边界层外边界时，扰动速度、扰动温度及平均流的速度和温度的法向变化很小，黏性的作用也不明显，忽略黏性项得到的无黏稳定性方程近似成立，作为外边界处的边界条件是合适的。但是，若把边界层的外边界取到法向足够远处，采用截断边界条件，即认为在 y_{max} 处，扰动速度和扰动温度近似为零，得到的结果一般也是在误差的允许范围内。

对于非平行流线性抛物化稳定性方程(5.17)，将通过高阶差分法数值离散[13,16]，采用空间推进与迭代修正进行求解。下面讨论初始条件、正规化条件及迭代修正等问题。

（1）关于初始条件。非平行流稳定性的空间推进求解的初始条件，通常是采用平行流稳定性结果。在平行流稳定性研究中，认为流动是平行的，扰动的形状函数、流向波数和增长率局部不变，因此，抛物化稳定性方程(5.17)能够简化为如下常微分方程：

$$\tilde{\boldsymbol{D}}\boldsymbol{\psi}+\tilde{\boldsymbol{B}}\frac{\partial\boldsymbol{\psi}}{\partial\eta}-\tilde{\boldsymbol{V}}_{\eta\eta}\frac{\partial^2\boldsymbol{\psi}}{\partial\eta^2}=0 \tag{5.20}$$

若把系数矩阵 $\tilde{\boldsymbol{D}}$、$\tilde{\boldsymbol{B}}$ 和 $\tilde{\boldsymbol{V}}_{\eta\eta}$ 中的 α 提出来，可以得到 α 的二次多项式的矩阵方程[17]，构成关于 (α,β,ω) 的色散关系。采用四阶精度的法向差分公式及流向迎风差分格式，对方程(5.20)进行离散，得到齐次方程。

$$A_0\boldsymbol{\psi}+\alpha A_1\boldsymbol{\psi}+\alpha^2 A_2\boldsymbol{\psi}=0 \tag{5.21}$$

在给定 β 和 ω 的情况下构成 α 的特征值问题。上述方程与方程 $I\alpha\boldsymbol{\psi}=\alpha I\boldsymbol{\psi}$ 一起，写成矩阵方程

$$\begin{bmatrix}A_0 & A_1\\0 & I\end{bmatrix}\begin{bmatrix}\boldsymbol{\psi}\\\alpha\boldsymbol{\psi}\end{bmatrix}=\alpha\begin{bmatrix}0 & -A_2\\I & 0\end{bmatrix}\begin{bmatrix}\boldsymbol{\psi}\\\alpha\boldsymbol{\psi}\end{bmatrix} \tag{5.22}$$

在通常情况下，A_2 是 $1/Re$ 量级，α^2 也很小，因此为减少计算量，也可忽略 $\alpha^2 A_2$，得到关于 α 的一次近似方程

$$A_0\boldsymbol{\psi}=\alpha(-A_1)\boldsymbol{\psi} \tag{5.23}$$

方程(5.22)或(5.23)在数学上都构成了形如 $AX=\lambda BX$ 的广义特征值问题。对于广义特征值问题的求解已经有成熟的解法，如常见的 QZ 算法或者隐式 Restarted Arnoldi方法[18]。

（2）关于正规化条件。在可压缩流抛物化稳定性方程的求解中，通常用边界层中最大扰动质量沿流向的缓慢变化来作为正规化条件

$$\frac{\partial(\rho u)_{\max}}{\partial x}=0 \tag{5.24}$$

（3）关于迭代修正。在向下游推进过程中，将前一流向位置站的 α 值，用来预估当前站的 α 值，然后进行迭代修正，以使得流向复指数 α 的修正量 $\Delta\alpha$ 达到所要求的精度，即满足设定的误差判据后再向前推进。其中修正量 $\Delta\alpha$ 必须保证正规化条件得到满足。从 α 和扰动形状函数之间的近似关系，以及限制最大扰动质量的流向变化的公式(5.24)，得到的复指数 α 的迭代修正量为

$$\Delta\alpha_{i+1}=-\mathrm{i}\frac{[(\rho u)_{i+1}]_{\max}-[(\rho u)_i]_{\max}}{\Delta x[(\rho u)_i]_{\max}} \tag{5.25}$$

式中，i 为单位复数；下标 $i+1$ 和 i 代表流向站位，max 表示取最大值。

5.3.4　非平行流稳定性分析

平板边界层稳定性算例的计算条件是：$Ma=1.6$、边界层外流动的驻点温度 311K、无量纲的展向波数 $b=0.15$ 和频率 $F=40$，流向位置 $Re=750$。由于参考长度 δ_0(对应的参考雷诺数为 R_0)的不同选择，计算所得的扰动增长率值不同，但当引入无量纲的 F 和 b 后，在其他计算条件相同的情况下，只要 F 和 b 分别相等，则

无量纲增长率 $\alpha \cdot 10^3/R_0$ 也相等。法向外边界取 10 倍边界层厚度,在外边界处采用渐近边界条件。

先看平行流稳定性问题。求解平行流稳定性方程是数学上的广义特征值问题。这里根据特征值谱的分布,结合对应的特征值及特征函数,除去没有明显物理意义的数学解后而找出物理解。图 5.5 是平行流稳定性的广义特征值谱分布图。该图的(a)和(b)分别为增长率与流向波数及增长率与相速度的关系曲线。图中出现了不同组的连续谱,所圈出的特征值及其对应的特征函数就是稳定性方程物理解。图 5.6 是选出的特征值所对应的特征函数(即扰动形状函数),这里取两个参数 $|u|$ 和 $|T|$,用 $|u|$ 的最大值为单位 1 来进行标准化处理。在计算中将平行流的稳定性结果作为非平行流问题求解的初始条件。

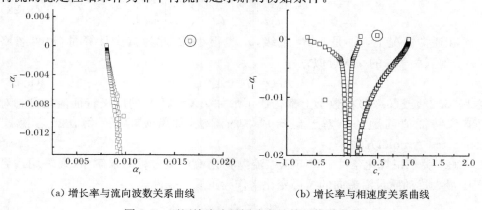

(a) 增长率与流向波数关系曲线　　　(b) 增长率与相速度关系曲线

图 5.5　可压缩流边界层稳定性特征值谱分布

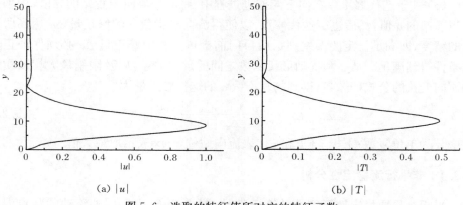

(a) $|u|$　　　(b) $|T|$

图 5.6　选取的特征值所对应的特征函数

进一步分析非平行流稳定性问题[19]。图 5.7 是二维扰动增长率沿流向的变化曲线($F=40$),横坐标为雷诺数($Re=\rho_e U_e \delta_x/\mu_e$),马赫数为 0.02～1.5. 图中的虚线和实线分别为平行流和非平行流的稳定性结果,两者的差别,即非平行性的影响是明显的。由图可见,当马赫数增加时,对应的失稳开始位置、扰动的峰值及其对应的雷诺数都在减小。图 5.8 给出了三维扰动(展向波数 $b=0.2$)的中性稳定性曲线,随着马赫数的增加,相应的失稳临界雷诺数及最大频率在逐渐减小,而曲线内部不稳定区域也随之变化。

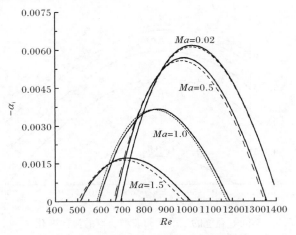

图 5.7　不同马赫数的二维扰动增长率的流向变化

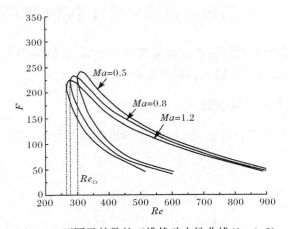

图 5.8　不同马赫数的三维扰动中性曲线($b=0.2$)

壁面温度对边界层稳定性的影响,显示在图 5.9 的三维扰动波($b=0.2$)增长率的流向变化曲线中($Ma=1.2$,自由流温度 300K,$F=80$),分别对应于不同等温壁的情况。图中还给出了用虚线表示的绝热壁的结果(绝热壁温度与自由流温度比值 $T_{wall}/T_e=1.24$)。由图可见,对于等温壁面,随着物面温度的降低,扰动的增长率下降,扰动的不稳定区域也在减少。当物面温度与外流温度比值 $T_w/T_e=1.1$ 时,这时的扰动波只有很小的一段不稳定区域了;若这个温度比继续下降,扰动沿流向可能都是稳定的。结果表明,壁面冷却对边界层流动起稳定性作用,壁面温度越低,稳定性作用越强;反之壁面温度的升高将使流动变得更不稳定。

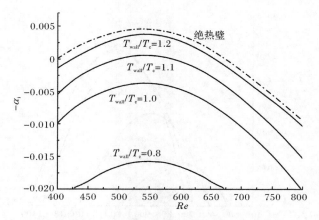

图 5.9 不同等温壁的三维扰动波增长率的流向变化($b=0.2$)

5.4 超/高超声速流的线性边界层稳定性

本节讨论无黏的和黏性的稳定性方程的数值解,分别采用时间模式和空间模式,分析在高马赫数时多重模态的稳定性特征。

5.4.1 无黏稳定性方程及数值解

从可压缩流 N-S 方程组(5.7)出发,在导出扰动方程后,进一步把二维扰动量写为如下波状形式[20]:

$$\begin{aligned}
u(x,\eta,t) &= f(\eta)\,\mathrm{e}^{\mathrm{i}\alpha(x-ct)}\\
v(x,\eta,t) &= \alpha\varphi(\eta)\,\mathrm{e}^{\mathrm{i}\alpha(x-ct)}\\
p(x,\eta,t) &= \pi(\eta)\,\mathrm{e}^{\mathrm{i}\alpha(x-ct)}\\
T(x,\eta,t) &= \xi(\eta)\,\mathrm{e}^{\mathrm{i}\alpha(x-ct)}\\
\rho(x,\eta,t) &= r(\eta)\,\mathrm{e}^{\mathrm{i}\alpha(x-ct)}
\end{aligned} \tag{5.26}$$

由于法向速度量级为 $1/Re$,因此将法向扰动速度的形状函数 $\varphi(\eta)$ 乘以 α(α 为 $1/Re$ 量级)以保证 $\varphi(\eta)$ 和 $f(\eta)$ 量级相当。代入后得到如下形式的稳定性方程组:

$$\mathrm{i}(\bar{u}-c)r+\bar{\rho}(\varphi'+\mathrm{i}f)+\bar{\rho}'\varphi=0 \tag{5.27a}$$

$$\bar{\rho}[\mathrm{i}(\bar{u}-c)f+\bar{u}'\varphi]=-\frac{\mathrm{i}\pi}{\gamma Ma^2}+\frac{\bar{\mu}}{\alpha Re}[f''+\alpha^2(\mathrm{i}\varphi'-2f)]+\frac{2}{3}\frac{\bar{\mu}_2-\bar{\mu}}{\alpha Re}\alpha^2(\mathrm{i}\varphi'-f)$$

$$+\frac{1}{\alpha Re}[s\bar{u}''+s'\bar{u}'+\bar{\mu}'(f'+\mathrm{i}\alpha^2\varphi)] \tag{5.27b}$$

$$\bar{\rho}[\mathrm{i}(\bar{u}-c)\varphi]=-\frac{1}{\alpha^2}\frac{\pi'}{\gamma Ma^2}+\frac{\bar{\mu}}{\alpha Re}(\varphi''+\mathrm{i}f'-\alpha^2\varphi)+\frac{2}{3}\frac{\bar{\mu}_2-\bar{\mu}}{\alpha Re}(\mathrm{i}\varphi''+\mathrm{i}f)$$

$$+\frac{1}{\alpha Re}[\mathrm{i}s\bar{u}''+2\bar{\mu}'\varphi'+\frac{2}{3}(\bar{\mu}_2'-\bar{\mu})(\varphi'+\mathrm{i}f)] \tag{5.27c}$$

$$\bar{\rho}[\mathrm{i}(\bar{u}-c)\xi+\bar{T}'\varphi]=-(\gamma-1)(\varphi'+\mathrm{i}f)+\frac{\gamma}{\alpha Re\sigma}[\bar{\mu}(\theta'-\alpha^2\xi)+(s\bar{T}')'+\bar{\mu}'\xi']$$

$$+\frac{\gamma(\gamma-1)}{\alpha Re}Ma^2[s\bar{u}'^2+2\overline{\mu u}'(f'+\mathrm{i}\alpha^2\varphi)] \tag{5.27d}$$

$$\pi=\frac{r}{\bar{\rho}}+\frac{\xi}{\bar{T}} \tag{5.27e}$$

方程(5.27a)~方程(5.27e)分别为连续方程、流向和法向动量方程、能量方程及完全气体状态方程。根据无黏稳定性理论，假设黏性只作用于平均流动而不作用于扰动，从而忽略与 $1/Re$ 有关的项，得到无黏稳定性方程为

$$\mathrm{i}(\bar{u}-c)r+\bar{\rho}(\varphi'+\mathrm{i}f)+\bar{\rho}'\varphi=0 \tag{5.28a}$$

$$\bar{\rho}[\mathrm{i}(\bar{u}-c)f+\bar{u}'\varphi]=-\frac{\mathrm{i}\pi}{\gamma Ma^2} \tag{5.28b}$$

$$\bar{\rho}[\mathrm{i}(\bar{u}-c)\varphi]=-\frac{1}{\alpha^2}\frac{\pi'}{\gamma Ma^2} \tag{5.28c}$$

$$\bar{\rho}[\mathrm{i}(\bar{u}-c)\xi+\bar{T}'\varphi]=-(\gamma-1)(\varphi'+\mathrm{i}f) \tag{5.28d}$$

$$\pi=\frac{r}{\bar{\rho}}+\frac{\xi}{\bar{T}} \tag{5.28e}$$

再利用状态方程(5.28e)和能量方程(5.28d)，最后将法向动量方程(5.28c)写为

$$\frac{\mathrm{d}}{\mathrm{d}\eta}\left[\frac{(\bar{u}-c)\varphi'-\bar{u}'\varphi}{\bar{T}-Ma^2(\bar{u}-c)^2}\right]-\frac{\alpha^2(\bar{u}-c)}{\bar{T}}\varphi=0 \tag{5.29}$$

边界条件为

$$\begin{aligned}\eta=0:&\quad\varphi=0\\\eta\to\infty:&\quad\varphi\to0\end{aligned} \tag{5.30}$$

由于方程(5.29)和边界条件(5.30)都是齐次方程，所构成的特征值问题的解，就是波数和频率之间的无黏色散关系式。

在方程(5.29)的数值求解中，注意到方程的解析特点是存在奇点 $\bar{u}=c$。对于中性扰动($c_i=0$)，奇点在 η 复平面的实轴上。但是 c_i 通常很小，因此在求解非中性扰动($c_i\neq0$)时，也不能沿实轴进行积分。在点 $\bar{T}-Ma^2(\bar{u}-c)^2=0$ 的奇异性是

平均流动的相对扰动波的超声速点,是可去奇点。方程(5.29)的解,是通过如图 5.10 所示的在复平面的一个锯齿形曲线上进行数值积分得到的。采用这种方法,避免了方程中的系数和解在临界点的展开及其后续的代数处理,但是需要将边界层平均流参数解析到复平面的锯齿形积分曲线上。将这些量通过在某点进行 Taylor 级数展开,并用复变量代替实变量。采用高精度的 Taylor 级数(取前四项),可以得到复平面上的 $\bar{u}^{[20]}$($\bar{u}'$ 和 $\bar{T}'$ 也可以类似地处理),写为

$$\bar{u}=\bar{u}_c+(\bar{u}')_c(\eta-\eta_c)+\frac{1}{2}(\bar{u}'')_c(\eta-\eta_c)^2+\frac{1}{6}(\bar{u}''')_c(\eta-\eta_c)^3 \qquad (5.31)$$

式中,η_c 为临界点,也可以是实轴上任何合适的点。采用此方法,需要求解出该点处各参数的法向前三阶或前四阶导数。积分是从 η_δ 开始的(图 5.10),沿实轴积分到 η_1,再沿矩形边缘积分到 η_3,最后沿实轴积分到 $\eta=0$。

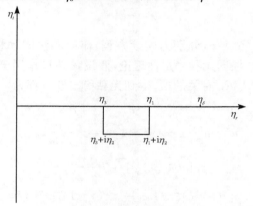

图 5.10　积分路径曲线

由于 $\bar{T}-Ma^2(\bar{u}-c)^2$ 可能为 0,方程(5.29)的形式不能直接进行数值积分。为了避免这一困难,引入新变量,整理后可写成

$$Z_1'=\frac{\bar{u}'}{\bar{u}-c}Z_1+\mathrm{i}\,\frac{\bar{T}-Ma^2(\bar{u}-c)^2}{\bar{u}-c}Z_2 \qquad (5.32)$$

$$Z_2'=\frac{-\mathrm{i}\alpha^2(\bar{u}-c)}{\bar{T}}Z_1 \qquad (5.33)$$

其新变量为 $Z_1=\varphi,Z_2=\pi/(\gamma Ma^2)$,这样的方程沿积分路径没有奇点,适合于数值积分。

方程(5.32)和方程(5.33)在 $\eta\geqslant\eta_\delta$ 区域的解满足在 $\eta\rightarrow\infty$ 的边界条件,是作为在 $\eta\leqslant\eta_\delta$ 区域内数值积分求解的初始条件。在 $\eta\geqslant\eta_\delta$ 的区域,可以把方程写为关于 Z_2 的二阶方程,且在 $\eta=\eta_\delta$ 时,方程简化为

$$Z_2''-\alpha^2[1-Ma^2(1-c)^2]Z_2=0 \qquad (5.34)$$

方程的实部为负的特征值

$$\lambda = -\alpha \left[1 - Ma^2 (1-c)^2\right]^{\frac{1}{2}} \tag{5.35a}$$

对应于该特征值的解就是无黏稳定性解,写为

$$Z_2 = -(1-c)\exp\left\{-\alpha \left[1 - Ma^2 (1-c)^2\right]^{\frac{1}{2}} (\eta - \eta_\delta)\right\} \tag{5.35b}$$

那么,在 $\eta = \eta_\delta$ 的数值积分的初始条件可以写为

$$Z_2(\eta_\delta) = \frac{i}{\alpha} \left[1 - Ma^2 (1-c)^2\right]^{\frac{1}{2}} \tag{5.36a}$$

$$Z_1(\eta_\delta) = -(1-c) \tag{5.36b}$$

对于指定的 α 及 c_r 和 c_i(即 c 的实部和虚部),数值积分从 $\eta = \eta_\delta$ 开始,当积分到物面时,必须满足边界条件(5.30),也就是 $Z_1(0) = 0$。采用四阶 Runge-Kutta 方法对无黏稳定性方程进行积分求解,文献[4]中详细叙述和验证了这种锯齿型积分路径及扩展到复平面方法的可靠性等。

5.4.2　无黏稳定性与多重模态

在讨论无黏稳定性时,通常采用相对马赫数,即 $\overline{Ma} = Ma - c_r/a$,来区分边界层内不同的局部扰动区域:当 $\overline{Ma}^2 < 1$ 时为亚声速扰动;$\overline{Ma}^2 = 1$ 时为声速扰动;$\overline{Ma}^2 > 1$ 时为超声速扰动。一般来说,当超声速来流马赫数达到一定值时(如绝热壁平板为 2.2),才会出现局部超声速扰动。

在可压缩流边界层内,$\dfrac{\partial}{\partial y}\left(\rho \dfrac{\partial u}{\partial y}\right)_{y=y_s} = 0$ 对应于广义拐点,而在不可压缩流平板边界层内它并不存在。随着马赫数的增加,广义拐点的法向位置 y_s 逐渐向外移动,尤其是在高马赫数时,边界层内相对超声速扰动区域也在扩大,拐点不稳定性进一步增强[21]。

研究表明,$\overline{Ma}^2 < 1$ 时,无黏稳定性方程(5.29)是椭圆型的,流向波数 α 是相速度 c 的单一函数,而在 $\overline{Ma}^2 > 1$ 时,则是双曲型波动方程,理论上特征值问题是有无穷多个中性扰动,α 并不是唯一的,存在多重不稳定模态[20]。在这些模态中,既有与不可压缩流中的 T-S 波对应的第一模态,也有在不可压缩流中没有相对应的其他高阶模态(即 Mack 模态)。在高马赫数的流动情况下,高阶模态中频率最低的第二模态增长率最大,其不稳定性处于主导地位[11]。

下面结合算例讨论无黏稳定性,包括扰动增长率随频率、波数和马赫数等的变化,分析多重模态特性。图 5.11 是在马赫数为 4.5 时三种模态的扰动增长率随频率变化的无黏稳定性结果,ω_r 为扰动频率,ω_i 为扰动的时间增长率(图中的"□"是文献[1]数据)。由图可见,存在三个增长率为正的不稳定区域,频率从小到大依次称为第一模态、第二模态和第三模态,这就是稳定性方程的多重解。其中,频率范围在 0.17~0.25 的第二模态的增长率最大,是最不稳定的模态。值得注意

的是,各个不稳定模态之间都被一段稳定的区域(衰减区域)隔开。图 5.12 是马赫数为 6.0 的不同波数扰动波的增长率。与马赫数为 4.5 的情况相比,虽然也存在三个不同的不稳定区域,但是第一模态和第二模态之间已经不存在稳定的区域,它们有着相连的不稳定波数段。不同高超声速马赫数的扰动增长率随波数的变化如图 5.13 所示($Ma=7.0,7.5,8.0$),与前面结果的区别是,第三模态与第二模态的不稳定区域也已经重合,这样三个模态之间的不稳定区域没有断开,即它们之间不再存在稳定区域[22]。在图中还给出了 $Ma=8.0$ 用于比较的数据(用倒三角符号表示)[1],结果是一致的。

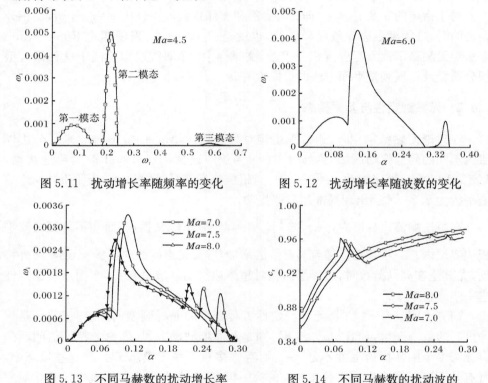

图 5.11　扰动增长率随频率的变化　　　　图 5.12　扰动增长率随波数的变化

图 5.13　不同马赫数的扰动增长率　　　　图 5.14　不同马赫数的扰动波的
　　　　随波数的变化　　　　　　　　　　　　相速度随波数的变化

　　进一步从相速度及扰动形状函数的变化曲线分析多重模态特性。从图 5.14 中可以看到,扰动波的相速度随波数变化曲线存在两个导数 $\partial c_r/\partial \alpha$ 的间断点。随着波数的增加,当达到第一个间断点时,第二模态增长率超过第一模态,当达到第二个间断点时,第三模态增长率超过第二模态。结果表明,在高马赫数时,存在多个不稳定模态融合的情况,这说明高马赫数边界层流动是复杂的多重不稳定性,而不同于在马赫数还不够高的情况下,只有单一的第一模态或者第二模态主导的不稳定性。从图 5.11~图 5.14 可以看出,随着马赫数的

增加,各不稳定模态的频率范围是缩小的,第一模态和第二模态的扰动波的增长率峰值是降低的,而第三模态的增长率峰值则是增加的。图 5.15 给出的是不同模态的中性波(对应于零增长率)的扰动形状函数,图中的(a)和(b)分别对应 $|p|$ 和 $|v|$。由图可见,不同模态的函数形状、峰值及其离开壁面的位置都不相同,且变化很大。

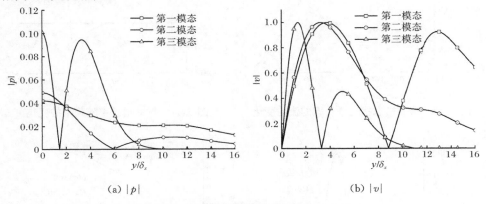

(a) $|p|$　　　　　　　　　　　　　　(b) $|v|$

图 5.15　中性扰动波形状函数($Ma=4.5$)

概言之,无黏性稳定性理论能够展示高马赫数流动的多重不稳定模态。随着马赫数的增加,在第一模态与第二模态的不稳定区域之间,以及更高阶的模态区域之间,被稳定频率带所分割的现象逐步消失,最后形成连续的不稳定频率段及其多个不稳定模态的融合,最大的扰动增长率出现在第二模态的峰值。

5.4.3　黏性多重不稳定模态

上面分析了高马赫数的无黏多重不稳定模态问题,实际上,高马赫数的黏性扰动也具有多重不稳定模态,也能找到与无黏稳定性所对应的多重解[4]。下面依据 5.3.3 节中数值方法的计算结果,讨论扰动增长率随雷诺数、频率等的变化,分析黏性多重不稳定模态问题。

第二模态扰动波的空间增长率沿流向的变化如图 5.16 所示($Ma=4.5$),图中还列出其他数据[11](以符号表示)用以比较,结果是一致的。在图 5.17 中给出的是扰动增长率随频率的变化,所取雷诺数较大($Re=2000$),黏性的影响相对较小。由两图可以看出,处于低频率段的第一模态的增长率峰值,小于较高频率段的第二模态值;第一模态与第二模态之间存在一段增长率为负的稳定频率段(即图中的零增长率的横线以下),这与无黏稳定性的变化趋势一致。而在图 5.18(a)中给出的则是在马赫数更高($Ma=6.0$)和雷诺数更大($Re=2200$)情况下的扰动增长率随频率的变化曲线,这时的第一模态和第二模态之间已没有稳定区域,类似于无黏稳定性的变化。图 5.18(b)是对应的相速度随频率的变化,也存在导数间断点等特征,是与前面的无黏结果一致的。

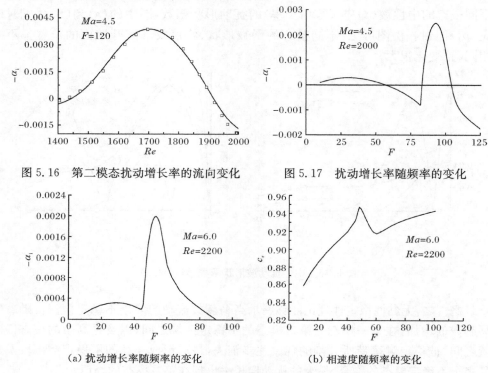

图 5.16　第二模态扰动增长率的流向变化　　　图 5.17　扰动增长率随频率的变化

（a）扰动增长率随频率的变化　　　　　　　（b）相速度随频率的变化

图 5.18　扰动增长率及相速度随频率的变化

　　进一步分析频率对黏性多重不稳定模态的影响。图 5.19 是在 $Ma=4.5$ 时边界层流动中的不同频率扰动波的空间增长率沿流向的变化曲线,展示了第一和第二模态的出现和发展过程,有着不同的情况:

　　(1) 在频率很低时(如 $F=40$),扰动沿流向一直处于扰动增长率并不高的第一模态,没有明显的第二模态出现。

　　(2) 在稍高频率段(如 $F=120$),扰动波大体上呈现出在上游增长,然后是缓慢衰减的过程,进而又经历了在下游的第二次增长并达到峰值(增长率曲线大约在 $Re=1400$ 处从缓慢衰减转变为增长),变化趋势是合理的[23]。这个过程被认为是从第一模态到第二模态的转变[13],即在流动开始时,不稳定的第一模态是主要的,但随着向下游的推进,第一模态的扰动逐渐衰减,而第二模态逐渐显现并成为主要的不稳定模态。

　　(3) 在高频率段(如 $F=320$),扰动很快出现急剧的增长,并达到峰值。因此在高频率段的扰动,从开始就表现为第二模态占优,即流动的稳定性为第二模态

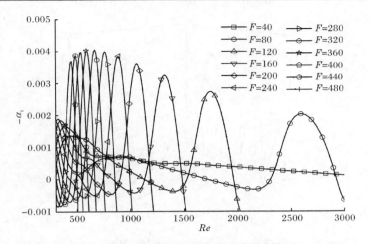

图 5.19　不同频率扰动波的增长率沿流向的变化（$Ma = 4.5$）

所控制。

概括来说,在高马赫数的边界层流动中,第二模态在图中的不同频率段(除很低频率外)的流向演化过程中,是起着主导作用的最不稳定模态。

图 5.20 展示了扰动形状函数 $|v|$ 沿流向的演化过程($Ma = 4.5$),其中,图 5.20(a)是在低频($F = 40$)时扰动的第一模态,而图 5.20(b)则是较高频率($F = 220$)的第二模态。它们的扰动形状函数的特征有明显区别,$F = 40$ 时扰动速度 $|v|$ 的法向第一个峰值低于第二个峰值,而 $F = 220$ 时的法向第一个峰值要高于第二个峰值。

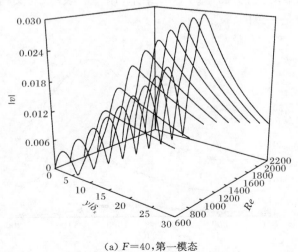

(a) $F = 40$,第一模态

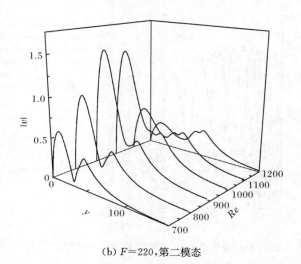

(b) $F=220$，第二模态

图 5.20　不同频率和不同模态的 $|v|$ 的演化曲线（$Ma=4.5$）

　　我们再看第二模态的扰动量变化。图 5.21 给出了第二模态的一些无量纲扰动量最大振幅（边界层内沿法向的最大值）的流向演化曲线（$Ma=4.5,F=220$），包括扰动温度、密度、质量及速度分量，分别用 T、ρ、m、u 和 v 表示。从 $Re=700$ 开始，在 $700\sim800$ 区间的变化很小，在这之后扰动振幅开始增长（假设初始扰动很小，此处将所有量幅值通过除以初始 $|u|_{max}$ 来归一化），并很快达到最大值，随后又开始衰减。注意到，由于高马赫数的压缩性作用，带来了边界层的温度扰动 T 和密度扰动 ρ 的显著变化，图中的 PSE 结果（用"线"表示）与文献[24]的 DNS 数据（用符号表示）是一致的。

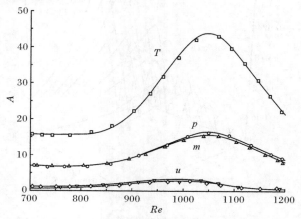

图 5.21　第二模态的扰动量的最大振幅沿流向的变化（$Ma=4.5,F=220$）

5.5 超/高超声速流的非线性边界层稳定性

讨论非线性抛物化稳定性方程的求解,研究 T-S 波、三维亚谐波及高阶谐波之间的非线性干扰和演化,分析扰动波的增长及其扰动流场的变化。

5.5.1 非线性抛物化稳定性方程

对于非线性扰动控制方程(5.10),通过快速 Fourier 变换和 PSE 理论,将扰动分解为不同频率和展向波数的慢变扰动形状函数与快变的波状函数乘积的叠加。由于在非线性稳定性研究中,不能像线性理论那样只考虑某个单一谐波分量的发展演化,而需要同时计算所有相互作用的谐波分量,于是一般三维扰动量 $\phi=[\rho',u',v',w',T']^T$ 可以表示为

$$\phi = \sum_{m=-\infty}^{+\infty} \sum_{n=-\infty}^{+\infty} \psi_{(m,n)} \chi_{(m,n)} \tag{5.37}$$

式中, $\psi_{(m,n)}$ 和 $\chi_{(m,n)}$ 分别为谐波分量 (m,n) 的扰动形状函数及波状函数:

$$\psi_{(m,n)} = [\hat{\rho},\hat{u},\hat{v},\hat{w},\hat{T}]_{(m,n)}^T \tag{5.38}$$

$$\chi_{(m,n)} = \exp\left[i\left(\int_{x_0}^x \alpha(x)_{(m,n)}dx + n\beta z - m\omega t\right)\right] \tag{5.39}$$

其中, $\alpha_{x(m,n)}$, $n\beta$ 和 $m\omega$ 分别为谐波分量 (m,n) 的流向和展向波数及其频率。依据 PSE 理论关于扰动的形状函数、波数及增长率在流向上的慢变特性,可以忽略扰动形状函数的流向二阶导数及一阶导数的乘积。最后得到关于任意谐波分量 (m,n) 的非线性抛物化稳定性方程

$$\hat{D}_{(m,n)}\psi_{(m,n)} + \hat{A}_{(m,n)}\frac{\partial\psi_{(m,n)}}{\partial x} + \hat{B}_{(m,n)}\frac{\partial\psi_{(m,n)}}{\partial y} - V_{yy}^l\frac{\partial^2\psi_{(m,n)}}{\partial y^2} = \frac{[F^n]_{(m,n)}}{\chi_{(m,n)}} \tag{5.40}$$

式中

$$\hat{D}_{(m,n)} = -im\omega\mathbf{\Gamma}^l + \mathbf{D}^l + i\alpha\mathbf{A}^l + in\beta\mathbf{C}^l - \left(i\frac{d\alpha}{dx} - \alpha^2\right)V_{xx}^l + \alpha\beta V_{xz}^l + \beta^2 V_{zz}^l \tag{5.41a}$$

$$\hat{A}_{(m,n)} = \mathbf{A}^l - 2im\alpha V_{xx}^l - in\beta V_{xz}^l \tag{5.41b}$$

$$\hat{B}_{(m,n)} = \mathbf{B}^l - im\alpha V_{xy}^l - in\beta V_{yz}^l \tag{5.41c}$$

通过采用 5.3.2 节中有关线性抛物化稳定性方程的曲线坐标系 (ξ,η) 变换,可以得到曲线坐标系 (ξ,η) 下的 NPSE

$$\hat{D}_{(m,n)}\psi_{(m,n)} + \tilde{A}_{(m,n)}\frac{\partial\psi_{(m,n)}}{\partial\xi} + \tilde{B}_{(m,n)}\frac{\partial\psi_{(m,n)}}{\partial\eta} - (\tilde{V}_\eta)_{(m,n)}\frac{\partial^2\psi_{(m,n)}}{\partial\eta^2} = \frac{[F^n]_{(m,n)}}{\chi_{(m,n)}} \tag{5.42}$$

在外边界处,当法向物理域 $y_{\max}$ 取足够大的情况下,可以用截断边界条件,即在 $y=y_{\max}$ 处, $\hat{u}_{m,n}=\hat{v}_{m,n}=\hat{w}_{m,n}=\hat{T}_{m,n}=0$;对于 $m=0$ 时频率为 0 的谐波可以用 $\partial\hat{v}_{m,n}/\partial y=0$ 的边界条件。也可以采用前面已叙述过的渐近边界条件。

5.5.2　NPSE 数值解

在非线性的空间推进求解 NPSE 的过程中,与线性抛物化稳定性问题一样,也需要一个限制条件来使方程系统封闭,要对所有模态都进行正规化处理[25]。这里是选用限制扰动质量的正规化条件,以使各个谐波增长率定解。因此,非线性扰动中任意谐波分量 (m,n) 的正规化条件可以表示为

$$\frac{\partial\left[(\rho u)_{m,n}\right]_{\max}}{\partial x}=0 \tag{5.43}$$

在向下游推进过程中采用预估修正迭代方法,流向位置的下一站是用上一站的值进行预估,然后通过正规化条件,对所有的计算模态进行修正,当复指数 $\alpha_{m,n}$ 的修正量都达到精度要求时,再进行下一站的稳定性计算。非线性空间推进求解流程如图 5.22 所示。

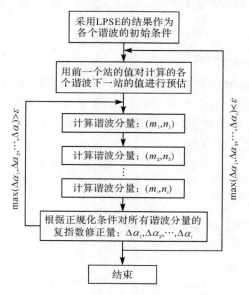

图 5.22　NPSE 推进求解流程

从式(5.43)给出的复指数 $\alpha_{m,n}$ 迭代的修正量为

$$(\Delta\alpha)_{m,n}=-\mathrm{i}\,\frac{\left\{\left[(\rho u)_{m,n}\right]_{\max}\right\}_{i+1}-\left\{\left[(\rho u)_{m,n}\right]_{\max}\right\}_i}{\Delta x\left\{\left[(\rho u)_{m,n}\right]_{\max}\right\}_i} \tag{5.44}$$

根据 Fourier 变换的对称性及扰动的物理特性,对应负频率和展向波数的扰

动波的振幅和形状函数满足如下关系式：

$$A_{(m,n)} = A_{(-m,n)} = A_{(m,-n)} = A_{(-m,-n)}$$

$$\psi_{(-m,n)} = \left[\tilde{u}_{(-m,n)}, \tilde{v}_{(-m,n)}, \tilde{w}_{(-m,n)}, \tilde{\rho}_{(-m,n)}, \tilde{T}_{(-m,n)}\right]^{\mathrm{T}}$$

$$= \left[\tilde{u}_{(m,n)}^*, \tilde{v}_{(m,n)}^*, \tilde{w}_{(m,n)}^*, \tilde{\rho}_{(m,n)}^*, \tilde{T}_{(m,n)}^*\right]^{\mathrm{T}}$$

$$\psi_{(m,-n)} = \left[\tilde{u}_{(m,-n)}, \tilde{v}_{(m,-n)}, \tilde{w}_{(m,-n)}, \tilde{\rho}_{(m,-n)}, \tilde{T}_{(m,-n)}\right]^{\mathrm{T}} \quad (5.45)$$

$$= \left[\tilde{u}_{(m,n)}, \tilde{v}_{(m,n)}, -\tilde{w}_{(m,n)}, \tilde{\rho}_{(m,n)}, \tilde{T}_{(m,n)}\right]^{\mathrm{T}}$$

$$\psi_{(-m,-n)} = \left[\tilde{u}_{(-m,-n)}, \tilde{v}_{(-m,-n)}, \tilde{w}_{(-m,-n)}, \tilde{\rho}_{(-m,-n)}, \tilde{T}_{(-m,-n)}\right]^{\mathrm{T}}$$

$$= \left[\tilde{u}_{(m,n)}^*, \tilde{v}_{(m,n)}^*, -\tilde{w}_{(m,n)}^*, \tilde{\rho}_{(m,n)}^*, \tilde{T}_{(m,n)}^*\right]^{\mathrm{T}}$$

式中，A 为谐波的幅值；上标"$*$"表示复共轭。

将非线性项 F^n 中三次及更高次的项忽略不计，所得的非线性项中只包含二次项，因此，对于模态 (m,n)，即频率为 $m\omega$ 和展向波数为 $n\beta$ 的扰动波的非线性作用项，可以表示为所有满足条件 $m_1 + m_2 = m$ 和 $n_1 + n_2 = n$ 的任意两个模态 (m_1, n_1) 和 (m_2, n_2) 的非线性作用的叠加，可以写为

$$F^n(m,n) = \sum_{m_1=-\infty}^{+\infty} \sum_{n_1=-\infty}^{+\infty} N(m_1, n_1, m_2, n_2) \chi_{(m_1,n_1)} \chi_{(m_2,n_2)} \quad (5.46)$$

不同谐波的流向波数存在相位关系，即 $\mathrm{Real}(\alpha_{(m,n)}) = m\alpha_{\mathrm{r}}$，此处 $\alpha_{\mathrm{r}} = \alpha_{\mathrm{ts}}/2$，即为 T-S 波流向波数的一半，这就是所谓的相锁关系[26]，因此可以进一步改写为

$$\frac{[F^n]_{(m,n)}}{\chi_{(m,n)}} = \sum_{m_1=-\infty}^{+\infty} \sum_{n_1=-\infty}^{+\infty} N(m_1, n_1, m_2, n_2) \frac{A_{(m_1,n_1)} A_{(m_2,n_2)}}{A_{(m,n)}} \quad (5.47)$$

式中，$A_{(m,n)} = A_0 \exp\left\{\int_{x_0}^{x} -\mathrm{Im}[\alpha_{(m,n)}]\mathrm{d}x\right\}$，为 (m,n) 谐波分量的幅值，A_0 为初始振幅；$N(m_1, n_1, m_2, n_2)$ 为模态 (m_1, n_1) 和 (m_2, n_2) 的扰动形状函数的非线性作用算符，其展开式见附录 B。

5.5.3　非线性稳定性分析

在高速流平板边界层算例中，给定频率 $2F$ 的有限振幅的二维 T-S 波，以及展向波数 b 和频率 F 的三维亚谐波，分析它们及其所产生的各高阶谐波之间的非线性稳定性问题。二维 T-S 波和三维亚谐波在 Fourier 空间分别用模态 $(2,0)$ 和模态 $(1,1)$ 表示，则各模态谐波的非线性相互作用关系见表 5.1。频率和展向波数为负的谐波可以根据 Fourier 分解的对称性[见式(5.45)]而得到。因此，在计算过程中只对正的频率和正的展向波数的模态进行存储。在起始站，对每个纳入计算的谐波分量采用线性抛物化稳定性方程的计算结果作为初始解。

表 5.1　各个谐波之间的非线性作用关系

谐波分量	非线性相互作用			
(2,0)	(1,−1)与(1,1)	(3,1)与(−1,−1)	(4,0)与(−2,0)	(4,2)与(−2,2)
(1,1)	(2,0)与(−1,1)	(3,1)与(−2,0)	(4,0)与(−3,1)	(4,2)与(−3,−1)
(2,2)	(1,1)与(1,1)	(3,1)与(1,−1)	(4,2)与(−2,0)	(4,0)与(−2,2)
(4,0)	(2,0)与(2,0)	(3,1)与(1,−1)	(1,1)与(3,−1)	(2,2)与(2,−2)
(3,1)	(2,0)与(1,1)	(4,0)与(−1,1)	(4,2)与(−1,−1)	(4,0)与(−2,2)
(4,2)	(2,0)与(2,2)	(3,1)与(1,1)		

　　下面分析 T-S 波和各谐波分量振幅的非线性演化情况。二维 T-S 波和三维亚谐波及其所产生的各高阶谐波之间的振幅增长曲线在图 5.23 中(马赫数 $Ma=3.0$，T-S 波频率 $F=80$，三维亚谐波的展向波数 $b=0.1$)，图 5.23 中的(a)和(b)的初始 T-S 波振幅分别为 0.5% 和 0.25%。由图 5.23(a)可见，由于非线性作用，亚谐波经过快速增长后，很快超过了 T-S 波的振幅。当亚谐波振幅达到一定量级时，其对 T-S 波的非线性作用也显现出来，在 Re 达到较大值后，T-S 波再次进入增长阶段。图中也给出了各高阶谐波的变化，由于扰动波之间的非线性作用，所产生的各高阶谐波也迅速增长。例如，模态(2,2)从 $Re=830$ 时的振幅0.000001开始急剧增长，并在很短的流向范围内达到 T-S 波的量级，振幅增长了近 10000倍；同时模态(4,2)从 $Re=980$ 开始迅速增长，并在不长范围内达到一个很高值。也就是说，随着流向的推进，非线性作用大大增强，导致了高阶谐波的快速增长并达到很大数值。图 5.23(b)与图 5.23(a)相比，最大区别在于，因为 T-S 波的初始振幅较小，使亚谐波振幅未能增长到足够大的数值，T-S 波在整个区域仅仅呈现出先增长后衰减的趋势，并没有出现再次增长；而各高阶谐波开始增长的位置也向后推迟，且增长的数值也不大，显示了它们之间的非线性作用较弱。结果说明 T-S 波的初始振幅的大小，对于扰动的非线性发展有重要影响。

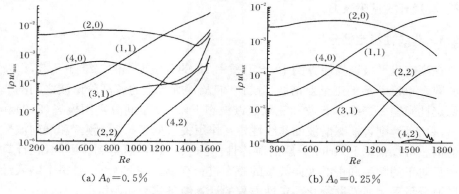

(a) $A_0=0.5\%$　　　　　　　　　(b) $A_0=0.25\%$

图 5.23　T-S 波和各谐波分量的振幅演化($Ma=3.0$)

进一步讨论初始振幅的影响。为方便比较，在图 5.24 中集中给出不同初始

第 5 章 高速边界层稳定性 · 121 ·

振幅的 T-S 波及三维亚谐波的扰动振幅增长曲线($Ma=3.0$),包括 3 个初始 T-S 波振幅:0.5%、0.8% 和 1.0%,对应的初始亚谐波振幅分别为 0.005%、0.005% 和 0.05%。在 $Re=300$ 处开始推进,初始扰动是用线性 PSE 的计算结果。图中的虚线是线性 PSE 的振幅演化曲线。从图中可以看出,由于对亚谐波产生非线性作用的 T-S 波的初始振幅相对大得多,因此非线性作用会立即显现出来,非线性增长率高于线性 PSE 的结果;而初始振幅较小的亚谐波对 T-S 波的非线性作用在初期是微乎其微的,非线性振幅演化曲线和线性 PSE 的计算结果几乎重合,这说明在边界层转捩过程中,初期阶段采用线性稳定性理论进行研究是可行的。随着流动向前推进,三维亚谐波的振幅快速增长,并很快超过 T-S 波。当振幅达到一定值时,亚谐波对 T-S 波的非线性效应显著增加,促使 T-S 波振幅由衰减转为明显增大,此后两者完全进入非线性阶段,使得扰动急剧增长。

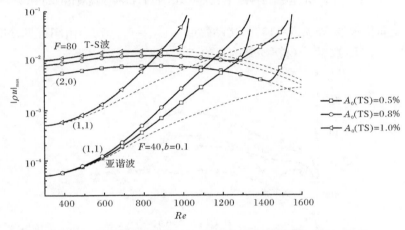

图 5.24 不同初始振幅的 (2,0) 和 (1,1) 的振幅演化($Ma=3.0$)

第二模态的扰动波演化在高速流中十分重要,这里讨论一个高超声速流($Ma=6.0$)第二模态的算例,基本扰动波($F=240$)[22] 和三维亚谐波($F=120$,$b=0.2$)的非线性振幅增长曲线如图 5.25 所示。T-S 波的初始振幅分别为 0.1%、0.5% 和 0.8%。图中虚、实线分别表示 LPSE 和 NPSE 的结果。类似于图 5.24,随着 T-S 波的初始振幅的增大,其对亚谐波产生的非线性作用逐渐增强,进入完全非线性状态的流向位置将靠前;而当 T-S 波的初始振幅足够小时(如 0.1%),亚谐波在相当长的一段距离内处于线性增长阶段(如图在 $300<Re<720$ 的区间内),而 T-S 波的空间振幅演化则完全处于线性阶段。显示了不同的初始振幅,对于 T-S 波和亚谐波间的非线性作用有很大影响。

图 5.26 分别给出了 NPSE 与 DNS 算得的亚谐波无量纲扰动量的法向分布(包括扰动速度的 3 个分量及扰动温度),这里 $Ma=4.5$,亚谐波的 $b_{sub}=0.04789$,

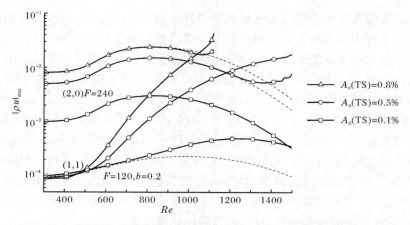

图 5.25　不同初始振幅的第二模态的 $(2,0)$ 和 $(1,1)$ 的振幅演化 $(Ma=6)$

$F=20$，流向位置的 $Re(\delta_x)=1500$，扰动幅值 $|u|_{\max}=0.0076$。由图可见，NPSE 结果（曲线）与 DNS 数据[27]（符号）是吻合的。

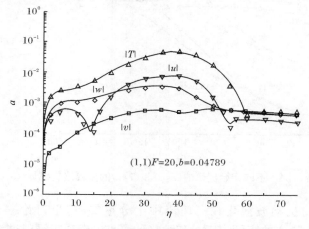

图 5.26　亚谐波无量纲扰动量的法向分布比较 $(Ma=4.5)$

　　下面分析瞬时流场的涡量分布[25]。图 5.27 显示了不同展向位置处 x-y 截面的展向涡量等值线分布（$Ma=3.0$，T-S 波频率 $F=80$，三维亚谐波的展向波数 $b=0.1$，T-S 波的初始振幅为 1.0%，亚谐波为 0.05%），取展向相位（角）分别为 0、$\pi/2$、$2\pi/3$ 和 π。在流动的推进过程中，扰动振幅不断增长，在边界层内逐渐形成了封闭的展向涡系，其尺度逐步扩大，涡中心的法向位置也在上升[图 5.27(a)]。随着三维亚谐波的振幅进一步增长，在 $x=5000(Re=1000)$ 附近，亚谐波和 T-S 波的振幅已分别达到 6% 和 2%（图 5.24）。图 5.27(b) 是三维亚谐波扰动的中性位置（相位 $\pi/2$），由于三维扰动量为 0，流动中扰动只含二维 T-S 扰动波，前后涡中心的距离约为 300（即 T-S 波的波长），并沿流向基本不变。在图 5.27(c) 中（相位 $2\pi/3$），三维亚谐波扰动振幅为图 5.27(a) 的一半，在稍后的位置，两大涡之间出现许多小涡，这是扰动波相互作用的结果。图 5.27(a)（相位 0）和图 5.27(d)（相位 π）分别为展向波峰和波谷的结果，涡中心间的距离约为 600（即亚谐波的流向波长），其涡量是由 T-S 波和三维亚谐波共同作用产生的。

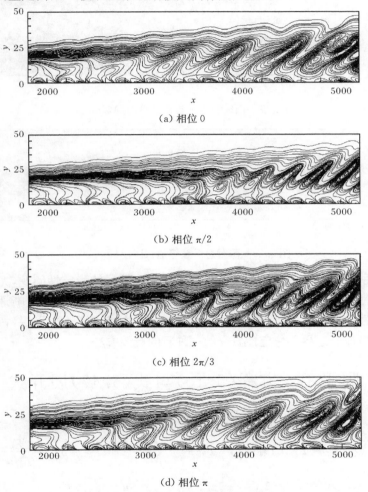

(a) 相位 0

(b) 相位 $\pi/2$

(c) 相位 $2\pi/3$

(d) 相位 π

图 5.27 展向涡量等值线分布（$Ma=3.0$）

进一步观察亚谐波失稳的流场特征。图 5.28 和图 5.29 分别给出在法向位置 $y/\delta_0=65(Re_{\delta_0}=200)$ 的 xz 平面瞬时速度 u 的等值线分布和瞬时总涡量的等值云图。流动开始时的二维周期扰动，在向下游传播过程中振幅不断增长，三维扰动逐渐发展起来。随着扰动振幅的进一步增大及谐波间的非线性作用的增强和涡系的形成,出现了 Λ 形的流场涡结构,呈峰谷交错排列,这是亚谐波失稳[28]的重要流场特征,是典型的 H 型问题[29]。实际上,图中所展示的 Λ 形涡结构(其中颜色越深表示涡量值越大),是边界层转捩过程中的一种相干结构,对流动的转捩有重要影响。

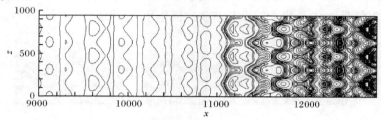

图 5.28　瞬时速度 u 等值线分布($Ma=3.0$)

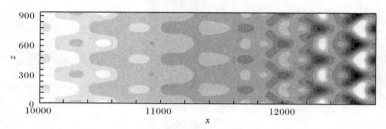

图 5.29　瞬时总涡量等值云图($Ma=3.0$)

综上所述,PSE 方法能够有效地处理高速边界层的稳定性问题,尤其是高马赫数的黏性多重不稳定模态的研究;非线性 PSE 的稳定性结果,清晰地展示了扰动的非线性演变过程和流场特征。因此,PSE 方法成了高速边界层,特别是超声速和高超声速流边界层稳定性研究的一种新的有效方法。

附录 B　方程(5.10)与式(5.47)展开式

B.1　方程(5.10)的系数矩阵 $\pmb{\Gamma}^l, \pmb{A}^l, \pmb{B}^l \cdots$ 中的非零元素展开式

$$\Gamma_{11}=1, \quad \Gamma_{22}=\Gamma_{33}=\Gamma_{44}=\bar{\rho}, \quad \Gamma_{51}=-\frac{Ec}{\gamma Ma^2}\bar{T}, \quad \Gamma_{55}=\bar{\rho}\,\bar{c}_p-\frac{Ec}{\gamma Ma^2}\bar{\rho}$$

$$A_{11}^l=\bar{u}, \quad A_{12}^l=\bar{\rho}, \quad A_{21}^l=\frac{1}{\gamma Ma^2}\bar{T}, \quad A_{22}^l=\bar{\rho}\,\bar{u}-\frac{4}{3}\frac{1}{R_0}\frac{\partial\bar{\mu}}{\partial x}$$

$$A_{23}^l=-\frac{1}{R_0}\frac{\partial\bar{\mu}}{\partial y}, \quad A_{24}^l=-\frac{1}{R_0}\frac{\partial\bar{\mu}}{\partial z}$$

$$A_{25}^l=\frac{1}{\gamma Ma^2}\bar{\rho}-\frac{1}{R_0}\left(\frac{4}{3}\frac{\partial\bar{u}}{\partial x}-\frac{2}{3}\frac{\partial\bar{v}}{\partial y}-\frac{2}{3}\frac{\partial\bar{w}}{\partial z}\right)\frac{d\bar{\mu}}{dT}, \quad A_{32}^l=\frac{2}{3}\frac{1}{R_0}\frac{\partial\bar{\mu}}{\partial y}$$

$$A_{35}^l=-\frac{1}{R_0}\left(\frac{\partial\bar{v}}{\partial x}+\frac{\partial\bar{u}}{\partial y}\right)\frac{d\bar{\mu}}{dT}, \quad A_{33}^l=\bar{\rho}\,\bar{u}-\frac{1}{R_0}\frac{\partial\bar{\mu}}{\partial x} \quad A_{42}^l=\frac{2}{3}\frac{1}{R_0}\frac{\partial\bar{\mu}}{\partial z}$$

$$A_{44}^l = \bar{\rho}\,\bar{u} - \frac{1}{R_0}\frac{\partial \bar{\mu}}{\partial x}, \quad A_{45}^l = -\frac{1}{R_0}\left(\frac{\partial \bar{u}}{\partial z} + \frac{\partial \bar{w}}{\partial x}\right)\frac{\mathrm{d}\bar{\mu}}{\mathrm{d}T}$$

$$A_{51}^l = -\frac{Ec}{\gamma Ma^2}\bar{T}\,\bar{u}, \quad A_{52}^l = \left(-\frac{8}{3}\frac{\partial \bar{u}}{\partial x} + \frac{4}{3}\frac{\partial \bar{v}}{\partial y} + \frac{4}{3}\frac{\partial \bar{w}}{\partial z}\right)\frac{Ec\bar{\mu}}{R_0}$$

$$A_{53}^l = -\frac{2Ec\bar{\mu}}{R_0}\left(\frac{\partial \bar{v}}{\partial x} + \frac{\partial \bar{u}}{\partial y}\right), \quad A_{54}^l = -\frac{2Ec\bar{\mu}}{R_0}\left(\frac{\partial \bar{w}}{\partial x} + \frac{\partial \bar{u}}{\partial z}\right)$$

$$A_{55}^l = \bar{\rho}\,\bar{c}_p\,\bar{u} - \frac{1}{R_0\sigma}\left(\frac{\partial \bar{T}}{\partial x}\frac{\mathrm{d}\bar{\kappa}}{\mathrm{d}T} + \frac{\partial \bar{\kappa}}{\partial x}\right) - \frac{Ec}{\gamma Ma^2}\bar{\rho}\,\bar{u}$$

$$B_{11}^l = \bar{v}, \quad B_{13}^l = \bar{\rho}, \quad B_{22}^l = \bar{\rho}\,\bar{v} - \frac{1}{R_0}\frac{\partial \bar{\mu}}{\partial y}, \quad B_{23}^l = \frac{2}{3}\frac{1}{R_0}\frac{\partial \bar{\mu}}{\partial x}, \quad B_{24}^l = -\frac{1}{R_0}\frac{\partial \bar{\mu}}{\partial z},$$

$$B_{25}^l = -\frac{1}{R_0}\left(\frac{\partial \bar{v}}{\partial x} + \frac{\partial \bar{u}}{\partial y}\right)\frac{\mathrm{d}\bar{\mu}}{\mathrm{d}T}, \quad B_{31}^l = \frac{1}{\gamma Ma^2}\bar{T}, \quad B_{32}^l = -\frac{1}{R_0}\frac{\partial \bar{\mu}}{\partial x}$$

$$B_{33}^l = \bar{\rho}\,\bar{v} - \frac{1}{R_0}\frac{4}{3}\frac{\partial \bar{\mu}}{\partial y}, \quad B_{35}^l = \frac{1}{\gamma Ma^2}\bar{\rho} - \frac{1}{R_0}\left(-\frac{2}{3}\frac{\partial \bar{u}}{\partial x} + \frac{4}{3}\frac{\partial \bar{v}}{\partial y} - \frac{2}{3}\frac{\partial \bar{w}}{\partial z}\right)\frac{\mathrm{d}\bar{\mu}}{\mathrm{d}T}$$

$$B_{43}^l = \frac{2}{3}\frac{1}{R_0}\frac{\partial \bar{\mu}}{\partial z}, \quad B_{44}^l = \bar{\rho}\,\bar{v} - \frac{1}{R_0}\frac{\partial \bar{\mu}}{\partial y}, \quad B_{45}^l = -\frac{1}{R_0}\left(\frac{\partial \bar{w}}{\partial y} + \frac{\partial \bar{v}}{\partial z}\right)\frac{\mathrm{d}\bar{\mu}}{\mathrm{d}T}$$

$$B_{51}^l = -\frac{Ec}{\gamma Ma^2}\bar{T}\,\bar{v}, \quad B_{52}^l = -\frac{2Ec\bar{\mu}}{R_0}\left(\frac{\partial \bar{u}}{\partial y} + \frac{\partial \bar{v}}{\partial x}\right)$$

$$B_{53}^l = \left(\frac{4}{3}\frac{\partial \bar{u}}{\partial x} - \frac{8}{3}\frac{\partial \bar{v}}{\partial y} + \frac{4}{3}\frac{\partial \bar{w}}{\partial z}\right)\frac{Ec\bar{\mu}}{R_0}, \quad B_{54}^l = -\frac{2Ec\bar{\mu}}{R_0}\left(\frac{\partial \bar{w}}{\partial y} + \frac{\partial \bar{v}}{\partial z}\right)$$

$$B_{55}^l = \bar{\rho}\,\bar{c}_p\,\bar{v} - \frac{1}{R_0\sigma}\left(\frac{\partial \bar{T}}{\partial y}\frac{\mathrm{d}\bar{\kappa}}{\mathrm{d}T} + \frac{\partial \bar{\kappa}}{\partial y}\right) - \frac{Ec}{\gamma Ma^2}\bar{\rho}\,\bar{v}$$

$$C_{11}^l = \bar{w}, \quad C_{14}^l = \bar{\rho}, \quad C_{22}^l = \bar{\rho}\,\bar{w} - \frac{1}{R_0}\frac{\partial \bar{\mu}}{\partial z}, \quad C_{24}^l = \frac{2}{3}\frac{1}{R_0}\frac{\partial \bar{\mu}}{\partial x}$$

$$C_{25}^l = -\frac{1}{R_0}\left(\frac{\partial \bar{u}}{\partial z} + \frac{\partial \bar{w}}{\partial x}\right)\frac{\mathrm{d}\bar{\mu}}{\mathrm{d}T}, \quad C_{33}^l = \bar{\rho}\,\bar{w} - \frac{1}{R_0}\frac{\partial \bar{\mu}}{\partial z}, \quad C_{34}^l = \frac{2}{3}\frac{1}{R_0}\frac{\partial \bar{\mu}}{\partial y}$$

$$C_{35}^l = -\frac{1}{R_0}\left(\frac{\partial \bar{w}}{\partial y} + \frac{\partial \bar{v}}{\partial z}\right)\frac{\mathrm{d}\bar{\mu}}{\mathrm{d}T}, \quad C_{41}^l = \frac{1}{\gamma Ma^2}\bar{T}, \quad C_{42}^l = -\frac{1}{R_0}\frac{\partial \bar{\mu}}{\partial x}$$

$$C_{43}^l = -\frac{1}{R_0}\frac{\partial \bar{\mu}}{\partial y}, \quad C_{44}^l = \bar{\rho}\,\bar{w} - \frac{4}{3}\frac{1}{R_0}\frac{\partial \bar{\mu}}{\partial z}$$

$$C_{45}^l = \frac{1}{\gamma Ma^2}\bar{\rho} - \frac{1}{R_0}\left(-\frac{2}{3}\frac{\partial \bar{u}}{\partial x} - \frac{2}{3}\frac{\partial \bar{v}}{\partial y} + \frac{4}{3}\frac{\partial \bar{w}}{\partial z}\right)\frac{\mathrm{d}\bar{\mu}}{\mathrm{d}T}, \quad C_{51}^l = -\frac{Ec}{\gamma Ma^2}\bar{T}\,\bar{w}$$

$$C_{52}^l = -\frac{2Ec\bar{\mu}}{R_0}\left(\frac{\partial \bar{u}}{\partial z} + \frac{\partial \bar{w}}{\partial x}\right), \quad C_{53}^l = -\frac{2Ec\bar{\mu}}{R_0}\left(\frac{\partial \bar{v}}{\partial z} + \frac{\partial \bar{w}}{\partial y}\right)$$

$$C_{54}^l = \frac{Ec\bar{\mu}}{R_0}\left(\frac{4}{3}\frac{\partial \bar{u}}{\partial x} + \frac{4}{3}\frac{\partial \bar{v}}{\partial y} - \frac{8}{3}\frac{\partial \bar{w}}{\partial z}\right)$$

$$C_{55}^l = \bar{\rho}\,\bar{c}_p\,\bar{w} - \frac{1}{R_0\sigma}\left(\frac{\partial \bar{T}}{\partial z}\frac{\mathrm{d}\bar{\kappa}}{\mathrm{d}T} + \frac{\partial \bar{\kappa}}{\partial z}\right) - \frac{Ec}{\gamma Ma^2}\bar{\rho}\,\bar{w}, \quad D_{11}^l = \frac{\partial \bar{u}}{\partial x} + \frac{\partial \bar{v}}{\partial y} + \frac{\partial \bar{w}}{\partial z}$$

$$D_{12}^l = \frac{\partial \bar{\rho}}{\partial x}, \quad D_{13}^l = \frac{\partial \bar{\rho}}{\partial y}, \quad D_{14}^l = \frac{\partial \bar{\rho}}{\partial z}$$

$$D_{21}^l = \frac{\partial \bar{u}}{\partial t} + \bar{u}\frac{\partial \bar{u}}{\partial x} + \bar{v}\frac{\partial \bar{u}}{\partial y} + \bar{w}\frac{\partial \bar{u}}{\partial z} + \frac{1}{\gamma Ma^2}\frac{\partial \bar{T}}{\partial x}$$

$$D_{22}^l = \bar{\rho}\frac{\partial \bar{u}}{\partial x}, \quad D_{23}^l = \bar{\rho}\frac{\partial \bar{u}}{\partial y} \quad D_{24}^l = \bar{\rho}\frac{\partial \bar{u}}{\partial z}$$

$$D_{25}^l = \frac{1}{\gamma Ma^2}\frac{\partial \bar{\rho}}{\partial x} - \frac{1}{R_0}\Bigg[\left(\frac{4}{3}\frac{\partial^2 \bar{u}}{\partial x^2} + \frac{\partial^2 \bar{u}}{\partial y^2} + \frac{\partial^2 \bar{u}}{\partial z^2} + \frac{1}{3}\frac{\partial^2 \bar{v}}{\partial x \partial y} + \frac{1}{3}\frac{\partial^2 \bar{w}}{\partial x \partial z}\right)\frac{d\bar{\mu}}{dT}$$

$$+ \left(\frac{4}{3}\frac{\partial \bar{u}}{\partial x} - \frac{2}{3}\frac{\partial \bar{v}}{\partial y} - \frac{2}{3}\frac{\partial \bar{w}}{\partial z}\right)\frac{d^2\bar{\mu}}{dT^2}\frac{\partial \bar{T}}{\partial x} + \left(\frac{\partial \bar{v}}{\partial x} + \frac{\partial \bar{u}}{\partial y}\right)\frac{d^2\bar{\mu}}{dT^2}\frac{\partial \bar{T}}{\partial y}$$

$$+ \left(\frac{\partial \bar{u}}{\partial z} + \frac{\partial \bar{w}}{\partial x}\right)\frac{d^2\bar{\mu}}{dT^2}\frac{\partial \bar{T}}{\partial z}\Bigg]$$

$$D_{31}^l = \frac{\partial \bar{v}}{\partial t} + \bar{u}\frac{\partial \bar{v}}{\partial x} + \bar{v}\frac{\partial \bar{v}}{\partial y} + \bar{w}\frac{\partial \bar{v}}{\partial z} + \frac{1}{\gamma Ma^2}\frac{\partial \bar{T}}{\partial y}, \quad D_{32}^l = \bar{\rho}\frac{\partial \bar{v}}{\partial x}$$

$$D_{33}^l = \bar{\rho}\frac{\partial \bar{v}}{\partial y}, \quad D_{34}^l = \bar{\rho}\frac{\partial \bar{v}}{\partial z}$$

$$D_{35}^l = \frac{1}{\gamma Ma^2}\frac{\partial \bar{\rho}}{\partial y} - \frac{1}{R_0}\Bigg[\left(\frac{\partial^2 \bar{v}}{\partial x^2} + \frac{4}{3}\frac{\partial^2 \bar{v}}{\partial y^2} + \frac{\partial^2 \bar{v}}{\partial z^2} + \frac{1}{3}\frac{\partial^2 \bar{u}}{\partial x \partial y} + \frac{1}{3}\frac{\partial^2 \bar{w}}{\partial y \partial z}\right)\frac{d\bar{\mu}}{dT}$$

$$+ \left(\frac{\partial \bar{v}}{\partial x} + \frac{\partial \bar{u}}{\partial y}\right)\frac{d^2\bar{\mu}}{dT^2}\frac{\partial \bar{T}}{\partial x} + \left(-\frac{2}{3}\frac{\partial \bar{u}}{\partial x} + \frac{4}{3}\frac{\partial \bar{v}}{\partial y} - \frac{2}{3}\frac{\partial \bar{w}}{\partial z}\right)\frac{d^2\bar{\mu}}{dT^2}\frac{\partial \bar{T}}{\partial y}$$

$$+ \left(\frac{\partial \bar{w}}{\partial y} + \frac{\partial \bar{v}}{\partial z}\right)\frac{d^2\bar{\mu}}{dT^2}\frac{\partial \bar{T}}{\partial z}\Bigg]$$

$$D_{41}^l = \frac{\partial \bar{w}}{\partial t} + \bar{u}\frac{\partial \bar{w}}{\partial x} + \bar{v}\frac{\partial \bar{w}}{\partial y} + \bar{w}\frac{\partial \bar{w}}{\partial z} + \frac{1}{\gamma Ma^2}\frac{\partial \bar{T}}{\partial z}$$

$$D_{42}^l = \bar{\rho}\frac{\partial \bar{w}}{\partial x}, \quad D_{43}^l = \bar{\rho}\frac{\partial \bar{w}}{\partial y}, \quad D_{44}^l = \bar{\rho}\frac{\partial \bar{v}}{\partial z}$$

$$D_{45}^l = \frac{1}{\gamma Ma^2}\frac{\partial \bar{\rho}}{\partial z} - \frac{1}{R_0}\Bigg[\left(\frac{\partial^2 \bar{w}}{\partial x^2} + \frac{\partial^2 \bar{w}}{\partial y^2} + \frac{4}{3}\frac{\partial^2 \bar{w}}{\partial z^2} + \frac{1}{3}\frac{\partial^2 \bar{u}}{\partial x \partial z} + \frac{1}{3}\frac{\partial^2 \bar{v}}{\partial y \partial z}\right)\frac{d\bar{\mu}}{dT}$$

$$+ \left(\frac{\partial \bar{u}}{\partial z} + \frac{\partial \bar{w}}{\partial x}\right)\frac{d^2\bar{\mu}}{dT^2}\frac{\partial \bar{T}}{\partial x} + \left(\frac{\partial \bar{w}}{\partial y} + \frac{\partial \bar{v}}{\partial z}\right)\frac{d^2\bar{\mu}}{dT^2}\frac{\partial \bar{T}}{\partial y} + \left(-\frac{2}{3}\frac{\partial \bar{u}}{\partial x} - \frac{2}{3}\frac{\partial \bar{v}}{\partial y}\right.$$

$$\left. + \frac{4}{3}\frac{\partial \bar{w}}{\partial z}\right)\frac{d^2\bar{\mu}}{dT^2}\frac{\partial \bar{T}}{\partial z}\Bigg]$$

$$D_{51}^l = \bar{c}_p\left(\frac{\partial \bar{T}}{\partial t} + \frac{\partial \bar{T}}{\partial x}\bar{u} + \frac{\partial \bar{T}}{\partial y}\bar{v} + \frac{\partial \bar{T}}{\partial z}\bar{w}\right) - \frac{Ec}{\gamma Ma^2}\left(\frac{\partial \bar{T}}{\partial t} + \frac{\partial \bar{T}}{\partial x}\bar{u} + \frac{\partial \bar{T}}{\partial y}\bar{v} + \frac{\partial \bar{T}}{\partial z}\bar{w}\right)$$

$$D_{52}^l = \bar{\rho}\bar{c}_p\frac{\partial \bar{T}}{\partial x} - Ec\frac{\partial \bar{p}}{\partial x}, \quad D_{53}^l = \bar{\rho}\bar{c}_p\frac{\partial \bar{T}}{\partial y} - Ec\frac{\partial \bar{p}}{\partial y}, \quad D_{54}^l = \bar{\rho}\bar{c}_p\frac{\partial \bar{T}}{\partial z} - Ec\frac{\partial \bar{p}}{\partial z}$$

$$D_{55}^l = \bar{\rho}\frac{d\bar{c}_p}{dT}\left(\frac{\partial \bar{T}}{\partial t} + \frac{\partial \bar{T}}{\partial x}\bar{u} + \frac{\partial \bar{T}}{\partial y}\bar{v} + \frac{\partial \bar{T}}{\partial z}\bar{w}\right) - \frac{Ec}{\gamma Ma^2}\left(\frac{\partial \bar{\rho}}{\partial t} + \frac{\partial \bar{\rho}}{\partial x}\bar{u} + \frac{\partial \bar{\rho}}{\partial y}\bar{v} + \frac{\partial \bar{\rho}}{\partial z}\bar{w}\right)$$

$$- \frac{1}{R_0\sigma}\left(\frac{\partial^2 \bar{T}}{\partial x^2}\frac{d\bar{\kappa}}{dT} + \frac{\partial^2 \bar{T}}{\partial y^2}\frac{d\bar{\kappa}}{dT} + \frac{\partial^2 \bar{T}}{\partial z^2}\frac{d\bar{\kappa}}{dT}\frac{\partial \bar{T}}{\partial x} + \frac{d^2\bar{\kappa}}{dT^2}\frac{\partial \bar{T}}{\partial x} + \frac{\partial \bar{T}}{\partial y}\frac{d^2\bar{\kappa}}{dT^2}\frac{\partial \bar{T}}{\partial y}\right.$$

$$+ \frac{\partial \bar{T}}{\partial z} \frac{\mathrm{d}^2 \bar{\kappa}}{\mathrm{d}T^2} \frac{\partial \bar{T}}{\partial z} \Big) - \frac{Ec}{R_0} \frac{\mathrm{d}\bar{\mu}}{\mathrm{d}T} \Big[2 \Big(\frac{\partial \bar{u}}{\partial x} \Big)^2 + 2 \Big(\frac{\partial \bar{v}}{\partial y} \Big)^2 + 2 \Big(\frac{\partial \bar{w}}{\partial z} \Big)^2 + \Big(\frac{\partial \bar{v}}{\partial x} + \frac{\partial \bar{u}}{\partial y} \Big)^2$$

$$+ \Big(\frac{\partial \bar{u}}{\partial z} + \frac{\partial \bar{w}}{\partial x} \Big)^2 + \Big(\frac{\partial \bar{w}}{\partial y} + \frac{\partial \bar{v}}{\partial z} \Big)^2 - \frac{2}{3} \Big(\frac{\partial \bar{u}}{\partial x} + \frac{\partial \bar{v}}{\partial y} + \frac{\partial \bar{w}}{\partial z} \Big)^2 \Big]$$

$$(V_{xx}^l)_{22} = \frac{4\bar{\mu}}{3R_0}, \quad (V_{xx}^l)_{33} = \frac{\bar{\mu}}{R_0}, \quad (V_{xx}^l)_{44} = \frac{\bar{\mu}}{R_0}, \quad (V_{xx}^l)_{55} = \frac{1}{R_0 \sigma} \bar{\kappa}$$

$$(V_{zz}^l)_{22} = \frac{\bar{\mu}}{R_0}, \quad (V_{zz}^l)_{33} = \frac{\bar{\mu}}{R_0}, \quad (V_{zz}^l)_{44} = \frac{4\bar{\mu}}{3R_0}, \quad (V_{zz}^l)_{55} = \frac{1}{R_0 \sigma} \bar{\kappa}$$

$$(V_{yy}^l)_{22} = \frac{\bar{\mu}}{R_0}, \quad (V_{yy}^l)_{33} = \frac{4\bar{\mu}}{3R_0}, \quad (V_{yy}^l)_{44} = \frac{\bar{\mu}}{R_0}, \quad (V_{yy}^l)_{55} = \frac{1}{R_0 \sigma} \bar{\kappa}$$

$$(V_{xy}^l)_{23} = \frac{\bar{\mu}}{3R_0}, \quad (V_{xy}^l)_{32} = \frac{\bar{\mu}}{3R_0}, \quad (V_{xx}^l)_{24} = \frac{\bar{\mu}}{3R_0}, \quad (V_{xx}^l)_{42} = \frac{\bar{\mu}}{3R_0}$$

$$(V_{yz}^l)_{34} = \frac{\bar{\mu}}{3R_0}, \quad (V_{yz}^l)_{43} = \frac{\bar{\mu}}{3R_0}$$

式中,物理量下标的 2 位数字,表示矩阵元素的行与列,如 A_{12}^l,是指系数矩阵 A^l 第 1 行第 2 列元素;上面带"－"符号的物理量,表示已知的边界层平均流物理量,即对应的层流参数。

B.2　方程(5.10)中非线性项 F^n 展开式

$$(F^n)_1 = - \Big(\rho' \frac{\partial u'}{\partial x} + \rho' \frac{\partial v'}{\partial y} + \rho' \frac{\partial w'}{\partial z} + \frac{\partial \rho'}{\partial x} u' + \frac{\partial \rho'}{\partial y} v' + \frac{\partial \rho'}{\partial z} w' \Big)$$

$$(F^n)_2 = - \frac{1}{\gamma Ma^2} \frac{\partial \rho'}{\partial x} T' - \frac{1}{\gamma Ma^2} \rho' \frac{\partial T'}{\partial x} + \frac{1}{R_0} \Big[\frac{\mathrm{d}\bar{\mu}}{\mathrm{d}T} \Big(\frac{\partial^2 u'}{\partial x^2} + \frac{\partial^2 u'}{\partial y^2} + \frac{\partial^2 u'}{\partial z^2} \Big) T'$$

$$+ \frac{1}{3} \frac{\mathrm{d}\bar{\mu}}{\mathrm{d}T} \Big(\frac{\partial^2 u'}{\partial x^2} + \frac{\partial^2 v'}{\partial x \partial y} + \frac{\partial^2 w'}{\partial x \partial z} \Big) T' + \Big(\frac{4}{3} \frac{\partial u'}{\partial x} - \frac{2}{3} \frac{\partial v'}{\partial y} - \frac{2}{3} \frac{\partial w'}{\partial z} \Big)$$

$$\cdot \Big(\frac{\mathrm{d}\bar{\mu}}{\mathrm{d}T} \frac{\partial T'}{\partial x} + \frac{\mathrm{d}^2 \bar{\mu}}{\mathrm{d}T^2} \frac{\partial \bar{T}}{\partial x} T' \Big) + \Big(\frac{\partial v'}{\partial x} + \frac{\partial u'}{\partial y} \Big) \Big(\frac{\mathrm{d}\bar{\mu}}{\mathrm{d}T} \frac{\partial T'}{\partial y} + \frac{\mathrm{d}^2 \bar{\mu}}{\mathrm{d}T^2} \frac{\partial \bar{T}}{\partial y} T' \Big)$$

$$+ \Big(\frac{\partial u'}{\partial z} + \frac{\partial w'}{\partial x} \Big) \Big(\frac{\mathrm{d}\bar{\mu}}{\mathrm{d}T} \frac{\partial T'}{\partial z} \Big) \Big] - \Big(\rho' \frac{\partial u'}{\partial t} + \frac{\partial \bar{u}}{\partial x} \rho' u' + \frac{\partial \bar{u}}{\partial y} \rho' v'$$

$$+ \bar{\rho} u' \frac{\partial u'}{\partial x} + \bar{\rho} v' \frac{\partial u'}{\partial y} + \bar{\rho} w' \frac{\partial u'}{\partial z} + \bar{u} \rho' \frac{\partial u'}{\partial x} + \bar{v} \rho' \frac{\partial u'}{\partial y} \Big)$$

$$(F^n)_3 = - \frac{1}{\gamma Ma^2} \frac{\partial \rho'}{\partial y} T' - \frac{1}{\gamma Ma^2} \rho' \frac{\partial T'}{\partial y} + \frac{1}{R_0} \Big[\frac{\mathrm{d}\bar{\mu}}{\mathrm{d}T} \Big(\frac{\partial^2 v'}{\partial x^2} + \frac{\partial^2 v'}{\partial y^2} + \frac{\partial^2 v'}{\partial z^2} \Big) T'$$

$$+ \frac{1}{3} \frac{\mathrm{d}\bar{\mu}}{\mathrm{d}T} \Big(\frac{\partial^2 u'}{\partial x \partial y} + \frac{\partial^2 v'}{\partial y^2} + \frac{\partial^2 w'}{\partial y \partial z} \Big) T' + \Big(\frac{\partial v'}{\partial x} + \frac{\partial u'}{\partial y} \Big) \Big(\frac{\mathrm{d}\bar{\mu}}{\mathrm{d}T} \frac{\partial T'}{\partial x}$$

$$+ \frac{\mathrm{d}^2 \bar{\mu}}{\mathrm{d}T^2} \frac{\partial \bar{T}}{\partial x} T' \Big) + \Big(- \frac{2}{3} \frac{\partial u'}{\partial x} + \frac{4}{3} \frac{\partial v'}{\partial y} - \frac{2}{3} \frac{\partial w'}{\partial z} \Big) \Big(\frac{\mathrm{d}\bar{\mu}}{\mathrm{d}T} \frac{\partial T'}{\partial y}$$

$$+ \frac{\mathrm{d}^2 \bar{\mu}}{\mathrm{d}T^2} \frac{\partial \bar{T}}{\partial y} T' \Big) + \Big(\frac{\partial w'}{\partial y} + \frac{\partial v'}{\partial z} \Big) \Big(\frac{\mathrm{d}\bar{\mu}}{\mathrm{d}T} \frac{\partial T'}{\partial z} \Big) \Big] - \Big(\rho' \frac{\partial v'}{\partial t} + \frac{\partial \bar{v}}{\partial x} \rho' u'$$

$$+\frac{\partial \bar{v}}{\partial y}\rho'v'+\bar{\rho}u'\frac{\partial v'}{\partial x}+\bar{\rho}v'\frac{\partial v'}{\partial y}+\bar{\rho}w'\frac{\partial v'}{\partial z}+\bar{u}\rho'\frac{\partial v'}{\partial x}+\bar{v}\rho'\frac{\partial v'}{\partial y}\Big)$$

$$(F^n)_4=-\frac{1}{\gamma Ma^2}\frac{\partial \rho'}{\partial y}T'-\frac{1}{\gamma Ma^2}\rho'\frac{\partial T'}{\partial y}+\frac{1}{R_0}\Big[\frac{\mathrm{d}\bar{\mu}}{\mathrm{d}T}\Big(\frac{\partial^2 v'}{\partial x^2}+\frac{\partial^2 v'}{\partial y^2}+\frac{\partial^2 v'}{\partial z^2}\Big)T'$$

$$+\frac{1}{3}\frac{\mathrm{d}\bar{\mu}}{\mathrm{d}T}\Big(\frac{\partial^2 u'}{\partial x\partial y}+\frac{\partial^2 v'}{\partial y^2}+\frac{\partial^2 w'}{\partial y\partial z}\Big)T'+\Big(\frac{\partial v'}{\partial x}+\frac{\partial u'}{\partial y}\Big)\Big(\frac{\mathrm{d}\bar{\mu}}{\mathrm{d}T}\frac{\partial T'}{\partial x}$$

$$+\frac{\mathrm{d}^2\bar{\mu}}{\mathrm{d}T^2}\frac{\partial \bar{T}}{\partial x}T'\Big)+\Big(-\frac{2}{3}\frac{\partial u'}{\partial x}+\frac{4}{3}\frac{\partial v'}{\partial y}-\frac{2}{3}\frac{\partial w'}{\partial z}\Big)\Big(\frac{\mathrm{d}\bar{\mu}}{\mathrm{d}T}\frac{\partial T'}{\partial y}$$

$$+\frac{\mathrm{d}^2\bar{\mu}}{\mathrm{d}T^2}\frac{\partial \bar{T}}{\partial y}T'\Big)+\Big(\frac{\partial w'}{\partial y}+\frac{\partial v'}{\partial z}\Big)\Big(\frac{\mathrm{d}\bar{\mu}}{\mathrm{d}T}\frac{\partial T'}{\partial z}\Big)\Big]-\Big(\rho'\frac{\partial v'}{\partial t}+\frac{\partial \bar{v}}{\partial x}\rho'u'$$

$$+\frac{\partial \bar{v}}{\partial y}\rho'v'+\bar{\rho}u'\frac{\partial v'}{\partial x}+\bar{\rho}v'\frac{\partial v'}{\partial y}+\bar{\rho}w'\frac{\partial v'}{\partial z}+\bar{u}\rho'\frac{\partial v'}{\partial x}+\bar{v}\rho'\frac{\partial v'}{\partial y}\Big)$$

$$(F^n)_5=\frac{1}{R_0\sigma}\Big\{\frac{\mathrm{d}\bar{\kappa}}{\mathrm{d}T}\Big[\frac{\partial^2 T'}{\partial x^2}T'+\Big(\frac{\partial T'}{\partial x}\Big)^2+\frac{\partial^2 T'}{\partial y^2}T'+\Big(\frac{\partial T'}{\partial y}\Big)^2+\frac{\partial^2 T'}{\partial z^2}T'+\Big(\frac{\partial T'}{\partial z}\Big)^2\Big]$$

$$+\frac{\mathrm{d}^2\bar{\kappa}}{\mathrm{d}T^2}\frac{\partial \bar{T}}{\partial x}\frac{\partial T'}{\partial x}T'+\frac{\mathrm{d}^2\bar{\kappa}}{\mathrm{d}T^2}\frac{\partial \bar{T}}{\partial y}\frac{\partial T'}{\partial y}T'+\frac{\mathrm{d}^2\bar{\kappa}}{\mathrm{d}T^2}\frac{\partial \bar{T}}{\partial z}\frac{\partial T'}{\partial z}T'\Big\}+\frac{Ec}{\gamma Ma^2}\Big[\rho'\frac{\partial T'}{\partial t}$$

$$+\frac{\partial \rho'}{\partial t}T'+\Big(\bar{\rho}\frac{\partial T'}{\partial x}+\frac{\partial \bar{\rho}}{\partial x}T'+\frac{\partial \bar{T}}{\partial x}\rho'+\bar{T}\frac{\partial \rho'}{\partial x}\Big)u'+\Big(\rho'\frac{\partial T'}{\partial x}+\frac{\partial \rho'}{\partial x}T'\Big)\bar{u}$$

$$+\Big(\bar{\rho}\frac{\partial T'}{\partial y}+\frac{\partial \bar{\rho}}{\partial y}T'+\frac{\partial \bar{T}}{\partial y}\rho'+\bar{T}\frac{\partial \rho'}{\partial y}\Big)v'+\Big(\rho'\frac{\partial T'}{\partial y}+\frac{\partial \rho'}{\partial y}T'\Big)\bar{v}+\Big(\bar{\rho}\frac{\partial T'}{\partial z}+\frac{\partial \bar{\rho}}{\partial z}T'$$

$$+\frac{\partial \bar{T}}{\partial z}\rho'+\bar{T}\frac{\partial \rho'}{\partial z}\Big)w'\Big]+Ec\frac{\bar{\mu}}{R_0}\Big[\frac{4}{3}\Big(\frac{\partial u'}{\partial x}\Big)^2+\frac{4}{3}\Big(\frac{\partial v'}{\partial y}\Big)^2+\frac{4}{3}\Big(\frac{\partial w'}{\partial z}\Big)^2+\Big(\frac{\partial v'}{\partial x}\Big)^2$$

$$+\Big(\frac{\partial u'}{\partial y}\Big)^2+\Big(\frac{\partial u'}{\partial z}\Big)^2+\Big(\frac{\partial w'}{\partial x}\Big)^2+\Big(\frac{\partial w'}{\partial y}\Big)^2+\Big(\frac{\partial v'}{\partial z}\Big)^2-2\frac{\partial v'}{\partial x}\frac{\partial u'}{\partial y}+2\frac{\partial u'}{\partial z}\frac{\partial w'}{\partial x}$$

$$+2\frac{\partial w'}{\partial y}\frac{\partial v'}{\partial z}-\frac{4}{3}\frac{\partial u'}{\partial x}\frac{\partial v'}{\partial y}-\frac{4}{3}\frac{\partial v'}{\partial y}\frac{\partial w'}{\partial z}-\frac{4}{3}\frac{\partial u'}{\partial x}\frac{\partial w'}{\partial z}\Big]+\frac{Ec}{R_0}\frac{\mathrm{d}\bar{\mu}}{\mathrm{d}T}T'\Big[\Big(\frac{8}{3}\frac{\partial \bar{u}}{\partial x}$$

$$-\frac{4}{3}\frac{\partial \bar{v}}{\partial y}\Big)\frac{\partial u'}{\partial x}+\Big(-\frac{4}{3}\frac{\partial \bar{u}}{\partial x}+\frac{8}{3}\frac{\partial \bar{v}}{\partial y}\Big)\frac{\partial v'}{\partial y}+\Big(-\frac{4}{3}\frac{\partial \bar{u}}{\partial x}-\frac{4}{3}\frac{\partial \bar{v}}{\partial y}\Big)\frac{\partial w'}{\partial z}+2\frac{\partial \bar{u}}{\partial y}\frac{\partial u'}{\partial y}$$

$$+2\frac{\partial \bar{u}}{\partial z}\frac{\partial u'}{\partial z}+2\frac{\partial \bar{v}}{\partial x}\frac{\partial v'}{\partial x}+2\frac{\partial \bar{v}}{\partial z}\frac{\partial v'}{\partial z}+2\frac{\partial \bar{v}}{\partial x}\frac{\partial u'}{\partial y}+2\frac{\partial \bar{u}}{\partial y}\frac{\partial v'}{\partial x}+2\frac{\partial \bar{u}}{\partial z}\frac{\partial w'}{\partial x}\Big]$$

$$-\frac{\mathrm{d}\bar{c}_p}{\mathrm{d}T}\Big(\frac{\partial \bar{T}}{\partial x}\bar{u}+\frac{\partial \bar{T}}{\partial y}\bar{v}\Big)\rho'T'-\bar{\rho}\frac{\mathrm{d}\bar{c}_p}{\mathrm{d}T}\Big(\frac{\partial T'}{\partial t}+\bar{u}\frac{\partial T'}{\partial x}+\bar{v}\frac{\partial T'}{\partial y}+\frac{\partial \bar{T}}{\partial x}u'$$

$$+\frac{\partial \bar{T}}{\partial y}v'\Big)T'-\bar{c}_p\Big(\frac{\partial T'}{\partial t}+\bar{u}\frac{\partial T'}{\partial x}+\bar{v}\frac{\partial T'}{\partial y}+\frac{\partial \bar{T}}{\partial x}u'+\frac{\partial \bar{T}}{\partial y}v'\Big)\rho'$$

B.3　方程(5.47)中非线性作用算符 N 展开式

$$(N(m_1,n_1,m_2,n_2))_1=-\Big[\rho_1\frac{\partial u_2}{\partial x}+\rho_1\frac{\partial v_2}{\partial y}+\rho_1\frac{\partial w_2}{\partial z}+\frac{\partial \rho_1}{\partial x}u_2+\frac{\partial \rho_1}{\partial y}v_2+\frac{\partial \rho_1}{\partial z}w_2\Big]$$

$$(N(m_1,n_1,m_2,n_2))_2 = -\frac{1}{\gamma Ma^2}\frac{\partial \rho_1}{\partial x}T_2 - \frac{1}{\gamma Ma^2}\rho_1\frac{\partial T_2}{\partial x} + \frac{1}{R_0}\left[\frac{d\bar{\mu}}{dT}\left(\frac{\partial^2 u_1}{\partial x^2} + \frac{\partial^2 u_1}{\partial y^2}\right.\right.$$

$$+\frac{\partial^2 u_1}{\partial z^2}\Big)T_2 + \frac{1}{3}\frac{d\bar{\mu}}{dT}\Big(\frac{\partial^2 u_1}{\partial x^2} + \frac{\partial^2 v_1}{\partial x\partial y} + \frac{\partial^2 w_1}{\partial x\partial z}\Big)T_2$$

$$+\Big(\frac{4}{3}\frac{\partial u_1}{\partial x} - \frac{2}{3}\frac{\partial v_1}{\partial y} - \frac{2}{3}\frac{\partial w_1}{\partial z}\Big)\Big(\frac{d\bar{\mu}}{dT}\frac{\partial T_2}{\partial x} + \frac{d^2\bar{\mu}}{dT^2}\frac{\partial \bar{T}}{\partial x}T_2\Big)$$

$$+\Big(\frac{\partial v_1}{\partial x} + \frac{\partial u_1}{\partial y}\Big)\Big(\frac{d\bar{\mu}}{dT}\frac{\partial T_2}{\partial y} + \frac{d^2\bar{\mu}}{dT^2}\frac{\partial \bar{T}}{\partial y}T_2\Big) + \Big(\frac{\partial u_1}{\partial z} + \frac{\partial w_1}{\partial x}\Big)$$

$$\cdot\Big(\frac{d\bar{\mu}}{dT}\frac{\partial T_2}{\partial z}\Big)\Big] - \Big[\rho_1\frac{\partial u_2}{\partial t} + \frac{\partial \bar{u}}{\partial x}\rho_1 u_2 + \frac{\partial \bar{u}}{\partial y}\rho_1 v_1 + \bar{\rho}u_1\frac{\partial u_2}{\partial x}$$

$$+\bar{\rho}v_1\frac{\partial u_2}{\partial y} + \bar{\rho}w_1\frac{\partial u_2}{\partial z} + \bar{u}\rho_1\frac{\partial u_2}{\partial x} + \bar{v}\rho_1\frac{\partial u_2}{\partial y}\Big]$$

$$(N(m_1,n_1,m_2,n_2))_3 = -\frac{1}{\gamma Ma^2}\frac{\partial \rho_1}{\partial y}T_2 - \frac{1}{\gamma Ma^2}\rho_1\frac{\partial T_2}{\partial y} + \frac{1}{R_0}\left[\frac{d\bar{\mu}}{dT}\left(\frac{\partial^2 v_1}{\partial x^2} + \frac{\partial^2 v_1}{\partial y^2}\right.\right.$$

$$+\frac{\partial^2 v_1}{\partial z^2}\Big)T_2 + \frac{1}{3}\frac{d\bar{\mu}}{dT}\Big(\frac{\partial^2 u_1}{\partial x\partial y} + \frac{\partial^2 v_1}{\partial y^2} + \frac{\partial^2 w_1}{\partial y\partial z}\Big)T_2 + \Big(\frac{\partial v_1}{\partial x} + \frac{\partial u_1}{\partial y}\Big)$$

$$\cdot\Big(\frac{d\bar{\mu}}{dT}\frac{\partial T_2}{\partial x} + \frac{d^2\bar{\mu}}{dT^2}\frac{\partial \bar{T}}{\partial x}T_2\Big) + \Big(-\frac{2}{3}\frac{\partial u_1}{\partial x} + \frac{4}{3}\frac{\partial v_1}{\partial y} - \frac{2}{3}\frac{\partial w_1}{\partial z}\Big)$$

$$\cdot\Big(\frac{d\bar{\mu}}{dT}\frac{\partial T_2}{\partial y} + \frac{d^2\bar{\mu}}{dT^2}\frac{\partial \bar{T}}{\partial y}T_2\Big) + \Big(\frac{\partial w'}{\partial y} + \frac{\partial v'}{\partial z}\Big)\Big(\frac{d\bar{\mu}}{dT}\frac{\partial T'}{\partial z}\Big)\Big]$$

$$-\Big(\rho_1\frac{\partial v_2}{\partial t} + \frac{\partial \bar{v}}{\partial x}\rho_1 u_2 + \frac{\partial \bar{v}}{\partial y}\rho_1 v_2 + \bar{\rho}u'\frac{\partial v_2}{\partial x} + \bar{\rho}v_1\frac{\partial v_2}{\partial y}$$

$$+\bar{\rho}w_1\frac{\partial v_2}{\partial z} + \bar{u}\rho_1\frac{\partial v_2}{\partial x} + \bar{v}\rho_1\frac{\partial v_2}{\partial y}\Big)$$

$$(N(m_1,n_1,m_2,n_2))_4 = -\frac{1}{\gamma Ma^2}\frac{\partial \rho_1}{\partial y}T_2 - \frac{1}{\gamma Ma^2}\rho_1\frac{\partial T_2}{\partial y} + \frac{1}{R_0}\left[\frac{d\bar{\mu}}{dT}\left(\frac{\partial^2 v_1}{\partial x^2} + \frac{\partial^2 v_1}{\partial y^2}\right.\right.$$

$$+\frac{\partial^2 v_1}{\partial z^2}\Big)T_2 + \frac{1}{3}\frac{d\bar{\mu}}{dT}\Big(\frac{\partial^2 u_1}{\partial x\partial y} + \frac{\partial^2 v_1}{\partial y^2} + \frac{\partial^2 w_1}{\partial y\partial z}\Big)T_2 + \Big(\frac{\partial v_1}{\partial x} + \frac{\partial u_1}{\partial y}\Big)$$

$$\cdot\Big(\frac{d\bar{\mu}}{dT}\frac{\partial T_2}{\partial x} + \frac{d^2\bar{\mu}}{dT^2}\frac{\partial \bar{T}}{\partial x}T_2\Big) + \Big(-\frac{2}{3}\frac{\partial u_1}{\partial x} + \frac{4}{3}\frac{\partial v_1}{\partial y} - \frac{2}{3}\frac{\partial w_1}{\partial z}\Big)$$

$$\cdot\Big(\frac{d\bar{\mu}}{dT}\frac{\partial T_2}{\partial y} + \frac{d^2\bar{\mu}}{dT^2}\frac{\partial \bar{T}}{\partial y}T_2\Big) + \Big(\frac{\partial w_1}{\partial y} + \frac{\partial v_1}{\partial z}\Big)\Big(\frac{d\bar{\mu}}{dT}\frac{\partial T_2}{\partial z}\Big)\Big]$$

$$-\Big(\rho_1\frac{\partial v_2}{\partial t} + \frac{\partial \bar{v}}{\partial x}\rho_1 u_2 + \frac{\partial \bar{v}}{\partial y}\rho_1 v_2 + \bar{\rho}u_1\frac{\partial v_2}{\partial x} + \bar{\rho}v_1\frac{\partial v_2}{\partial y}$$

$$+\bar{\rho}w_1\frac{\partial v_2}{\partial z} + \bar{u}\rho_1\frac{\partial v_2}{\partial x} + \bar{v}\rho_1\frac{\partial v_2}{\partial y}\Big)$$

$$(N(m_1,n_1,m_2,n_2))_5 = \frac{1}{R_0\sigma}\left[\frac{\mathrm{d}\bar{\kappa}}{\mathrm{d}T}\left(\frac{\partial^2 T_1}{\partial x^2}T_2 + \frac{\partial T_1}{\partial x}\frac{\partial T_2}{\partial x} + \frac{\partial^2 T_1}{\partial y^2}T_2 + \frac{\partial T_1}{\partial y}\frac{\partial T_2}{\partial y}\right.\right.$$

$$\left. + \frac{\partial^2 T_1}{\partial z^2}T_2 + \frac{\partial T_1}{\partial z}\frac{\partial T_2}{\partial z}\right) + \frac{\mathrm{d}^2\bar{\kappa}}{\mathrm{d}T^2}\frac{\partial\bar{T}}{\partial x}\frac{\partial T_1}{\partial x}T_2' + \frac{\mathrm{d}^2\bar{\kappa}}{\mathrm{d}T^2}\frac{\partial\bar{T}}{\partial y}\frac{\partial T_1}{\partial y}T_2'$$

$$\left. + \frac{\mathrm{d}^2\bar{\kappa}}{\mathrm{d}T^2}\frac{\partial\bar{T}}{\partial z}\frac{\partial T_1}{\partial z}T_2'\right] + \frac{Ec}{\gamma Ma^2}\left[\rho_1\frac{\partial T_2}{\partial t} + \frac{\partial\rho_1}{\partial t}T_2' + \left(\bar{\rho}\frac{\partial T_1}{\partial x}' + \frac{\partial\bar{p}}{\partial x}T_1\right.\right.$$

$$\left. + \frac{\partial\bar{T}}{\partial x}\rho_1' + \bar{T}\frac{\partial\rho_1}{\partial x}\right)u'_2 + \left(\rho_1\frac{\partial T_2}{\partial x} + \frac{\partial\rho_1}{\partial x}T_2\right)\bar{u} + \left(\bar{\rho}\frac{\partial T_1}{\partial y} + \frac{\partial\bar{p}}{\partial y}T_1\right.$$

$$\left. + \frac{\partial\bar{T}}{\partial y}\rho_1 + \bar{T}\frac{\partial\rho_1}{\partial y}\right)v_2 + \left(\rho_1\frac{\partial T_2}{\partial y} + \frac{\partial\rho_1}{\partial y}T_2\right)\bar{v} + \left(\bar{\rho}\frac{\partial T_1}{\partial z} + \frac{\partial\bar{p}}{\partial z}T_1\right.$$

$$\left.\left. + \frac{\partial\bar{T}}{\partial z}\rho_1 + \bar{T}\frac{\partial\rho_1}{\partial z}\right)w_2\right] + Ec\frac{\bar{\mu}}{R_0}\left(\frac{4}{3}\frac{\partial u_1}{\partial x}\frac{\partial u_2}{\partial x} + \frac{4}{3}\frac{\partial v_1}{\partial y}\frac{\partial v_2}{\partial y}\right.$$

$$ + \frac{4}{3}\frac{\partial w_1}{\partial z}\frac{\partial w_2}{\partial z} + \frac{\partial v_1}{\partial x}\frac{\partial v_2}{\partial x} + \frac{\partial u_1}{\partial y}\frac{\partial u_2}{\partial y} + \frac{\partial u_1}{\partial z}\frac{\partial u_2}{\partial z} + \frac{\partial w_1}{\partial x}\frac{\partial w_2}{\partial x}$$

$$ + \frac{\partial w_1}{\partial y}\frac{\partial w_2}{\partial y} + \frac{\partial v_1}{\partial z}\frac{\partial v_2}{\partial z} + 2\frac{\partial v_1}{\partial x}\frac{\partial u_2}{\partial y} + 2\frac{\partial u_1}{\partial z}\frac{\partial w_2}{\partial x} + 2\frac{\partial w_1}{\partial y}\frac{\partial v_2}{\partial z}$$

$$\left. - \frac{4}{3}\frac{\partial u_1}{\partial x}\frac{\partial v_2}{\partial y} - \frac{4}{3}\frac{\partial v_1}{\partial y}\frac{\partial w_2}{\partial z} - \frac{4}{3}\frac{\partial u_1}{\partial x}\frac{\partial w_2}{\partial z}\right) + \frac{Ec}{R_0}\frac{\mathrm{d}\bar{\mu}}{\mathrm{d}T}T_1\left[\left(\frac{8}{3}\frac{\partial\bar{u}}{\partial x}\right.\right.$$

$$\left. - \frac{4}{3}\frac{\partial\bar{v}}{\partial y}\right)\frac{\partial u_2}{\partial x} + \left(-\frac{4}{3}\frac{\partial\bar{u}}{\partial x} + \frac{8}{3}\frac{\partial\bar{v}}{\partial y}\right)\frac{\partial v_2}{\partial y} + \left(-\frac{4}{3}\frac{\partial\bar{u}}{\partial x}\right.$$

$$\left. - \frac{4}{3}\frac{\partial\bar{v}}{\partial y}\right)\frac{\partial w_2}{\partial z} + 2\frac{\partial\bar{u}}{\partial y}\frac{\partial u_2}{\partial y} + 2\frac{\partial\bar{u}}{\partial z}\frac{\partial u_2}{\partial z} + 2\frac{\partial\bar{v}}{\partial x}\frac{\partial v_2}{\partial x} + 2\frac{\partial\bar{v}}{\partial z}\frac{\partial v_2}{\partial z}$$

$$\left. + 2\frac{\partial\bar{v}}{\partial x}\frac{\partial u_2}{\partial y} + 2\frac{\partial\bar{u}}{\partial y}\frac{\partial v_2}{\partial x} + 2\frac{\partial\bar{u}}{\partial z}\frac{\partial w_2}{\partial x}\right] - \frac{\mathrm{d}\bar{c}_p}{\mathrm{d}T}\left(\frac{\partial\bar{T}}{\partial x}\bar{u} + \frac{\partial\bar{T}}{\partial y}\bar{v}\right)\rho_1 T_2$$

$$ - \bar{\rho}\frac{\mathrm{d}\bar{c}_p}{\mathrm{d}T}\left(\frac{\partial T_1}{\partial t} + \bar{u}\frac{\partial T_1}{\partial x} + \bar{v}\frac{\partial T_1}{\partial y} + \frac{\partial\bar{T}}{\partial x}u_1 + \frac{\partial\bar{T}}{\partial y}v_1\right)T_2 - \bar{c}_p\left[\frac{\partial T_1}{\partial t}\right.$$

$$\left. + \bar{u}\frac{\partial T_1}{\partial x} + \bar{v}\frac{\partial T_1}{\partial y} + \frac{\partial\bar{T}}{\partial x}u_1 + \frac{\partial\bar{T}}{\partial y}v_1\right]\rho_2$$

式中,右端下标 1 和 2 分别表示模态(m_1,n_1)和模态(m_2,n_2)的物理分量,即

$$\psi_1 = [\rho_1, u_1, v_1, w_1, T_1]^{\mathrm{T}}, \quad \psi_2 = [\rho_2, u_2, v_2, w_2, T_2]^{\mathrm{T}}$$

流向导数和展向导数的表达式(以 ψ_1 为例)分别为

$$\frac{\partial \psi_1}{\partial x} = \mathrm{i} m_1 \alpha_r \psi_{(m_1, n_1)}$$

$$\frac{\partial^2 \psi_1}{\partial x^2} = -(m_1 \alpha_r)^2 \psi_{(m_1, n_1)} + \mathrm{i} 2 m_1 \alpha_r \frac{\partial \psi_{(m_1, n_1)}}{\partial x} + \mathrm{i} m_1 \frac{\mathrm{d} \alpha_r}{\mathrm{d} x} \psi_{(m_1, n_1)}$$

$$\frac{\partial \psi_1}{\partial z} = \mathrm{i} n_1 \beta \psi_{(m_1, n_1)}, \quad \frac{\partial^2 \psi_1}{\partial z^2} = -(n_1 \beta)^2 \psi_{(m_1, n_1)}$$

参 考 文 献

[1] Mack L M. Boundary-layer linear stability theory. AGARD-Rep 709, 1984.

[2] Arnal D. Boundary layer transition: Prediction based on linear theory. AGARD Rep 793, 1994.

[3] Lees L, Lin C C. Investigation of the stability of the laminar boundary layer in a compressible fluid. NACA TN-1115, 1964.

[4] 郭欣. 基于 PSE 的可压缩流边界层稳定性研究. 南京: 南京航空航天大学博士学位论文, 2009.

[5] 袁湘江, 周恒, 赵耕夫. 超声速高超声速球锥绕流的边界层稳定性特点初探. 空气动力学学报, 1999, 17(1): 98—104.

[6] 沈清, 朱德华. 高超声速尾迹流场稳定性数值研究. 力学学报, 2009, 41(1): 1—7.

[7] Malik M R, Orszag S A. Efficient computation of the stability of three-dimensional compressible boundary layers. AIAA Pap 1981—1277, 1981.

[8] Tang D B, Sun Y. Stability of the compressible boundary layer on transonic swept wings. Some New Trends on Fluid and Theorical Phycis(ICFMTP)//Lin C C. Beijing: Peking University Press, 1992: 320—321.

[9] White F M. Viscous Fluid Flow. New York: McGraw-Hill, 1974.

[10] Bertolotti F P. Linear and Nonlinear Stability of Boundary Layers with Streamwise Varying Properties. PhD Thesis. Columbus: The Ohio State University, 1991.

[11] Chang C L, Malik M R, Erlebacher G, et al. Linear and nonlinear PSE for compressible boundary layers. ICASE Rep 93—70, 1993.

[12] Schlichting H. Boundary Layer Theory. 7th ed. New York: McGraw-Hill, 1979.

[13] Hu S H, Zhong X L. Nonparallel stability analysis of compressible boundary layer using 3-D PSE. AIAA Pap 1999—0813, 1999.

[14] Malik M R, Li F, Choudhari M M. Secondary instability of crossflow vortices and swept-wing boundary-layer transition. J Fluid Mech, 1999, 399(1): 85—115.

[15] Cebeci T, Bradshow P. Momentum Transfer in Boundary Layers. Washington: Hemisphere Publishing Corporation, 1977.

[16] 朱国祥. 三维可压缩边界层计算及其稳定性研究. 南京: 南京航空航天大学硕士学位论文, 2003.

[17] Haj-Hariri H. Transformations reducing the order of the parameter in differential eigenvalue problems. J Comput Phys,1988,77:472—484.

[18] Lehoucq R B,Sorensen D C. Deflation techniques for an implicitly restarted arnoldi iteration. SIAM Journal on Matrix Analysis and Applications,1996,17:798—821.

[19] Guo X,Tang D B,Shen Q. Nonparallel boundary layer stability in high speed flows. Transactions of Nanjing University of Aeronautics and Astronautics,2008,25(2):81—88.

[20] Mack L M. Computation of the stability of the laminar compressible boundary layer//Alder L. Methods in Computational Physical,1965,4:247—299.

[21] 周恒,赵耕夫. 流动稳定性. 北京:国防工业出版社,2004.

[22] Guo X,Tang D B,Shen Q. Boundary layer stability with multiple modes in hypersonic flows. Modern Physics Letters B,2009,23(3):321—324.

[23] Chang C L,Malik M R. Nonparallel stability of compressible boundary layers. AIAA Pap 1993—2912,1993.

[24] Pruett C D, Chang C L. A Comparison of PSE and DNS for High-Speed Boundary-Layer Flows. Washington DC:ASME Fluids Engineering Conference,1993:21—24.

[25] Guo X,Tang D B. Nonlinear stability of supersonic nonparallel boundary layer flows. Chinese Journal of Aeronautics,2010,23(3):283—289.

[26] Kachanov Y S, Levchenko V Y. The resonant interaction of disturbances at laminar turbulent transition in a boundary Layer. J Fluid Mech,1984,138:209—247.

[27] Li J,Choudhari M,Chang C,et al. Numerical simulations of laminar—turbulent transition in supersonic boundary layer. AIAA Pap 2006—3224,2006.

[28] 王伟志,唐登斌. Falkner-Skan 流空间演化的二次稳定性研究. 空气动力学学报,2002, 20(4):477—482.

[29] Schmid P J,Henningson D S. Stability and transition in shear flows. J Fluid Mech,2003, 483:343—348.

第6章 三维气动体可压缩流边界层稳定性

6.1 引 言

三维物体的边界层流动稳定性问题,无疑是一类十分复杂又很有实用性的边界层稳定性问题[1]。飞行器的典型气动部件,如机翼、尾翼等翼面类,机身、弹体等机身类,这些又称为三维气动体(three dimensional aerodynamic body),相应的绕流都是常见的三维流动,它们的边界层稳定性研究,是与确定转捩位置和边界层控制等工程应用密切相关的[2,3]。其中,后掠机翼的边界层稳定性问题最有代表性。这样的三维曲面物体,因其表面形状复杂,绕流变化剧烈,影响参数众多,而且具有多种失稳机制[4,5],给三维流边界层稳定性研究带来了许多新问题。

在绕后掠机翼流动中,自由来流受到翼面形状及其压力变化的影响,使平行于机翼表面的无黏流线弯曲(图 6.1)。垂直于前缘流线方向的压力梯度,引起了边界层内的横向流动,简称为横流(cross-flow,C-F,图 6.2[5])。在一般情况下,绕后掠机翼的流动可能存在多种稳定性问题(图 6.1):

(1) 附着线稳定性(在前缘的附着线或驻点线等)。

(2) 横流稳定性(在前缘附近区域等)。

(3) 流向 T-S 波稳定性(在前缘区后的流动区域等)。

(4) Görtler 稳定性(在下翼面后部有凹表面的区域等)。

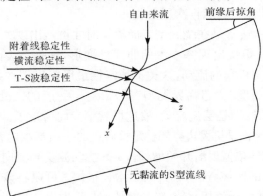

图 6.1 绕后掠机翼的典型流线和各种稳定性

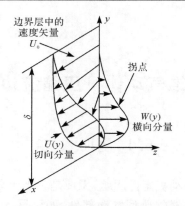

图 6.2　后掠机翼的三维边界层速度分布示意图

　　显然,这些基本的稳定性问题是与所在的位置直接相关的。此外,在边界层外部流场中可能存在很多不稳定性诱因,因而三维流动稳定性问题对于扰动环境是十分敏感的。

　　机翼前缘的附着线(驻点线),是指一类特定线,来流通过该线后,把流动分开为绕上表面和绕下表面的流动。分析附着线流动的线性稳定性问题,可以引入T-S扰动波,也可以引入一类特殊的小扰动,它是精确的线性 Navier-Stokes 方程的无平行流假设的解,常称为 Görtler-Hammerlin(G-H)扰动,G-H 扰动明显比T-S波更不稳定[6]。需要指出的是,若机翼直接连接在一种固体壁面(如机身、风洞壁)上,其附着线处的流动有可能会被壁面处的湍流结构所沾染。同样在机翼前缘附着线处也可能有沾染问题。研究表明[7],在前缘的雷诺数超过约 250 时,所谓的前缘沾染(leading-edge contamination)就会迅速出现。由于一般民机或运输机的这个雷诺数远远大于该值,因此,通常需要使用层流控制技术延迟前缘沾染的发生,或者使湍流边界层再次层流化。

　　Görtler 稳定性,通常是在绕凹型表面流动时才可能出现。这类流动存在显著的离心力效应,以及很快出现基本流的非线性变形,这是该类问题研究需要考虑的主要特征。对于绕机翼的流动,这类不稳定性最可能出现在某些翼型的下表面靠后区域(如"加载翼型"、"超临界翼型"等)。对于一般的三维气动体,在这些位置处的绕流,通常已经不是层流流动,故这里就不专门讨论了。

　　流向 T-S 波稳定性是机翼边界层稳定性研究的一项基本内容,一般是在机翼的前缘区之后,扰动波的幅值逐渐开始增长。T-S 扰动波受到流向压力梯度的很大影响,特别是在有逆压的区域,扰动放大因子增长很快。可以将该因子的最大值与机翼边界层转捩判据的因子值相比较,以判断转捩是否发生,以及相应的转捩位置。

　　在三维后掠机翼边界层稳定性问题中,横流稳定性问题主要发生在靠近机翼的前缘区域,压力梯度大,流动的速度和方向变化也大,速度分布存在拐点。对于横流稳定性引起的边界层转捩,是应当尽量延缓或避免的,这是因为若转捩发生在靠近前缘附近,将引起翼面的层流区域大大减少及其湍流区域的剧增,会带来飞机的阻力增大及其飞行性能变坏等严重问题。

这里着重于 T-S 波和横流扰动的稳定性问题研究,以机翼和机身为例,其方法也可供其他相关研究参考。最后还讨论了三维流边界层转捩的预测问题。

6.2　三维可压缩流边界层

边界层稳定性的计算所需要的边界层基本流参数,通常是由边界层方程的数值解提供的。有各种边界层方程,如一般的三维边界层方程、非定常边界层方程[8],以及驻点边界层方程[9]等,也有不同的数值计算方法,如常用的有限差分方法、谱方法,以及微分求积方法(differential quadrature method,DQ 方法)[10]等。在后面的三维边界层方程的求解中,将通过引入矢量流函数关系式和采用横向分段推进法,详细分析和有效处理三维边界层的有关问题。

6.2.1　边界层方程

边界层方程是将边界层的近似用于 N-S 方程并整理而得到的,非正交坐标系的边界层方程可以写为[11]

连续方程

$$\frac{\partial}{\partial x}(\rho u h_2 \sin\theta) + \frac{\partial}{\partial z}(\rho w h_1 \sin\theta) + \frac{\partial}{\partial y}(\rho v h_1 h_2 \sin\theta) = 0 \tag{6.1}$$

x 方向动量方程

$$\frac{\rho u}{h_1}\frac{\partial u}{\partial x} + \frac{\rho w}{h_2}\frac{\partial u}{\partial z} + \rho v\frac{\partial u}{\partial y} - \rho K_1 u^2 \cot\theta + \rho K_2 w^2 \csc\theta + \rho K_{12} uw$$

$$= -\frac{\csc^2\theta}{h_1}\frac{\partial p}{\partial x} + \frac{\cot\theta\csc\theta}{h_2}\frac{\partial p}{\partial z} + \frac{\partial}{\partial y}\left(\mu\frac{\partial u}{\partial y}\right) \tag{6.2}$$

z 方向动量方程

$$\frac{\rho u}{h_1}\frac{\partial w}{\partial x} + \frac{\rho w}{h_2}\frac{\partial w}{\partial z} + \rho v\frac{\partial w}{\partial y} - \rho K_2 w^2 \cot\theta + \rho K_1 u^2 \csc\theta + \rho K_{21} uw$$

$$= \frac{\cot\theta\csc\theta}{h_1}\frac{\partial p}{\partial x} - \frac{\csc^2\theta}{h_2}\frac{\partial p}{\partial z} + \frac{\partial}{\partial y}\left(\mu\frac{\partial w}{\partial y}\right) \tag{6.3}$$

能量方程

$$\frac{\rho u}{h_1}\frac{\partial H}{\partial x} + \frac{\rho w}{h_2}\frac{\partial H}{\partial z} + \rho v\frac{\partial H}{\partial y} = \frac{\partial}{\partial y}\left[\frac{\mu}{Pr}\frac{\partial H}{\partial y} + \mu\left(1 - \frac{1}{Pr}\right)\frac{\partial}{\partial y}\left(\frac{u_t^2}{2}\right)\right] \tag{6.4}$$

式中,x 与 z 为物面坐标;y 垂直于物面;θ 为坐标线 x 与 z 之间的夹角;h_1,h_2 为尺度系数;K_1,K_2 分别为曲线 $z = \mathrm{const}$ 与 $x = \mathrm{const}$ 的测地曲率;

$$K_1 = \frac{1}{h_1 h_2 \sin\theta}\left[\frac{\partial}{\partial x}(h_2\cos\theta) - \frac{\partial h_1}{\partial z}\right]$$

$$K_2 = \frac{1}{h_1 h_2 \sin\theta}\left[\frac{\partial}{\partial z}(h_1\cos\theta) - \frac{\partial h_2}{\partial x}\right]$$

参数 K_{12}, K_{21} 与物面曲线坐标系相关：

$$K_{12} = \frac{1}{h_1 h_2 \sin^2\theta}\left[(1+\cos^2\theta)\frac{\partial h_1}{\partial z} - 2\cos\theta\frac{\partial h_2}{\partial x}\right]$$

$$K_{21} = \frac{1}{h_1 h_2 \sin^2\theta}\left[(1+\cos^2\theta)\frac{\partial h_2}{\partial x} - 2\cos\theta\frac{\partial h_1}{\partial z}\right]$$

u_t 为边界层内的合速度，即

$$u_t = (u^2 + w^2 + 2uw\cos\theta)^{1/2}$$

边界条件：

$$y=0, \quad u=w=0, \quad v=v_w, \quad \left(\frac{\partial H}{\partial y}\right)w = 0 \tag{6.5}$$

$$y=\delta, \quad u=u_e(x,z), \quad w=w_e(x,z), \quad H=H_e$$

式中，v_w 表示壁面有抽吸时的壁面法向速度分量，若无抽吸，$v_w=0$。在边界层外边界 $y=\delta$ 处，通过求解不考虑黏性作用的 Euler 方程，这已是计算流体力学（computational fluid dynamics, CFD）中比较成熟的技术，可以提供不同形状的飞行器部件的物面压力分布值，进而很容易得到边界层外边界处（无黏）速度分布。

在求解边界层方程(6.1)～方程(6.4)之前，需要给出方程的起始条件。先讨论附着点(线)方程[或驻点(线)方程]，有两种情况：一种是适用于机翼前缘驻点线或机身头部驻点，由于在驻点(线)处，$u=0$ 有奇性，通过对 x 求导，能够得到关于 u_x 的 x 方向动量方程，以代替原来的 x 方向动量方程；另一种是适用于机翼翼根区或机身纵向对称面，由于在展向边界附着线处，$w=0$ 也有奇性，通过对 z 求导，能够得到关于 w_z 的 z 方向动量方程，以代替原来的 z 方向动量方程。它们分别用于不同的起始条件方程中，其他方程不变。

为了便于求解边界层方程，通过扩大二维流动才存在流函数的概念，对三维流动引入矢量流函数[12,13]，其连续方程自动得到满足。

利用变换关系

$$x=x, \quad z=z, \quad d\eta = \left(\frac{u_e}{\rho_e\mu_e s_1}\right)^{1/2}\rho dy, \quad s_1 = \int_0^x h_1 dx \tag{6.6}$$

引入二分量矢量流函数 ψ, Φ，使

$$\rho u = \frac{1}{h_2\sin\theta}\frac{\partial\psi}{\partial y}$$

$$\rho w = \frac{1}{h_1\sin\theta}\frac{\partial\Phi}{\partial y} \tag{6.7}$$

$$\rho v = \frac{-1}{h_1 h_2 \sin\theta}\left(\frac{\partial\psi}{\partial x} + \frac{\partial\Phi}{\partial z}\right) + (\rho v)_w$$

式中, $(\rho v)_w$ 为壁面的法向质量流量。定义无量纲的流函数 f 与 g 如下:

$$\psi = (\rho_e \mu_e u_e s_1)^{1/2} h_2 \sin\theta f(x, z, \eta)$$

$$\Phi = \frac{(\rho_e \mu_e u_e s_1)^{1/2} h_1 u_{\mathrm{ref}}}{u_e \sin\theta g(x, z, \eta)} \tag{6.8}$$

利用这些变换关系式并整理, 最后得到以无量纲流函数表达的三维可压缩流边界层方程:

$$f''' + m_1 f f'' - m_2 (f')^2 - m_5 f' g' + m_6 f'' g - m_8 (g')^2 + m_{11} c - m_{13} f''$$

$$= m_{10} \left(f' \frac{\partial f}{\partial x} - f'' \frac{\partial f}{\partial x} \right) + m_7 \left(g' \frac{\partial f}{\partial z} - f'' \frac{\partial g}{\partial z} \right) \tag{6.9}$$

$$g''' + m_1 f g'' - m_3 (g')^2 - m_4 f' g' + m_6 g g'' - m_9 (f')^2 + m_{12} c - m_{13} g''$$

$$= m_{10} \left(f' \frac{\partial g'}{\partial x} - g'' \frac{\partial f}{\partial x} \right) + m_7 \left(g' \frac{\partial g'}{\partial z} - g'' \frac{\partial g}{\partial z} \right) \tag{6.10}$$

$$(\mu_1 E')' + \mu_2 E' + \mu'_3 - m_{13} E' = m_{10} \left(f' \frac{\partial E}{\partial x} - E' \frac{\partial f}{\partial x} \right) + m_7 \left(g' \frac{\partial E}{\partial z} - E' \frac{\partial g}{\partial z} \right) \tag{6.11}$$

它们分别是 x 方向、z 方向的动量方程和能量方程, 式中的撇表示对 η 的导数, 且

$$f' = \frac{u}{u_e}, \quad g' = \frac{w}{u_{\mathrm{ref}}}$$

以及

$$E = \frac{H}{H_e}, \quad C = \frac{\rho u}{\rho_e u_e}, \quad c = \frac{\rho_e}{\rho}$$

式中, 系数 $m_1 \sim m_{13}$, $\mu_1 \sim \mu_3$ 见文献[13]。经过变换后, 壁面法向速度已包含到新控制方程的系数中, 消除了边界条件与控制方程之间的非线性耦合。实际上, 这里对有壁面抽吸时的法向速度的处理方法, 在边界层控制研究中是很有用的。

方程(6.9)~方程(6.11)的边界条件为

$$\eta = 0 : f_w = f'_w = g_w = g'_w = 0, \quad E'_w = 0$$

$$\eta = \eta_\infty : f' = 1, g' = \frac{w_e}{u_{\mathrm{ref}}}, \quad E = 1 \tag{6.12}$$

在起始条件控制方程中, 除因奇性改写的方程外, 其他方程不变, 所有方程都采用变换后的无量纲流函数表达形式。

6.2.2　横向分段推进法

通过引进新的独立变量, 将控制方程(6.9)~方程(6.11)降阶, 写成一阶系统的方程组形式, 用 Keller 的 Box 格式求解[11]。首先是求解驻点(线)方程组, 计算驻点(线)处的函数值, 然后沿着流向推进。在给定的流向位置, 先沿着横向推进, 当所有的横向点都计算完后, 再计算下一个流向位置。需要指出的是, 在机翼或机身复杂

的表面流动中,可能在沿横向推进时遇到横流反号问题。对于横流出现反号带来的数值计算的困难,朱国祥[13]采用了一种横向分段推进数值技术作了专门处理:

(1) 修改在 z 方向的差分离散,在网格中心点 $(x_{i-1/2}, \eta_{j-1/2}, z_{k-1/2})$ 处, z 方向一阶偏导数的离散写为

$$\frac{\partial(\ )}{\partial z} = \frac{\alpha[(\ )_k - (\ )_{k-1}]_{j-1/2, i-1/2}}{\alpha \Delta z_k + (\alpha-1)\Delta z_{k+1}} + \frac{(1-\alpha)[(\ )_k - (\ )_{k+1}]_{j-1/2, i-1/2}}{\alpha \Delta z_k + (\alpha-1)\Delta z_{k+1}}$$

(6.13)

式中,引进参数 α,它的值与横流速度的正负号有关,当横流速度为负时, $\alpha=0$,否则 $\alpha=1$。这样对于横流速度发生反向变化的流动,处处体现出迎风差分的原则。

(2) 采用横向分段推进法,其思路可以用简图(图 6.3)说明。图中的 z 轴表示机翼或机身表面横向坐标,其中"○"表示横流速度为正,"×"表示横流速度为负。为了与式(6.13)的迎风差分格式相对应,将横向分成 OA, BC, DE 三段,其中 OA 与 DE 段从左向右推进, BC 段则按相反的方向推进。如果横流在横向多次反号,需分成更多的小段,每段的推进方向可以类似处理。对每一小段,如果起始点位于机身纵向对称面或机翼翼根剖面内,用附着线方程计算起始点的值;如果起始点位于中间,如 C 点,则用所谓的无限后掠翼方程来计算初始值,该方程是通过略去方程组中所有 z 方向导数而得到的。通过这样的横向分段推进法,能够有效地处理在数值求解过程中的横流速度出现多次反号的相关问题。

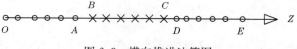

图 6.3　横向推进法简图

6.2.3　基本流速度分布

由上述的边界层计算,可以得到边界层的各种基本流参数,尤其是边界层内的速度分布。这里讨论的是一个三维后掠机翼算例[13]:前缘和后缘的后掠角分别为 $30°$ 和 $15°$,半展长 $L=3.2\text{m}$,根部弦长 1.5m,翼型选用 NLF(2)-0415,自由来流 $Ma=0.6$,迎角 $-1°$。后掠机翼表面贴体网格和曲线坐标系如图 6.4 所示。机翼上翼面的不同展向位置的压强系数沿弦向的分布在图 6.5 中。在机翼不同展向位置(这里取 $z/L=0.25$ 和 $z/L=0.5$)的边界层流向和展向速度分布曲线,分别在图 6.6 和图 6.7 中。由图可见,随着边界层从前缘开始的流向位置的推移,边界层厚度及边界层外流向速度在逐步增长,前缘附近的边界层展向速度很大且为正值(朝机翼外侧方向),显示了后掠机翼边界层在前缘附近的三维效应最强。

与二维边界层不同,三维体边界层内会出现横向流动,即存在垂直于势流方向的边界层内速度分量。图 6.8 给出了在不同翼展处的边界层横流速度 u_c 的分

布。如图 6.8 所示,在不同的弦向位置,横流速度分布有着很大的不同,一般在 0.04～0.1 的弦向位置处,横流速度能达到它们的最大值。

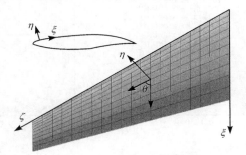

图 6.4　机翼表面贴体网格和曲线坐标系

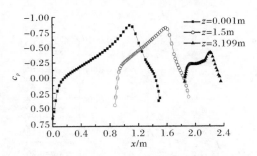

图 6.5　机翼不同展向位置的压强系数沿弦向分布

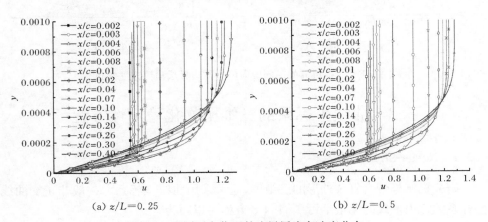

(a) $z/L = 0.25$　　　　　　　　　　(b) $z/L = 0.5$

图 6.6　不同展向位置的边界层流向速度分布

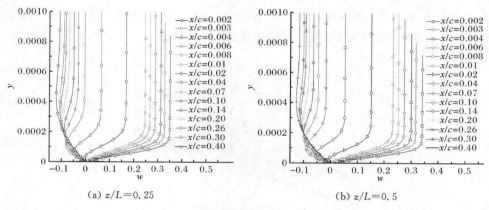

(a) $z/L=0.25$　　　　　　　　　(b) $z/L=0.5$

图 6.7　不同展向位置的边界层展向速度分布

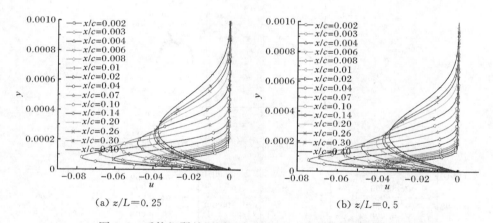

(a) $z/L=0.25$　　　　　　　　　(b) $z/L=0.5$

图 6.8　后掠机翼的不同展向位置的边界层横流速度分布

6.3　曲线坐标系的三维抛物化稳定性方程

6.3.1　Navier-Stokes 方程

研究机翼等带有复杂外形的三维体,通常采用曲线坐标系。一般非正交曲线坐标系的守恒形式的无量纲可压缩 N-S 方程可以写为[14]

$$\hat{\boldsymbol{q}}_t + \hat{\boldsymbol{E}}_\xi + \hat{\boldsymbol{F}}_\eta + \hat{\boldsymbol{G}}_\zeta = Re^{-1}\left[(\hat{\boldsymbol{E}}_v)_\xi + (\hat{\boldsymbol{F}}_v)_\eta + (\hat{\boldsymbol{G}}_v)_\zeta\right] \tag{6.14}$$

其中的解矢量、对流通量与黏性通量分别写为

$$\hat{\boldsymbol{q}}=\frac{1}{J}\begin{bmatrix}\rho\\\rho u\\\rho v\\\rho w\\e\end{bmatrix},\quad\hat{\boldsymbol{E}}=\frac{1}{J}\begin{bmatrix}\rho U\\\rho uU+\xi_x p\\\rho vU+\xi_y p\\\rho wU+\xi_z p\\(e+P)U\end{bmatrix},\quad\hat{\boldsymbol{F}}=\frac{1}{J}\begin{bmatrix}\rho V\\\rho uV+\eta_x p\\\rho vV+\eta_y p\\\rho wV+\eta_z p\\(e+P)V\end{bmatrix}$$

$$\hat{\boldsymbol{G}}=\frac{1}{J}\begin{bmatrix}\rho W\\\rho uW+\zeta_x p\\\rho vW+\zeta_y p\\\rho wW+\zeta_z p\\(e+P)W\end{bmatrix},\quad\hat{\boldsymbol{E}}_v=\frac{1}{J}\begin{bmatrix}0\\\xi_x\tau_{xx}+\xi_y\tau_{xy}+\xi_z\tau_{xz}\\\xi_x\tau_{yx}+\xi_y\tau_{yy}+\xi_z\tau_{yz}\\\xi_x\tau_{zx}+\xi_y\tau_{zy}+\xi_z\tau_{zz}\\\xi_x\beta_x+\xi_y\beta_y+\xi_z\beta_z\end{bmatrix}$$

$$\hat{\boldsymbol{F}}_v=\frac{1}{J}\begin{bmatrix}0\\\eta_x\tau_{xx}+\eta_y\tau_{xy}+\eta_z\tau_{xz}\\\eta_x\tau_{yx}+\eta_y\tau_{yy}+\eta_z\tau_{yz}\\\eta_x\tau_{zx}+\eta_y\tau_{zy}+\eta_z\tau_{zz}\\\eta_x\beta_x+\eta_y\beta_y+\eta_z\beta_z\end{bmatrix},\quad\hat{\boldsymbol{G}}_v=\frac{1}{J}\begin{bmatrix}0\\\zeta_x\tau_{xx}+\zeta_y\tau_{xy}+\zeta_z\tau_{xz}\\\zeta_x\tau_{yx}+\zeta_y\tau_{yy}+\zeta_z\tau_{yz}\\\zeta_x\tau_{zx}+\zeta_y\tau_{zy}+\zeta_z\tau_{zz}\\\zeta_x\beta_x+\zeta_y\beta_y+\zeta_z\beta_z\end{bmatrix}$$

$$(6.15)$$

式中,u,v,w 为直角坐标系(x,y,z)中的速度分量;U,V,W 为曲线坐标系(ξ,η,ζ)中的逆变速度分量;t 为时间;ρ、p 分别为密度和压强;e 为总内能;J 是从直角坐标系到曲线坐标系的 Jacobi 变换行列式;τ_{xx},τ_{yy} 等是剪切应力,可写为

$$\tau_{xx}=\frac{2}{3}\mu(2u_x-v_y-w_z)$$

$$\tau_{yy}=\frac{2}{3}\mu(2v_y-u_x-w_z)$$

$$\tau_{zz}=\frac{2}{3}\mu(2w_z-u_x-v_y)$$

$$\tau_{xy}=\tau_{yx}=\mu(u_y+v_x)$$

$$\tau_{xz}=\tau_{zx}=\mu(u_z+w_x)$$

$$\tau_{yz}=\tau_{zy}=\mu(v_z+w_y)$$

能量方程中的 β_x,β_y 和 β_z 分别为

$$\beta_x=\frac{\gamma\mu}{Pr}c_V T_x+u\tau_{xx}+v\tau_{xy}+w\tau_{xz}$$

$$\beta_y=\frac{\gamma\mu}{Pr}c_V T_y+u\tau_{yx}+v\tau_{yy}+w\tau_{yz}$$

$$\beta_z=\frac{\gamma\mu}{Pr}c_V T_z+u\tau_{zx}+v\tau_{zy}+w\tau_{zz}$$

总内能为

$$e=\rho[c_v T+(u^2+v^2+w^2)/2]$$

式中,c_v 为定容比热。对于理想气体,压强可以由状态方程 $p=\rho RT$ 确定。对方程中物理变量进行无量纲化处理所用的各参考量同 5.3.1 节,特征雷诺数 $Re=\rho_\infty V_\infty L/\mu_\infty$。

6.3.2　扰动方程

将曲线坐标系中的逆变速度分量用直角坐标系中的速度分量表示,形式为

$$U=\xi_x u+\xi_y v+\xi_z w$$
$$V=\eta_x u+\eta_y v+\eta_z w$$
$$W=\zeta_x u+\zeta_y v+\zeta_z w \tag{6.16}$$

引入如下变量:

$$\hat{\boldsymbol{M}}=[\rho,\rho u,\rho v,\rho w,e]^{\mathrm{T}},\quad \hat{\boldsymbol{N}}=[\rho,\rho u,\rho v,\rho w,e+p]^{\mathrm{T}}$$
$$\hat{\boldsymbol{X}}=[\xi_x,\xi_y,\xi_z,0]^{\mathrm{T}},\quad \hat{\boldsymbol{H}}=[\eta_x,\eta_y,\eta_z]^{\mathrm{T}}$$
$$\hat{\boldsymbol{Z}}=[\zeta_x,\zeta_y,\zeta_z]^{\mathrm{T}},\quad \hat{\boldsymbol{X}}_1=[0,\xi_x,\xi_y,\xi_z]^{\mathrm{T}}$$
$$\hat{\boldsymbol{H}}_1=[0,\eta_x,\eta_y,\eta_z]^{\mathrm{T}},\quad \hat{\boldsymbol{Z}}_1=[0,\zeta_x,\zeta_y,\zeta_z]^{\mathrm{T}} \tag{6.17}$$
$$\hat{\boldsymbol{V}}_1=[0,\tau_{xx},\tau_{yx},\tau_{zx},\beta_x]^{\mathrm{T}},\quad \hat{\boldsymbol{V}}_2=[0,\tau_{xy},\tau_{yy},\tau_{zy},\beta_y]^{\mathrm{T}}$$
$$\hat{\boldsymbol{V}}_3=[0,\tau_{xz},\tau_{yz},\tau_{zz},\beta_z,]^{\mathrm{T}},\quad \hat{\boldsymbol{V}}=(\hat{V}_1\hat{V}_2\hat{V}_3)_{5\times3}$$

以及下列关系式

$$\left(\frac{X}{J}\right)_\xi+\left(\frac{H}{J}\right)_\eta+\left(\frac{Z}{J}\right)_\zeta=0$$
$$\left(\frac{\hat{X}}{J}\right)_\xi+\left(\frac{\hat{H}}{J}\right)_\eta+\left(\frac{\hat{Z}}{J}\right)_\zeta=0 \tag{6.18}$$

将式(6.16)～式(6.18)代入方程(6.14)中,并将瞬时物理量分解为基本流与扰动量之和,整理后可以得到如下非线性扰动方程[15]:

$$\hat{\boldsymbol{\Gamma}}^l\varphi_t+\hat{\boldsymbol{A}}^l\varphi_\xi+\hat{\boldsymbol{B}}^l\varphi_\eta+\hat{\boldsymbol{C}}^l\varphi_\zeta+\hat{\boldsymbol{D}}^l\varphi+\hat{\boldsymbol{V}}_{11}^l\varphi_{\xi\xi}+\hat{\boldsymbol{V}}_{22}^l\varphi_{\eta\eta}+\hat{\boldsymbol{V}}_{33}^l\varphi_{\zeta\zeta}$$
$$+\hat{\boldsymbol{V}}_{12}^l\varphi_{\xi\eta}+\hat{\boldsymbol{V}}_{13}^l\varphi_{\xi\zeta}+\hat{\boldsymbol{V}}_{23}^l\varphi_{\eta\zeta}=\tilde{\boldsymbol{N}}^{\mathrm{non}} \tag{6.19}$$

式中,扰动矢量 $\boldsymbol{\varphi}=[\rho',u',v',w',T']^{\mathrm{T}}$,下标表示对其求导,左边线性项的系数矩阵 $\hat{\boldsymbol{\Gamma}}^l$、$\hat{\boldsymbol{A}}^l$、$\hat{\boldsymbol{B}}^l$…均是 5 阶方阵,右边非线性项 $\hat{\boldsymbol{N}}^{\mathrm{non}}$ 是 5×1 阶矩阵。该方程的系数矩阵和非线性项的展开式见附录 C。若为线性稳定性问题,则不计方程右端扰动非线性项,即可得到线性扰动方程。

上式的扰动矢量中的扰动速度是直角坐标系中的速度分量,需要用曲线坐标系中的物理速度的扰动量来表示。利用直角坐标系的速度分量与逆变速度分量

的关系式

$$
\begin{bmatrix} u \\ v \\ w \end{bmatrix} = \begin{bmatrix} x_\xi & x_\eta & x_\zeta \\ y_\xi & y_\eta & y_\zeta \\ z_\xi & z_\eta & z_\zeta \end{bmatrix} \begin{bmatrix} U \\ V \\ W \end{bmatrix} \tag{6.20}
$$

以及曲线坐标系中的逆变速度分量与物理速度分量的关系式

$$
\begin{bmatrix} U \\ V \\ W \end{bmatrix} = \begin{bmatrix} 1/\sqrt{g_{11}} & & \\ & 1/\sqrt{g_{22}} & \\ & & 1/\sqrt{g_{33}} \end{bmatrix} \begin{bmatrix} u_p \\ v_p \\ w_p \end{bmatrix} \tag{6.21}
$$

式中，$g_{ij}=\dfrac{\partial x^k}{\partial \xi^i}\dfrac{\partial x^k}{\partial \xi^j}$，$k=1,2,3$（$x^1=x,x^2=y,x^3=z,\xi^1=\xi,\xi^2=\eta,\xi^3=\zeta$）。这样可以写出两坐标系中的扰动矢量之间的关系式

$$
\boldsymbol{\varphi}=\boldsymbol{Q}\boldsymbol{\Phi} \tag{6.22}
$$

其中，$\boldsymbol{\Phi}=(\rho',U_p',V_p',W_p',T')^{\mathrm{T}}$，表示曲线坐标系下的扰动向量，$\boldsymbol{Q}$ 为系数矩阵

$$
\boldsymbol{Q}=\begin{bmatrix} 1 & 0 & 0 & 0 & 0 \\ 0 & x_\xi\sqrt{g_{11}} & x_\eta\sqrt{g_{22}} & x_\zeta\sqrt{g_{33}} & 0 \\ 0 & y_\xi\sqrt{g_{11}} & y_\eta\sqrt{g_{22}} & y_\zeta\sqrt{g_{33}} & 0 \\ 0 & z_\xi\sqrt{g_{11}} & z_\eta\sqrt{g_{22}} & z_\zeta\sqrt{g_{33}} & 0 \\ 0 & 0 & 0 & 0 & 1 \end{bmatrix}
$$

将式(6.22)带入方程(6.19)中并整理，得到如下形式的三维曲线坐标系的无量纲线性扰动方程：

$$
\boldsymbol{\Gamma}^l\boldsymbol{\Phi}_t+\boldsymbol{A}^l\boldsymbol{\psi}_\xi+\boldsymbol{B}^l\boldsymbol{\Phi}_\eta+\boldsymbol{C}^l\boldsymbol{\Phi}_\zeta+\boldsymbol{D}^l\boldsymbol{\Phi}+\boldsymbol{V}_{11}^l\boldsymbol{\Phi}_{\xi\xi}
$$
$$
+\boldsymbol{V}_{22}^l\boldsymbol{\Phi}_{\eta\eta}+\boldsymbol{V}_{33}^l\boldsymbol{\Phi}_{\zeta\zeta}+\boldsymbol{V}_{12}^l\boldsymbol{\Phi}_{\xi\eta}+\boldsymbol{V}_{13}^l\boldsymbol{\Phi}_{\xi\zeta}+\boldsymbol{V}_{23}^l\boldsymbol{\Phi}_{\eta\zeta}=0 \tag{6.23}
$$

对应的边界条件为

$$
\eta=0:U_p'=0,V_p'=0,W_p'=0,T'=0\left(\text{或}\frac{\partial T'}{\partial \eta}=0\right)
$$
$$
\eta\to\infty:U_p'=0,V_p'=0,W_p'=0,T'=0 \tag{6.24}
$$

6.3.3　抛物化稳定性方程

设扰动波在时域和展向都具有周期性，将扰动方程中的物理扰动矢量 $\boldsymbol{\Phi}$（在不引起混淆的情况下，为书写方便，后面不再标注 $\boldsymbol{\Phi}$ 中的扰动速度下标"p"），写成乘积形式[16]

$$
\boldsymbol{\Phi}(\xi,\eta,\zeta,t)=\boldsymbol{\psi}(\xi,\eta)\chi(\xi,\zeta,t)+\text{c.c.} \tag{6.25}
$$

式中，$\chi(\xi,\zeta,t)=\mathrm{e}^{\mathrm{i}\left(\int_{\xi_0}^\xi \alpha(s)\,\mathrm{d}s+\beta\zeta-\omega t\right)}$，$\alpha(s)$ 为复数，它的实部表示扰动的流向波数，虚部的负值表示扰动的增长率；c.c. 表示共轭复数；$\psi(\xi,\eta)$ 为矢量形状函数，形式为

$$\boldsymbol{\psi}(\xi,\eta)=[\hat{\rho}(\xi,\eta),\hat{u}(\xi,\eta),\hat{v}(\xi,\eta),\hat{w}(\xi,\eta),\hat{T}(\xi,\eta)]^{\mathrm{T}} \qquad (6.26)$$

将式(6.25)代入方程(6.23),整理后得到

$$\bar{\boldsymbol{A}}\frac{\partial\boldsymbol{\psi}}{\partial\xi}+\bar{\boldsymbol{B}}\frac{\partial\boldsymbol{\psi}}{\partial\eta}+\bar{\boldsymbol{D}}\boldsymbol{\psi}+\boldsymbol{V}_{11}^{l}\frac{\partial^{2}\boldsymbol{\psi}}{\partial\xi^{2}}+\boldsymbol{V}_{22}^{l}\frac{\partial^{2}\boldsymbol{\psi}}{\partial\eta^{2}}+\boldsymbol{V}_{12}^{l}\frac{\partial^{2}\boldsymbol{\psi}}{\partial\xi\partial\eta}=0 \qquad (6.27\text{a})$$

式中

$$\bar{\boldsymbol{A}}=\boldsymbol{A}^{l}+2\mathrm{i}\alpha\boldsymbol{V}_{11}^{l}+\mathrm{i}\beta\boldsymbol{V}_{13}^{l}$$

$$\bar{\boldsymbol{B}}=\boldsymbol{B}^{l}+\mathrm{i}\alpha\boldsymbol{V}_{12}^{l}+\mathrm{i}\beta\boldsymbol{V}_{23}^{l} \qquad (6.27\text{b})$$

$$\bar{\boldsymbol{D}}=-\mathrm{i}\omega\boldsymbol{\Gamma}^{l}+\mathrm{i}\alpha\boldsymbol{A}^{l}+\mathrm{i}\beta\boldsymbol{C}^{l}+(\mathrm{i}\mathrm{d}\alpha/\mathrm{d}\xi-\alpha^{2})\boldsymbol{V}_{11}^{l}-\alpha\beta\boldsymbol{V}_{13}^{l}-\beta^{2}\boldsymbol{V}_{33}^{l}+\boldsymbol{D}^{l}$$

根据 PSE 假设,扰动形状函数等在流向的变化缓慢,所以形状函数 $\boldsymbol{\varphi}(\xi,\eta)$ 在流向的二阶导数项 $\boldsymbol{V}_{11}^{l}(\partial^{2}\boldsymbol{\varphi}/\partial\xi^{2})$ 可以忽略。由于系数矩阵 $\boldsymbol{V}_{12}^{l}$ 中含有系数 $1/Re$,而且 $\boldsymbol{V}_{12}^{l}(\partial^{2}\boldsymbol{\varphi}/\partial\xi\partial\eta)$ 项中还有形状函数的流向一阶导数,因此 $\boldsymbol{V}_{12}^{l}(\partial^{2}\boldsymbol{\varphi}/\partial\xi\partial\eta)$ 含有两个小量的乘积,也可以忽略。这样得到的曲线坐标系下的抛物化稳定性方程为

$$\bar{\boldsymbol{D}}\boldsymbol{\psi}+\bar{\boldsymbol{A}}\frac{\partial\boldsymbol{\psi}}{\partial\xi}+\bar{\boldsymbol{B}}\frac{\partial\boldsymbol{\psi}}{\partial\eta}+\boldsymbol{V}_{22}^{l}\frac{\partial^{2}\boldsymbol{\psi}}{\partial\eta^{2}}=0 \qquad (6.28)$$

式中, $\bar{\boldsymbol{A}}$ 和 $\bar{\boldsymbol{B}}$ 表达式同(6.27b), $\bar{\boldsymbol{D}}$ 为

$$\bar{\boldsymbol{D}}=-\mathrm{i}\omega\boldsymbol{\Gamma}^{l}+\mathrm{i}\alpha\boldsymbol{A}^{l}+\mathrm{i}\beta\boldsymbol{C}^{l}-\alpha\beta\boldsymbol{V}_{13}^{l}-\beta^{2}\boldsymbol{V}_{33}^{l}+\boldsymbol{D}^{l}$$

6.4　数值方法

在对抛物化稳定性方程(6.28)进行离散之前,需要对方程进行代数变换,以使得法向的网格分布更合理(变换后的法向坐标为均匀网格,对应的物理网格是非均匀的),能够提高计算收敛速度。通过变换,将法向多数的网格点分布在临界层与壁面之间的小区域中。采用变换关系式

$$Y=\frac{c_{1}\eta/\delta_{\mathrm{c}}}{\eta/\delta_{\mathrm{c}}+c_{2}},\quad Y\in[0,1],\quad \eta\in\left[0,\left(\frac{\eta}{\delta_{\mathrm{c}}}\right)_{\mathrm{max}}\delta_{\mathrm{c}}\right] \qquad (6.29)$$

式中, Y 为计算坐标; δ_{c} 为当地边界层厚度; c_{1} 与 c_{2} 由计算域的外边界及边界层的临界层位置决定,表达式为

$$c_{2}=\frac{(\eta/\delta_{\mathrm{c}})_{i}(\eta/\delta_{\mathrm{c}})_{\mathrm{max}}}{(\eta/\delta_{\mathrm{c}})_{\mathrm{max}}-2(\eta/\delta_{\mathrm{c}})_{i}} \qquad (6.30\text{a})$$

$$c_{1}=1+\frac{c_{2}}{(\eta/\delta_{\mathrm{c}})_{\mathrm{max}}} \qquad (6.30\text{b})$$

式中, $(\eta/\delta_{\mathrm{c}})_{i}$ 为临界层的相对位置; $(\eta/\delta_{\mathrm{c}})_{\mathrm{max}}$ 为计算域的外边界。利用求导法则并整理,得到变换后的抛物化稳定性方程[17]

$$\bar{D}\boldsymbol{\psi} + \bar{A}\frac{\partial\boldsymbol{\psi}}{\partial\xi} + \left(\bar{B}\frac{\partial Y}{\partial\eta} + V_{22}^{l}\frac{\partial^2 Y}{\partial\eta^2}\right)\frac{\partial\boldsymbol{\psi}}{\partial Y} + V_{22}^{l}\left(\frac{\partial Y}{\partial\eta}\right)^2\frac{\partial^2\boldsymbol{\psi}}{\partial Y^2} = 0 \qquad (6.31)$$

关于边界条件。在外边界,用无黏稳定性方程作为外边界处的方程;在物面上,用连续方程和无滑移无穿透的速度边界条件,并采用扰动温度为 0(等温壁)或者用扰动温度的法向一阶导数为 0(绝热壁)的温度边界条件。

关于方程离散。在边界层的法向采用四阶精度的差分格式,在非边界区域采用普通的四阶中心差分格式,在靠近边界时用单侧的四阶精度差分格式[13]。流向用一阶迎风差分格式,在流向推进中每站都进行迭代处理。

关于初值。在初始站将平行流稳定性结果作为初值,即通过引入平行流假设和求解广义特征值问题,以得到抛物化稳定性方程求解的起始值(可参考 5.5.3 节)。在 PSE 的推进过程中,也采用限制扰动质量流向变化的正规化条件,以使抛物化稳定性方程定解,得到扰动增长率、形状函数等稳定性结果。

关于扰动增长方向。在二维流边界层的三维扰动稳定性研究中,一般认为扰动沿来流方向增长。而对三维流边界层,特别是后掠机翼边界层问题,扰动除了沿流向增长外,沿展向也有很大的增长,特别是在前缘附近尤为强烈[18,19]。因此,扰动的展向周期性变化假设不再成立,方程中的 β 也不再是实数。对扰动的总增长方向有不同提法,如沿着势流方向[20],或者沿着群速度的实部方向等[21,22]。从能量传播的观点来说,扰动应沿着群速度方向增长,而边界层问题中的群速度一般是复数。文献[17]在计算中选择扰动沿群速度的实部方向增长,并通过平行性近似的简便方法,以避免在求解推进路径上的网格重新布置及平均流在物面边界层内插值带来的误差等问题,这样方程(6.31)变为

$$\bar{D}\boldsymbol{\psi} + \left(\bar{B}\frac{\partial Y}{\partial\eta} + V_{22}^{l}\frac{\partial^2 Y}{\partial\eta^2}\right)\frac{\partial\boldsymbol{\psi}}{\partial Y} + V_{22}^{l}\left(\frac{\partial Y}{\partial\eta}\right)^2\frac{\partial^2\boldsymbol{\psi}}{\partial Y^2} = 0 \qquad (6.32)$$

式中,系数矩阵表达式同方程(6.28),由于扰动在流向和展向都有增长,因此系数矩阵中的参数 β 为复数。通过指定扰动的频率、波角和波数,进行扰动增长率及其扰动幅值放大因子值计算。

6.5　三维边界层稳定性分析

通过算例分别讨论机翼和机身的边界层稳定性问题,先进行机翼的稳定性分析。

后掠机翼的表面贴体网格和曲线坐标系如图 6.4 所示,算例参数见 6.2.3 节。在三维流中机翼的不同展向位置,最不稳定扰动波的波角(γ_k)沿弦向的变化曲线(频率 $F=5$)如图 6.9 所示。由图可见,在前缘附近,不同展向位置的最不稳定扰动波的波角都很大;沿着弦向的推进,波角在逐渐减小;而在不同的展向位置中,

靠近机翼内侧的最不稳定扰动波的波角一般大于外侧的波角。

　　扰动波振幅放大因子对于边界层转捩预测是非常重要的,在得到扰动增长率后,采用式(6.33)计算从失稳点到当地指定位置的扰动放大因子

$$N = \ln\left(\frac{A}{A_0}\right) = \int_s \sigma \mathrm{d}s \tag{6.33}$$

式中,A_0 和 A 分别为初始和指定点的扰动振幅;σ 为扰动增长率;s 为积分路径;N 为扰动沿着 s 积分得到的扰动放大因子。图 6.10 给出的是在不同展向波数下的扰动放大因子分布($F=20$),它们开始增长的流向位置是随 b 不同而变化的;这些放大因子分布都有一个峰值,随后逐渐衰减,且这个峰值受到展向波数的显著影响。进一步研究表明[17],对于不同的展向位置,在机翼内侧区域的扰动波增长率较大,而在外侧区域相对较低。因此,机翼的内侧与外侧相比,则是更加不稳定,是更容易发生转捩的区域。

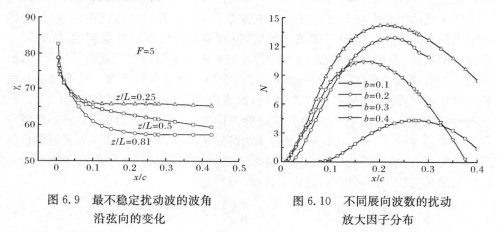

图 6.9　最不稳定扰动波的波角　　　　　　图 6.10　不同展向波数的扰动
　　　　　沿弦向的变化　　　　　　　　　　　　　　放大因子分布

　　不同频率的最不稳定扰动波的速度形状函数分布如图 6.11 所示,随着不同频率而变化。由图可见,流向扰动速度模值 $|u|$ 在边界层内,先是快速增长,在达到峰值后下降,直至无穷远处为 0;展向扰动速度模值 $|w|$ 在边界层某法向位置处达到峰值后下降,并且还出现了第二次增长、然后又逐步下降,其峰值也随不同频率有明显的变化。

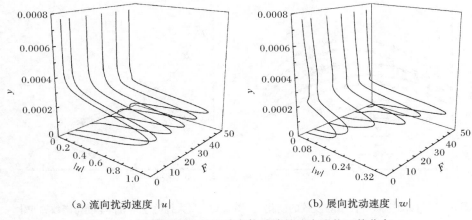

(a) 流向扰动速度 $|u|$ 　　　　　(b) 展向扰动速度 $|w|$

图 6.11　不同频率的最不稳定扰动波的速度形状函数分布

在后掠机翼上出现的边界层横向流动,是一种有拐点的速度分布且具有高度的动力学不稳定性,尤其是在有很大压力梯度的后掠机翼的前部区域,扰动变得很强,直接影响边界层的转捩。其中,零频率的横流驻波扰动(又称横流驻涡扰动)是这类扰动中最重要的。下面比较不同机翼后掠角的算例结果[23]。算例 A 的来流马赫数 $Ma=0.891$,无限翼展机翼的前缘后掠角为 $35°$。图 6.12是在靠近机翼前缘的一些位置($x/c=0.187\%$,0.35%,0.58%,0.87% 和 1.22%),所得到的横流驻波扰动的空间增长率随波数 $|k|$ 的变化曲线,图中还给出了用于比较的数据(靠近第 3 点位置,用实圆符号表示)[24]。由图可见,波数的大小会影响横流扰动的空间增长率,且与所在的弦向位置有关,因此可以找到最大空间增长率及其对应的最不稳定的波数和弦向位置。图中的 $|\sigma|$ 和 $|k|$ 分别为扰动空间增长率和波数,有

$$|\sigma| = (\alpha_i^2 + \beta_i^2)^{1/2}, \quad |k| = (\alpha_r^2 + \beta_r^2)^{1/2}$$

式中,α_r、α_i 和 β_r、β_i 分别为复波数 α 和 β 的实部和虚部。最大空间增长率 $|\sigma|_{max}$ 随 Re 数(其参考长度为对应弦向位置的边界层位移厚度)的变化曲线如图 6.13 所示。图中的上方曲线是算例 A 的结果,大约在 $|k|=0.5$,$Re=257$ 时达到峰值,所对应的位置是靠近机翼前缘。为了比较,图下方的曲线,则是算例 B(马赫数 $Ma=0.82$,前缘后掠角为 $23°$)的 $|\sigma|_{max}$ 随 Re 的变化曲线,其在变化的过程中也有一个峰值。尽管两条曲线都有峰值,但是算例 B 的峰值则大大地减小了,所对应的位置离开前缘也变远了(图中"□"和"▼"分别是文献[23]和[25]的结果)。显然,这是由于算例 B 的前缘后掠角变小了,从算例 A 的 $35°$ 变为 $23°$,使得横流大大地减弱了。

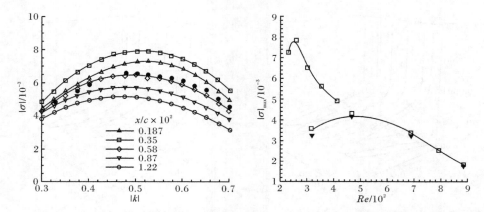

图 6.12　扰动空间增长率随波数的变化　　　图 6.13　最大扰动空间增长率随雷诺数的变化

以上结果表明,后掠机翼的横流扰动稳定性主要发生在机翼前缘附近,受到机翼前缘后掠角的强烈影响:后掠角的增加,伴随着压力梯度的增大,将强化这种不稳定性而容易发生转捩;若减小机翼后掠角,带来的影响则相反。

下面分析机身边界层稳定性,算例条件[26,27]:来流马赫数 $Ma = 0.84$、温度 $T_\infty = 288.15\mathrm{K}$、压强 $p_\infty = 101325\mathrm{Pa}$,迎角为 $3°$。轴对称机身的贴体网格和坐标系如图 6.14 所示。

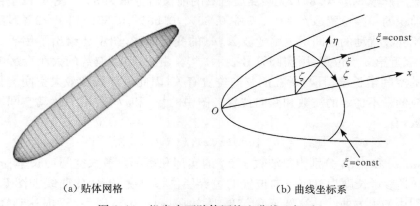

（a）贴体网格　　　　　　　　　　　　（b）曲线坐标系

图 6.14　机身表面贴体网格和曲线坐标系

不同展向波数的扰动波增长率沿流向的变化曲线(机身周向角 $\zeta = 90°$,扰动频率 $f = 6000\mathrm{Hz}$)如图 6.15 所示。展向波数的大小直接影响曲线的变化趋势,包括所能达到的峰值及其相应位置,大约在展向波数 $b = 0.010$ 时的扰动增长率达最大值。图 6.16 给出了不同周向位置的机身扰动放大因子的变化($b = 0.015$,$f = 7160\mathrm{Hz}$)。由图可见,在周向位置 $\zeta = 70° \sim 160°$ 的区域是扰动增长大的不稳定区域(小迎角时)。图 6.17 则是不同频率的扰动放大因子沿流向的变化($b = 0.01$,

$\zeta=40°$)。空间推进始于 $x/L=0.03$ 处(L 为机身长度),初始振幅设为单位 1。由图可见,随着频率的增加,流动失稳的位置逐步向上游移动,高频率($f=8950\mathrm{Hz}$)的扰动首先失稳;而较低频率的扰动的失稳位置靠后,其不稳定范围也在扩大,相应的峰值能够达到更大值。

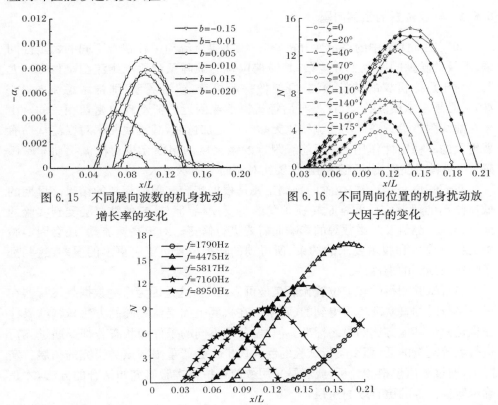

图 6.15　不同展向波数的机身扰动　　　　图 6.16　不同周向位置的机身扰动放
　　　　　增长率的变化　　　　　　　　　　　　　大因子的变化

图 6.17　不同频率的机身扰动放大因子的变化

综合上述的机翼和机身的稳定性分析,可以简单归纳如下:

(1) 在三维流中最大增长率的扰动波的波角是变化的,在机翼前缘附近波角最大,沿机翼弦向逐渐减小。

(2) 后掠机翼在前缘附近区域内存在很强的横流不稳定性,且随前缘后掠角的增大而得到强化。

(3) 机翼内侧前缘区相对于机翼表面的其他区域,边界层流动将更不稳定。

(4) 小迎角时的机身迎风面区域的扰动要比机身的其他区域更不稳定。

关于三维流的非线性稳定性问题[28],从三维流非线性扰动方程出发,采用前面有关非线性稳定性的处理方法,可以进一步研究三维气动体的非线性稳定性问题。这里限于篇幅,不进一步讨论了。

6.6　三维边界层流动的转捩预测

6.6.1　转捩位置的预测问题

如同在 6.1 节中的稳定性分析,在三维边界层流动中存在着不同的稳定性问题,涉及的转捩问题也十分复杂,其转捩位置的准确预测比二维流困难得多。尤其是对于后掠机翼的转捩预测,既要像一般机翼(或者翼型)那样考虑流向 T-S 波,又必须考虑横流扰动,这是与后掠机翼前缘附近的流动现象密切相关的。由于在前缘附近沿近壁流动的流线比无黏流线更加弯曲,其流线曲率对横流扰动有着更大的不稳定性作用[29];而前缘附近的微尺度的粗糙元也对横流扰动非常敏感[30],两者对横流转捩预测的影响要比对流向 T-S 波更大。

我们知道,一般转捩位置的预测主要是根据实验和数值模拟的结果。早期的低速流动的风洞实验常常是转捩预测的主要途径,但是,它的结果会受到实验的流场、环境、测量及雷诺数等的影响而需要进行修正。对于高速流动,还会因实验中的检测设备和技术要求的约束,所得到的转捩位置可能有更多的误差,这些都影响转捩预测的准确性。

飞行试验测得的转捩位置无疑是最可靠的[31],这是因为这些数据是飞行器在天空飞行时的真实环境下得到的(常采用在机翼上加层流翼套的方法),其结果往往也是验证其他方法的最终标准。但是,各种不同的条件和状态若都要通过飞行进行系统测量的话,那么飞行试验的巨大代价将会严重限制该类研究的拓展。实际上,通过数值模拟和分析,或者是采用数值模拟与实验研究相结合的方法,才是确定转捩位置的更有效的途径。

除了各种转捩工程估算方法(准确度往往不够高)之外,目前主要有三种转捩预测方法尤其引起人们的关注,一种是常用的 e^N 方法,另两种分别是精确的 DNS 方法,以及有发展前景的 PSE 方法。下面分别讨论这些方法。

6.6.2　转捩预测的 e^N 方法

e^N 方法是转捩预测用得最多的方法,也是一个半经验方法,2.5 节已讨论了 e^N 方法的一些基本特征和关注问题。下面进一步分析三维边界层流动中的扰动振幅放大因子(N)的确定方法,可以有不同的选择[32]:

一种常用的方法是包络法,即在每一个流向位置,相对于波数方向的放大率达到最大,不区分流向的和横流的不稳定。但是当波角从横流方向(在前缘区)快速地变到流向方向(在中弦区)时,包络法似乎就没有物理意义,从横流不稳定到流向不稳定的改变通常是发生在流线成 S 形转变之后。

第二种方法是固定参数法,如固定频率/固定展向波长,或者固定频率/固定总波长,以及固定频率/固定方向等。这些众多方法中的任何一种,都是隐式地将流向的和横流的扰动分开。

第三种方法称为流向 N 因子/横流 N 因子法,把流向的和横流的扰动显式地分开,就是直接地分别进行计算。不过有些情况下的横流扰动和流向扰动实际上也是不易分开的。

图 6.18 给出了一个对后掠机翼采用包络法及固定频率/固定展向波数法的实例结果比较。正如所预料到的,后一种方法所得的 N 因子值是远低于包络法的。图中清晰地显示了横流的和流向的不稳定性之间的区别:近前缘的第一个峰值是横流扰动的,数值较大;第二个峰值主要是流向 T-S 斜波的贡献,比第一个峰值要小;而对应于这两个峰值位置的包络法的 N 因子值则要大得多。

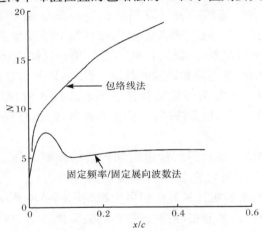

图 6.18　包络法与固定频率/固定展向波数法的放大因子比较[32]

由上可见,采用不同的方法所得到的 N 因子值会有明显的差别。因此,确定转捩 N 值时需要根据具体情况和要求谨慎处理,以避免可能带来的不确定性。

应当指出,由于 e^N 方法的初始振幅的获得并未考虑感受性问题(如受到表面附着线附近粗糙度等扰动的强烈影响),扰动的发展又是完全依据线性稳定性理论,因而不能反映真实演化过程,其振幅往往被高估了(见 2.5 节)。实际上,在扰动幅值计算中,对于不需要考虑扰动波方向的二维不可压缩流动,相对较为简单,唯一的选择是采用时间的还是空间的理论模式;而在研究三维流动时,则需要考虑扰动波的方向变化,以及流向和横流等不稳定性;若在超声速和高超声速流动中,还存在高阶不稳定模态等。毫无疑问,这些众多问题增加了三维转捩预测的复杂性和难度,也影响到包括 e^N 方法在内的转捩预测方法的准确性。

6.6.3　转捩预测的 DNS 和 PSE 方法

一个好的转捩预测方法应能准确地反映转捩的各个过程,而 DNS 方法能够提供一个真实的和完整的转捩过程,能够直接计算出转捩位置(或者流动特性发生突变的位置),无疑是转捩预测的最为精确的数值方法。通过 DNS 的转捩研究,能够得到在实验中有时也难以获得的精确数据和结果,也能够为其他方法的验证提供依据。

PSE 方法是流动稳定性研究的新方法。它能够用于研究感受性问题[33],分析包括来流自由涡、声波和壁面粗糙等外部扰动进入边界层,产生边界层内不稳定波的过程,有助于 e^N 方法中的初始扰动波振幅的确定;它所提供沿着推进路线的连贯的物理解和空间振幅增长曲线,包括线性及非线性稳定性阶段,可以直接用于 N 因子的积分中,改进了 e^N 方法都依据线性稳定性理论计算所引起的准确性问题;特别是,这个方法能够一直计算到所谓"breakdown 阶段"。也就是说,当 PSE 计算推进到迭代不能收敛、表面摩擦力或者热交换发生急剧变化之处,常常就是接近于转捩发生的位置,并提供其相应的 N 值。这样,能够改变一般 e^N 方法的转捩判据基本上依赖于实验和经验的状况。此外,PSE 方法的高效快速推进解法,特别是该方法可用于复杂外形的物体及各种不同条件(如扰动环境、压力梯度、马赫数等),并能够与其他方法结合、补充和拓展,因而有利于在工程设计中的应用。

必须指出,机翼的三维边界层稳定性和转捩的预测,还面临着许多实际问题和困难。人们在研究中常常把复杂的真实机翼进行简化。例如,在机翼的布局上,几乎难以想象,真实的机翼从翼根到翼尖都是用同一种翼型;机翼常常会有安装角、上(下)反角及扭转角分布,甚至还带有翼尖装置[34]等,以提高气动效率和改进飞行性能;机翼后部一般还有副翼、襟翼等可操纵部件;而吊舱和外挂物也常常与机翼相连接而存在气动干扰问题等。又如,飞机机动飞行时的各种舵面的偏转对流场的影响;在跨/超/高超声速时,激波的产生及激波边界层干扰等。这些真实的最基本的状况,将对边界层内的基本流的准确计算带来很大的困扰,更会影响稳定性和转捩预测的研究。

面对如此复杂的机翼三维流的边界层转捩的预测问题,如何处理和解决,则是一个必须考虑但又是非常困难的问题。

由于 DNS 方法对计算机资源的巨大需求,大大限制了它在复杂三维流转捩问题中的应用。到目前为止,DNS 方法在很多情况下还难以应用。人们也期待着,随着计算机的发展和数值方法的改进,DNS 方法将逐步应用到更多的实际问题中。

对于半经验的 e^N 方法,需要做的是进一步的改进和完善。例如,根据具体情况需要引进更多的假设和近似,采用与其他方法的更多结合,如与实验研究的对比分析,又如利用 PSE 的部分结果等,以得到较为准确可信的转捩判据 N 值。可以预料,在今后的一段时间内,e^N 方法仍将会得到广泛的应用。

PSE 方法在三维流转捩预测研究方面,关键的问题是解决好在各种复杂状态下的三维流边界层及其稳定性的精确计算,尤其是在非线性阶段。该方法在研究各种稳定性问题上已经有了很好的基础。随着 CFD 技术的进步[35],尤其是复杂网格生成技术和数值解法的不断发展,为各种状态下的三维流边界层稳定性和转捩研究提供了可靠基础。PSE 方法与 CFD 技术的紧密结合,将会推动研究中的许多问题的逐步解决。因此,PSE 方法作为三维流边界层转捩预测的新方法[36],与其他方法相比有更多的优势,在飞行器气动设计等重要领域,将有着很大的发展和应用空间。

附录 C　方程(6.19)展开式

C.1　方程(6.19)左边线性项的系数矩阵

$$\hat{\boldsymbol{\Gamma}} = M^0$$

$$\hat{\boldsymbol{A}}^l = UN^0 + N\hat{X}^{\mathrm{T}} - Re^{-1}A^v$$

$$\hat{\boldsymbol{B}}^l = VN^0 + N\hat{H}^{\mathrm{T}} + \hat{H}[RT,0,0,0,\rho R] - Re^{-1}B^v$$

$$\hat{\boldsymbol{C}}^l = WN^0 + N\hat{Z}^{\mathrm{T}} + \hat{Z}[RT,0,0,0,\rho R] - Re^{-1}C^v$$

$$\begin{aligned}\hat{\boldsymbol{D}}^l = &UN_\xi^0 + N_\xi \hat{X}^{\mathrm{T}} + VN_\eta^0 + N_\eta \hat{H}^{\mathrm{T}} + WN_\zeta^0 + N_\zeta \hat{Z}^{\mathrm{T}} - Re^{-1}D^v + (u_\xi \xi_x + v_\xi \xi_y \\ &+ w_\xi \xi_z + u_\eta \eta_x + v_\eta \eta_y + w_\eta \eta_z + u_\zeta \zeta_x + v_\zeta \zeta_y + w_\zeta \zeta_z)N^0 \\ &+ \hat{H}[RT_\eta,0,0,0,\rho_\eta R] + \hat{Z}[RT_\zeta,0,0,0,\rho_\zeta R]\end{aligned}$$

$$\boldsymbol{V}_{11}^l = -V_{11}^v/Re, \quad \boldsymbol{V}_{22}^l = -V_{22}^v/Re, \quad \boldsymbol{V}_{33}^l = -V_{33}^v/Re$$

$$\boldsymbol{V}_{12}^l = -V_{12}^v/Re, \quad \boldsymbol{V}_{13}^l = -V_{13}^v/Re, \quad \boldsymbol{V}_{23}^l = -V_{23}^v/Re$$

式中

$$\begin{aligned}A^v = &(\hat{V}_{1\xi}^1 \xi_x + \hat{V}_{2\xi}^1 \xi_y + \hat{V}_{3\xi}^1 \xi_z + \hat{V}_{1\eta}^1 \eta_x + \hat{V}_{2\eta}^1 \eta_y + \hat{V}_{3\eta}^1 \eta_z + \hat{V}_{1\zeta}^1 \zeta_x + \hat{V}_{2\zeta}^1 \zeta_y + \hat{V}_{3\zeta}^1 \zeta_z)\xi_x \\ &+ (\hat{V}_{1\xi}^2 \xi_x + \hat{V}_{2\xi}^2 \xi_y + \hat{V}_{3\xi}^2 \xi_z + \hat{V}_{1\eta}^2 \eta_x + \hat{V}_{2\eta}^2 \eta_y + \hat{V}_{3\eta}^2 \eta_z + \hat{V}_{1\zeta}^2 \zeta_x + \hat{V}_{2\zeta}^2 \zeta_y + \hat{V}_{3\zeta}^2 \zeta_z)\xi_y \\ &+ (\hat{V}_{1\xi}^3 \xi_x + \hat{V}_{2\xi}^3 \xi_y + \hat{V}_{3\xi}^3 \xi_z + \hat{V}_{1\eta}^3 \eta_x + \hat{V}_{2\eta}^3 \eta_y + \hat{V}_{3\eta}^3 \eta_z + \hat{V}_{1\zeta}^3 \zeta_x + \hat{V}_{2\zeta}^3 \zeta_y + \hat{V}_{3\zeta}^3 \zeta_z)\xi_z \\ &+ (\hat{V}_1^0 \xi_x + \hat{V}_2^0 \xi_y + \hat{V}_3^0 \xi_z) + (\hat{V}_1^1 \xi_x + \hat{V}_2^1 \xi_y + \hat{V}_3^1 \xi_z)\xi_{x\xi} + (\hat{V}_1^1 \eta_x + \hat{V}_2^1 \eta_y + \hat{V}_3^1 \eta_z)\xi_{x\eta} \\ &+ (\hat{V}_1^1 \zeta_x + \hat{V}_2^1 \zeta_y + \hat{V}_3^1 \zeta_z)\xi_{x\zeta} + (\hat{V}_1^2 \xi_x + \hat{V}_2^2 \xi_y + \hat{V}_3^2 \xi_z)\xi_{y\xi} + (\hat{V}_1^2 \eta_x + \hat{V}_2^2 \eta_y + \hat{V}_3^2 \eta_z)\xi_{y\eta} \\ &+ (\hat{V}_1^2 \zeta_x + \hat{V}_2^2 \zeta_y + \hat{V}_3^2 \zeta_z)\xi_{y\zeta} + (\hat{V}_1^3 \xi_x + \hat{V}_2^3 \xi_y + \hat{V}_3^3 \xi_z)\xi_{z\xi} + (\hat{V}_1^3 \eta_x + \hat{V}_2^3 \eta_y\end{aligned}$$

$$+\hat{V}_3^3\eta_z)\xi_{\eta} + (\hat{V}_1^3\zeta_x + \hat{V}_2^3\zeta_y + \hat{V}_3^3\zeta_z)\xi_{z\zeta}$$

$$
\begin{aligned}
B^v =& (\hat{V}_{1\xi}^1\xi_x + \hat{V}_{2\xi}^1\xi_y + \hat{V}_{3\xi}^1\xi_z + \hat{V}_{1\eta}^1\eta_x + \hat{V}_{2\eta}^1\eta_y + \hat{V}_{3\eta}^1\eta_z + \hat{V}_{1\zeta}^1\zeta_x + \hat{V}_{2\zeta}^1\zeta_y + \hat{V}_{3\zeta}^1\zeta_z)\eta_x \\
&+ (\hat{V}_{1\xi}^2\xi_x + \hat{V}_{2\xi}^2\xi_y + \hat{V}_{3\xi}^2\xi_z + \hat{V}_{1\eta}^2\eta_x + \hat{V}_{2\eta}^2\eta_y + \hat{V}_{3\eta}^2\eta_z + \hat{V}_{1\zeta}^2\zeta_x + \hat{V}_{2\zeta}^2\zeta_y + \hat{V}_{3\zeta}^2\zeta_z)\eta_y \\
&+ (\hat{V}_{1\xi}^3\xi_x + \hat{V}_{2\xi}^3\xi_y + \hat{V}_{3\xi}^3\xi_z + \hat{V}_{1\eta}^3\eta_x + \hat{V}_{2\eta}^3\eta_y + \hat{V}_{3\eta}^3\eta_z + \hat{V}_{1\zeta}^3\zeta_x + \hat{V}_{2\zeta}^3\zeta_y + \hat{V}_{3\zeta}^3\zeta_z)\eta_z \\
&+ (\hat{V}_1^0\eta_x + \hat{V}_2^0\eta_y + \hat{V}_3^0\eta_z) + (\hat{V}_1^1\xi_x + \hat{V}_2^1\xi_y + \hat{V}_3^1\xi_z)\eta_{x\xi} + (\hat{V}_1^1\eta_x + \hat{V}_2^1\eta_y + \hat{V}_3^1\eta_z)\eta_{x\eta} \\
&+ (\hat{V}_1^1\zeta_x + \hat{V}_2^1\zeta_y + \hat{V}_3^1\zeta_z)\eta_{x\zeta} + (\hat{V}_1^2\xi_x + \hat{V}_2^2\xi_y + \hat{V}_3^2\xi_z)\eta_{y\xi} + (\hat{V}_1^2\eta_x + \hat{V}_2^2\eta_y \\
&+ \hat{V}_3^2\eta_z)\eta_{y\eta} + (\hat{V}_1^2\zeta_x + \hat{V}_2^2\zeta_y + \hat{V}_3^2\zeta_z)\eta_{y\zeta} + (\hat{V}_1^2\xi_x + \hat{V}_2^2\xi_y + \hat{V}_3^2\xi_z)\eta_{z\xi} + (\hat{V}_1^3\eta_x \\
&+ \hat{V}_2^3\eta_y + \hat{V}_3^3\eta_z)\eta_{z\eta} + (\hat{V}_1^3\zeta_x + \hat{V}_2^3\zeta_y + \hat{V}_3^3\zeta_z)\eta_{z\zeta}
\end{aligned}
$$

$$
\begin{aligned}
C^v =& (\hat{V}_{1\xi}^1\xi_x + \hat{V}_{2\xi}^1\xi_y + \hat{V}_{3\xi}^1\xi_z + \hat{V}_{1\eta}^1\eta_x + \hat{V}_{2\eta}^1\eta_y + \hat{V}_{3\eta}^1\eta_z + \hat{V}_{1\zeta}^1\zeta_x + \hat{V}_{2\zeta}^1\zeta_y + \hat{V}_{3\zeta}^1\zeta_z)\zeta_x \\
&+ (\hat{V}_{1\xi}^2\xi_x + \hat{V}_{2\xi}^2\xi_y + \hat{V}_{3\xi}^2\xi_z + \hat{V}_{1\eta}^2\eta_x + \hat{V}_{2\eta}^2\eta_y + \hat{V}_{3\eta}^2\eta_z + \hat{V}_{1\zeta}^2\zeta_x + \hat{V}_{2\zeta}^2\zeta_y + \hat{V}_{3\zeta}^2\zeta_z)\zeta_y \\
&+ (\hat{V}_{1\xi}^3\xi_x + \hat{V}_{2\xi}^3\xi_y + \hat{V}_{3\xi}^3\xi_z + \hat{V}_{1\eta}^3\eta_x + \hat{V}_{2\eta}^3\eta_y + \hat{V}_{3\eta}^3\eta_z + \hat{V}_{1\zeta}^3\zeta_x + \hat{V}_{2\zeta}^3\zeta_y + \hat{V}_{3\zeta}^3\zeta_z)\zeta_z \\
&+ (\hat{V}_1^0\zeta_x + \hat{V}_2^0\zeta_y + \hat{V}_3^0\zeta_z) + (\hat{V}_1^1\xi_x + \hat{V}_2^1\xi_y + \hat{V}_3^1\xi_z)\zeta_{x\xi} + (\hat{V}_1^1\eta_x + \hat{V}_2^1\eta_y + \hat{V}_3^1\eta_z)\zeta_{x\eta} \\
&+ (\hat{V}_1^1\zeta_x + \hat{V}_2^1\zeta_y + \hat{V}_3^1\zeta_z)\zeta_{x\zeta} + (\hat{V}_1^2\xi_x + \hat{V}_2^2\xi_y + \hat{V}_3^2\xi_z)\zeta_{y\xi} + (\hat{V}_1^2\eta_x + \hat{V}_2^2\eta_y \\
&+ \hat{V}_3^2\eta_z)\zeta_{y\eta} + (\hat{V}_1^2\zeta_x + \hat{V}_2^2\zeta_y + \hat{V}_3^2\zeta_z)\zeta_{y\zeta} + (\hat{V}_1^3\xi_x + \hat{V}_2^3\xi_y + \hat{V}_3^3\xi_z)\zeta_{z\xi} + (\hat{V}_1^3\eta_x \\
&+ \hat{V}_2^3\eta_y + \hat{V}_3^3\eta_z)\zeta_{z\eta} + (\hat{V}_1^3\zeta_x + \hat{V}_2^3\zeta_y + \hat{V}_3^3\zeta_z)\zeta_{z\zeta}
\end{aligned}
$$

$$D^v = \hat{V}_{1\xi}^0\xi_x + \hat{V}_{2\xi}^0\xi_y + \hat{V}_{3\xi}^0\xi_z + \hat{V}_{1\eta}^0\eta_x + \hat{V}_{2\eta}^0\eta_y + \hat{V}_{3\eta}^0\eta_z + \hat{V}_{1\zeta}^0\zeta_x + \hat{V}_{2\zeta}^0\zeta_y + \hat{V}_{3\eta}^0\zeta_z$$

$$V_{11}^v = (\hat{V}_1^1\xi_x + \hat{V}_2^1\xi_y + \hat{V}_3^1\xi_z)\xi_x + (\hat{V}_1^2\xi_x + \hat{V}_2^2\xi_y + \hat{V}_3^2\xi_z)\xi_y + (\hat{V}_1^3\xi_x + \hat{V}_2^3\xi_y + \hat{V}_3^3\xi_z)\xi_z$$

$$V_{22}^v = (\hat{V}_1^1\eta_x + \hat{V}_2^1\eta_y + \hat{V}_3^1\eta_z)\eta_x + (\hat{V}_1^2\eta_x + \hat{V}_2^2\eta_y + \hat{V}_3^2\eta_z)\eta_y + (\hat{V}_1^3\eta_x + \hat{V}_2^3\eta_y + \hat{V}_3^3\eta_z)\eta_z$$

$$V_{33}^v = (\hat{V}_1^1\zeta_x + \hat{V}_2^1\zeta_y + \hat{V}_3^1\zeta_z)\zeta_x + (\hat{V}_1^2\zeta_x + \hat{V}_2^2\zeta_y + \hat{V}_3^2\zeta_z)\zeta_y + (\hat{V}_1^3\zeta_x + \hat{V}_2^3\zeta_y + \hat{V}_3^3\zeta_z)\zeta_z$$

$$
\begin{aligned}
V_{12}^v =& (\hat{V}_1^1\xi_x + \hat{V}_2^1\xi_y + \hat{V}_3^1\xi_z)\eta_x + (\hat{V}_1^1\eta_x + \hat{V}_2^1\eta_y + \hat{V}_3^1\eta_z)\xi_x + (\hat{V}_1^2\xi_x + \hat{V}_2^2\xi_y \\
&+ \hat{V}_3^2\xi_z)\eta_y + (\hat{V}_1^2\eta_x + \hat{V}_2^2\eta_y + \hat{V}_3^2\eta_z)\xi_y + (\hat{V}_1^3\xi_x + \hat{V}_2^3\xi_y + \hat{V}_3^3\xi_z)\eta_z + (\hat{V}_1^3\eta_x \\
&+ \hat{V}_2^3\eta_y + \hat{V}_3^3\eta_z)\xi_z
\end{aligned}
$$

$$
\begin{aligned}
V_{13}^v =& (\hat{V}_1^1\xi_x + \hat{V}_2^1\xi_y + \hat{V}_3^1\xi_z)\zeta_x + (\hat{V}_1^1\zeta_x + \hat{V}_2^1\zeta_y + \hat{V}_3^1\zeta_z)\xi_x + (\hat{V}_1^2\xi_x + \hat{V}_2^2\xi_y \\
&+ \hat{V}_3^2\xi_z)\zeta_y + (\hat{V}_1^2\zeta_x + \hat{V}_2^2\zeta_y + \hat{V}_3^2\zeta_z)\xi_y + (\hat{V}_1^3\xi_x + \hat{V}_2^3\xi_y + \hat{V}_3^3\xi_z)\zeta_z + (\hat{V}_1^3\zeta_x \\
&+ \hat{V}_2^3\zeta_y + \hat{V}_3^3\zeta_z)\xi_z
\end{aligned}
$$

$$
\begin{aligned}
V_{23}^v =& (\hat{V}_1^1\eta_x + \hat{V}_2^1\eta_y + \hat{V}_3^1\eta_z)\zeta_x + (\hat{V}_1^1\zeta_x + \hat{V}_2^1\zeta_y + \hat{V}_3^1\zeta_z)\eta_x + (\hat{V}_1^2\eta_x + \hat{V}_2^2\eta_y \\
&+ \hat{V}_3^2\eta_z)\zeta_y + (\hat{V}_1^2\zeta_x + \hat{V}_2^2\zeta_y + \hat{V}_3^2\zeta_z)\eta_y + (\hat{V}_1^3\eta_x + \hat{V}_2^3\eta_y + \hat{V}_3^3\eta_z)\zeta_z + (\hat{V}_1^3\zeta_x
\end{aligned}
$$

$$+\hat{V}_2^3\zeta_y+\hat{V}_3^3\zeta_z)\eta_z$$

以及

$$
\boldsymbol{M}^0=
\begin{bmatrix}
1 & 0 & 0 & 0 & 0 \\
\bar{u} & \bar{\rho} & 0 & 0 & 0 \\
\bar{v} & 0 & \bar{\rho} & 0 & 0 \\
\overline{w} & 0 & 0 & \bar{\rho} & 0 \\
c_V\,\overline{T}+\dfrac{1}{2}(\bar{u}^2+\bar{v}^2+\overline{w}^2) & \bar{\rho}\bar{u} & \bar{\rho}\bar{v} & \bar{\rho}\overline{w} & \bar{\rho}c_V
\end{bmatrix}
$$

$$
\boldsymbol{N}^0=
\begin{bmatrix}
1 & 0 & 0 & 0 & 0 \\
\bar{u} & \rho & 0 & 0 & 0 \\
\bar{v} & 0 & \rho & 0 & 0 \\
\overline{w} & 0 & 0 & \rho & 0 \\
c_p\,\overline{T}+\dfrac{1}{2}(\bar{u}^2+\bar{v}^2+\overline{w}^2) & \bar{\rho}\bar{u} & \bar{\rho}\bar{v} & \bar{\rho}\overline{w} & \bar{\rho}c_p
\end{bmatrix}
$$

$$
\hat{\boldsymbol{V}}_1^0=
\begin{bmatrix}
0 & 0 & 0 & 0 & 0 \\
0 & 0 & 0 & 0 & \dfrac{2}{3}(2\bar{u}_x-\bar{v}_y-\overline{w}_z)\dfrac{\mathrm{d}\bar{\mu}}{\mathrm{d}\,\overline{T}} \\
0 & 0 & 0 & 0 & (\bar{u}_y+\bar{v}_x)\dfrac{\mathrm{d}\bar{\mu}}{\mathrm{d}\,\overline{T}} \\
0 & 0 & 0 & 0 & \bar{\mu}(\bar{u}_z+\overline{w}_x)\dfrac{\mathrm{d}\bar{\mu}}{\mathrm{d}\,\overline{T}} \\
0 & \dfrac{2}{3}\bar{\mu}(2\bar{u}_x-\bar{v}_y-\overline{w}_z) & \bar{\mu}(\bar{u}_y+\bar{v}_x) & \bar{\mu}(\bar{u}_z+\overline{w}_x) & \dfrac{\mathrm{d}\bar{\mu}}{\mathrm{d}T}\{\dfrac{\gamma\bar{\mu}}{Pr}c_V\,\overline{T}_x+\bar{u}[-\dfrac{2}{3}\bar{\mu}(2\bar{u}_x-\bar{v}_y-\overline{w}_z)+\bar{v}\bar{\mu}(\bar{u}_y+\bar{v}_x)+\overline{w}\bar{\mu}(\bar{u}_z+\overline{w}_x)]\}
\end{bmatrix}
$$

$$
\hat{\boldsymbol{V}}_1^1=
\begin{bmatrix}
0 & 0 & 0 & 0 & 0 \\
0 & \dfrac{4}{3}\bar{\mu} & 0 & 0 & 0 \\
0 & 0 & \bar{\mu} & 0 & 0 \\
0 & 0 & 0 & \bar{\mu} & 0 \\
0 & \dfrac{4}{3}\bar{\mu}\bar{u} & \bar{\mu}\bar{v} & \bar{\mu}\overline{w} & \bar{\mu}\dfrac{\gamma c_V}{Pr}
\end{bmatrix},\quad
\hat{\boldsymbol{V}}_2^1=
\begin{bmatrix}
0 & 0 & 0 & 0 & 0 \\
0 & 0 & -\dfrac{2}{3}\bar{\mu} & 0 & 0 \\
0 & \bar{\mu} & 0 & 0 & 0 \\
0 & 0 & 0 & 0 & 0 \\
0 & \bar{\mu}\bar{v} & -\dfrac{2}{3}\bar{\mu}\bar{u} & 0 & 0
\end{bmatrix}
$$

$$\hat{\boldsymbol{V}}_3^1 = \begin{bmatrix} 0 & 0 & 0 & 0 & 0 \\ 0 & 0 & -\dfrac{2}{3}\bar{\mu} & 0 & 0 \\ 0 & \bar{\mu} & 0 & 0 & 0 \\ 0 & 0 & 0 & 0 & 0 \\ 0 & \bar{\mu}\bar{v} & -\dfrac{2}{3}\bar{\mu}\bar{u} & 0 & 0 \end{bmatrix}$$

$$\hat{\boldsymbol{V}}_2^0 = \begin{bmatrix} 0 & 0 & 0 & 0 & 0 \\ 0 & 0 & 0 & 0 & (\bar{u}_y+\bar{v}_x)\dfrac{\mathrm{d}\bar{\mu}}{\mathrm{d}\bar{T}} \\ 0 & 0 & 0 & 0 & \dfrac{2}{3}(2\,\bar{v}_y-\bar{u}_x-\bar{w}_z)\dfrac{\mathrm{d}\bar{\mu}}{\mathrm{d}\bar{T}} \\ 0 & 0 & 0 & 0 & (\bar{v}_z+\bar{w}_y)\dfrac{\mathrm{d}\bar{\mu}}{\mathrm{d}\bar{T}} \\ 0 & \bar{\mu}(\bar{u}_y+\bar{v}_x) & \dfrac{2}{3}\bar{\mu}(2\,\bar{v}_y-\bar{u}_x-\bar{w}_z) & \bar{\mu}(\bar{v}_z+\bar{w}_y) & \begin{aligned}&\dfrac{\mathrm{d}\bar{\mu}}{\mathrm{d}\bar{T}}\Big[\dfrac{\gamma}{Pr}c_V\,\bar{T}_y+\bar{u}(\bar{u}_y\\ &+\bar{v}_x)+\dfrac{2}{3}\bar{v}(2\,\bar{v}_y\\ &-\bar{u}_x-\bar{w}_z)+\bar{w}(\bar{v}_z\\ &+\bar{w}_y)\Big]\end{aligned} \end{bmatrix}$$

$$\hat{\boldsymbol{V}}_2^1 = \begin{bmatrix} 0 & 0 & 0 & 0 & 0 \\ 0 & 0 & \bar{\mu} & 0 & 0 \\ 0 & -\dfrac{2}{3}\bar{\mu} & 0 & 0 & 0 \\ 0 & 0 & 0 & 0 & 0 \\ 0 & -\dfrac{2}{3}\bar{\mu}\bar{v} & \bar{\mu}\bar{u} & 0 & 0 \end{bmatrix}$$

$$\hat{\boldsymbol{V}}_2^2 = \begin{bmatrix} 0 & 0 & 0 & 0 & 0 \\ 0 & \bar{\mu} & 0 & 0 & 0 \\ 0 & 0 & \dfrac{4}{3}\bar{\mu} & 0 & 0 \\ 0 & 0 & 0 & 0 & 0 \\ 0 & \bar{\mu}\bar{u} & \dfrac{4}{3}\bar{\mu}\bar{v} & \bar{\mu}\bar{w} & \dfrac{\gamma c_V}{Pr}\bar{\mu} \end{bmatrix}$$

$$\hat{\boldsymbol{V}}_2^3 = \begin{bmatrix} 0 & 0 & 0 & 0 & 0 \\ 0 & 0 & 0 & 0 & 0 \\ 0 & 0 & 0 & -\dfrac{2}{3}\bar{\mu} & 0 \\ 0 & 0 & \mu & 0 & 0 \\ 0 & 0 & \bar{\mu}\bar{w} & -\dfrac{2}{3}\bar{\mu}\bar{v} & 0 \end{bmatrix}$$

$$\hat{\boldsymbol{V}}_3^0 = \begin{bmatrix} 0 & 0 & 0 & 0 & 0 \\ 0 & 0 & 0 & 0 & (\bar{u}_z+\bar{w}_x)\dfrac{\mathrm{d}\bar{\mu}}{\mathrm{d}\bar{T}} \\ 0 & 0 & 0 & 0 & (\bar{v}_z+\bar{w}_y)\dfrac{\mathrm{d}\bar{\mu}}{\mathrm{d}\bar{T}} \\ 0 & 0 & 0 & 0 & \dfrac{2}{3}(2\bar{w}_z-\bar{u}_x-\bar{v}_y)\dfrac{\mathrm{d}\bar{\mu}}{\mathrm{d}\bar{T}} \\ 0 & \bar{\mu}(\bar{u}_z+\bar{w}_x) & \bar{\mu}(\bar{v}_z+\bar{w}_y) & \dfrac{2}{3}\bar{\mu}(2\bar{w}_z-\bar{u}_x-\bar{v}_y) & \begin{aligned}&\dfrac{\mathrm{d}\bar{\mu}}{\mathrm{d}\bar{T}}\Big[\dfrac{\gamma}{Pr}c_V\,\bar{T}_z+\bar{u}(\bar{u}_z+\bar{w}_x)\\&+\bar{v}(\bar{v}_z+\bar{w}_y)+\dfrac{2}{3}\bar{w}(2\bar{w}_z\\&-\bar{u}_x-\bar{v}_y)\Big]\end{aligned} \end{bmatrix}$$

$$\hat{\boldsymbol{V}}_3^1 = \begin{bmatrix} 0 & 0 & 0 & 0 & 0 \\ 0 & 0 & 0 & \bar{\mu} & 0 \\ 0 & 0 & 0 & 0 & 0 \\ 0 & -\dfrac{2}{3}\bar{\mu} & 0 & 0 & 0 \\ 0 & -\dfrac{2}{3}\bar{w}\bar{\mu} & 0 & \bar{\mu}\bar{u} & 0 \end{bmatrix}, \quad \hat{\boldsymbol{V}}_3^2 = \begin{bmatrix} 0 & 0 & 0 & 0 & 0 \\ 0 & 0 & 0 & 0 & 0 \\ 0 & 0 & 0 & \bar{\mu} & 0 \\ 0 & 0 & -\dfrac{2}{3}\bar{\mu} & 0 & 0 \\ 0 & 0 & -\dfrac{2}{3}\bar{w}\bar{\mu} & \bar{\mu}\bar{v} & 0 \end{bmatrix}$$

$$\hat{\boldsymbol{V}}_3^3 = \begin{bmatrix} 0 & 0 & 0 & 0 & 0 \\ 0 & \bar{\mu} & 0 & 0 & 0 \\ 0 & 0 & \bar{\mu} & 0 & 0 \\ 0 & 0 & 0 & \dfrac{4}{3}\bar{\mu} & 0 \\ 0 & \bar{\mu}\bar{u} & \bar{\mu}\bar{v} & \dfrac{4}{3}\bar{\mu}\bar{w} & \dfrac{\gamma c_V}{Pr}\bar{\mu} \end{bmatrix}$$

C. 2　方程(6. 19)右边的非线性项的展开式

$$\widetilde{N}^{\text{non}} = (L_1^M)_t + (\overline{U}+U')(L_1^N)_\xi + U'(L_2^N+L_3^N)_\xi + (\overline{V}+V')(L_1^N)_\eta$$
$$+ V'(L_2^N+L_3^N)_\eta + (\overline{W}+W')(L_1^N)_\zeta + W'(L_2^N+L_3^N)_\zeta$$
$$+ (L_1^N)\big[\xi_x(\overline{u}+u')_\xi + \xi_y(\overline{v}+v')_\xi + \xi_z(\overline{w}+w')_\xi\big]$$
$$+ (L_1^N)\big[\eta_x(\overline{u}+u')_\eta + \eta_y(\overline{v}+v')_\eta + \eta_z(\overline{w}+w')_\eta + \zeta_x(\overline{u}+u')_\zeta$$
$$+ \zeta_y(\overline{v}+v')_\zeta\big] + (L_1^N)(\zeta_z(\overline{w}+w')_\zeta) + (L_2^N+L_3^N)(\xi_x u'_\xi + \xi_y v'_\xi$$
$$+ \xi_z w'_\xi + \eta_x u'_\eta + \eta_y v'_\eta + \eta_z w'_\eta) + (L_2^N+L_3^N)(\zeta_x u'_\zeta + \zeta_y v'_\zeta + \zeta_z w'_\zeta)$$
$$+ R\big[\hat{X}(\rho'T')_\xi + \hat{H}(\rho'T')_\eta + \hat{Z}(\rho'T')_\zeta\big] + \big[(L_1^V)_\xi X + (L_1^V)_\eta H$$
$$+ (L_1^V)Z\big]/Re$$

其中

$$L_1^M = \begin{bmatrix} 0 \\ \rho'u' \\ \rho'v' \\ \rho'w' \\ \dfrac{1}{2}(\bar{\rho}+\rho')\big[(u')^2+(v')^2+(w')^2\big] \\ +\rho'(\overline{u}u'+\overline{v}v'+\overline{w}w')+c_v\rho'T' \end{bmatrix}$$

$$L_1^N = \begin{bmatrix} 0 \\ \rho'u' \\ \rho'v' \\ \rho'w' \\ \dfrac{1}{2}(\bar{\rho}+\rho')\big[(u')^2+(v')^2+(w')^2\big] \\ +\rho'(\overline{u}u'+\overline{v}v'+\overline{w}w')+c_p\rho'T' \end{bmatrix}$$

$$L_2^N = \begin{bmatrix} \rho' \\ \rho'\overline{u} \\ \rho'\overline{v} \\ \rho'\overline{w} \\ c_p\rho'\overline{T}+\dfrac{\rho'}{2}(\overline{u}^2+\overline{v}^2+\overline{w}^2) \end{bmatrix}, \quad L_3^N = \begin{bmatrix} 0 \\ \bar{\rho}u' \\ \bar{\rho}v' \\ \bar{\rho}w' \\ \bar{\rho}c_p T'+\rho(\overline{u}u'+\overline{v}v'+\overline{w}w') \end{bmatrix}$$

$$\boldsymbol{L}_1^Y =$$

$$
\begin{bmatrix}
0 & 0 & 0 \\
2\mu'(2u'_x - v'_y - w'_z)/3 & \mu'(u'_y + v'_x) & \mu'(u'_z + w'_x) \\
\mu'(u'_y + v'_x) & 2\mu'(2v'_y - u'_x - w'_z) & \mu'(v'_z + w'_y) \\
\mu'(u'_z + w'_x) & \mu'(v'_z + w'_x) & 2\mu'(2w'_z - u'_x - v'_y)/3 \\
\dfrac{\gamma\mu'}{Pr}c_V T'_x + 2\mu'(\bar{u}+u') & \dfrac{\gamma\mu'}{Pr}c_V T'_y + \mu'(\bar{u}+u') & \dfrac{\gamma\mu'}{Pr}c_V T'_z + \mu'(\bar{u}+u') \\
\cdot (2u'_x - v'_y - w'_z)/3 + 2\mu' & \cdot (u'_y + v'_x) + \mu u'(u'_y + v'_x) & \cdot (u'_z + w'_x) + \mu u'(u'_z + w'_x) \\
\cdot [\mu'(2\bar{u}_x - \bar{v}_y - \bar{w}_z) & +\mu'u'(\bar{u}_y + \bar{v}_x) + (\bar{v}+v') & +\mu'u'(\bar{u}_z + \bar{w}_x) \\
+\mu(2u'_x - v'_y - w'_z)]/3 & \cdot [2\mu'(2v'_y - u'_x - w'_z)/3] & +\mu'(\bar{v}+v')(v'_z + w'_y) \\
+(\bar{v}+v')(u'_y + v'_x)\mu' & +v'[2\mu'(2\bar{v}_y - \bar{u}_x - \bar{w}_z)/3 & +v'(u'_z + w'_x)\mu + v'\mu'(\bar{u}_z \\
+\mu v'(u'_y + v'_x) + \mu'v' & +2\mu(2v'_y - u'_x - w'_z)/3] & +\bar{w}_x) + (2\mu_x w'/3) \\
\cdot (\bar{u}_y + \bar{v}_x) + \mu'(\bar{w}+w') & +\mu'(\bar{w}+w')(v'_z + w'_y) & \cdot (2\bar{w}_z - \bar{u}_x - \bar{v}_y) + 2\mu w' \\
\cdot (u'_z + w'_x) + w'\mu(u'_z & +w'\mu(v'_z + w'_y) + w'\mu' & (2w'_z - u'_x - v'_y)/3 + 2\mu' \\
+w'_x) + w'\mu'(\bar{u}_z + \bar{w}_x) & \cdot (\bar{v}_z + \bar{w}_y) & \cdot (\bar{w}+w')(2w'_z - u'_x - v'_y)/3
\end{bmatrix}
$$

参 考 文 献

[1] Malik M R, Li F. Three-dimensional boundary layer stability and transition. SAE Paper 921991,1992.

[2] Poll D I A. Transition description and prediction in three-dimensional flows. AGARD Rep 709, 1984.

[3] Reed H L, Saric W S, Arnal D. Linear stability theory applied to boundary layers. Annu Rev Fluid Mech,1996,28:389—428.

[4] Reed H L, Saric W S. Stability of three-dimensional boundary layers. Annu Rev Fluid Mech, 1989,21:235—284.

[5] Boiko A V, Grek G R, Dovgal A V, et al. Origin of Turbulence in Near-Wall Flows. New York:Springer-Verlag,2001.

[6] Hall P, Malik M R, Poll D I A. On the stability of an infinite swept attachment-line boundary layer. Proc R Soc London Ser A,1984,395:229—245.

[7] Pfenninger W. Some results from the X-21 program. Part I. Flow phenomenon at the leading edge of swept wings. AGARDograph 97,1965.

[8] 唐登斌,钱岭,舒昌. 非定常边界层方程的微分求积解法.计算物理,1993,10(2):185—190.

[9] 唐登斌. 三维驻点可压缩边界层计算.南京航空学院学报,1992,24(5):530—534.

[10] Tang D B,Chen G W. Calculation of three dimensional boundary layer equation using differ-ential quadrature method. Transaction of Nanjing University of Aeronautics and Astronau-

tics,1994,11(1):7—12.

[11] Cebeci T,Kaups K,Ramsey J A. A general method for calculating three-dimensional compressible laminar and turbulent boundary layers on arbitrary wings. NASA CR-2777,1977.

[12] 唐登斌. 层流控制和自然层流机翼可压缩边界层计算和应用. 空气动力学学报,1992,10(2):242—249.

[13] 朱国祥. 三维可压缩边界层计算及其稳定性研究. 南京:南京航空航天大学硕士学位论文,2003.

[14] Vadyak J. Simulation of diffuser duct flowfields using a three dimensional Euler/Navier-Stokes algorithm. AIAA Pap 86—0310,1986.

[15] 刘吉学. 三维非平行流边界层稳定性研究. 南京:南京航空航天大学硕士学位论文,2006.

[16] Wang M J. Stability Analysis of Three-Dimensional Boundary Layers with Parabolized Stability Equations. Columbus:The Ohio State University,1994.

[17] 郭欣. 基于 PSE 的可压缩流边界层稳定性研究. 南京:南京航空航天大学博士学位论文,2009.

[18] Deganhart J R. Amplified crossflow disturbances in the laminar boundary layer on swept wings with suction. NASA TP-1902,1981.

[19] Carpenter M H,Choudhari M,Li F,et al. Excitation of crossflow instabilities in a swept wing boundary layer. AIAA Pap 2010—378,2010.

[20] Lekoudis S G. Stability of three-dimensional compressible boundary layers over wings with suction. AIAA Pap 79—0265,1979.

[21] Nayfeh A H. Stability of three dimensional boundary layer. AIAA J, 1980, 18 (4): 406—416.

[22] Malik M R, Orszag S A. Efficient computation of stability of three dimensional compressible boundary layer. AIAA Pap 81—1277,1981.

[23] 唐登斌,成国玮,马前容. 边界层横流驻定扰动稳定性问题. 航空学报,1996,17(7):S78—81.

[24] Mack L M. On the stability of the boundary layer on a transonic swept wing. AIAA Pap 79—0264,1979.

[25] Mack L M. Compressible boundary-layer stability calculations for sweptback wings with suction. AIAA Pap 81—0196,1981.

[26] 朱国祥,唐登斌. 机身边界层控制研究. 航空学报,2004,25(2):117—120.

[27] Liu J X, Tang D B, Zhu G X. On nonparallel stability of three-dimensional compressible boundary layers. Modern Physics Letters B,2005,19(28-29):1503—1506.

[28] Saric W S, Carrillo Jr R B, Reibert M S. Nonlinear stability and transition in 3-D boundary layers. Meccanica,1998,33:469—487.

[29] Lin R S,Reed H L. Effect of curvature on stationary crossflow instability of a three-dimensional boundary layer. AIAA J,1993,31(9):1611—1617.

[30] Radeztsky R H Jr,Reibert M S,Saric W S,et al. Effect of micron-sized roughness on transi-

tion in swept-wing flows. AIAA Pap 93—0076,1993.

[31] Herbert T，Schrauf G. Crossflow-dominated transition in flight tests. AIAA Pap 96—0185，1996.

[32] Arnal D. Boundary layer transition: Predictions based on linear theory. AGARD Rep 793，1994.

[33] Herbert T，Lin N. Studies on boundary layer receptivity with parabolized stability equations. AIAA Pap 93—3053，1993.

[34] 唐登斌，钱家祥，史明泉. 机翼翼尖减阻装置的应用和发展，南京航空航天大学学报，1994，26(1):9—16.

[35] Blazek J. Computational Fluid Dynamics-Principles and Applications. Kidlington: Elsevier，2001.

[36] Herbert T. Progress in applied transition analysis. AIAA Pap 96—1993,1996.

第7章 边界层感受性问题

7.1 引　言

在边界层稳定性研究的过程中,人们后来注意到一个新的问题,就是外界扰动是如何进入边界层,产生边界层内的不稳定扰动波,即"边界层感受性"问题[1,2],需要建立起外界扰动与边界层内的初始扰动波之间的联系。由于外界的扰动波与边界层内不稳定波的相速度相差很大,色散关系也是不匹配的,因而在一般情况下,并不能直接激发边界层内的不稳定波。只有在流动的几何约束(如边界)导致边界层基本流发生局部快速变化的情况下,外界扰动波才能在边界层内流场的局部雷诺数较低的区域中,产生满足层内扰动波色散关系的不稳定波(通常为 T-S 波),其区域一般是从前缘附近到中性稳定性曲线分支Ⅰ位置(扰动开始失稳)[3,4]。通常外界扰动有自由涡(湍流扰动)、声波,以及由于壁面粗糙、振动等引起的扰动,图 7.1[5] 是这些与边界层感受性问题相关的外界扰动示意图。通过感受性问题研究,分析外部扰动如何向边界层内扰动波的转化,研究它们之间的关联,以得到扰动波的幅值、频率和相位的初始条件。

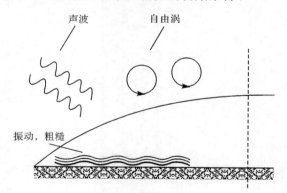

图 7.1　外界扰动示意图

感受性问题的提出对于流动稳定性研究和转捩现象的理解是一个非常关键的概念,是研究和探讨不稳定波的产生和起源这个重要的问题。外界扰动对于边界层的感受性和转捩过程有很大的影响,但是,客观环境中存在什么样的扰动却是难以完全确定的(如高空飞行的大气湍流度,风洞实验的噪声度等),因而给边界层感受性问题的研究带来很大困难。实际上,外界扰动往往是通过多种途径引入边界层内,包括自由流的声波或涡扰动与前缘曲率、表面曲率不连续处及非均匀表面(如粗糙、抽吸漕沟,或者平板/前缘间缝的填充物)等的相互作用而发生的。这些复杂因素的影响和不确定性,关系到感受性理论的模型及其有效数值模拟等问题,需要深入分析和研究。

7.2　感受性理论

存在自然与强迫的两种感受性,这里着重于自然感受性,并根据不同的区域特征,讨论一些基于前缘及局部的感受性理论[2]。

7.2.1　自然感受性与强迫感受性

感受性问题主要关注的是不稳定波的产生,而不是它们的演化。因为边界层是对流不稳定的,需要非定常的扰动来产生不稳定波,可以是自然存在的扰动,也可以是人为的外部强迫作用的结果,分别称为自然感受性和强迫感受性。对于外部因素(如振动带或者局部壁面吹/吸)引起的局部非定常外力作用的机制中,作用力函数的波数谱是较宽的。因此,在强迫感受性中所输入的扰动,一般包含合适的频率-波长组合的能量,能直接激发不稳定波。所以,平均流的流向梯度对强迫感受性并不起决定性作用,而这个现象通常可以在平行流的 OSE(见 2.2 节)的框架下处理[6,7],这要比对自然感受性的处理,相对来说较为简单。

在自然存在的自由流扰动中,有相对于流体以声速传播的声波扰动和以自由流速度对流的涡扰动。但是,不稳定波的相速度却比自由流速度小得多。因此,自然存在的自由流扰动的能量集中的波数范围与不稳定波的完全不同。所以,自然感受性机制需要一个波长转换的过程。

能否发展一个基于 OSE 的自然感受性理论? 答案是否定的,这是因为在 OSE 中忽略了平均流的流向变化。这样方程的系数是独立于 x 的,边界层内的解必定呈现如同自由流扰动的基于 x 的谐波形式。从本质上来讲,正是平行流的假设,阻止了能量从自由流扰动的波长到不稳定波的转移。但是这个缺陷也不能通过采用多重尺度法来改正,这是因为多重尺度法虽然能够考虑非平行性作用,但是这个方法仅仅允许平均流的变化是在大尺度的流动中(见 2.4 节)。

平均流在短(小)尺度内的流向变化在自然感受性过程中有着重要作用。所以,自然感受性往往发生在平均流局部快速变化的区域(采用 OSE 的平行流假设无效),这些区域可分为两类:一类是在边界层较薄并且增长迅速的物体前缘区域;另一类是在前缘远下游的区域,当地的局部性特征(如壁面凸凹、抽吸沟槽或者激波边界层相互干扰),使得平均流必须在很短的纵向尺度内进行自我调节。

下面分析这两类感受性问题。

7.2.2　前缘感受性理论

　　对于前缘区的感受性,有一种经常采用的理论,在假设雷诺数足够大时,其外部问题是对应于小振幅自由流扰动与物体之间的无黏相互作用,这个作用提供了促使边界层内非定常运动的压强分布和滑移速度[8]。在边界层分析中,常用的小参数,$\varepsilon = (\nu\omega^*/U_\infty^2)^{1/6} \ll 1$,是与雷诺数(长度取非定常运动的特征长度,$U_\infty/\omega^*$)的倒数有关的。这里的 U_∞ 为自由流平均速度,ω^* 为扰动频率,ν 为运动黏性系数。Goldstein[9] 提出的渐近分析理论指出,边界层中非定常黏性运动的渐近结构含有两个不同的流向区域。为方便说明,引入无量纲变量,$x_R = x^*\omega^*/U_\infty$。靠近前缘,$x_R = O(1)$,二维基本流 $\{U(x,y), V(x,y)\}$ 运动满足线性非定常边界层方程 (linearized unsteady boundary-layer equation, LUBLE):

$$u_t' + Uu_x' + Vu_y' + u'U_x + v'U_y = -p_x' + (1/R_L)u_{yy}' \qquad (7.1)$$

该方程中有两项 $u'U_x$ 和 Vu_y',并未出现在 OSE 中,是发生在短尺度内的非定常扰动的非平行平均流效应。在前缘的下游区域,$x_R = O(\varepsilon^{-2})$,可以用一致性的近似逼近经典的大雷诺数小波数的 OSE。Goldstein 进一步分析了这两个区域的衔接问题,指出 LUBLE 的第一个 Lam-Rott 渐近特征函数[10](带系数 C_1),是和下游 OSE 区域的不稳定 T-S 波相匹配的。这里的复系数 C_1,称为理论前缘感受性系数,其幅值和相位与 T-S 波有关,可以数值求解得到 C_1。下面讨论几种常见的前缘问题。

　　(1) 声波斜撞半无限长平板的前缘。可以将入射的声波场分解为与平板表面平行和垂直的分量。平行分量对表面的滑移速度有直接影响,而垂直分量则是通过表面散射后对滑移速度产生间接影响。靠近前缘,这个散射后的分量存在一个与绕尖缘的无黏流动相对应的平方根奇性。这时的感受性系数与声波入射角、来流马赫数等有关[11]。

　　(2) 自由流涡扰动与平板前缘的相互作用。扰动涡对应于一种正弦的涡量分布,可以看成是一个弱自由涡(湍流)的二维模态[12]。这个扰动涡随平均流流动,没有压强脉动,其速度脉动与波矢量正交。自由流速度的垂直分量产生的是弱感受性,这是因为这个速度分量在前缘附近产生一个有奇性的流场,又在远下游产生显著的滑移速度,这些对幅值和相位的不同作用几乎相互抵消了。而平行分量的涡扰动感受性与平行声波所产生的值有较大差别,这源于它们的不同相速度。

　　(3) 前缘形状和气动载荷。实际应用中的物体表面一般都带有抛物型或者椭圆型的前缘,以及因承受气动载荷引起的非对称平均流动。Hammerton 等[3,13] 发展了用于抛物型前缘的渐近理论,把前缘半径 r_n 引入到 Strouhal 数 ($S = r_n\omega^*/U_\infty$) 中,分析感受性系数与 S 的关系。气动载荷常用参数 $\mu = \alpha_{\text{eff}}\sqrt{2L/r_n}$ (L 为翼型弦长，α_{eff} 是与翼型的弯度和迎角有关的有效迎角）来研究气动载荷对感受性系数的作用。不论是前缘半径还是气动载荷，对感受性系数及其对边界层的稳定特性都有很大影响。

7.2.3　局部感受性理论

局部感受性（又称当地感受性）是由扰动与几何表面短尺度变化的相互作用引起的。即使这种变化很小，这些局部性的机制仍能起到很大的作用，例如，在椭圆/平板交接处的曲率不连续性所引起的局部感受性变化很大[14]。

局部感受性的理论已有很多研究，例如，三层结构的局部感受性的渐近理论[9]，靠近壁面底层的黏性流动由 LUBLE 来决定，表明短尺度的非平行的平均流作用是造成从自由流扰动的波长到不稳定波的能量转换的原因。又如"有限雷诺数法"[15,16]，采用对平行剪切流作摄动的精确方程，代替了原三层结构方程，它确切地涵盖了 Goldstein 理论的同样物理机制，发展了局部感受性的理论，将感受性的产生归因于非平行主流作用，并把这些作用表达成基于壁面非均匀性的幅值的摄动级数，这与其他形式实质上是一致的。还可以用这种方法，分析波数 $\alpha_w \approx \alpha_{\text{TS}}$ 的壁面波的"分布感受性问题"[17,18]。

7.3　渐近分析法

边界层感受性问题研究，需要考虑各种因素的影响，也有许多不同的研究方法。这里将采用 7.2 提到的渐近分析法，分析和研究平板边界层的感受性问题。

Goldstein 的渐近分析方法，描述了非定常小振幅扰动与平板相互作用的渐近结构，分别进行不同区域的研究，这些对于直接数值模拟和实验测量分析都有着指导性作用。非定常边界层的渐近结构的模型如图 7.2 所示。在前缘附近，$x_R = O(1)$，流动由非定常边界层方程控制。感受性分析可以预测该区域远下游非定常扰动的形态，通过感受性系数，建立幅值与自由流作用的关系。在 $x_R = O(\varepsilon^{-2})$ 的区域（通常称为 Orr-Sommerfeld 区域，O-S 区域），线性非定常边界层方程的解失效，但能够在某些中间区域与大雷诺数小波数近似下的 Orr-Sommerfield 方程的解渐近地匹配。

对于平板而言，在 O-S 区域内寻找渐近解是可能的。因此，将感受性分析和O-S 方程渐近解相匹配，能够提供下分枝中性稳定点的扰动幅值。然而，由于将此方法推广到更一般物体的困难，Turner 等[19,20]提出的结合稳定性计算的 PSE方法（见 3.5 节）则有优势，能够将感受性的渐近解作为 PSE 向下游推进的初始值，且该方法不限于平板问题而易于推广。

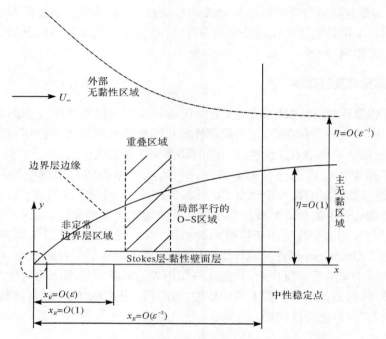

图 7.2　平板非定常边界层的渐近结构[8]

7.3.1　前缘感受性分析

在平板前缘附近,边界层迅速增长,PSE 方法是无效的,这是因为 PSE 假设(有关流向二阶导数及一阶导数的乘积是高阶小量而可以忽略,见 3.2 节)不再成立。这个区域是在 $x_R = O(1)$。一个有效的解决办法就是 Goldstein 提出的"三层"解理论(图 7.2)。外部无黏性区域位于边界层之外,扰动幅值随 $\eta \to \infty$ 而趋于 0;在 Stokes 层-黏性壁面层,黏性项起主要作用,其解要满足在物体表面的无滑移条件;在它们之间是主无黏区域,这个解要与其他二层相匹配。

这个区域的小扰动流函数 ψ 控制方程可以表示为[19]

$$-\mathrm{i}\,\widetilde{\nabla}^2\psi + x_R^{1/2}\left[\frac{\partial(x_R^{-1}\,\widetilde{\nabla}^2\psi, x_R^{1/2}f)}{\partial(x_R, \eta)} + \frac{\partial(x_R^{-1/2}f'', \psi)}{\partial(x_R, \eta)}\right] = \widetilde{\nabla}^2\left(\frac{1}{2x_R}\,\widetilde{\nabla}^2\psi\right) \quad (7.2)$$

式中

$$\widetilde{\nabla}^2 = \frac{\partial^2}{\partial\eta^2} + 2\varepsilon^6 x_R\frac{\partial^2}{\partial x_R^2} + \varepsilon^6\frac{\partial}{\partial x_R}, \quad \varepsilon = Re^{-1/6} = \left(\frac{U_\infty^2}{v\omega^*}\right)^{-1/6}$$

其中,Re 为基于声波特征长度(U_∞/ω^*)的雷诺数。

边界条件

$\psi(0) = \psi_\eta(0) = 0$;在大 η 时,ψ 与无黏解相匹配。

在 $x_R = O(1)$, $\varepsilon \to 0$ 时,方程(7.2)具有 $\psi = \psi_0(x_R, \eta) + O(\varepsilon^6)$ 形式的解,其中 ψ_0 满足

$$\left(-\mathrm{i} + f' \frac{\partial}{\partial x_R}\right)\psi_{0\eta} - f''\psi_{0x_R} - \frac{1}{2x_R}(f\psi_{0\eta})_\eta - \frac{1}{2x_R}\psi_{0\eta\eta} = h(x_R) \qquad (7.3)$$

式中,$h(x_R)$ 是自由流扰动对边界层的非定常作用力所决定的,上述方程常称为线性非定常边界层方程。

感受性分析中的 Lam-Rott 特征解,能够提供长波长的自由流扰动和短波长的边界层的不稳定波之间的联系。当 $x_R \to \infty$ 时,采用 n 阶的 Lam-Rott 渐近特征解将 ψ_0 展开为如下形式:

$$\psi_0^{(n)} = C_n x_R^{\tau_n} g_0(x_R, \eta) \exp\left(-\frac{\mathrm{e}^{-7\pi\mathrm{i}/4}(2x_R)^{3/2}}{3U_0'\zeta_n^{3/2}}\right) \qquad (7.4)$$

式中,C_n 为任意常数;$U_0' = f''(0) = 0.4696$;τ_n 可以表示为含 ζ_n 的 Airy 函数的积分;ζ_n 是 $Ai'(\zeta_n) = 0$ 的 n 次根(Ai' 表示 Airy 函数的导数)。注意到式(7.4)中波长是正比于 $(x_R)^{-1/2}$,当 x_R 值增大时,式(7.3)不再适用。

7.3.2　渐近 Orr-Sommerfeld 分析

在 $x_R = O(\varepsilon^{-2})$ 的 O-S 区域,可以定义一个量级为 $O(1)$ 的变量,$\tilde{x}_1 = 2\varepsilon^2 x_R/(U_0')^2$,并寻找在这个区域控制方程的解,形式为

$$\psi_0 = \gamma(\tilde{x}_1, \eta)A(\tilde{x}_1)\exp\left(\frac{\mathrm{i}U_0'^2}{2\varepsilon^3}\int_0^{\tilde{x}_1} k\mathrm{d}\tilde{x}_1\right) \qquad (7.5)$$

式中,$A(\tilde{x}_1)$ 是一个 $\tilde{x}_1$ 的慢变函数;γ 为模态形状。可以定义基于实部的扰动增长率:

$$\frac{1}{\psi_0}\frac{\partial\psi_0}{\partial\tilde{x}_1} = \frac{\gamma_{\tilde{x}_1}}{\gamma} + \frac{A_{\tilde{x}_1}}{A} + \frac{\mathrm{i}U_0'^2}{2\varepsilon^3}k \qquad (7.6)$$

而在 O-S 区域内,波数可以展开为

$$k(\tilde{x}_1) = k_0(\tilde{x}_1) + \varepsilon k_1(\tilde{x}_1) + \varepsilon^2 k_2(\tilde{x}_1) + \varepsilon^3(\ln\varepsilon)k_3(\tilde{x}_1) + O(\varepsilon^3) \qquad (7.7)$$

式中,k_0, k_1, k_2 和 k_3 等项可以分别求出[8]。

在结合感受性和稳定性过程分析转捩问题时,扰动增长项是很重要的,尤其是参数 ε 值是适度小(而不是充分小)的情况。需要注意的是,对于这样的 ε 值和小 x_R,以及 $A(\tilde{x}_1)$ 是 $O(1)$ 量级情况下,准确地计算 $A(\tilde{x}_1)$ 成为焦点,然而这样做并不容易。下面将在 O-S 区域内采用 PSE 方法的数值解[19]。

7.3.3　结合 PSE 方法

PSE 方法需要规定一个上游边界条件,以便向下游推进求解。可以假设在起始点的边界层是局部平行的,方程简化为 OSE;或者把局部解在起始点位置用

Taylor 级数展开而考虑非平行性。但是,它们都不含任何来自前缘或自由流的信息。这里采用前缘渐近处理的感受性分析,提供特征解的一个初始幅值,在下游远处可以由方程(7.4)给出完整的解,且与任意常数 C_n 的确定有关[8]。然而,该式中的 g_0 仅适用于 $\eta = O(1)$,而 PSE 所需要的边界条件则是在区间 $\eta \in [0, \infty)$。因此,位于外层无黏区域的 LUBLE 解,在 $\eta \to \infty$ 时,$g_0 \to 0$。为分析外层无黏解,采用尺度变量 $x_R = \varepsilon^{-1} X$,$\eta = \varepsilon^{-m} (l, m > 0)$。由于外层无黏解在 $\eta \to \infty$ 区域存在,可以采用 $f(\eta) \sim \eta - c_1 +$ 指数型小项,近似 Blasius 函数,其中 $c_1 = 1.21678$。采用新变量后式(7.2)中的算子及 ψ 可以写成新的形式,以便于方程求解[20]。

　　为了能给 PSE 提供一个合适的初始值,对应于 $x_R = O(\varepsilon^{-2})$ 的重叠区域内需要求解线性非定常边界层方程。应当指出的是,靠近前缘区域,$x_R = O(\varepsilon^{-1})$,该解仍然是成立的;但是在前缘点是不成立的,那里的运动控制方程只能用全 N-S 方程。前缘区域的模态形状可以用复合函数的形式表示为[19]

$$g_0(x_R, \eta) = (x_R)^{\tau_n} \left\{ (2x_R)^{\frac{1}{2}} f'(\eta) + U_0' \left[\frac{\int_0^\sigma (\sigma - \tilde{\sigma}) \omega(\tilde{\sigma}) \mathrm{d}\tilde{\sigma}}{\int_0^\infty \omega(\tilde{\sigma}) \mathrm{d}\tilde{\sigma}} \right] \right.$$

$$\left. - U_0' (2x_R)^{\frac{1}{2}} \eta \right\} \exp \left(- \frac{\varepsilon^3 \mathrm{i}\lambda (2x_R) \eta}{U_0'} \right) \tag{7.8}$$

该式可以用作 PSE 计算的初始条件。感受性和 PSE 变量之间关系 $x_R = R_0 / Re \cdot x$,所以若 PSE 计算的起始点设为 $\tilde{x}_1 = \tilde{x}_1^{(0)}$,不难导出 PSE 的初始波数为

$$\alpha(x_0) = \mathrm{i}\lambda \varepsilon^6 R_0 (\tilde{x}_1^{(0)})^{1/2} \tag{7.9}$$

以及 PSE 计算的初始形状函数为

$$\varphi(x_0, \eta) = C_1 g(x_R^{(0)}, \eta), \quad x_R^{(0)} = 0.5 \varepsilon^{-2} U_0'^{2 \sim (0)} x_1 \tag{7.10}$$

这样,仅需要 ε 值和选择一 $\tilde{x}_1^{(0)}$ 值,就能给出 PSE 上游初始条件。

　　下面通过不同的 ε 值和 $\tilde{x}_1^{(0)}$ 值的选择,分析对初始模态形状的影响(以实部为例)。图 7.3 是三种(感受性分析及平行 O-S 和局部 PSE)上游边界条件的初始模态形状(实部)的比较,取两个 ε 值,各有两个 $\tilde{x}_1^{(0)}$ 值,图 7.3(a)和(b)是 $\varepsilon = 0.1$ 时,起始点 $\tilde{x}_1^{(0)}$ 分别为 1.0 和 0.3,其 $\tilde{x}_1^{(0)} = 1.0$ 对应于雷诺数 $R_x = 1.1 \times 10^7$。由图可见,它们在近壁区是一致的,而在离开壁面外移时都衰减,但速率有所不同。显然在 $\tilde{x}_1^{(0)} = 1.0$ 时的平行 O-S 和局部 PSE 的模态形状要比在 $\tilde{x}_1^{(0)} = 0.3$ 时更偏离感受性分析的,即在 $\tilde{x}_1^{(0)}$ 较小时更靠近重叠区域。但是,在这个 ε 下取更小的 $\tilde{x}_1^{(0)}$ 值,三种模态形状也不能改进得更一致,这是因为当 $\tilde{x}_1^{(0)} \to 0$ 时,由于前缘的非平行性影响,使得平行 O-S 和局部 PSE 都变得无效,这时也难于分辨它们的最不稳定的特征值。为了更清楚地说明匹配区域的存在,下面给出更小的 ε 值($\varepsilon = 0.05$),在更靠近 $\tilde{x}_1^{(0)} = 0$ 的附近求解平行 O-S 和局部 PSE。对于这个小 ε

值,在 $\tilde{x}_1^{(0)}=0.2$ 时[图 7.3(c)],感受性分析的模态形状与其他的还能勉强分辨出,而在 $\tilde{x}_1^{(0)}=0.1$ 时[图 7.3(d)],三种解几乎相互重叠,即 $\tilde{x}_1^{(0)}=0.1$ 位于前缘区域和 OSE 区域之间的一个重叠区域内,显示了匹配区域的存在。同样也能够对这些初始模态形状(虚部)进行类似的分析。文献[19]中还对不同解的增长率、精度等相关结果进行了详细的比较。

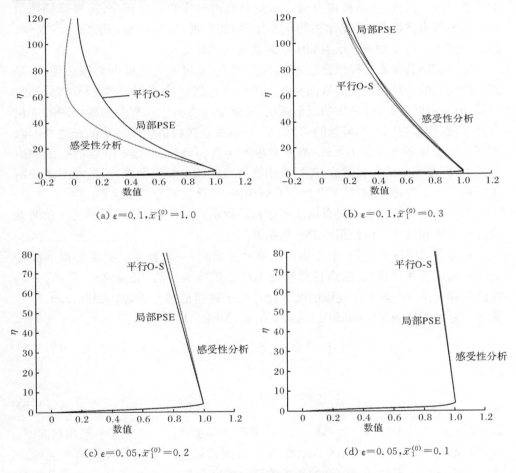

(a) $\varepsilon=0.1,\tilde{x}_1^{(0)}=1.0$　　　　　　　　　(b) $\varepsilon=0.1,\tilde{x}_1^{(0)}=0.3$

(c) $\varepsilon=0.05,\tilde{x}_1^{(0)}=0.2$　　　　　　　　(d) $\varepsilon=0.05,\tilde{x}_1^{(0)}=0.1$

图 7.3　三种初始模态形状(实部)比较[19]

需要指出的是,上述方法是对平板边界层提出的,对于充分小的 ε(对应大雷诺数),能够精确地计算在下枝中性稳定性曲线点的 T-S 波模态的幅值;若 ε 较大,则可以将 PSE 计算数据和前缘感受性的渐近分析相结合而形成一种新的方法。由于 PSE 方法自身的灵活性,这种新的结合方法,并不受物体形状的限制,例如,可以直接应用于带曲率物体的表面等。

7.4　感受性问题的数值模拟

边界层感受性问题所研究的是自由流的和边界层内的扰动波,两者有很大的差别,是不同范围的物理波,即长波长的自由流扰动波及边界层内产生的短波长的不稳定波。因此,数值模拟方法一般应具有高精度和高分辨率;能够低耗散精确计算不稳定波(其幅值要比平均流小得多)的发展;需要合理地给出边界条件,防止在边界上的非物理波反射而影响到真实的不稳定波。

采用空间直接数值模拟方法求解 N-S 方程,是研究边界层的转捩过程,也是感受性问题的一种最精确的数值模拟方法[21,22]。DNS 方法用于感受性问题研究,可以避免一些模型假设所作的近似限制,又便于与实验中观察到的随空间的变化进行比较,能够得到更为可靠的结果[23,24]。有关直接数值模拟方法的一些基本内容,例如,选择 N-S 方程的形式,离散方程的精度和分辨率,选取合适的初始和边界条件,以及高效的数值解法,包括采用滤波函数减少数值振荡,远场和下游采用无反射边界条件等,都是第 8 章所着重讨论的,这里就不专门叙述了。

下面结合平板边界层对自由流声波和涡扰动的感受性(又称声感受性和涡感受性),分析和讨论数值模拟中的一些相关问题。

首先要说明的是,对于平板边界层感受性研究,一般在实验中常采用平板带椭圆化前缘的理想模型,因而计算模型也往往带有同样的几何特征。但是,一般椭圆头部和平板交界处不连续的曲率会产生一种新的感受性源。因此,Lin 等[14]采用了修改的超椭圆(modified super-ellipse,MSE),形式如下:

$$\left(\frac{a-x}{a}\right)^{m(x)} + \left(\frac{y}{b}\right)^{n} = 1, \quad 0 < x < a \qquad (7.11a)$$

式中

$$m(x) = 2 + \left(\frac{x}{a}\right)^{2}, \quad n = 2 \qquad (7.11b)$$

这里的椭圆头部的纵横比为 $AR=a/b$,b 是平板厚度的一半。对于一般的超椭圆,m 和 n 都是常数。若在 $x/b=AR$ 处,$m>2$,则椭圆与平板交界处的曲率连续。图 7.4[25]给出了带超椭圆前缘的平板的压力梯度分布(图中的曲线和符号分别是文献[25]和[26]的结果),最大逆压梯度出现在前缘区,随后是压力恢复区,压力梯度逐步变得很小而趋于常数,这时在图中没有出现对于一般的椭圆前缘与平板交界处的压力梯度分布有尖点的不连续情况。

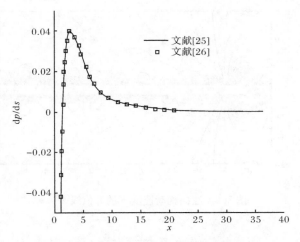

图 7.4　平板带超椭圆前缘的压力梯度变化

1. 自由流声波感受性

　　下面研究带超椭圆前缘的平板边界层对自由流声波的前缘感受性问题，图7.5是其示意图[27]。以平板 Blasius 相似解为基本流求得扰动定常解。引入一个自由流声波[25]（振幅为 0.001，无量纲频率 $F=230$），以定常流解为初始条件，进行非定常流计算，经过一定的时间周期后，得到整个流场的周期解。图 7.6 给出的是法向扰动速度(v')的等值线。图中清楚地显示了不稳定波是从前缘区产生的，然后沿平板发展。T-S 波长与声波长之比大约是 1∶30。

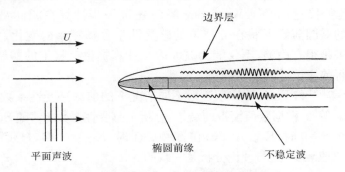

图 7.5　自由流声波的前缘感受性问题示意图

　　这里需要指出的是，对于自由流声波感受性的结果，还常表达为如下两种不同的感受性系数[2]：

　　前缘感受性系数，在 $x=O(U_\infty/\omega^*)$ 的前缘区，T-S 波与自由流声波的幅值之比为

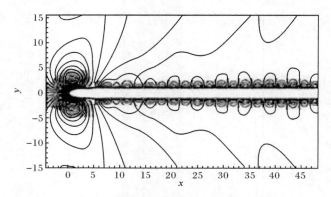

图 7.6　法向扰动速度 v' 的等值线[25]

$$K_{\mathrm{LE}} = \frac{|u'_{\mathrm{TS}}|_{\mathrm{LE}}}{|u'_{\mathrm{ac}}|_{\mathrm{fs}}} \tag{7.12}$$

分枝 I 感受性系数,在分枝 I 的 T-S 波与自由流声波的幅值之比为

$$K_{\mathrm{I}} = \frac{|u'_{\mathrm{TS}}|_{\mathrm{I}}}{|u'_{\mathrm{ac}}|_{\mathrm{fs}}} \tag{7.13}$$

式中,||表示绝对值或者均方根。

相对而言,感受性系数选择 K_{LE} 似乎更合理,因为它是严格基于前缘区的局部特性的,而 K_{I} 则取决于从前缘到分枝 I 的压力梯度变化过程。但是,由于在实验中不能测量 $|u'_{\mathrm{TS}}|_{\mathrm{LE}}$,而转捩又常从分枝 I 开始计算,所以 K_{I} 更具有实用价值。Fuciarelli 等[21]对 20:1 的 MSE 在广泛的频率范围内,将 DNS 的 K_{I} 值与实验值相比,两者是很接近的[28]。Wanderley 等[27]还进一步计算在相同雷诺数($R_{\mathrm{b}} = 2400$)、不同的椭圆前缘形状在分枝 I 的感受性系数随频率的变化,如图 7.7 所示。这个结果是很有用的,不仅能为放大因子计算提供分枝 I 的初始幅值,而且也是如何进行前缘设计的一个范例。

Haddad 等[29]和 Fuciarelli 等[21]对不同情况下的前缘感受性系数 K_{LE} 进行了研究。Erturk 等[30]根据数值模拟的结果,分析了感受性系数 K_{LE} 随 Strouhal 数的变化,例如,在 $S=0$ 时,$K_{\mathrm{LE}}=0.76$;在 $S=0.01$ 时,$K_{\mathrm{LE}}=0.64$,显示了随着 S 的增长,K_{LE} 会急速减少,这与理论分析是一致的。

2. 自由流涡扰动感受性

带有超椭圆前缘的平板边界层对自由流涡扰动的感受性,也是一种常见的感受性问题。这里的自由流涡扰动写成如下形式:

$$u'(x_0, y, t) = \varepsilon A(|y| - y_{\mathrm{c}}) \mathrm{e}^{-\frac{(|y|-y_{\mathrm{c}})^2}{k}} \cos(\omega t) \tag{7.14}$$

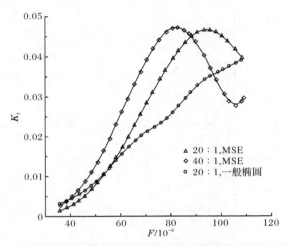

图 7.7　不同椭圆前缘形状在分枝 I 的感受性系数随频率的变化[27]

式中的各参数及其取值见文献[25]。需要在计算域中的法向和流向都取较大的长度,以便于边界条件的处理,以及能够满足 T-S 波所经历的时空演化。在经过足够长的时间周期计算后,可以得到全流场的周期解。

计算结果表明,在边界层内沿法向有着不同波长的扰动,靠近壁面,为短波长所主导;在中部区域的波,其波长比近壁的波要长,比自由流的波要短。图 7.8 给出了在两个不同法向位置(分别在靠近壁面及远离壁面处)的扰动速度 u' 的流向分布。由图可见,在近壁面处($y=0.0665$)与远离壁面处($y=0.3577$)相比,两者存在明显的区别:一是近壁处的波长要短得多;二是近壁的 T-S 波在前缘以后沿流向缓慢变化,而远离壁面的长波则快速衰减。

Buter[22]在上游入口边界处引入了一个时间周期性的自由流展向涡的简单模型,得到了很有意义的数值模拟结果:①扰动涡感受性比声波感受性小得多,在特定的几何和流动条件下相差更多。②在边界层内靠近上部的扰动振幅,一般要比趋近壁面的大得多。③不同的扰动波长在边界层内都能得到展示:在近壁面处,T-S 波较为突出;而在趋向边界层外边界时,可以观察到自由对流波长的扰动。

实际上,对于不同的自由流扰动,采用空间直接数值模拟方法的结果,能够提供自由流与边界层初始反应的一种相互关系,可以为进一步(或下游)的直接数值模拟提供上游条件,当然也可以为其他方法,如抛物化稳定性方程方法,提供上游边界条件。

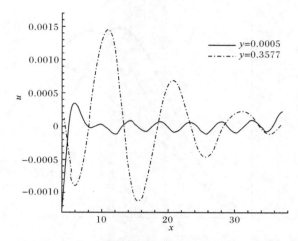

图 7.8　在不同法向位置的流向扰动速度沿平板变化[25]

7.5　进展与分析

　　边界层感受性问题研究是相对较晚的,Morkovin[1]在 1969 年第一次将这一概念清晰表述为外界扰动转化为边界层特征模态问题。感受性问题直接关系到边界层稳定性和转捩研究,近年来做了很多研究工作,取得了很大进展。

　　实验是感受性研究的一种重要手段,通过一些经典性的实验结果,建立了 T-S 波幅值与测量的自由流扰动幅值之间的关系,包括耦合系数,尤其是前缘感受性方面的问题。例如,White 等[31]设计研究了消除超椭圆头部与平板交界处的不连续而引起感受性的机制;在自由涡的感受性问题中,Westin 等[32]的实验结果显示了直接与非正交模态的瞬态增长之间关联性;Kendall[33]所开展的实验可以系统地控制自由涡,能够检验边界层内的初始 T-S 波;Spencer 等[34]采用可移除感受性源的方法,研究了三维粗糙元的感受性;Wlezien 等[35]使用复平面分辨率法研究了抽吸漕沟和前缘感受性,得到了 T-S 波的幅值和相位。这些成果为计算和理论分析提供了依据。

　　数值计算和分析研究也有很大进展,出现了越来越多关于不同几何构形的数值模拟,向着三维可压缩边界层的方向发展,并与实验结果一起,进行综合性的理论分析[36]。Ma 等[37]和李建华等[38]研究了超声速和高超声速边界层感受性问题,对波结构和相互干扰以及对声波的感受性进行了详细分析;张永明等[24]研究了自由流涡扰动与壁面凸起物的相互作用,在边界层内激发了 T-S 波以及证实感受性现象中存在波长转换机制;Schrader 等[39]系统地研究了三维边界层流动的感受性机制,讨论了边界层对局部粗糙度和自由流涡量的感受性问题;Gaponenko 等[40]从理论和实验两个方面研究了后掠机翼的三维边界层的感受性并进行了比较,两者的粗糙-振动感受性系数(尤其是对最不稳定的横流模态)是一致的; Wu[41]对自由流湍流引起的 T-S 波的生成,提出了用三层结构描述的新机制等。现在,通过感受性分析已能够为稳定性研究提供许多重要信息[42]。

　　综上所述的研究表明,在实验研究中的新技术新方法的采用,已经得到了一系列的十分重要的经典性实验结果;各种数值计算方法有了很大的发展,尤其是直接数值模拟中的一些可行性框架,已逐步地建立起来;而从理论分析的角度来看,对于外部自由流扰动等产生边界层内不稳定 T-S 波的机制,也有许多新的探索和逐步深入的理解。

　　但是,感受性问题的研究仍然面临着许多问题。例如,对于有复杂几何外形的物体的感受性问题,包括跨声速流在内的各种速度范围的感受性问题,以及变化的和不确定的外部环境与实际应用的结合问题等。由于感受性问题研究的时间还不长,问题又复杂和多变,目前在实际问题中的应用尚不多,现在的一般稳定性计算往往还是直接给出边界层内的初始扰动条件。因此,有关边界层感受性问题仍有待今后进一步的实践和探索。

参 考 文 献

[1] Morkovin M V. On the many faces of transition//Wells C S. Viscous Drag Reduction. New York: Plenum, 1969: 1—31.

[2] Saric W S, Reed H L, Kerschen E J. Boundary-layer receptivity to freestream disturbances. Annu Rev Fluid Mech, 2002, 34: 291—319.

[3] Hammerton P W, Kerschen E J. Effect of leading-edge geometry and aerodynamic loading on receptivity to acoustic disturbances//Fasel H F, Saric W S. Laminar-Turbulent Transition. Berlin: Springer, 2000: 37—42.

[4] Giannetti F. Boundary Layer Receptivity. PhD Thesis. Cambridge: University of Cambridge, 2002.

[5] Arnal D. Boundary layer transition: Predictions based on linear theory. AGARD Rep 793, 1994.

[6] Kerschen E J. Boundary-layer receptivity. AIAA Pap 89-1109, 1989.

[7] Kachanov Y S. Three-dimensional receptivity of boundary layers. Eur J Mech B Fluids, 2000, 19(5): 723—744.

[8] Goldstein M E. The evolution of Tollmien-Schlichting waves near a leading edge. J Fluid Mech, 1983, 127: 59—81.

[9] Goldstein M E. Scattering of acoustic waves into Tollmien-Schlichting waves by small stre-

amwise variations in surface geometry. J Fluid Mech,1985,154:509—552.

[10] Lam S H,Rott N. Theory of linearized time-dependent boundary layers. Cornell University GSAE Rep. AFOSR,TN-60-1100,1960.

[11] Heinrich R A,Kerschen E J. Leading edge boundary-layer receptivity to freestream disturbance structures. ZAMM 69:T596 Henningson,1989.

[12] Kerschen E J,Choudhari M,Heinrich R A. Generation of boundary instability waves by acoustic and vortical freestream disturbances//Arnal D, Michel R. Laminar-Turbulent Transition. New York:Springer,1990.

[13] Hammerton P W,Kerschen E J. Boundary-layer receptivity for a parabolic leading edge. J Fluid Mech,1996,310:243—267.

[14] Lin N,Reed H L,Saric W S. Effect of leading-edge geometry on boundary-layer receptivity to freestream sound. ICASE NASA LaRC Series,1992:421—440.

[15] Choudhari M,Streett C. A finite Reynolds number approach for the prediction of boundary-layer receptivity in localized regions. Phys Fluids,1992,4:2495—2514.

[16] Crouch J D. Localized receptivity of boundary layers. Phys Fluids,1992,A4:1408—1414.

[17] Choudhari M. Boundary-layer receptivity due to distributed surface imperfections of a deterministic or random nature. Theor Comp Fluid Dyn,1993,4:101—117.

[18] Crouch J D. Non-localized receptivity of boundary layers. J Fluid Mech,1992,244:567—581.

[19] Turner M R,Hammerton P W. Asymptotic receptivity analysis and the parabolized stability equation:A combined approach to boundary layer transition. J Fluid Mech, 2006, 562:355—381.

[20] Turner M R. Numerical and Asymptotic Approaches to Boundary Layer Receptivity and Transition. PhD Thesis. Norwich:University of East Anglia,2005.

[21] Fuciarelli D A,Reed H L,Lyttle I. Direct numerical simulation of leading-edge receptivity to sound. AIAA J,2000,38:1159—1165.

[22] Buter T A,Reed H L. Boundary-layer receptivity to freestream vorticity. Phys Fluids,1994, 6:3368—3379.

[23] Zhong X L. DNS of boundary-layer receptivity to freestream sound for hypersonic flows over blunt elliptical cones. Laminar-Turbulent Transition. IUTAM Symposia. New York: Springer,2000:445—450.

[24] 张永明,周恒. 自由流中涡扰动的边界层感受性的数值研究. 应用数学和力学,2005, 26(5):505—511.

[25] Jiang L,Shan H,Liu C. Direct numerical simulation of leading edge receptivity in a flat-plate boundary layer. International Journal of Computational Fluid Dynamics,1999,8(3):470—480.

[26] Collis S S,Lele S K. A computational approach to swept leading-edge receptivity. AIAA Pap 96—0180,1996.

[27] Wanderley J B V, Corke T C. Boundary layer receptivity to free-stream sound on elliptic leading edges of flat plates. J Fluid Mech, 2001, 429: 1—21.

[28] Saric W S, White E B. Influence of high amplitude noise on boundary-layer transition to turbulence. AIAA Pap 98—2645, 1998.

[29] Haddad O, Corke T C. Boundary layer receptivity to freestream sound on elliptic edges of flat plates. J Fluid Mech, 1998, 368: 1—16.

[30] Erturk E, Corke T C. Boundary-layer leading-edge receptivity to sound at incidence angles. J Fluid Mech, 2001, 444: 383—407.

[31] White E B, Saric W S, Radeztsky R H Jr. Leading-edge acoustic receptivity measurements using a pulsed-sound technique//Fasel H F, Saric W S. Laminar-Turbulent Transition. Berlin: Springer, 2000: 103—110.

[32] Westin K J A, Boiko A V, Klingmann B G B, et al. Experiments in a boundary layer subject to freestream turbulence. Part I: Boundary-layer structure and receptivity. J Fluid Mech, 1994, 281: 193—218.

[33] Kendall J M. Experiments on boundary layer receptivity to freestream turbulence. AIAA Pap 98-0530, 1998.

[34] Spencer S A, Saric W S, Radeztsky R H Jr. Boundary-layer receptivity: Freestream sound with three-dimensional roughness. Bull Am Phys Soc, 1991, 36: 2618.

[35] Wlezien R W, Parekh D E, Island T C. Measurement of acoustic receptivity at leading edges and porous strips. Appl Mech Rev, 1990, 43(Pt2): 161—174.

[36] Wurz W, Herr S, Worner A, et al. Three-dimensional acoustic-roughness receptivity of a boundary layer on an airfoil: Experiment and direct numerical simulations. J Fluid Mech, 2003, 468: 135—163.

[37] Ma Y, Zhong X. Receptivity of a supersonic boundary layer over a flat plate. Part 2. Receptivity to free-stream sound. J Fluid Mech, 2003, 488: 79—121.

[38] 李建华, 王强. 高超声速边界层感受性问题高精度数值模拟. 空气动力学学报, 2008, 26(4): 532—537.

[39] Schrader L U, Brandt L, Henningson D S. Receptivity mechanisms in three-dimensional boundary-layer flows. J Fluid Mech, 2009, 618: 209—241.

[40] Gaponenko V R, Ivanov A V, Kachanov Y S, et al. Swept-wing boundary-layer receptivity to surface non-uniformities. J Fluid Mech, 2002, 461: 93—126.

[41] Wu X. Generation of Tollmien-Schlichting waves by connecting gusts interacting with sound. J Fluid Mech, 1999, 397: 285—316.

[42] Reed H L, Saric W S, Kerschen E J. Stability of three dimensional boundary layers. Annu Rev Fluid Mech, 2002, 34: 291—319.

第 8 章 边界层转捩的直接数值模拟方法

8.1 引　　言

边界层转捩流场的复杂结构及其太大的时空尺度范围,使得转捩问题的数值研究面临着很大困难。当流动用 N-S 方程来描述时,常常连一些很简单情况的解析解也不存在。因此,数值求解方法对于转捩流场研究是必不可少的,而求解 N-S 方程的直接数值模拟方法,则是边界层转捩研究的最重要的数值方法之一[1]。

采用直接数值模拟方法,可以得到流动物理量随时间和空间变化的大量信息,能够对转捩流场进行精细地描述。从这个精确的数值方法所得到的流场一些物理特性,有时还难以在实验中得到。通过 DNS 方法进行新颖的数值试验研究,能够与实验和理论研究相互验证和补充,对于深入了解转捩流场的结构,探索转捩生成的机理是必不可少的,已成为边界层转捩研究的一个重要工具[2,3]。

通过 DNS 方法获得的可靠数据,可以数值重现大尺度范围的转捩过程。显然,分辨大范围的物理尺度的能力(其尺度的范围应能准确地反映物理现象[4]),包括数值方法和网格尺度的分辨率,对于 DNS 方法至关重要。网格决定了所代表的尺度,而精度主要取决于数值方法。Kolmogorov 长度尺度,$\eta = (\nu^3/\varepsilon)^{1/4}$,常被湍流及转捩研究引用为所需分辨率的最小尺度($\nu$ 是运动黏性系数,ε 是湍能耗散率),然而这一要求可能太苛求了。分辨率的要求当然受到所用数值方法的影响,同样的计算网格,高精度的数值方法分辨率更高,可以模拟更复杂的多尺度流动问题;空间分辨率高的数值方法,可以适当减少计算网格;而数值误差较大的方法,往往需要较高的分辨率来达到同样的精度。对于空间离散误差,存在一种与控制方程的非线性相关的混淆误差,这是由非线性算子产生的高阶新模态与原来模态作用的"混淆"过程产生的(这些高阶新模态或者无法识别,如谱方法,或者超出范围,如差分方法等),它会引起数值不稳定或过度的扰动演化作用。对有限差分方法来说,差分误差、非线性截断及混淆误差综合决定了在小尺度的总误差,这一误差,结合解的谱,共同决定分辨率的要求。对于时间推进的步长与空间离散的关系,必须满足计算流体力学中所指出的 CFL(Courant-Friedrichs-Lewy)条件。在转捩过程中采用怎样的时间尺度,要由网格、空间离散和解共同确定,并受到物理现象的影响。

边界条件在 DNS 方法中十分重要,需要给出各种边界条件。对于转捩流场的复杂流动,在开边界上指定边界条件本身也是一件重要的事情。如何结合不同的物理现象,准确合理地给出各种边界条件,直接关系到 DNS 方法的成功与结果的精确,需要仔细地分析和处理[5]。

从 20 世纪 70 年代开始的直接数值模拟方法对湍流和转捩的研究取得了很大成功。计算机性能的不断提升,数值方法的多样化(如从完全采用谱方法,扩大到有限差分方法或两种方法的混合应用,以及采用有限元方法和非结构网格等),能够处理的流动问题也越来越多,并能达到更高的精度。然而,随着实际应用中的物体几何外形的复杂化、雷诺数更大,以及计算机资源的限制,给研究工作带来了许多新问题,因此,DNS 中的数值方法也需要不断发展和创新。

下面结合可压缩平板边界层流动的转捩问题,讨论直接数值模拟方法中的一些重要问题,如方程离散及数值解法,初始条件及边界条件,网格设计及并行算法等。

8.2　守恒形式 N-S 方程

控制流动的 N-S 方程有不同的形式,在一般曲线坐标系 (ξ,η,ζ) 中,三维可压缩流 N-S 方程可以写成如下常用的守恒形式[6]:

$$\frac{1}{J}\frac{\partial Q}{\partial t}+\frac{\partial(E-E_v)}{\partial\xi}+\frac{\partial(F-F_v)}{\partial\eta}+\frac{\partial(G-G_v)}{\partial\zeta}=0 \tag{8.1}$$

式中,J 为从直角坐标系到曲线坐标系的 Jacobi 变换行列式;Q 为守恒矢量;(E,F,G) 为无黏通量;(E_v,F_v,G_v) 为黏性通量,它们的表达式见文献[7],同时也给出了有关曲线坐标系中的逆变速度分量与直角坐标系中的速度分量的关系式,以及黏性应力和热通量的相应表达式等。

将通过直接数值模拟方法求解该形式的三维可压缩流 N-S 方程,并分析与其相关的各种问题[7]。

8.3　初 始 条 件

边界层转捩的直接数值模拟,需要给出初始的边界层基本参数,以及在边界层入口处作为初始条件的 T-S 扰动波参数,它们分别通过求解边界层方程及线性边界层稳定性方程。

首先数值求解可压缩平板边界层方程(5.4)。算例的入口条件:$Ma_\infty=0.5$,$T_\infty=288.16$,$Re_{\delta_d}=100$。在距离入口位置 $x/\delta_{d(inlet)}=55.65$ 处,所得边界层的速度、密度及能量分布在图 8.1 中,纵坐标为 q_l/q_{edge},横坐标 $\eta=y/\delta_{d(inlet)}$。图 8.2 则是在不同马赫数时边界层的速度和温度分布,两图中还分别给出了用于比较的文献[8]和[9]的数据点(用符号表示)。

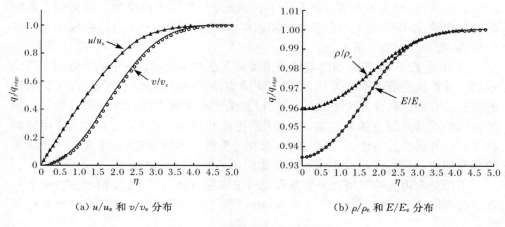

(a) u/u_e 和 v/v_e 分布　　　　　　　　(b) ρ/ρ_e 和 E/E_e 分布

图 8.1　边界层内的流动参数分布

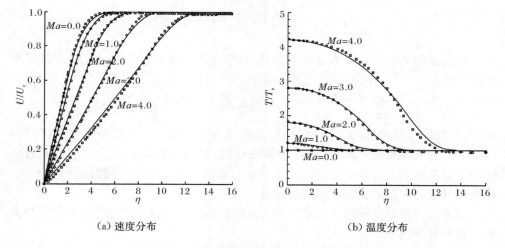

(a) 速度分布　　　　　　　　　　(b) 温度分布

图 8.2　不同马赫数的边界层速度和温度分布

进一步求解线性边界层稳定性方程[10,11],以得到入口边界处 T-S 波的扰动形状函数等,用作在边界层转捩的直接数值模拟中的初始条件,而对稳定性方程的求解也有不同的方法[7,12]。算例是对绝热壁面,得到二维和三维扰动的特征值及其扰动形状函数(以最大扰动速度 u'_{max} 归一化)。计算条件:$Ma_\infty=0.5$,$T_\infty=288.15K$,$Re_{\delta_d}=1000$,特征频率 $\omega=0.114027$(对应的无量纲频率 $F=114.027$),对二维扰动,得到的流向特征波数为 $\alpha_{2d}=0.29919-i5.09586\times10^{-3}$。对 $\beta=0.5712$ 的三维扰动,相应的流向特征波数为 $\alpha_{3d}=0.2415+i3.26\times10^{-2}$,其三维扰动的形状函数 $|u|$ 和 $|\rho|$ 显示在图 8.3[13]中。

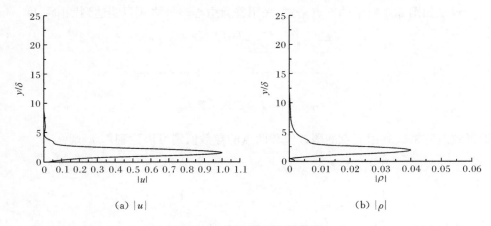

(a) $|u|$　　　　　　　　　　　　(b) $|\rho|$

图 8.3　三维扰动形状函数

8.4　方程离散

8.4.1　紧致差分格式

　　紧致差分格式已经广泛用于复杂流动的数值模拟,包括在转捩流场的直接数值模拟中。我们知道,显式的普通有限差分格式,达到 N 阶精度至少需要 $N+1$ 个点,且高阶格式的边界点处理也是麻烦的,很难构造合适且稳定的高精度格式。与普通的有限差分格式相比,紧致格式可以在不增加点数的情况下构造出更高精度的格式,不仅能提高数值精度,也提高了分辨率和稳定性。这里的格式分辨率是指格式能准确地计算的最大波数。紧致差分格式已发展了许多形式,如超紧致型差分格式[14],非等距网格的紧致型差分格式[15],其效果更好。

　　一族具有谱方法分辨率的中心紧致差分格式,可以写成如下表达式[16]:

$$\beta_- f'_{j-2} + \alpha_- f'_{j-1} + f'_j + \alpha_+ f'_{j+1} + \beta_+ f'_{j+2}$$
$$= \frac{1}{h}(b_- f_{j-2} + a_- f_{j-1} + c f_j + a_+ f_{j+1} + b_+ f_{j+2}) \tag{8.2}$$

式中,f'_j 为在 j 点的导数。这里用六阶紧致格式,系数为

$$\beta_- = 0, \quad \alpha_- = \frac{1}{3}, \quad \beta_+ = 0, \quad \alpha_+ = \frac{1}{3}$$
$$b_- = -\frac{1}{36}, \quad a_- = -\frac{7}{9}, \quad a_+ = \frac{7}{9}, \quad b_+ = \frac{1}{36}$$

　　通过精度和分辨率的分析,证明了这里所用的六阶紧致格式的优点,它适用于具有多个时间和空间尺度的转捩流动的直接数值模拟。

　　对于如图 8.4 所示的五点格式,采用普通中心差分格式只能达到四阶精度:

$$f'_j = \frac{f_{j-2} - 8f_{j-1} + 8f_{j+1} - f_{j+2}}{12h} + O(h^5) \tag{8.3}$$

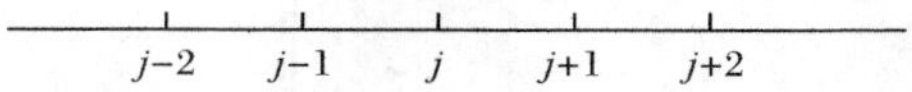

$$j-2 \quad j-1 \quad j \quad j+1 \quad j+2$$

图 8.4　五点格式示意图

而紧致差分格式利用五点的函数值和两点的导数值则可以达到六阶精度:

$$\frac{1}{3}f'_{j-1} + f'_j + \frac{1}{3}f'_{j+1}$$

$$= \frac{1}{h}\left(-\frac{1}{36}f_{j-2} - \frac{7}{9}f_{j-1} + \frac{7}{9}f_{j+1} + \frac{1}{36}f_{j+2}\right) + O(h^7) \tag{8.4}$$

　　为了验证紧致差分格式的精度,采用六阶的格式求解如下的一维对流方程:

$$u_t + u_x = 0, \quad -1 \leqslant x \leqslant 1 \tag{8.5}$$

初始值为

$$u(x,0) = u_0(x), \quad u_0(x) = \sin(\pi x)$$

时间积分用四阶 Runge-Kutta 方法,误差 L_1 和 L_∞ 见表 8.1,其中 N 是网格点数,结果表明,数值精度达到六阶。

表 8.1　六阶紧致差分格式的误差和精度

N	L_∞ 误差	L_∞ 精度	L_1 误差	L_1 精度
20	1.48×10^{-5}	—	9.46×10^{-6}	—
40	2.26×10^{-7}	6.03	1.44×10^{-7}	6.02
80	3.57×10^{-9}	5.98	2.27×10^{-9}	5.98
160	5.88×10^{-11}	5.92	3.74×10^{-11}	5.92
320	1.07×10^{-12}	5.78	5.73×10^{-13}	6.02

　　由于 N-S 方程属于非线性的对流扩散方程,对流项和扩散项都会带来数值计算误差,但在实际计算中对流项往往是误差的主要来源。为说明不同差分格式的误差特性,选一个只包含对流项的模型方程为

$$\frac{\partial u}{\partial t} + c\frac{\partial u}{\partial x} = 0, \quad c > 0 \tag{8.6}$$

初始条件 $u(x,0) = e^{ikx}$。方程的精确解为 $u(x,t) = e^{ik(x-ct)}$,其物理意义是以恒定速度 c 向下游传播的波,在传播过程中波幅不变。

　　可以用不同的空间差分格式对方程进行离散,以得到相应的近似解。若用一阶精度的迎风差分格式

$$\frac{\partial u}{\partial x} = \frac{u_j - u_{j-1}}{\Delta x}$$

可以得到

$$u(x_j,t) = \mathrm{e}^{-k_r \frac{ct}{\Delta x}} \mathrm{e}^{\mathrm{i}k\left(x - ck_i \frac{1}{k\Delta x}t\right)} \tag{8.7}$$

式中

$$k_r = 1 - \cos\alpha, \quad k_i = \sin\alpha, \quad \alpha = k\Delta x$$

由于差分误差的影响,波传播的速度由 c 变成了 $ck_i \dfrac{1}{k\Delta x}$,而且随时间的增加,波幅也逐渐由 1 变为 $\mathrm{e}^{-k_r \frac{ct}{\Delta x}}$,引起波速和波幅的误差分别称为色散误差和耗散误差。通常的格式既包含色散误差又包含耗散误差,对称格式的耗散误差为 0。色散误差和耗散误差用 k_i 和 k_r 表示。对于精确解 $k_r = 0, k_i = k\Delta x$。注意到,k_r 和 k_i 值是随所用格式不同而不一样的。

二阶中心格式

$$\frac{\partial u}{\partial x} = \frac{u_{j+1} - u_{j-1}}{2\Delta x}$$

$$k_r = 0, \quad k_i = \sin\alpha$$

三阶迎风偏心格式

$$\frac{\partial u}{\partial x} = \frac{2u_{j+1} + 3u_j - 6u_{j-1} + u_{j-2}}{6\Delta x}$$

$$k_r = \frac{1}{6}(\cos 2\alpha - 4\cos\alpha + 3), \quad k_i = \frac{1}{6}(-\sin 2\alpha + 8\sin\alpha)$$

五阶迎风偏心格式

$$\frac{\partial u}{\partial x} = \frac{-6u_{j+2} + 60u_{j+1} + 40u_j - 120u_{j-1} + 30u_{j-2} - 4u_{j-3}}{120\Delta x}$$

$$k_r = \frac{1}{30}(-\cos 3\alpha + 6\cos 2\alpha - 15\cos\alpha + 10), \quad k_i = \frac{1}{30}(\sin 3\alpha - 9\sin 2\alpha + 45\sin\alpha)$$

五阶迎风紧致格式

$$\frac{3}{5}\frac{\partial u}{\partial x_j} + \frac{2}{5}\frac{\partial u}{\partial x_{j-1}} = \frac{1}{60\Delta x}(-u_{j+2} + 12u_{j+1} + 36u_j - 44u_{j-1} - 3u_{j-2})$$

$$k_r = \frac{2 + \cos\alpha(-\cos 2\alpha + 6\cos\alpha - 7)}{3(12\cos\alpha + 13)}, \quad k_i = \frac{2\sin\alpha(-\cos 2\alpha + 15\cos\alpha + 61)}{6(12\cos\alpha + 13)}$$

六阶中心差分格式

$$\frac{\partial u}{\partial x} = \frac{u_{j+3} - 9u_{j+2} + 45u_{j+1} - 45u_{j-1} + 9u_{j-2} - u_{j-3}}{60\Delta x}$$

$$k_r = 0, \quad k_i = \frac{\sin 3\alpha - 9\sin 2\alpha + 45\sin\alpha}{30}$$

六阶紧致格式

$$\frac{1}{3}\frac{\partial u}{\partial x_{j+1}} + \frac{\partial u}{\partial x_j} + \frac{1}{3}\frac{\partial u}{\partial x_{j-1}} = \frac{1}{\Delta x}\left(-\frac{1}{36}u_{j-2} - \frac{7}{9}u_{j-1} + \frac{7}{9}u_{j+1} + \frac{1}{36}u_{j+2}\right)$$

$$k_r = 0, \quad k_i = \frac{\sin\alpha(\cos\alpha + 14)}{3(2\cos\alpha + 3)}$$

不同差分格式的 k_r 和 k_i 随 α 的变化分别如图 8.5(a) 和 (b) 所示。显然，高精度格式的耗散误差与色散误差都比低精度格式的小，而紧致格式又优于普通的差分格式。六阶紧致差分格式的无耗散性和低色散性非常适合下面的亚声速平板边界层转捩的直接数值模拟。

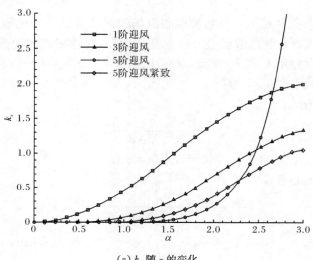

(a) k_r 随 α 的变化

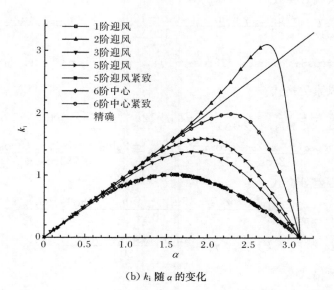

(b) k_i 随 α 的变化

图 8.5　色散和耗散误差相关值的变化

8.4.2 空间离散

N-S 方程(8.1)可以写成如下形式:

$$\frac{\partial \boldsymbol{Q}}{\partial t} = -J[D_\xi(\boldsymbol{E}-\boldsymbol{E}_v) + D_\eta(\boldsymbol{F}-\boldsymbol{F}_v) + D_\zeta(\boldsymbol{G}-\boldsymbol{G}_v)] \tag{8.8}$$

式中,D_ξ、D_η 和 D_ζ 分别为对 ξ(流动方向)、η(壁面法向方向)和 ζ(展向方向)的偏微分算子。

对方程(8.8)的右端项,在三个方向的空间导数离散,采用 Lele[16] 的六阶紧致差分格式。对于内点 $j=3,\cdots,N-2$,六阶紧致差分格式的表达式为

$$\frac{1}{3}f'_{j-1} + f'_j + \frac{1}{3}f'_{j+1} = \frac{1}{h}\left(-\frac{1}{36}f_{j-2} - \frac{7}{9}f_{j-1} + \frac{7}{9}f_{j+1} + \frac{1}{36}f_{j+2}\right) \tag{8.9}$$

式中,f'_j 为在 j 点的导数值。

对于次边界点 $j=2,N-1$,用四阶紧致差分格式,在边界点 $j=1,N$ 处,用单侧的三阶紧致差分格式,可写为

$$\frac{1}{4}f'_{j-1} + f'_j + \frac{1}{4}f'_{j+1} = \frac{1}{h}\left(-\frac{3}{4}f_{j-1} + \frac{3}{4}f_{j+1}\right), \quad j=2,N-1 \tag{8.10a}$$

$$f'_j + 2f'_{j+1} = \frac{1}{h}\left(-\frac{5}{2}f_j + 2f_{j+1} + \frac{1}{2}f_{j+2}\right), \quad j=1 \tag{8.10b}$$

$$2f'_{j-1} + f'_j = \frac{1}{h}\left(-\frac{1}{2}f_{j-2} - 2f_{j-1} + \frac{5}{2}f_j\right), \quad j=N \tag{8.10c}$$

在数值模拟平板边界层的转捩过程中,展向采用周期性边界条件。由于谱方法本身满足周期性边界条件且具有更高的精度,所以在展向可以用谱方法代替差分方法,用快速 Fourier 变换法计算展向导数。

8.4.3 滤波函数

对于所用的高精度格式和步长,能够正确模拟的波数也只是在一定的范围内,实际上滤波就是光滑化处理,滤掉超过这个范围的高频率振荡波,以消除可能引起的数值振荡。可以采用空间滤波方法来代替人工黏性,在一定的计算步间隔,通过隐式的六阶空间滤波函数对原始物理参数 u,v,w,p,ρ 进行滤波。根据流场物理量的变化情况,一般在 $10\sim15$ 个计算步进行一次空间滤波,如果流场物理量变化比较小,则适当地增加空间滤波的间隔步数。

高阶隐式格式的滤波函数被广泛用于高精度格式的直接模拟中[16,17],形式为

$$\alpha\hat{\varphi}_{i-1} + \hat{\varphi}_i + \alpha\hat{\varphi}_{i+1} = \sum_{n=0}^{N}\frac{a_n}{2}(\varphi_{i+n} + \varphi_{i-n}) \tag{8.11}$$

式中,$2N$ 为邻近点的总数;φ 为未滤波的原函数;$\hat{\varphi}$ 为滤波后的函数。空间的滤波

函数和人工黏性的作用类似。假设 $u_i = \hat{u}_i + O(h^k)$，将原方程增加一个人工耗散项

$$L_h u_i = L_h(\hat{u}_i + O(h^k)) = L_h \hat{u}_i + L_h[\hat{u}_i + O(h^k)] - L_h \hat{u}_i = L_h \hat{u}_i + R$$

$$\tag{8.12}$$

采用了六阶紧致滤波函数

$$\beta \hat{f}_{j-2} + \alpha \hat{f}_{j-1} + \hat{f}_j + \alpha \hat{f}_{j+1} + \beta \hat{f}_{j+2}$$

$$= a f_j + \frac{d}{2}(f_{j+3} + f_{j-3}) + \frac{c}{2}(f_{j+2} + f_{j-2}) + \frac{b}{2}(f_{j+1} + f_{j-1}) \tag{8.13}$$

式中，$\alpha = \dfrac{5}{8}$，$\beta = \dfrac{3-2\alpha}{10}$，$a = \dfrac{2+3\alpha}{4}$，$b = \dfrac{6+7\alpha}{4}$，$c = \dfrac{6+\alpha}{20}$，$d = \dfrac{2-3\alpha}{40}$，$f$ 为原函数，$\hat{f}$ 是滤波后的函数。

在边界点和邻近边界点，所用四阶显式滤波函数为

$$\hat{f}_1 = \frac{15}{16} f_1 + \frac{1}{16}(4 f_2 - 6 f_3 + 4 f_4 - f_5) \tag{8.14a}$$

$$\hat{f}_2 = \frac{3}{4} f_2 + \frac{1}{16}(f_1 + 6 f_3 - 4 f_4 + f_5) \tag{8.14b}$$

$$\hat{f}_3 = \frac{5}{8} f_3 + \frac{1}{16}(- f_1 + 4 f_2 + 4 f_4 - f_5) \tag{8.14c}$$

8.4.4　时间推进

采用时间显式方法数值求解方程(8.8)，这里是用 Shu 等[18] 提出的具有保持总变差不增加(TVD)性质的三阶精度的 Runge-Kutta 时间离散格式，表示为

$$Q^{(0)} = Q^n$$
$$Q^{(1)} = Q^{(0)} + \Delta t R^{(0)}$$
$$Q^{(2)} = \frac{3}{4} Q^{(0)} + \frac{1}{4} Q^{(1)} + \frac{1}{4} \Delta t R^{(1)} \tag{8.15}$$
$$Q^{(n+1)} = \frac{1}{3} Q^{(0)} + \frac{2}{3} Q^{(2)} + \frac{2}{3} \Delta t R^{(2)}$$

这里空间离散与时间推进的步长尺度之间，必须满足一定的条件，即 CFL 条件。以一维曲线坐标下的波动方程为例，有

$$\frac{\partial q}{\partial \tau} + \Lambda \frac{\partial q}{\partial \xi} = 0 \tag{8.16}$$

特征值为

$$\lambda_\xi^1 = \lambda_\xi^2 = \lambda_\xi^3 = U$$

$$\lambda_\xi^4 = U + \frac{1}{M_\infty}(\xi_x^2 + \xi_y^2 + \xi_z^2)^{\frac{1}{2}}$$

$$\lambda_\xi^5 = U - \frac{1}{Ma_\infty}(\xi_x^2 + \xi_y^2 + \xi_z^2)^{\frac{1}{2}} \tag{8.17}$$

式中,$\xi_x \approx \dfrac{\Delta \xi}{\Delta x}$。如果 Ma_∞ 非常小时,λ_ξ^4 和 λ_ξ^5 则非常大。在壁面附近 U 接近于 0,Δx,Δy,Δz 非常小或者拉伸扭曲率很高,λ_ξ^4 和 λ_ξ^5 也会变得很大,需要满足如下 CFL 条件:

$$\left| \lambda^k \frac{\Delta t}{\Delta \xi} \right| \leqslant 1$$

8.4.5　离散方法比较

对于不可压缩流问题,可以用可压缩流的方法进行离散处理。实际上,还可以采用更有效的方法,这是因为不可压缩流问题要比可压缩流简单得多,温度、密度等物理量可以不与速度联立求解,即 N-S 方程组中的动量方程与能量方程能够分开解,并采用相应的高效数值解法。下面作为比较,讨论这一类问题典型的离散和处理方法。

不可压缩流无量纲动量方程和连续方程为

$$\frac{\partial \boldsymbol{U}}{\partial t} + (\boldsymbol{U} \cdot \nabla)\boldsymbol{U} = -\nabla P + \frac{1}{Re} \nabla^2 \boldsymbol{U} \tag{8.18}$$

$$\nabla \cdot \boldsymbol{U} = 0 \tag{8.19}$$

式中,速度矢量 $\boldsymbol{U} = [u, v, w]^{\mathrm{T}}$;$\nabla$ 和 ∇^2 分别为梯度和 Laplace 算子。

首先构建时间分裂格式[19],对式(8.18)进行时间离散,得到半离散方程为

$$\frac{\boldsymbol{U}' - \sum\limits_{q=0}^{J-1} \alpha_q \boldsymbol{U}^{n-q}}{\Delta t} = -\sum\limits_{q=0}^{J-1} \beta_q (\boldsymbol{U}^{n-q} \cdot \nabla)\boldsymbol{U}^{n-q} \tag{8.20}$$

$$\frac{\boldsymbol{U}'' - \boldsymbol{U}'}{\Delta t} = -\nabla p^{n+1} \tag{8.21}$$

$$\frac{\gamma_0 \boldsymbol{U}^{n+1} - \boldsymbol{U}}{\Delta t} = \frac{1}{Re} \nabla^2 \boldsymbol{U}^{n+1} \tag{8.22}$$

式中,$\boldsymbol{U}'$,$\boldsymbol{U}''$ 为中间速度场;n 为时间层数;α_q,β_q 和 γ_0 为适当权数;J 为精度参数。

这里取四阶精度:$J = 4$,$\alpha_0 = 8$,$\alpha_1 = -6$,$\alpha_2 = 8/3$,$\alpha_3 = -1/2$,$\beta_0 = 4$,$\beta_1 = -6$,$\beta_2 = 4$,$\beta_3 = -1$,$\gamma_0 = 25/6$。

在四阶时间离散的基础上,空间离散式(8.20)右边的非线性项$(\boldsymbol{U}^{n-q} \cdot \nabla)$ $\boldsymbol{U}^{n-q}$,也用四阶精度的迎风紧致差分格式计算,通过显式积分求得中间速度场 $\boldsymbol{U}'$。再通过求解耦合压力方程组找出压力分布和校正中间速度场。对式(8.21)求散度,并代入不可压缩条件,写成

$$\nabla^2 p^{n+1} = f(x, y, z) \tag{8.23}$$

式中，$f(x,y,z)=\dfrac{\nabla\cdot\boldsymbol{U}'}{\Delta t}$。

如果对方程(8.23)三个方向各自用四阶中心差分格式离散，得到的差分方程虽然具有四阶精度，但不能用于计算邻近边界的内点，而在这些点只能用较低精度的格式或偏斜差分格式计算，以致使整体的精度和分辨率降低而难以满足要求。为此，张立[20]采用了适用于整个计算域，关于压力 Poisson 方程的四阶三维耦合紧致差分格式，写为

$$\left(\frac{12\delta_x^2+\delta_x^2\delta_y^2+\delta_x^2\delta_z^2}{h_x^2}\right)p^{n+1}+\left(\frac{12\delta_y^2+\delta_x^2\delta_y^2+\delta_z^2\delta_y^2}{h_y^2}\right)p^{n+1}+\left(\frac{12\delta_z^2+\delta_z^2\delta_x^2+\delta_z^2\delta_y^2}{h_z^2}\right)p^{n+1}$$
$$=(12+\delta_x^2+\delta_y^2\delta_z^2+\delta_z^2)f(x,y,z) \tag{8.24}$$

式中，δ^2 为差分算子，$\delta^2 p_i^{n+1}=p_{i-1}^{n+1}-2p_i^{n+1}+p_{i+1}^{n+1}$。

这样，式(8.24)不仅达到四阶精度，而且分辨率高且适用于邻近计算域边界点。

最后，对方程(8.22)进行类似研究，得到了关于速度 Helmholtz 方程的四阶三维耦合紧致差分格式，写为

$$\left(\frac{12\delta_x^2+\delta_x^2\delta_y^2+\delta_x^2\delta_z^2}{h_x^2}\right)U^{n+1}+\left(\frac{12\delta_y^2+\delta_x^2\delta_y^2+\delta_z^2\delta_y^2}{h_y^2}\right)U^{n+1}+\left(\frac{12\delta_z^2+\delta_z^2\delta_x^2+\delta_z^2\delta_y^2}{h_z^2}\right)U^{n+1}$$
$$-12kU^{n+1}+k(\delta_x^2+\delta_y^2+\delta_z^2)U^{n+1}=(12+\delta_x^2+\delta_y^2+\delta_z^2)f(x,y,z) \tag{8.25}$$

式中，$f(x,y,z)=-\dfrac{Re\,U''}{\Delta t}$，$k=\dfrac{\gamma_0 Re}{\Delta t}$。

这样所组成的求解 N-S 方程的差分方程组，精度高且稳定性好，可以用于模拟较为复杂的流动情况。

8.5　边 界 条 件

在平板边界层转捩的直接数值模拟中，需要给出的边界条件，包括壁面、入口、展向、出口和远场条件。为准确地消除边界上的附加扰动反射的影响，可以在出口边界和远场边界等采用特征无反射边界条件。

8.5.1　壁面边界条件

速度无滑移条件为

$$u=v=w=0 \tag{8.26}$$

绝热壁面的温度条件为

$$\frac{\partial T}{\partial n}=0 \tag{8.27}$$

采用如下二阶精度的差分格式来计算壁面温度：

$$T_1 = \frac{4T_2 - T_3}{3} \tag{8.28}$$

压力边界条件为

$$\frac{\partial p}{\partial n} = 0 \tag{8.29}$$

这是法向动量方程在壁面上的简化，相应的二阶离散格式为

$$p_1 = \frac{4p_2 - p_3}{3} \tag{8.30}$$

8.5.2 入口边界条件

入口边界条件为二维 Blasius 相似解叠加设定的二维 T-S 扰动波及三维扰动波，具体形式为

$$q = q_{\text{lam}} + A_{2d} q'_{2d} e^{i(\alpha_{2d} x - \omega t)} + A_{3d} q'_{3d} e^{i(\alpha_{3d} x \pm \beta z - \omega t)} \tag{8.31}$$

式中，$q = [u, v, w, p, T]^{\text{T}}$；$q_{\text{lam}}$ 为二维层流平板边界层的 Blasius 相似解；扰动为一个二维 T-S 波（方程右边第 2 项）和一对三维扰动波（方程右边第 3 项）。其中，A_{2d} 和 A_{3d} 为扰动振幅；q'_{2d} 和 q'_{3d} 为相应的扰动形状函数（特征矢量）；α, β 和 ω 分别为扰动波的流向、展向波数和频率。

前面已经指出，扰动波的特征值和特征矢量可以通过求解三维可压缩线性扰动方程得到[10]。因为入口是亚声速流动，只需要给定四个物理量的入口条件。在这里的计算中，入口给定的相似解叠加扰动波，由于扰动的振幅比较小，所以多给的边界条件不会影响计算的精度和稳定性。根据经验，假如入口处设定的初始流场不是 N-S 方程的比较精确的近似解，或者引进的扰动振幅比较大时，也可以采用 8.5.4 节中所描述的亚声速特征无反射的入口边界条件。

8.5.3 展向边界条件

展向采用周期性边界条件，计算中用紧致差分格式或者谱方法求解展向导数。周期性边界条件 $q_1 = q_{N_z + 1}$ 被隐式地嵌入算法中，不需要单独给出。

8.5.4 特征无反射边界条件

物理边界条件的处理是数值模拟可压缩 N-S 方程的一个重要问题。在高精度的数值模拟中，由于计算域的尺寸受到计算量的限制，所以不可避免地用到人工数值边界条件。这些边界条件可能导致边界处的一些物理量的附加反射，因而影响到数值求解的准确性和稳定性。这对于直接数值模拟可压缩流的高精度无耗散格式尤为重要，这些格式具有很小的耗散误差。因此需要精确的数值边界，

以保证数值计算的稳定,控制计算边界处附加的反射波[21]。如何准确地消除这些不需要的边界效应,已成了人们十分关注的问题。有一种特征无反射边界条件,又称为 N-S 特征边界条件(Navier-Stokes characteristic boundary conditions. NSCBC),它既包括对黏性扩散项的处理,并证明这些黏性边界条件具有数学完备性和稳定性[22,23],也包括对横向对流项采用合适的松弛处理方式,以保证数值计算稳定性[24,25],并与 Lele[16] 的高精度无耗散格式相结合,给出与高精度数值方法相匹配的,考虑了横向对流项和黏性项效应的特征边界条件的处理[26]。

首先以"压力波在静止流动中的传播"为例[7],展示了采用无反射边界条件的计算结果。初始压力场中的压力脉冲扰动表示为

$$\frac{\partial p}{\partial x} = A(x - x_0) e^{-B(x-x_0)^2 + (y-y_0)^2} \sin(\omega t)$$
$$\frac{\partial p}{\partial y} = A(y - y_0) e^{-B(x-x_0)^2 + (y-y_0)^2} \sin(\omega t)$$

(8.32)

长度、密度、速度、温度、压力、时间和黏性系数的参考量分别为 λ(波长)、ρ_∞、c、T_∞、$\rho_\infty c^2$、λ/c 和 μ_∞。计算域是一个方形区($x_l \times y_l = 12 \times 12$),压力扰动波从中间位置引入,并给出相关的流动参数。四个边界采用考虑横向对流项和黏性项的无反射边界条件,计算得到的静止流场中扰动传播的压力灰度图,其中,图 8.6(a)、(b)、(c)无量纲时间分别等于 2、4、6。由结果可以发现,扰动传播速度约为 1,波长也约为 1,这与无量纲参量的选择是相符的。图 8.6(d)是无量纲时间为 20 时的压力扰动等值线图,而图 8.6(e)则是在该时刻 $y=6$ 处的压力沿 x 的变化曲线。由图可见,边界上的反射很小,经过 20 个无量纲时间的演化,扰动波的波长仍然保持为 1。计算结果与文献[27]完全吻合,显示了所采用的无反射边界条件是精确有效的。

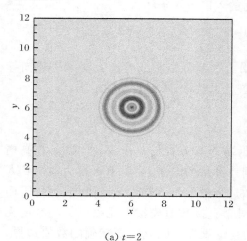

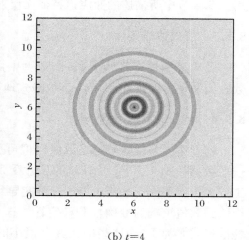

(a) $t = 2$　　　　　　　　　　　　(b) $t = 4$

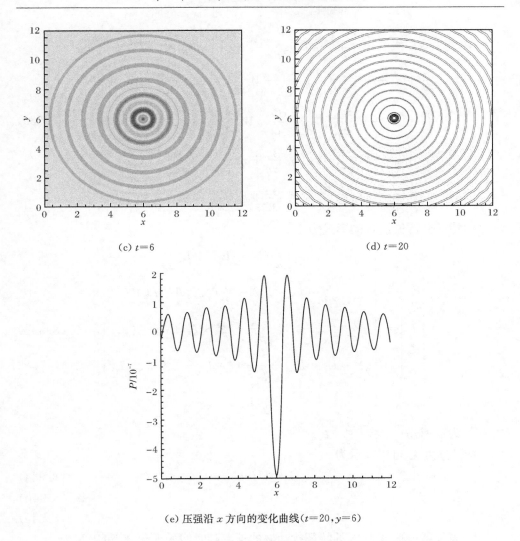

（c）$t=6$　　　　　　　　　　（d）$t=20$

（e）压强沿 x 方向的变化曲线（$t=20, y=6$）

图 8.6　压力分布随时间的变化

在平板边界层的出口边界、远场边界及入口边界，可以采用下述的特征无反射边界条件，适用于一般曲线坐标系下的形式[28]。

基于一维的特征分析方法，首先将 ξ 方向的特征无反射边界条件写为[26]

$$\frac{\partial \rho}{\partial t} + d_1 + V\frac{\partial \rho}{\partial n} + \rho\left(\eta_x\frac{\partial u}{\partial \eta} + \eta_y\frac{\partial u}{\partial \eta} + \eta_z\frac{\partial u}{\partial \eta}\right)$$

$$+ W\frac{\partial \rho}{\partial \zeta} + \rho\left(\xi_x\frac{\partial u}{\partial \zeta} + \zeta_y\frac{\partial v}{\partial \zeta} + \zeta_z\frac{\partial w}{\partial \zeta}\right) + vis_1 = 0$$

$$\frac{\partial u}{\partial t}+d_2+V\frac{\partial u}{\partial \eta}+\frac{1}{\rho}\eta_x\frac{\partial p}{\partial \eta}+W\frac{\partial u}{\partial \zeta}+\frac{1}{\rho}\zeta_x\frac{\partial p}{\partial \zeta}+vis_2=0$$

$$\frac{\partial v}{\partial t}+d_3+V\frac{\partial v}{\partial \eta}+\frac{1}{\rho}\eta_y\frac{\partial p}{\partial \eta}+W\frac{\partial v}{\partial \zeta}+\frac{1}{\rho}\zeta_y\frac{\partial p}{\partial \zeta}+vis_3=0$$

$$\frac{\partial w}{\partial t}+d_4+V\frac{\partial w}{\partial \eta}+\frac{1}{\rho}\eta_z\frac{\partial p}{\partial \eta}+W\frac{\partial w}{\partial \zeta}+\frac{1}{\rho}\zeta_z\frac{\partial p}{\partial \zeta}+vis_4=0 \quad (8.33a)$$

$$\frac{\partial p}{\partial t}+d_5+V\frac{\partial p}{\partial \eta}+\gamma p\left(\eta_x\frac{\partial u}{\partial \eta}+\eta_y\frac{\partial v}{\partial \eta}+\eta_z\frac{\partial w}{\partial \eta}\right)$$

$$+W\frac{\partial p}{\partial \zeta}+\gamma p\left(\zeta_x\frac{\partial u}{\partial \zeta}+\zeta_y\frac{\partial v}{\partial \zeta}+\zeta_z\frac{\partial w}{\partial \zeta}\right)+vis_5=0$$

这里的特征分析矢量 d 的形式为

$$\begin{bmatrix}d_1\\d_2\\d_3\\d_4\\d_5\end{bmatrix}=\begin{bmatrix}\frac{1}{c^2}\left[\frac{1}{2}(L_1+L_5)+L_2\right]\\\frac{\xi_x}{2\beta\rho c}(L_5-L_1)-\frac{1}{\beta^2}(\xi_yL_3+\xi_zL_4)\\\frac{\xi_y}{2\beta\rho c}(L_5-L_1)+\frac{1}{\beta^2\xi_x}\left[(\xi_x^2+\xi_z^2)L_3-\xi_z\xi_yL_4\right]\\\frac{\xi_z}{2\beta\rho c}(L_5-L_1)-\frac{1}{\beta^2\xi_x}\left[\xi_y\xi_zL_3-(\xi_x^2+\xi_y^2)L_4\right]\\\frac{1}{2}(L_1+L_5)\end{bmatrix} \quad (8.33b)$$

式中，c 为声速，$\beta=\sqrt{\xi_x^2+\xi_y^2+\xi_z^2}$。

特征速度 λ_i 可以表示为

$$\lambda_1=U-C_\xi \quad (8.34a)$$
$$\lambda_2=\lambda_3=\lambda_4=U \quad (8.34b)$$
$$\lambda_3=U+C_\xi \quad (8.34c)$$

L_i 表示特征速度为 λ_i 的特征扰动波的振幅随时间的变化率，可以写为

$$L_1=(U-C_\xi)\left[-\frac{\rho c}{\beta}\left(\xi_x\frac{\partial u}{\partial \xi}+\xi_y\frac{\partial v}{\partial \xi}+\xi_z\frac{\partial w}{\partial \xi}\right)+\frac{\partial p}{\partial \xi}\right]$$

$$L_2=U\left(c^2\frac{\partial \rho}{\partial \xi}-\frac{\partial p}{\partial \xi}\right)$$

$$L_3=U\left(-\xi_y\frac{\partial u}{\partial \xi}+\xi_x\frac{\partial v}{\partial \xi}\right) \quad (8.35)$$

$$L_4=U\left(-\xi_z\frac{\partial u}{\partial \xi}+\xi_x\frac{\partial w}{\partial \xi}\right)$$

$$L_5=(U+C_\xi)\left[\frac{\rho c}{\beta}\left(\xi_x\frac{\partial u}{\partial \xi}+\xi_y\frac{\partial v}{\partial \xi}+\xi_z\frac{\partial w}{\partial \xi}\right)+\frac{\partial p}{\partial \xi}\right]$$

式中,$C_\xi = c\beta$。方程(8.33a)中 vis_i 项表示曲线坐标系下的黏性项。

进一步可用类比的方法,得到其他两个方向(η 和 ζ)的特征无反射条件。

实际上,设定出入口及远场的边界条件已转化为如何确定扰动波振幅变化率的问题。根据特征传播理论,由特征值 λ_i 的正负来确定 L_i 的计算方法:对于传出计算域的扰动波 L_i 可以用单侧差分,ξ 方向由方程(8.35)直接计算;对于传入计算域的波动,无法利用计算域外的物理量进行直接计算,需要合理设定额外的条件,以确定传入计算域的特征波 L_i。

出口边界:对于在 $\xi = N_x$ 处的亚声速边界条件,四个特征波 L_2, L_3, L_4, L_5 传出计算域,而 L_1 传入计算域。因此 L_2, L_3, L_4, L_5 是通过方程(8.35)用紧致差分格式直接从计算域内点的物理信息计算得到,而 L_1 可以设定为 0,采用完全无反射边界条件。

远场边界:对于在 $\eta = N_y$ 处的远场边界,特征波的方向取决于当地流场物理量,对于传出流场区域的扰动波,L_i 的求解类似 ξ 方向,采用差分格式通过流场内点信息直接求解,对于传入计算域的扰动波 L_i 设置为 0,表示为

$$L_i = \begin{cases} L_i, & \lambda_i > 0 \\ 0, & \lambda_i > 0 \end{cases} \tag{8.36}$$

入口边界:前面已经提到,在某些情况下可以采用亚声速特征无反射入口边界条件。对于 $\xi = 1$ 处的亚声速入流边界,要给定四个物理量,例如,给定 u, v, w, T, ρ 通过求解方程(8.33a)得到。这个处理方式的基础是四个特征扰动波 L_2, L_3, L_4, L_5 传入计算域内,而 L_1 传出计算域。因此,L_1 根据方程(8.35)由计算域内点得到,空间导数的计算用紧致差分格式,而 L_2, L_3, L_4, L_5 的表达式为

$$L_2 = \frac{\rho}{M_a^2}\frac{\partial T}{\partial t} + \frac{1}{2}(L_1 + L_5) \tag{8.37a}$$

$$L_3 = \xi_y\frac{\partial u}{\partial t} - \xi_x\frac{\partial v}{\partial t} \tag{8.37b}$$

$$L_4 = \xi_z\frac{\partial u}{\partial t} - \xi_x\frac{\partial w}{\partial t} \tag{8.37c}$$

$$L_5 = L_1 + \frac{2\beta\rho c}{\xi_x}\left[\frac{1}{\beta^2}(\xi_y L_3 + \xi_z L_4) - \frac{\partial u}{\partial t}\right] \tag{8.37d}$$

8.6　计算网格与并行算法

计算网格与数值解法是计算流体力学的重要研究内容。对于飞行器在不同飞行状态下的网格生成和数值计算,已发展成为能够处理各种复杂问题的专门技术[29,30]。

关于计算网格,这里以简单的二维问题为例,采用椭圆形网格生成方法,得到

二维计算网格[31]。该方法是基于一种复合映射,包含非线性代数变换和椭圆型变换。代数转换把计算空间 C 映射到一个参数空间 P,然后用椭圆型变换把参数空间 P 映射到物理空间 D。计算空间、参数空间和物理空间如图 8.7 所示。

　　计算空间 C 定义为直角坐标系 (ξ,η) 下单位化的一个二维正方形,$\xi \in [0,1]$,$\eta \in [0,1]$。计算空间中网格在边界和内场都是均匀分布的。ξ 方向的网格尺寸为 $1/(N_\xi-1)$;η 方向的网格尺寸为 $1/(N_\eta-1)$,N_ξ 和 N_η 是相应方向的网格点数。参数空间 P 定义为直角坐标系 (s,t) 下单位化的一个二维正方形,$s \in [0,1]$,$t \in [0,1]$。s 和 t 在边界上的值取决于物理空间 D 边界处的网格点分布情况。$s=0$ 对应于边界 E_1,$s=1$ 对应于边界 E_2;s 是边界 E_3 和 E_4 之间的规一化的曲线弧长;$t=0$ 对应于边界 E_3,$t=1$ 对应于边界 E_4;t 是边界 E_1 和 E_2 之间的规一化的曲线弧长。经过一系列变换和求解控制网格生成的方程组,生成新的网格。图 8.8 是根据上述的网格生成法得到的 NACA0012 翼型的光滑正交的曲线网格。

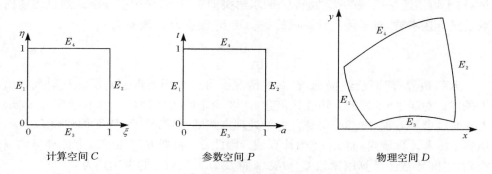

图 8.7　计算空间 C、参数空间 P 和物理空间 D

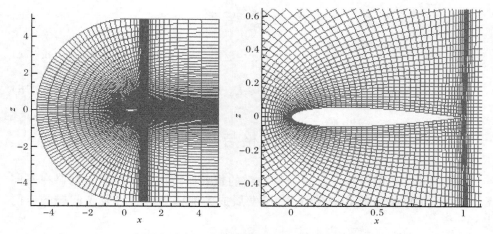

图 8.8　NACA0012 翼型的光滑正交的曲线网格

　　对于平板边界层的计算网格生成,是在流向和展向采用均匀网格,而在壁面法向采用下述的映射关系,得到在近壁面区域拉伸的网格,以符合边界层流动的物理特性。

　　在计算空间的网格中,η 方向为均匀网格

$$\eta_k = k-1, \quad k=1,2,\cdots,N_y \tag{8.38}$$

通过线性变换,网格空间从 $[0, N_y-1]$ 映射到 $[-1,1]$,变换关系为

$$\bar{\eta}_k = \frac{\eta_k - 0.5\eta_{Ny}}{0.5\eta_{Ny}} \tag{8.39}$$

下一步的映射是在 $[-1,1]$ 空间自身上进行,使网格点集中分布在 y_0 点附近,

$$\varphi + \tau\tanh\left(\frac{\varphi-\varphi_0}{\Delta\varphi}\right) = \frac{\bar{\eta}-\bar{\eta}_0}{\Delta\bar{\eta}} \tag{8.40}$$

式中,$\Delta\varphi$ 和 τ 用来调节靠近 φ_0 点处的拉伸尺度。从 $[-1,1]$ 空间映射到真实的物理域空间 $[0, y_{\max}]$,是通过如下指数变换:

$$y(\varphi) = y_{\max}\left(\frac{a^{\varphi+1}-1}{a^2-1}\right) \tag{8.41}$$

式中

$$a = \frac{y_{\max} + \sqrt{y_{\max}^2 - 4y_{1/2}(y_{\max}-y_{1/2})}}{2y_{1/2}}$$

$$\varphi_0 = \frac{\lg\left[1+\dfrac{y_0}{y_{\max}}(a^2-1)\right]}{\lg a - 1}$$

$$\Delta\varphi = \frac{\Delta y_0}{\mathrm{d}y/\mathrm{d}\varphi}$$

$$\frac{\mathrm{d}y}{\mathrm{d}\varphi} = \frac{y_{\max}}{a^2-1}a^{(\varphi_0+1)}\lg a$$

其中,$y_{1/2}$ 表示有一半的网格点在这个高度和壁面之间。

　　这里网格的控制参数为 $y_{1/2}=3$,$y_0=0.6$,$\tau=0.1$,然后根据边界层增长特性,把入口外的第一列网格的法向坐标在各个流向位置进行变换,变换关系为 $y(i,k)/y(1,k) = \sqrt{x(i)/x(1)}$,流向和展向都用均匀分布的网格。

　　并行算法是现代数值计算中经常采用的一种方法,基于 MPI(message passing interface)标准对数值模拟程序进行并行化,能够大大提高计算效率,一般是用区域分解方法来实现并行化计算。如图 8.9 所示沿着 ξ 方向计算域被划分等为 n 个相同大小的区域,其中 n 是处理器(CPU)的个数,这是最简单区域划分方法。在计算过程中,每个处理器通过左右两个边界处和相邻的处理器来交换数据进行信息传输。但是这种信息传输方式不适合于计算 ξ 方向的导数,因为 ξ 方向的导数计算用的是隐式的紧致差分格式,需要在 ξ 方向一次性求解出所有点的导数值。

如果 ξ 方向的网格线上的所有点都在同一个处理器上,可以直接用紧致差分格式
求解所有点的导数值。图 8.10 是以四个处理器为例[32],演示了一种特殊的数据
交换方式来完成数据结构的转换。图上方所示的是原来的分区方式,即计算域沿
着 ξ 方向被划分成相等的若干小分区。这种数据结构可以转化为如图 8.10 下方所
示的一种新的数据存储方式,计算域沿着 ζ 方向被划分为相等的若干小分区。完
成这个转换方式,首先定义两个新的数据类型,然后采用 MPI 库函数提供的 MPI
函数"MPI_ALLTOALL"。在这种新的数据结构中,沿着 ξ 网格线方向的所有点都
在同一个处理器上。当导数计算过程完成后,用一个逆转换把数据结构还原成初
始的状态。这里的平板边界层转捩的直接数值模拟计算程序的并行算法,采用了
上述的区域划分方法,沿着流向把计算域划分为相等的若干分区,以保证每个处
理器的负载均衡。

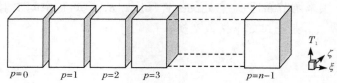

图 8.9　沿 ξ 方向的区域分解的示意图

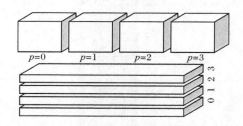

图 8.10　计算 ξ 方向导数时数据结构转换的示意图

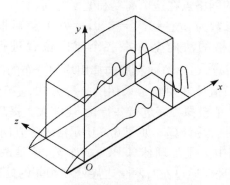

图 8.11　平板边界层的计算域

下面给出研究平板边界层转捩的算例。采用 DNS 方法,计算域如图 8.11 所示[32]。网格数为 $1920 \times 128 \times 241$,在壁面附近网格加密,在流向和展向都用均匀网格。在入口处,q_{lam} 是二维层流平板边界层的 Blasius 相似解,展向波数、频率及扰动振幅分别为 $\beta = \pm 0.5712$、$\omega = 0.114027$、$A_{2d} = 0.06$ 和 $A_{3d} = 0.01$。扰动波的特征值和特征矢量等参数通过求解可压缩平板边界层的线性稳定性方程得到。其他计算用数据:自由流马赫数 $M\alpha_\infty = 0.5$,温度 $T_\infty = 273.15$,所取计算域的流向长度是 38 个流向波长,展向宽度是 2 个展向波长,入口处法向高度是 40,出口为 76.45,计算域的入口到平板前缘的距离 $x_{in} = 300.79$,算例中的长度单位都是 δ_{in},这个 δ_{in} 是入口处的边界层位移厚度,基于入口位移厚度和自由来流速度的雷诺数为 1000。算例的 DNS 结果将用于后面的转捩机理分析和研究。

参 考 文 献

[1] Kleiser L,Zang T A. Numerical simulation of transition in wall-bounded shear flows. Annu Rev Fluid Mech,1991,23:495—537.

[2] Rist U,Kachanov Y S. Numerical and experimental investigation of the K-regime of boundary-layer transition//Kobayashi R. Laminar-Turbulent Transition. IUTAM Symposium. Berlin:Springer,1995:405—412.

[3] Borodulin V I,Gaponenko V R,Kachanov Y S,et al. Late-stage transitional boundary-layer structures. Direct numerical simulation and experiment. Theor Comp Fluid Dyn,2002,15:317—337.

[4] Moin P,Mahesh K. Direct numerical simulation:A tool in turbulence research. Annu Rev Fluid Mech,1988,30:539—578.

[5] 傅德薰,马延文,李新亮,等.可压缩湍流直接数值模拟.北京:科学出版社,2010.

[6] Jiang L,Shan H,Liu C. Direct numerical simulation of boundary-layer receptivity for subsonic flow around airfoil//Recent Advances in DNS and LES. Proceedings of the Second AFOSR International Conferences on DNS/LES. Rutgers-The State University of New Jersey,New Brunswick,1999.

[7] 陈林.边界层转捩过程的涡系结构和转捩机理研究.南京:南京航空航天大学博士学位论文,2010.

[8] Wasistho B. Spatial Direct Numerical Simulation of Compressible Boundary Layer Flow. PhD Thesis. Enschede:University of Twente,1997.

[9] Schlichting H. Boundary Layer Theory. 7th ed. New York:McGraw-Hill,1979.

[10] Malik M R. Numerical methods for hypersonic boundary layer stability. J Computational Phy,1990,86:376-413.

[11] Cebeci T. Stability and Transition:Theory and Application. Horizons Pubns(AZ),2004.

[12] Guo X,Tang D B,Shen Q. Nonparallel boundary layer stability in high speed flows. Trans-

actions of Nanjing University of Aeronautics and Astronautics,2008,25(2):81—88.

[13] Liu C,Chen L. Parallel DNS for vortex structure of late stages of flow transition. Journal of Computers and Fluids,2011,45:129—137.

[14] Ma Y W,Fu D X. Super compact finite difference method with uniform and non-uniform grid system//Proceedings of 6th International Symposium on Computational Dynamics, Lake Tahoe,1995:1435—1440.

[15] Gamet L,Ducros F,Nicoud F,et al. Compact finite difference schemes on non-uniform meshes,application to direct simulations of compressible flows. Int J Numer Meth Fluids, 1999,29(2):159—191.

[16] Lele S K. Compact finite difference schemes with spectral-like resolution. J Comput Phys, 1992,103:16—42.

[17] Gaitonde D V,Visbal M R. High-order schemes for Navier-Stokes equations:Algorithm and implementation into FDL3DI. AFRL-VA-WP-TR-1998-3060,1998.

[18] Shu C W,Osher S. Efficient implementation of essentially non-oscillatory shock-capturing scheme. J Comput Phys,1988,77:439—471.

[19] Kamiakis G E,Israeli M,Orszag S A. High-order splitting methods for the incompressible Navier-Stokes equation. J Comput Phys,1991,97:414—443.

[20] 张立. 近壁剪切流动中湍斑及相干结构研究. 南京:南京航空航天大学博士学位论文,2003.

[21] Poinsot T J,Lele S K. Boundary conditions for direct simulations of compressible viscous flow. J Comput Phys,1992,101:104—139.

[22] Halpern L. Artificial boundary conditions for incompletely parabolic perturbations of hyperbolic systems. SIAM Journal on Mathematical Analysis,1991,22:1256—1283.

[23] Dutt P. Stable boundary conditions and difference schemes for Navier-Stokes equations. SIAM Journal on Numerical Analysis,1988,25:245—267.

[24] Sutherland J C,Kennedy C A. Improved boundary conditions for viscous,reacting,compressible flows. J Comput Phys,2003,191:502—524.

[25] Yoo C S,Wang Y,Trouvé A,et al. Characteristic boundary conditions for direct numerical simulations of turbulent counter flow flames. Combustion Theory and Modelling,2005, 9(4):617—646.

[26] Chen L,Tang D B. Navier-Stokes characteristic boundary conditions for simulations of some typical flows. Applied Mathematical Sciences,2010,4(18):879—893.

[27] Tam C K W,Kurbatskii K A. A wavenumber based extrapolation and interpolation method for use in conjunction with high-order finite difference schemes. J Comput Phys,2000, 157(2):588—617.

[28] Jiang L,Shan H,Liu C. Non-reflecting boundary conditions for DNS in curvilinear coordinates//Recent Advances in DNS and LES. Proceedings of the Second AFOSR International Conference on DNS/LES. Rutgers-The State University of New Jersey, New Brunswick,

1999.

[29] 朱自强,吴子牛,李津,等. 应用计算流体力学. 北京:北京航空航天大学出版社,1998.

[30] 傅德薰,马延文. 计算流体力学. 北京:高等教育出版社,2002.

[31] Spekreijse S P. Elliptic grid generation based on Laplace equation and algebraic transformations. J Comput Phys,1995,118(1):38—61.

[32] Liu C,Chen L. Study of mechanism of ring-like vortex formation in late flow transition. AIAA Pap 2010—1456,2010.

第9章 转捩边界层的典型涡结构

9.1 引 言

我们在前面几章中,对转捩过程的线性阶段及非线性前阶段(常称为弱非线性阶段)的边界层稳定性进行了较详细的讨论。边界层转捩过程是一个复杂的非定常非线性动力学系统问题,这个过程可以划分为不同阶段,而相邻阶段之间也有一定的交叉和关联(图9.1)。本章和第10、11章将着重讨论转捩的非线性后阶段(又称强非线性阶段),分析和探讨边界层转捩的机理性问题。

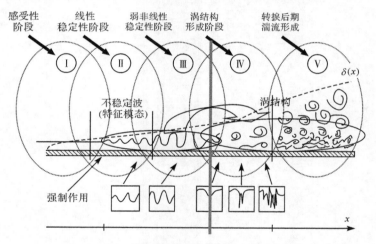

图 9.1 边界层转捩过程的不同阶段及其关联[1]

为了解释边界层从层流向湍流转捩的各种机理问题,人们做了大量的实验、理论和数值模拟的研究,探索和提出许多新的理论和观念[2,3]。边界层转捩后阶段的一个显著特征,就是在转捩流场中存在随时间和空间演变的复杂涡结构[3]。这些涡结构的生成发展及其相互干扰和扩散过程决定了转捩流场的基本特性。尽管边界层流动有不同的转捩形式,而涡结构则是转捩过程中的一种基本结构。下面简单回顾一下,有关转捩边界层中涡结构的一些研究情况。

先谈自然转捩。Hama 等[4,5]利用可视化方法,在水槽的边界层流动中观察到转捩区中 Λ 涡的存在。Λ 涡的腿部诱导了强烈的向上流动,形成很强的剪切层,

然后在 Λ 涡的顶部形成马蹄形涡(发卡涡)。Klebanoff 等[6]实验研究了典型 T-S 波的演化过程,先是经过线性和弱非线性阶段以及三维扰动的形成,然后是高频脉冲扰动及扰动波谱的扩展,证实了边界层近壁面区内存在流向涡。Kovasznay 等[7]发现在边界层内周期性地形成了强旋涡层,从流动失稳到湍流形成,经常伴随着很大的流向速度的负脉动扰动(尖峰)。Rist 等[8]采用 DNS 方法,研究边界层中各种涡系的演化和转捩过程,并与实验数据相对比,验证了实验中观测到的一些重要现象。Kachanov 等[3,9]和 Herbert[10,11]讨论了三维扰动二次失稳后向湍流转捩的非线性理论,在不稳定波转化成涡结构过程中,Λ 涡是其中最典型的,Λ 涡在非线性阶段开始形成,在 K 型和 H 型转捩过程中有各自的特性和不同的空间排列形式。Bake 等[12]的研究证实,它们在转捩后阶段的非线性特征在定性上是一致的。Borodulin 等[13]也发现,在边界层转捩的非线性演化过程中,由单个 Λ 涡结构激发形成的脉冲特性具有相似性。

关于旁路转捩。Nishioka 等[14]实验研究指出,旁路转捩过程与自然转捩过程的后阶段类似,都存在发卡涡、尖峰和高剪切层等转捩现象。Acarlar 等[15]和 Haidari 等[16]的研究表明,当边界层流动的扰动幅值和雷诺数超过一定的临界值时,发卡涡就会不断出现。显然,发卡涡是自然转捩和旁路转捩中都有的常见结构,在湍流的形成过程中,都是与发卡涡的演化有关。Pan 等[17]和袁湘江等[18]分析了旁路转捩的相干结构,进行了三维边界层旁路转捩的机理研究。

对于斜波转捩。Joslin 等[19]和 Berlin 等[20]采用直接数值模拟方法,研究了边界层经过斜波诱导的转捩过程。由于斜波对的非线性相互作用,形成了流向涡对,在它抬升过程中,其诱导作用生成高低速条带结构。Elofsson 等[21,22]通过平面 Poiseuille 流动和边界层流动的斜波转捩的实验研究,证实了 DNS 得到的关于高低速条带的二次失稳导致转捩的结论。Berlin 等[23]指出,不论是实验研究还是数值模拟,都能观测到斜波转捩的 Λ 涡形成过程,斜波转捩(O 型)和自然转捩(K型或 N 型)的流动结构在转捩后阶段具有一定的相似性。

环状涡及其环状涡链(又称涡环链)是转捩过程中最复杂的典型涡结构,它的形成和演化过程对于转捩机理研究至关重要。Kachanov[2]最先从热线数据中分辨出环状涡(链),指出它是由 Λ 涡被拉伸产生的,拉伸使得 Λ 涡的两侧涡管近似平行,并使两个近似平行涡的涡量增加,而环状涡链变成更高频的结构,认为是"breakdown"形成了更小的结构;Bake 等[24]研究了周期性 Klebanoff 边界层转捩的结构,发现了环状涡会导致高频的流向速度扰动(尖峰);Borodulin 等[25]采用数值和实验方法研究边界层转捩的机理,分析了相关涡与尖峰结构,提出了环状涡形成的自诱导机制;Lee[26]通过实验方法,得到了真实环状涡的清晰图片,展示了边界层转捩中的环状涡链的形成过程,并提出用类孤立子相干结构(solitonlike coherent structures, SCS)[27,28],解释 Λ 涡、环状涡及环状涡链的形成机制;

Liu[29]详细描述了环状涡的生成演化及其对转捩的重要影响。

　　转捩边界层中的相干结构(又称相干涡结构,即有规律的涡结构),人们常常将它与湍流的[30]相比较,而对湍流的相干结构已有很多研究[31,32]。因此,可以结合湍流边界层的相干结构分析[33],进行边界层转捩过程中湍流形成的机理研究。转捩中的湍流形成过程发生在黏性(层流)底层外的观点已被普遍认同[34],许多类似于湍流中的相干涡结构,也在边界层转捩过程中被发现[35,36]。显然,转捩中的湍流形成与湍流的特性存在一定的相似性。此外,计算研究表明[29],转捩过程的数值模拟所提供的湍流开始位置和初始扰动,能够保证在交接处数值计算的连续对接,提高了湍流计算的稳定性和精度,也显示了转捩过程与所发展形成的湍流之间的密切联系。

　　根据可压缩流算例(见8.6节)的DNS结果,绘制了多种典型的涡结构图形,展示它们的形成和演化过程,并进行相应的机理研究和探讨[37]。

9.2　主流向涡和次生流向涡

　　我们知道,在转捩过程中,涡量与波几乎是不可分开的。涡量波是涡量传播的一种方式,也是涡量相对集中的一种形式。一般来说,在固壁附近总是先形成剪切流或涡量场,然后在一定条件下产生不稳定波,通过这种波的增长才能卷起成旋涡。尽管先期不稳定波的作用是使原来相对均匀分布的涡量相对集中,但是分布仍然是连续的,到了卷成旋涡时,则是涡量分布从连续到离散的突变。在边界层的转捩过程中,涡量的输运和涡的形成是与扰动波的失稳过程相关的。当T-S波形成以后,在初期的线性增长阶段可以短暂地保持它的二维特性,而发展到非线性阶段则具有三维特征(图9.2[38])。由图可见,随着二维不稳定波的发展及三维扰动的形成和演化,将使涡量平面产生弯曲和卷起。由于近壁面区域有较大的剪切力,涡管远离壁面的部分比贴近壁面的传播要快得多,这些弯曲的涡管因近壁区的高剪切力而很快被拉伸加强,形成了贴近壁面而与流向近似平行的底层流向涡对。这个涡对简称为流向涡。为了与另一种流向涡相区别,这里的流向涡又称为主流向涡(primary streamwise vortices)。流向涡是转捩边界层中的一种重要流动结构,图9.3[39]则是从扰动波到流向涡对形成和发展的算例结果($t=6.0T,T$是T-S扰动波的周期,下同)。图9.4[40]是取两个流向位置($x=445$和450),给出了相应流向涡量等值云图。由图可见,除了主流向涡外,还存在另一种流向涡,称为次生流向涡(second streamwise vortices,又称次流向涡)。从云图分布可以看出,与主流向涡相比,次生流向涡的强度还比较弱,随着向下游的发展,主/次流向涡的涡量和方向都在发生变化。

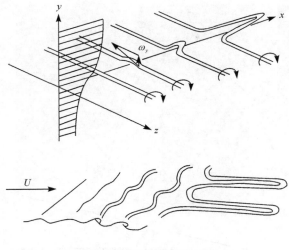

图 9.2　流向涡形成示意图

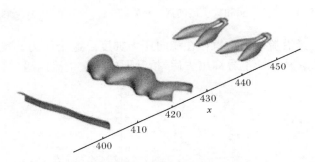

图 9.3　流向涡对的形成和发展($t=6.0T$)

　　下面进一步分析次生流向涡的形成机制。图 9.5[40] 显示了在不同流向位置的近壁区的速度矢量分布,及其所形成的主流向涡。在主流向涡向下游的发展过程中,会发生倾斜并逐渐离开壁面. 涡线方向的改变使展向涡量向着流向涡量的转变,使得流向涡量逐渐增大。与主流向涡诱导有关的次生流向涡,它是反方向旋转的,最终也慢慢地从壁面分离出去。图 9.6[39] 是次生流向涡形成示意图,主流向涡诱导了向后速度[图 9.6(a)],由于壁面无滑移的速度边界条件,它将产生一个负的涡量,然而负涡量的出现还不能形成次生流向涡。涡量必须集中并从壁面上分离出去,才能形成次生流向涡,这就是说壁面附近的流动方向必须从向后转变为向前[图 9.6(b)]。实际上,这种流动方向的改变只能是由于压力梯度的变化而引起的。根据压力分布的模拟结果(图 9.7[39]),流场的展向压力梯度的形成是由于流向涡中心是个低压力区,主流向涡外区域的压力比其中心处的压力要大

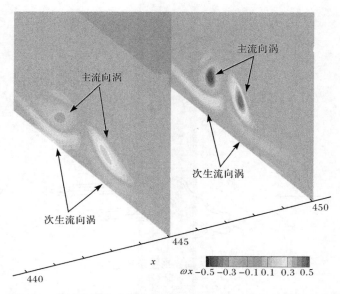

图 9.4　主流向涡和次生流向涡($t=6.2T$, $x=445$ 和 450)(见彩图)

得多。同时，流场沿流动方向也存在流向压力梯度。这个压力梯度导致流动从向前转变为向后，它从壁面上分离出去后，抬升形成了次生流向涡。

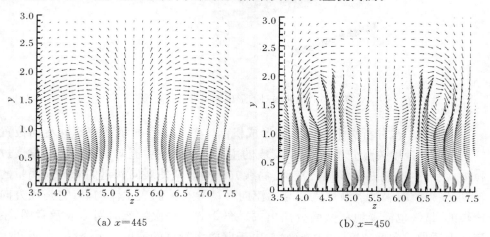

(a) $x=445$　　　　　　　　　　　　　　　(b) $x=450$

图 9.5　近壁区的速度矢量分布

为了更清楚地展示流向涡的生成演化过程(图 9.8[39])，选取 $t=7.0T$ 时的四个流向位置[图 9.8(a)]，等值面表示演化的特征涡系结构。在图 9.8(b)和(c)的矢量图中给出横截面上的流动轨迹。主流向涡在向下游的传播过程中，在近壁区会生成新的流向涡。在主流向涡不断抬升和拉伸时，诱导的流向涡量不断积累，

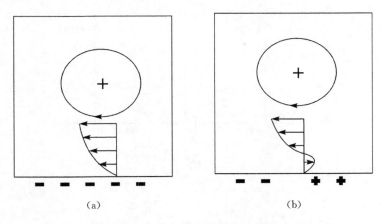

图 9.6　次生流向涡形成示意图

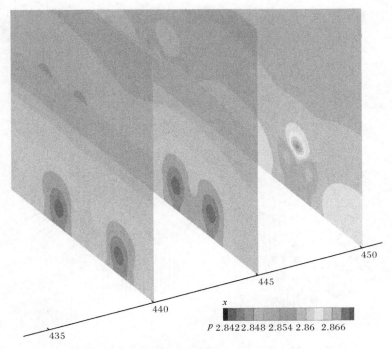

图 9.7　流向涡结构周围的压力分布云图

涡量值逐渐增大,当主流向涡离开壁面一定距离后,形成近壁区的次生流向涡[图 9.8(d)]。在更远的下游处,在次生流向涡又离开壁面后,将在靠近壁面处形成更新的次生流向涡[图 9.8(e)]。

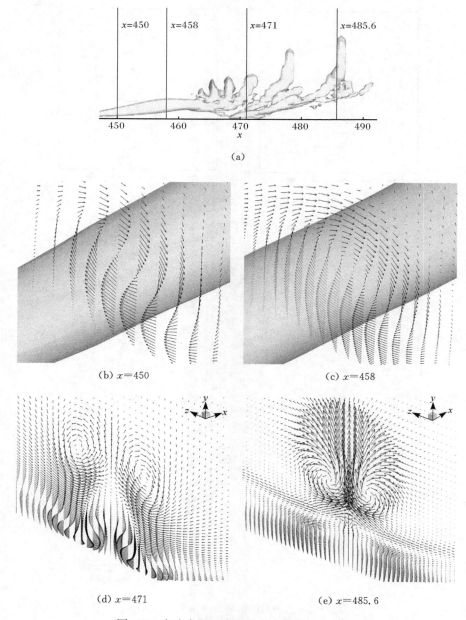

(a)

(b) $x=450$　　　　　　　　　　(c) $x=458$

(d) $x=471$　　　　　　　　　　(e) $x=485.6$

图 9.8　主流向涡和次生流向涡的生成和演化

　　概言之,在三维扰动作用下,展向涡面发生卷曲,并在近壁剪切力的作用下形成了流向涡。次生流向涡是在主流向涡离开壁面一定距离后形成的,随着流动的发展,当它又离开壁面后,靠近壁面还会形成更新的次生流向涡。主流向涡和次生涡之间存在很强的相互干扰,这也是环状涡形成的一个重要原因,在后面还有进一步的阐述。

9.3　多种涡结构的形成

关于**流场涡管**问题。我们知道,若在涡量输运过程中没有源项,在流动内部不可能生成新增的涡管。根据涡量场的基本性质[41],对于一个管式矢量流场,$\nabla \cdot \omega = \nabla \cdot (\nabla \times \nu) = 0$,据此可以导出与之等价的性质:涡管不能在流体中终止,即在流体内部不能形成"头"或者"尾"。在边界处可以产生或者从边界处加入涡量,对于壁面流动,固壁是涡量生成的一个源。如图 9.9 所示[39],涡管的头或尾可以终止于边界处,如入口、出口、远场,以及头尾都在壁面上,或者是无腿涡环及带腿涡环等,这些都是流体中涡管可能存在的一些形式。

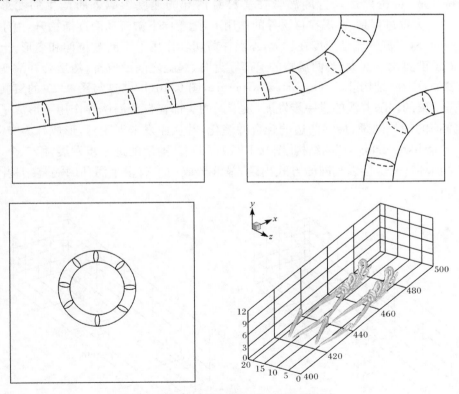

图 9.9　流体中涡管可能存在的一些形式

关于**涡识别**问题。需要说明的是,实际流动中的"涡"(eddy)与"涡量"(vorticity)

的概念是不同的,常用的"涡"概念是很难给出严格的数学定义,而"涡量"却常用速度的旋度来表示。在黏性流动中涡结构的识别是一件非常困难的事情,这是因为经典的涡动力学规律的运用受到了无黏条件的限制,而在边界层流动中,黏性是不可忽略的。常采用的方法有涡线积分法、最小压力法或最大涡量法等,但它们有可能会导致不合适的涡识别。这里采用 Jeong 等[42]提出的涡识别方法,对于某点与速度梯度张量的相关矩阵的三个特征值中,选用第二个特征值 λ_2 等值面显示涡结构,通过定位垂直于涡管轴线的平面内的压力转折点来确定涡核,压力转折点环绕着涡核附近的压力最小点。这里以及后面都将用特征值 λ_2 的等值面(即 λ_2-eigenvalue 等值面)方法,来显示涡结构。

　　根据数值模拟的结果,图 9.10[39]清楚地展示了转捩流场中多种涡结构的形成及其随时间演化的过程。在图 9.10(a)中给出的是通过扰动的非线性作用,首先,由 T-S 波发展而成的波峰与波谷结构形成了 Λ 涡。在三维涡管运动时,主要的特征是"自诱导运动",即涡管在受自身诱导的速度影响下所产生的变形运动[39]。大致过程是,Λ 涡在自诱导的作用下,随着向下游流动而逐渐抬升,由于从壁面向外,主流的流动速度在加大,Λ 涡在剪切场作用下不断被拉伸和变形,上部的涡强度要比下部大,当两涡腿的上部靠近时,涡腿之间形成桥,然后合并演变成典型的发卡涡结构[hairpin vortex structure,图 9.10(b)],这与图 9.11 的实验观察是一致的。随着涡的进一步发展,发卡涡的头部在自身涡诱导作用下形成了弯曲拉伸的细长的颈,最终两边的颈合并演化,并从原发卡涡脱开,形成称为"环状涡(ring-like vortices)"的结构[图 9.10(c)、(d)]。随后的进一步发展,第二个、第三个涡环,……,会以相同的方式出现,最终形成一个有多个涡环的涡链结构[图 9.10(e)]。

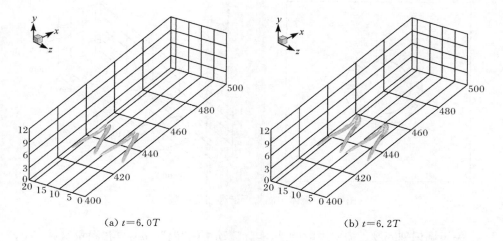

(a) $t=6.0T$　　　　　　　　　　　　　　　　(b) $t=6.2T$

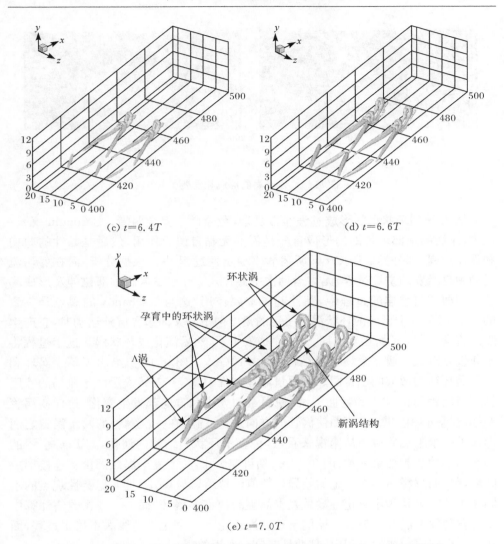

(c) $t=6.4T$

(d) $t=6.6T$

(e) $t=7.0T$

图 9.10 转捩流场中涡结构随时间的演化(等值面 $\lambda_2=-0.005$)(见彩图)

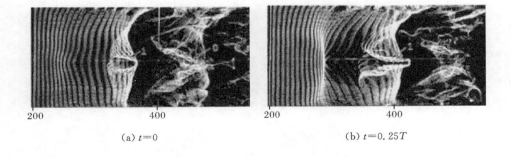

(a) $t=0$

(b) $t=0.25T$

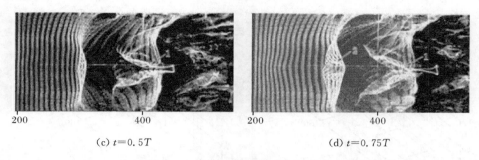

(c) $t=0.5T$　　　　　　　　　(d) $t=0.75T$

图 9.11　发卡涡的形成和发展[43]

　　从 Λ 涡到环状涡的形成过程非常复杂,至今尚未完全明晰。Borodulin 等[25]认为,Λ 涡的顶部环状涡的形成首先是涡的无黏自诱导作用,然后是黏性的剪切和重连过程,部分类似于 Crow 所述的不稳定性过程[44]。根据分析,涡在剪切流运动中自激发的诱导过程,无黏运动占主导作用[45];在发卡涡颈部拉伸及形成环状涡的剪切与重连的过程中,黏性起了重要作用,这与 Kachanov 的观点是一致的[25]。当第一个形成的环状涡以一定的角度向下游又向边界层外运动时,它产生喷射流动,并与 Λ 涡相互作用,先是生成发卡涡,然后演化成环状涡。这个过程将不断重复以致形成多个环状涡结构[图 9.10(e)]。图 9.12[46]给出了单个涡环和多个涡环结构形成的示意图。在涡量输运方程中,$(\omega \cdot \nabla)V$ 表示由于流场的速度梯度引起涡管的伸缩和弯曲,从而使涡量的大小和方向都发生变化:拉伸使涡管变细,涡量值相应增大;弯曲使涡管的方向发生变化,在一次涡管的两条涡腿之间形成了一个附加的桥。从俯视来看,这种多个环状涡结构的演化,与 Lee 等[28]的环状涡链的实验结果一致(图 9.13)。到目前为止,关于发卡涡颈部重新连接形成圆环现象的解释还存在一定的差异。数值模拟结果与 Crow 的不稳定性观点的不同在于:Crow 认为不稳定性导致发卡涡破裂成许多涡环,而 Liu[29]在数值计算中没有发现发卡涡的破裂;Crow 的不稳定性理论是一个无黏的线涡不稳定过程,而实际上环状涡形成的过程中,黏性是应该起作用的。

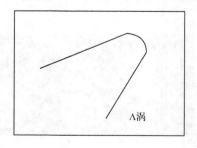
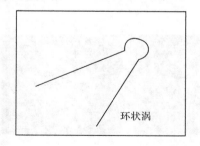

Λ涡　　　　　　　　　环状涡

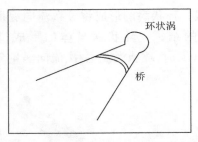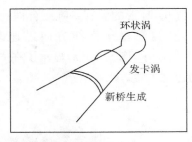

图 9.12 单个涡环和多个涡环结构形成示意图

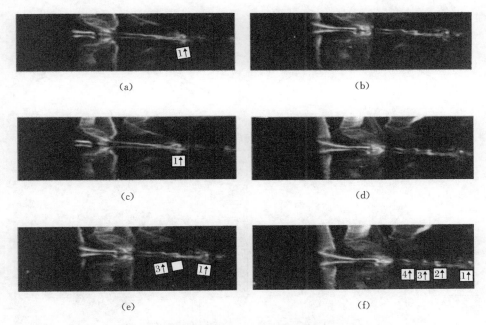

图 9.13 环状涡链结构的演化(俯视图)[28](见彩图)

9.4 环状涡结构分析

下面进一步分析环状涡的形成机制和特性。图 9.14[46] 展示了环状涡与主流向涡及次生流向涡之间的相互联系。图 9.14(a)是在 $t=7.0T$ 时的主/次流向涡的分布情况,分别用黄色和绿色表示,等值面的数值分别为 $\omega_x=0.2$ 和 $\omega_x=-0.2$;而图 9.14(b)中的红色表示总涡量的涡管,其他颜色是流向涡分量 ω_x。涡管不能终止在流体中,通过主/次流向涡的相互作用,涡管最终演化形成了涡环。涡环的形成是主流向涡与次生流向涡强烈相互作用的结果,正是因为涡管不能在流体中终止,环形的涡管是唯一合理的形式。环状涡的形成将导致流向涡量等值面的终止,这是由于涡线方向迅速改变的结果。环状涡具体的形成过程如图 9.15[46]所示,图 9.15(a)显示了在 $t=7.0T$ 时,环状涡及主/次流向涡量分布和流动的速度矢量。

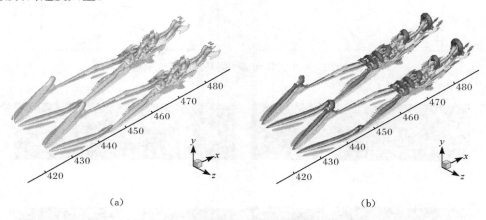

(a)　　　　　　　　　　　　　　　　(b)

图 9.14　环状涡与流向涡之间的联系(见彩图)

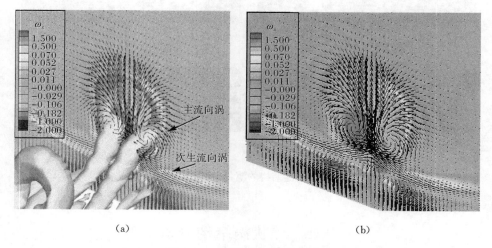

(a)　　　　　　　　　　　　　　　　(b)

图 9.15　涡环的形成(见彩图)

为了更清晰地表示环状涡附近的流动情况,尤其是涡环的形成过程,在图 9.15(b)中只给出主/次流向涡量及速度矢量图,主流向涡在发卡涡的内部。而次生流向涡在发卡涡的外部。根据速度矢量图,主流向涡把流体推出,而次生流向涡把下方的流体卷进。这些运动使发卡涡弯曲,并拉伸它的头部,形成一个细细的颈部,最终在发卡涡的头部形成一个圆环。图 9.16[46]是从不同视角展示的两组流向涡对与环状涡的具体结构：主流向涡对穿过环状涡，它们在环状涡内像导轨一样控制着环状涡的运动方向，影响环状涡平面的弯曲和抬升；次生流向涡对在环状涡外的下方，它们与环状涡内的主流向涡共同作用形成了弯曲变形的环状涡的颈部。显然，环状涡的形成是与主流向涡和次生流向涡相互作用直接相关的。

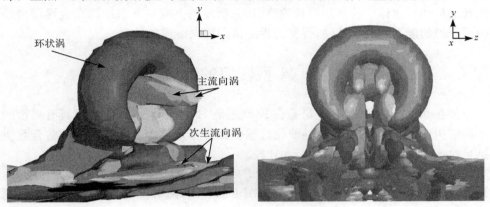

图 9.16　不同视角的流向涡对与环状涡结构（见彩图）

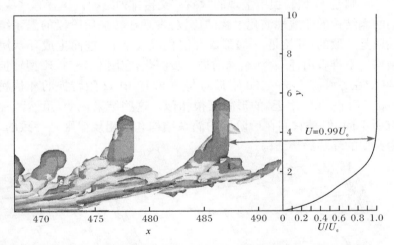

图 9.17　环状涡在边界层中的位置（$y=3.56$，$U=0.99U_e$）（见彩图）

　　根据这里的计算和其他数值结果[24]，发现涡环几乎是圆形的，并且垂直于壁面。图 9.17[46]给出在 $x=486$ 处，即第一个环状涡形成位置平均流速度剖面。如图 9.17 所示，环状涡处在无黏区（$y=3.56$，$U=0.99U_e$）。由于环状涡所在无黏区的流动几乎是均匀流且各向同性，所以形成的涡环近似是圆形的。那么，为什么环状涡的涡环垂直于壁面？这里给出的一种解释是，旋转的环状涡是被主流逐渐抬起的,由于主流剪切层的存在而产生浮力,当涡环达到无黏区后(在无黏区流向涡几乎是水平的),它不能被继续抬升,因为主流是均匀流;涡环同时也受到涡腿的限制,所以垂直的位置是最稳定的位置,具有最小的势能。

环状涡在向下游的发展过程中扩散到边界层的外边界之外,后续形成的多个涡环结构能在流体中传播相当长的范围,它诱发的上喷与下扫运动在边界层内外引起强烈的能量和动量传输,促使边界层从层流向湍流的转变。

9.5　K 型和 H 型转捩的后阶段涡结构

如在 9.1 节中所指出,不论是在 K 型还是 H 型的转捩中,它们都具有典型的 Λ 涡结构;转捩后阶段的非线性演化过程也具有一定的相似特性。下面结合数值结果对这两种转捩过程进行分析和比较。

图 9.18[47]给出了经过几个 T-S 波周期之后的 K 型转捩的涡结构演化图,而 H 型转捩的结果如图 9.19[47]所示。由图可以看出,随着扰动的发展,它们都出现了 Λ 涡结构,但是,由于不同的 T-S 波的初始幅值及其非线性作用过程,涡结构在空间的排列形式不同。如图 9.18 所示的 K 型转捩中出现了排列整齐的"峰谷"结构;而图 9.19 则是 H 型转捩中呈现的"峰谷"交错排列结构。尽管有这些差别,通过对它们的涡结构的非线性演化过程的比较,发现在转捩后阶段的涡系结构形成规律和性质是一致的,开始是 Λ 涡形成并演化成发卡涡,进而生成环状涡及其环状涡链结构。不难看出,随着涡结构的进一步演化,在图 9.18 中 K 型转捩的环状涡链结构(如在 $t=5.5T$, $x=460$ 附近),与图 9.19 中 H 型转捩的环状涡链结构(如在 $t=5.7T$, $x=520$ 附近)的形状已很相似。这些结果说明,虽然两种转捩过程起初有所不同,但是它们在后阶段的涡系结构和演化规律则是一致的,最终都发展成为典型的环状涡链结构。

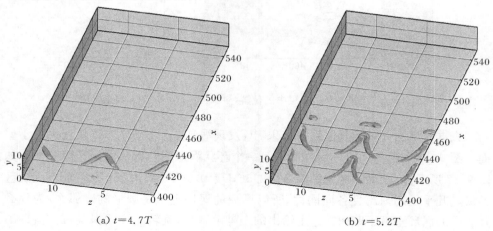

(a) $t=4.7T$　　　　　　　　　　(b) $t=5.2T$

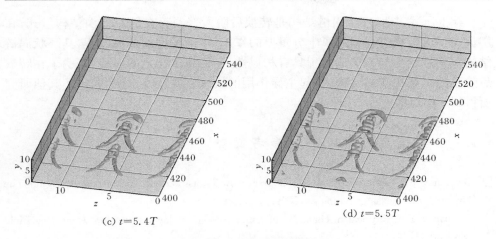

(c) $t=5.4T$　　　　　　　　　(d) $t=5.5T$

图 9.18　K 型转捩的涡结构演化

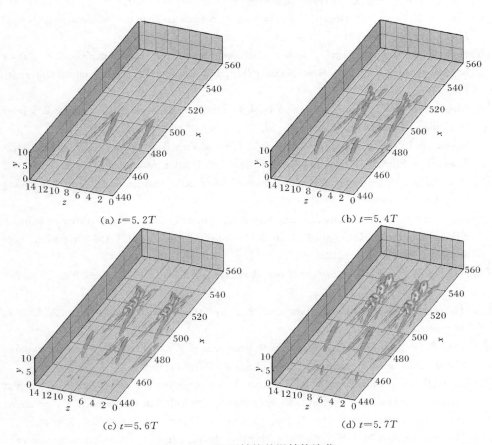

(a) $t=5.2T$　　　　　　　　　(b) $t=5.4T$

(c) $t=5.6T$　　　　　　　　　(d) $t=5.7T$

图 9.19　H 型转捩的涡结构演化

　　综上所述表明,环状涡链结构是转捩后阶段普遍存在的一种涡结构形式,在层流向湍流转捩过程中起了十分重要的作用;不同类型的转捩过程,其环状涡链结构及其后续的湍流形成过程具有相似性,它们在定性上的一致,表明了在转捩后阶段的涡结构演化过程中,起主导作用的机理有普适性,这也验证了其他研究所得到的类似结论[48]。

参 考 文 献

[1] Kachanov Y S. Lecture Notes, Short Course: Flow Transition and Turbulence. Arlington: The University of Texas at Arlington, 2009.

[2] Kachanov Y S. Physical mechanisms of laminar-boundary-layer transition. Annu Rev Fluid Mech, 1994, 26: 411—482.

[3] 李存标, 吴介之. 壁流动中的转捩. 力学进展, 2009, 39(4): 480—507.

[4] Hama F R, Long J D, Hegarty J C. On transition from laminar to turbulent flow. J Appl Phys, 1957, 28: 388—394.

[5] Hama F R, Nutant J. Detailed flow-field observations in the transition process in a thick boundary layer//Proc 1963 Heat Transfer & Fluid Mech Inst. Pal Alto: Stanford University Press, 1963.

[6] Klebanoff P S, Tidstrom K D, Sargent L M. The three-dimensional nature of boundary layer instability. J Fluid Mech, 1962, 12: 1—34.

[7] Kovasznay L S, Komoda H, Vasudeva B R. Detailed flow-field transition//Proc 1962 Heat Transfer & Fluid Mech Inst. Pal Alto: Stanford University Press, 1962.

[8] Rist U, Fasel H. Direct numerical simulation of controlled transition in a flat-plate boundary layer. J Fluid Mech, 1995, 298: 211—248.

[9] Rist U, Kachanov Y S. Numerical and experimental investigation of the K-regime of boundary-layer transition//Kobayashi R. Laminar-Turbulent Transition. IUTAM Symposium. Berlin: Springer, 1995: 405—412.

[10] Herbert T. Secondary instability of boundary layers. Annu Rev Fluid Mech, 1988, 20: 487—526.

[11] Herbert T. Analysis of the subharmonic rout to transition in boundary layers. AIAA Pap 84—0009, 1984.

[12] Bake S, Fernholz H H, Kachanov Y S. Resemblance of K-and N-regimes of boundary-layer transition at late stages. Eur J Mech B Fluids, 2000, 19(1): 1—22.

[13] Borodulin V I, Gaponenko V R, Kachanov Y S. Generation and development of coherent structures in boundary layer at pulse excitation//10th Intl Conf on Methods of Aerophysical Research. Proceedings. Part II. Novosibirsk: Inst Theor Appl Mech, 2000: 37—42.

[14] Nishioka M, Asai M, Iida S. Wall phenomena in the final stage of transition to turbulence// Meyer R E. Transition and Turbulence. Proc of Symposium at the University of Wisconsin-

Madison,1981:113—126.

[15] Acarlar M S,Smith C R. A study of hairpin vortices in a laminar boundary layer. Part 1. Hairpin vortices generated by a hemisphere protuberance. J Fluid Mech,1987,175:1—41.

[16] Haidari A H,Smith C R. The generation and regeneration of single hairpin vortex. J Fluid Mech,1994,277:135—162.

[17] Pan C,Wang J J,Zhang P F,et al. Coherent structures in bypass transition induced by a cylinder wake. J Fluid Mech,2008,603:367—389.

[18] 袁湘江,陆利蓬,沈清,等. 钝体头部边界层"逾越"型转捩机理研究. 航空动力学报,2008,23(1):81—86.

[19] Joslin R D,Street C L,Chang C L. Oblique wave breakdown in incompressible boundary layer computed by spatial DNS and PSE theory//Kumar M Y A,Street C L. Instability, Transition and Turbulence. New York:Springer,1992:304—310.

[20] Berlin S,Lundbladh A,Henningson D. Spatial simulation of oblique transition in a boundary layer. Phys Fluids,1994,6:1949—1951.

[21] Elofsson P A,Alferedsson P H. An experimental study of oblique transition in plane Poiseuille flow. J Fluid Mech,1998,358:177—202.

[22] Elofsson P A,Alferedsson P H. An experimental study of oblique transition in a Blasius boundary layer flow. European Journal of Mechanics B-Fluids,2000,19(5):615—636.

[23] Berlin S,Wiegel M,Henningson D S. Numerical and experimental investigations of oblique boundary layer transition. J Fluid Mech,1999,393:23—57.

[24] Bake S,Meyer D,Rist U. Turbulence mechanism in Klebanoff transition:A quantitative comparison of experiment and direct numerial simulation. J Fluid Mech,2002,459:217—243.

[25] Borodulin V I,Gaponenko V R,Kachanov Y S,et al. Late-stage transitional boundary-layer structure:Direct numerical simulation and experiment. Theor Comput Fluid Dyn,2002,15:317—337.

[26] Lee C B. Possible universal transitional scenario in a flat plate boundary layer:Measurement and visualization. Phys Rev E,2000,62(3):3659—3671.

[27] Lee C B,Fu S. On the formation of the chain of ring-like vortices in a transitional boundary layer. Exp Fluids,2001,303:354—357.

[28] Lee C B,Li R Q. Dominant structure for turbulent production in a transitional boundary layer. J Turbulence,2007,8(55):1—34.

[29] Liu C Q. DNS study on physics of late boundary layer transition. Course of Lectures at Nanjing University of Aeronautics and Astronautics,2012.

[30] 张兆顺. 湍流. 北京:国防工业出版社,2002.

[31] Sharma A S,McKeon B J. On coherent structure in wall turbulence. J Fluid Mech,2013,728:196—238.

[32] 周恒,陆昌根,罗纪生. 湍流边界层近壁区单个相干结构的模拟. 中国科学 A 辑:数学,

1998,29(4):366—372.

[33] Kline S J, Reynolds W C, Schraub F A, et al. The structure of turbulent boundary layers. J Fluid Mech, 1967, 30:741—773.

[34] Repik E U, Sosedko U P. Studies of intermittent flow structure in near-wall region of turbulent boundary layer//Turbulent Flows. Moscow: Nauka, 1974.

[35] Blackwelder R F. Analogies between transitional and turbulent boundary layers. Phys Fluids, 1983, 26(10):2807—2815.

[36] Boiko A V, Grek G R, Dovgal A V, et al. Origin of Turbulence in Hear-Wall Flows. New York: Springer-Verlag, 2001.

[37] 陈林. 边界层转捩过程的涡系结构和转捩机理研究. 南京:南京航空航天大学博士学位论文, 2010.

[38] Wu J Z, Ma H Y, Zhou M D. Vorticity and Vortex Dynamics. New York: Springer, 2006.

[39] Liu C, Chen L. Study of mechanism of ring-like vortex formation in late flow transition. AIAA Pap 2010—1456, 2010.

[40] 陈林, 唐登斌, 刘超群. 转捩边界层中次生流向涡演化的数值研究. 应用数学和力学, 2011, 32(4):428—436.

[41] 童秉纲, 尹协远, 朱克勤. 涡运动理论. 北京:中国科技大学出版社, 2009.

[42] Jeong J, Hussain F. On the identification of a vortex. J Fluid Mech, 1995, 285:69—94.

[43] 郭辉, 彭艺, 李志勇, 等. 逆压梯度转捩边界层流动结构显示. 实验流体力学, 2008, 22(2):68—73.

[44] Crow S C. Stability theory for a pair of trailing vortices. AIAA J, 1970, 8:2172—2179.

[45] Moin P, Mahesh K. Direct numerical simulation: A tool in turbulence research. Annu Rev Fluid Mech, 1988, 30:539—578.

[46] Liu C, Chen L. Parallel DNS for vortex structure of late stages of flow transition. Journal of Computers and Fluids, 2011, 45:129—137.

[47] Chen L, Liu C. Numerical study on mechanisms of second sweep and positive spikes in transitional flow on a flat plate. Journal of Computers and Fluids, 2011, 40:28—41.

[48] Kachanov Y S. On a universal mechanism of turbulence production in wall shear flows//Laminar-Turbulent Transition. Berlin: Springer, 2003:1—12.

第 10 章　转捩过程的物理现象

10.1　引　　言

在边界层的转捩过程中有各种不同特性的涡结构，它们是在非线性作用之下，又处在相互干扰之中，呈现出极为复杂的物理现象[1,2]，如上喷（ejection）、下扫（sweep）、尖峰（spike）及条带（streak）等。研究这些现象的发生和变化，分析它们内在规律性，对于边界层转捩机理的了解和描述是十分重要的。由于转捩过程中的一些现象与湍流边界层相类似，所以常常借助于湍流研究的方法和成果，探讨转捩过程中的相关问题。

上喷（上升运动）和下扫（向下运动），是湍流和边界层转捩过程中常见的一种物理现象，伴随着强烈的法向动量及能量的传输，给转捩后阶段的涡结构流场带来很大的影响。连祺祥等[3]通过实验证实了湍流边界层中的下扫运动与近壁区的涡结构是密切相关的，并显示出集中于狭小区域的特点，如 Praturi 等[4]所描述的手指状；Borodulin 等[5]用实验及数值方法分析了边界层转捩过程中涡结构所诱导的上喷与下扫运动，通过这些运动能够把主流的能量从边界外传递到边界层内；Guo 等[6]通过实验观测，讨论了转捩流场中的上喷下扫运动与涡系的联系，尤其是在二次上喷下扫运动与环状涡之间。

Klebanoff 等[7]首次利用热线测量方法，在人工激发的转捩边界层中观测到高频率高能量的流向扰动速度（甚至能达到主流速度的 40%），这种高频流向速度扰动，通常称为尖峰。Betchov[8]认为尖峰结构的形成是与当地 T-S 基波的高频二次不稳定性有关。Kovasznay 等[9]指出，尖峰的出现总是与高剪切层中的一个"扭结"相对应，它们连接在一起向下游发展，在更远的下游会出现多个尖峰。Borodulin 等[10]进一步把尖峰区分为正尖峰和负尖峰。Guo 等[6]和 Liu 等[11,12]分别在实验和 DNS 结果中发现了正尖峰，而一般意义上的所谓尖峰通常指的是负尖峰。

在湍流或转捩边界层中出现的高低速条带结构，是很早就引起人们关注的又一重要物理现象。Kline 等[13]在水洞的湍流边界层实验中，发现了底层流动所形成的沿展向分布的高低速相间的条带结构。Landahl[14,15]在平板边界层中，观测到一对强度较弱的拟流向涡对形成高低速条带的过程。Lagraa 等[16]通过两种互不干扰的实验技术，对湍流边界层近壁区域的低速条带的特性进行了研究。Andersson 等[17]采用直接数值模拟方法，研究平板边界层转捩过程中低速条带的形成和失稳过程。Konishi 等[18]实验观测到边界层内由亚谐波不稳定发展而成的低速条带,后来准流向涡在低速条带的两侧形成。Reddy 等[19]认为条带结构的二次失稳可能导致转捩与湍流的形成。Brandt[20]通过数值模拟,研究了边界层中低速条带的不稳定性与"breakdown"过程,证实了低速条带和流向涡是边界层转捩过程中普遍存在的结构。

下面将基于 DNS 算例的结果,在流场涡结构研究的基础上,对边界层转捩过程中的一些重要物理现象进行分析和讨论[21]。

10.2　上喷和下扫

在转捩过程中出现的上喷和下扫运动,是与流场中的涡系结构密切相关的,这里着重分析它们与转捩边界层中的 Λ 涡和环状涡之间的联系。

在转捩流场的上喷下扫运动的分析中,常常采用湍流研究的象限分析方法[22],即依据雷诺应力$[-u'(t)v'(t)]$中的两个扰动分量的正负,分成四种不同的湍流运动形式,对应于四个象限[在直角坐标系下,横向坐标是流向速度 $u'(t)$,纵向坐标是法向速度 $v'(t)$]。象限 Ⅱ($u'(t)<0,v'(t)>0$)和 Ⅳ($u'(t)>0,v'(t)<0$)分别称为上喷和下扫;象限 Ⅰ$[u'(t)>0,v'(t)>0]$和 Ⅲ$[u'(t)<0,v'(t)<0]$分别为向外和向内相互作用。在上喷运动过程中,将低速流动从近壁面区域带到边界层外层,诱发了$-u'$和$+v'$的扰动,并产生正的瞬时雷诺应力$[-u'(t)v'(t)]$,即增大了雷诺应力;相应地在下扫运动中,高速流动从边界层外层被快速地卷入近壁面区域,诱发了$+u'$和$-v'$扰动,结果也使雷诺应力增大。

10.2.1　Λ 涡与一次上喷和下扫

根据数值模拟结果,对应于图 9.10(a)的 Λ 涡的形成阶段,截面的位置在 Λ 涡的头部附近($x=445$),给出了相应的流向扰动速度和法向扰动速度场(图 10.1[23])。由图可以看出,在两个 Λ 涡结构的中心位置处(分别为 $z=5.5$ 和 $z=16.5$ 平面),扰动速度 $u'<0,v'>0$。根据前述运动形式的定义,这种在象限 Ⅱ 的向上运动,被称为上喷(上升)运动。而在每个 Λ 涡结构中心平面的两侧,扰动速度 $u'>0,v'<0$,这种在象限 Ⅳ 的向下运动,被称为下扫运动。为清楚起见,在图中标出了示意运动方向的箭头。这些数值结果表明在近壁区的流场结构,受到这些上喷和下扫运动的影响而剧烈改变。

图 10.2[23]则是描述 Λ 涡周围的流场结构示意图。在 Λ 涡的中间平面是上喷运动,中间平面的两侧是下扫运动。很明显,这些运动是由于 Λ 涡旋转的涡腿诱导形成的,这与图 10.3 所示的实验结果是一致的[24]。为了与环状涡阶段形成的上喷和下扫运动相区别,按实验约定,把 Λ 涡的旋转涡腿诱导形成的上喷和下扫

运动,称为"一次上喷"与"一次下扫"运动。

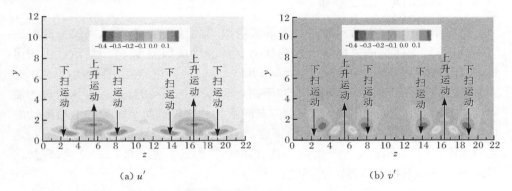

图 10.1　Λ 涡头部附近的扰动速度场($x=445,t=6.0T$)(见彩图)

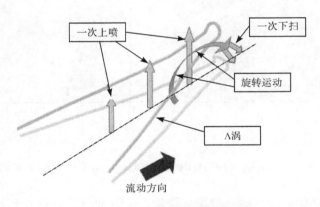

图 10.2　Λ 涡周围流动结构示意图

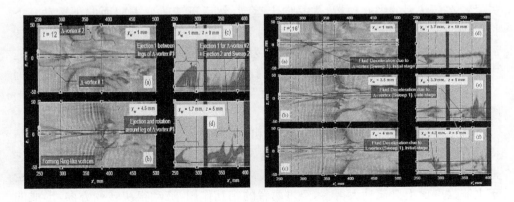

图 10.3　Λ 涡诱导的上喷与下扫[24](见彩图)

10.2.2　环状涡与二次上喷和下扫

对应于图 9.10(d)所示的环状涡形成阶段,截面的位置在环状涡的头部附近($x=466.5$),流向扰动速度 u' 和法向扰动 v' 的速度场如图 10.4[23]所示。由图可见,在环状涡的中间(分别在平面 $z=5.5$ 和 $z=16.5$)处,存在上喷运动($u'<0,v'>0$);在环状涡中间平面的两侧,存在下扫运动($u'>0,v'<0$),这与 Λ 涡阶段的流动结构类似,图中也标出了示意流动方向的箭头。比较这两个阶段的上喷流动的强度:在环状涡中心 v' 大约是 0.03,而在 Λ 涡中心 v' 大约是 0.02;相应的下扫运动的强度:环状涡附近 v' 是 -0.045,而在 Λ 涡腿附近 v' 是 -0.04。显然,环状涡引起的上喷和下扫运动要比 Λ 涡强。

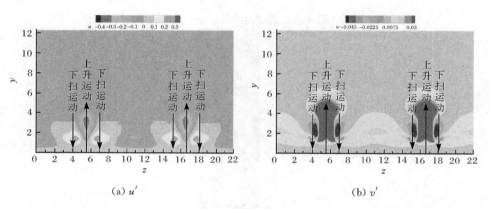

图 10.4　环状涡头部附近的扰动速度场($x=466.5,t=6.6T$)(见彩图)

下面根据环状涡附近的三维流场结构(图 10.5[23]),分析在环状涡阶段的上喷和下扫变强的原因。图 10.5(a)展示了环状涡与它附近的三维扰动流场的速度矢量。在环状涡的中心位置,先是向上运动,然后迅速改变方向而向下运动。下扫运动的形成是在环状涡中心平面的两侧,向着壁面方向,这个下扫运动和旋转涡腿产生的"一次下扫"运动相互混合。为了区别于"一次下扫"运动,在实验研究中[24,25],把这个下扫运动定义为"二次下扫"。又把环状涡中心的向上运动定义为"二次上喷",它与涡腿产生的"一次上喷"运动相互混合,显然这个过程强化了上喷和下扫运动。

进一步分析"二次下扫"运动的形成机制。图 10.5(b)是环状涡周围的流动结构示意图。环状涡的中心由于涡环的诱导作用,形成了较强的上升运动(同时它把涡环下部的低速流体卷入边界层外层),这个上升运动遇到了主流的作用。由于主流强度比上升流动大得多,经过两者的相互作用,流动很快转变方向,形成向壁面方向的下扫运动,这个向下的流动能够把外层的高速流体带到近壁面区域,

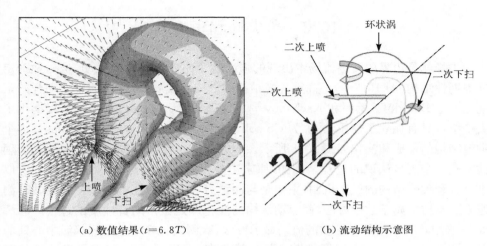

(a) 数值结果($t=6.8T$)   (b) 流动结构示意图

图 10.5 环状涡周围的流场结构

形成比较大的流向扰动脉冲,满足近壁区的流量守恒,其形成过程与实验中所发现的环状涡周围的"二次下扫"运动是一致的[24]。对应于上述流场分析,在图 10.6[23] 中给出了环状涡附近不同截面的压力等值云图。在环状涡附近存在一个高压区域,在环状涡中心的上喷运动与主流相互混合,在混合点处,总速度迅速下降而压力增大,两侧的涡腿处因旋转形成低压力区。显然是由于上喷和下扫运动,导致了近壁面区域压力分布的变化。

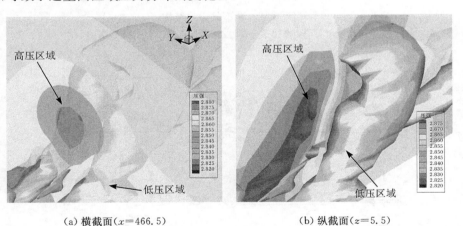

(a) 横截面($x=466.5$)   (b) 纵截面($z=5.5$)

图 10.6 环状涡周围的压力场分布(见彩图)

10.3　负尖峰和正尖峰

尖峰就是边界层转捩流场中出现的强高频流向速度的脉动扰动,是一种确定的周期性结构(图 10.7[7])。高频尖峰结构的形成和发展,常常伴随着流动开始紊乱化[10]。Borodulin 等[5]和 Kachanov[26]对此进行了研究,热线测量的结果揭示了尖峰结构具有孤立子性质,并称为 CS-solitons(coherent structure/solitons),多个尖峰结构的形成和演化如图 10.8 所示。人们对于尖峰结构的形成机理及其物理性质有一个逐步认识的过程。例如,原来主要根据实验的热线测量结果,之所以难以解释尖峰结构的产生机制,主要是与测量方法本身的性质有关。热线(膜)测速方法本质上属于欧拉方法,而流动结构的演化却是拉格朗日性质的过程。郭辉等[27]采用具有拉格朗日性质的流动显示方法,观测到尖峰结构是环状涡中心处的局部诱导引起的负流向速度脉动,Chen 等[23]的 DNS 数值研究显示出同样的现象,这也证实了 Kachanov 对尖峰结构生成机制的推测[26]。

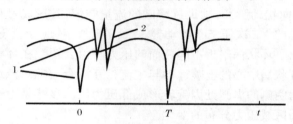

图 10.7　典型的尖峰结构

1 表示第一个尖峰;2 表示第二个尖峰;T 表示 T-S 波的周期

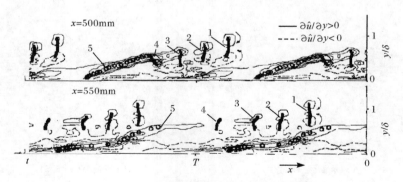

图 10.8　多个尖峰(1,2,3,4 表示尖峰的序号)[28]

近年来关于尖峰结构的研究有了新进展。在实验研究中[6]发现的一种不同于通常的负流向速度脉冲,而是局部正流向速度脉冲,即"正尖峰",而图 10.9[23]

则是从 DNS 结果中观测到的这种尖峰结构。图中展示了近壁区的两种尖峰的变化情况,取两个时刻:$t=6.8T$ 和 $t=7.0T$,第一个环状涡形成的正尖峰,从 $x=470.5$[图 10.9(a)]移动到 $x=480.3$[图 10.9(c)];与此同时的第一个负尖峰,从 $x=476.5$[图 10.9(b)]移动到 $x=486.3$[图 10.9(d)]。这就是说,它们是以相同的推进速度 $0.889U_e$,向下游发展。显然,类似于负尖峰,正尖峰的形成也与环状涡有密切的联系。

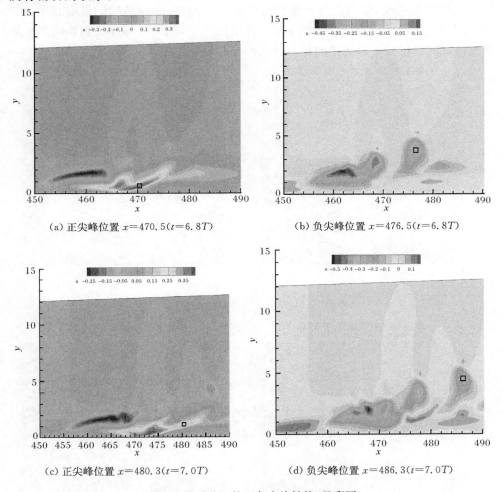

(a) 正尖峰位置 $x=470.5(t=6.8T)$　　　　(b) 负尖峰位置 $x=476.5(t=6.8T)$

(c) 正尖峰位置 $x=480.3(t=7.0T)$　　　　(d) 负尖峰位置 $x=486.3(t=7.0T)$

图 10.9　近壁区的正负尖峰结构(见彩图)

图 10.10[23]是在不同流向位置的扰动速度矢量和等值云图,对应于多个环状涡阶段的正尖峰结构的形成过程。在 $x=486.3$[图 10.10(a)],即第一个环状涡处,由环状涡产生的上喷运动引起的负流向速度扰动 $u'_{max}\approx-0.3$;在环状涡的涡腿两侧

和下方,由下扫运动形成的正流向扰动速度 $u'_{max}\approx0.2$。在 $x=480.3$ 处 [图 10.10(b)],这个下扫运动向壁面和上游方向传输,并且它的强度增大到 $u'_{max}\approx 0.3$。在 $x=477$ 处[图 10.10(c)],第二个环状涡形成新的下扫运动;而在 $x=473$ 处 [图 10.10(d)],则显示了这两个下扫运动的混合过程,当它们彼此完全混合时,在近 壁区域产生强烈的下扫运动 $u'_{max}\approx0.4$,同时也形成一个明显的正尖峰。根据数值结 果可以推断,正尖峰结构的形成是与下扫运动密切相关的,第一个环状涡及第二个 环状涡的下扫运动,将高动量传输到近壁面区,都对正尖峰结构的形成有重要贡 献。同时也揭示了正尖峰结构在靠近边界层的底层,能够以与环状涡相同但比周 围流体高的速度向下游传播的机制。

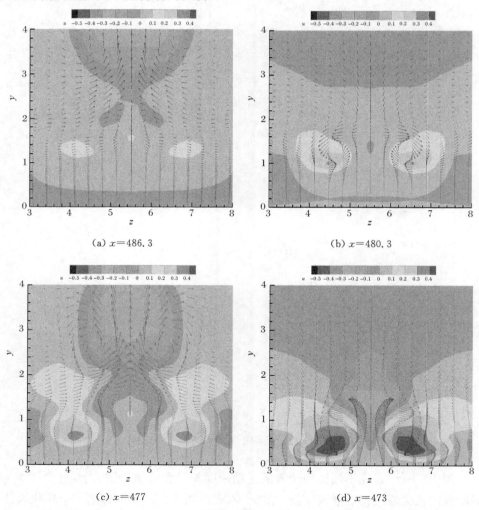

(a) $x=486.3$　　　　　　　　(b) $x=480.3$

(c) $x=477$　　　　　　　　(d) $x=473$

图 10.10　不同流向位置的扰动速度矢量和等值云图($t=7.0T$)(见彩图)

10.4　高低速条带结构

本节主要讨论转捩边界层流场中条带的形成和演化,并对高低速条带的特性进行分析[29]。

10.4.1　条带形成和演化

最早研究条带(又称条纹)是在湍流边界层中。图 10.11 是采用氢气泡使水流动可视的湍流边界层的实验结果,展示了沿展向分布的底层低速条带的流动结构,这是底层存在的流向涡作用的结果。Head[30]也在烟风洞边界层中观察到底层流向涡对。从质量守恒的概念出发很容易理解这种现象,简单地说,这是因为在流向涡将流体从壁面向外输送的位置上,流向速度必然降低,而在流向涡将流体从外部输送到近壁的位置上,流速一定加快。图 10.12 则是横流平面的瞬时流场,显示了流向涡对、速度方向和条带结构。图中的氢气泡的聚集,是横流平面上的流动集中引起的,并伴随着离开壁面的向外流动。反之,高速区域的特征是流动朝向壁面。在壁面上的一个给定高度,观察到在条带区域内的瞬时速度,小于对应的平均速度,因此在条带内的流动速度受到了阻滞,形成所谓的低速条带。相反,在条带之间区域的流动速度,往往超过平均速度,因而这些区域称为高速区域。流场中的这种高低速相间出现的结构,通常称为高低速条带结构。实验测量表明,高低速条带的展向周期,与流向涡对的展向尺度相对应。

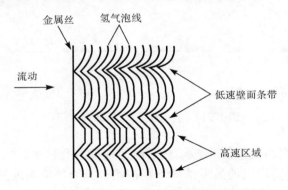

图 10.11　湍流近壁层的低速条带流动结构[13]

通过 DNS 的数值模拟,同样显示出高低速条带结构及其引起的向上和向下运动。这里用流向扰动速度表示条带的生成和变化。采用在某一时刻的法向截面的速度分布来观测高低速条带结构(白色代表高速,灰色代表低速),展示有条带的流场。图 10.13[29]是在边界层内 $y=0.6$ 的平面上,分别在 $t=6.0T$ 和 $t=$

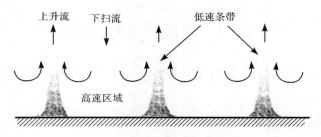

图 10.12　横流平面的瞬时流场[13]

$6.2T$ 时的流向高低速条带结构。与展向周期性分布的峰谷结构类似,在 $z=5.5$ 和 $z=16.5$ 处,负扰动速度形成了低速条带(灰色),在低速条带的两侧,是正扰动速度形成的高速条带(白色)。从这些流向扰动速度的等值云图分布可以看出,在向下游的传播过程中,高低速条带的强度在增大。

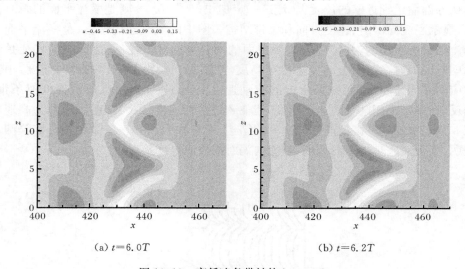

(a) $t=6.0T$　　　　　　　　(b) $t=6.2T$

图 10.13　高低速条带结构($y=0.6$)

　　边界层内流向高低速条带结构,随着时间的推进及其主流的发展而进一步演化,由涡诱导作用而形成的条带结构不断被抬升。为更清晰地描述这个结构,选取了在边界层内较高位置($y=1.5$)的截面(图 10.14[29])。由图 10.14(a)可见,在 $t=6.4T$ 时,低速的强度较之前面时刻增大了,同时还观测到在高速中出现了称为高速斑(high-speed spots)的现象,在该处的流向扰动速度比周围的更大,即在等值云图中形成了一个局部的白色斑点。随着时间的进一步推进,结构继续发生变化,出现更多的高速斑[图 10.14(b),$t=7.0T$];同时还发现低速不连续的现象,即两条高速中间的 Λ 形状的低速的头部出现了不连续现象。

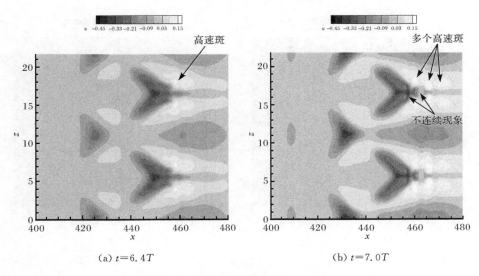

(a) $t=6.4T$　　　　　　　　　　　　(b) $t=7.0T$

图 10.14　条带结构的演化（$y=1.5$）

10.4.2　条带特性分析

　　陈林等[29]对图 10.14 中出现的高速斑和低速不连续现象进行了分析。根据前面对环状涡附近的三维流场结构的研究,二次下扫运动和一次下扫运动的相互混合,将形成比周围更大的流向扰动脉冲,即会出现高速斑。图 10.15[29]给出了下扫运动在近壁区形成高速斑的过程。图 10.15(a)是在 $x=485,y=2$ 附近,第一个环状涡诱导形成了二次下扫运动;图 10.15(b)是在 $x=477,y=2$ 附近,第二个环状涡形成新的二次下扫运动,而此时由第一个环状涡形成的下扫运动已经传播到 $y=0.6$ 附近。下扫运动在传播过程中不断增强,使扰动强度达到了 $u'\approx0.4$。对应这样的二次下扫运动,同时伴随着外层的高动量向近壁面区的传输,于是在高速区域中就形成了一个局部强扰动（高速斑）。一个涡环对应于一个高速斑,相应于环状涡链结构,会出现与之对应的多个高速斑。

　　在图 10.14 中出现的低速条带的不连续现象,实际上也是与涡链结构有关的。这是因为在涡链结构的形成过程中,多个涡环的连接处,旋转方向的改变使该处的旋转强度变弱（进一步分析见 10.5 节）,从而使上升流动也变弱,导致了低速条带的不连续。

　　概言之,这些条带特性都与流场的涡结构直接相关:环状涡的二次下扫运动,对于高速斑的形成起到了关键性作用;正是由于多个涡环连接处的流动变化,才会出现低速条带头部的不连续现象。

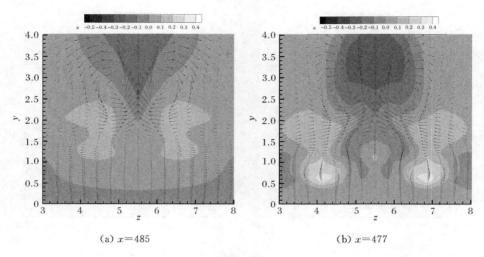

(a) $x=485$　　　　　　　　　　　　(b) $x=477$

图 10.15　高速斑的形成过程($t=7.0T$)

10.5　高 剪 切 层

高剪切层(high shear layer)是边界层内的一种很强的旋涡层,是周期性地形成,与涡结构流场的演变密切相关[31,26]。为清楚地说明这种现象如何出现及其主要特征,这里根据 DNS 的数值结果,分别给出了有代表性的涡量分布和雷诺应力分布图。图 10.16[23]是在不同时刻,位于环状涡中间平面的展向涡量分布图,由图 10.16(a)可以看出,在 Λ 涡的头部($x\approx445$,$t=6.0T$),由旋转的两条涡腿在 Λ 涡中间形成了强烈上升流动,这个上升流动把壁面处的低速流动向上输运,在涡腿的上方形成一个高剪切层。而在 Λ 涡的尾部($x\approx430$,$t=6.0T$),涡腿之间的运动要弱很多,壁面处的剪切力仅稍有增加。实际上,Λ 涡的旋转涡腿生成了高剪切层,一方面旋转运动把近壁面的低速流动输运到 Λ 涡上方,另一方面在两涡腿外侧把高速流动传输到近壁面区域。因此,当旋转的两条涡腿靠得越近时,其旋转运动的叠加使剪切层的强度越大。这个结果与上喷下扫流动的分析是一致的。

一个有趣的现象是,当 Λ 涡卷起演化成发卡涡或环状涡时,高剪切层变得越来越弱,最终在新生成的环状涡的颈部近乎消失了,如图 10.16(b)所示在环状涡头部附近位置($x\approx458$,$t=6.4T$)。Nishioka 等[32]认为,由于剪切层的二次失稳形成了环状涡,环状涡形成后高剪切层就消失了。尽管从图像显示来看似乎是对的,但是高剪切层的消失是否由于它卷入正在发展的环状涡中,有着不同的解释。Bake 等[33]指出,环状涡附近的高剪切层消失是 Λ 涡在环状涡形成过程中运动方式改变的结果,而不是剪切层不稳定性使高剪切层消失并生成环状涡;Chen 等[23]

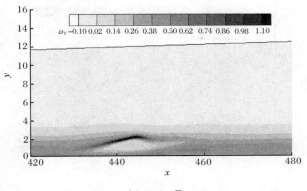

(a) $t=6.0T$

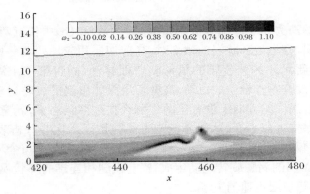

(b) $t=6.4T$

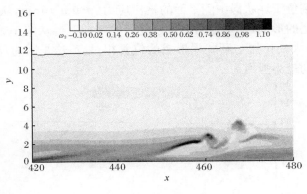

(c) $t=6.6T$

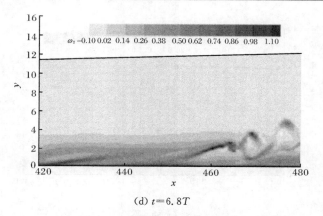

(d) $t=6.8T$

图 10.16　环状涡中间平面的展向涡量分布

对于高剪切层的消失作了详细分析。如图 10.16(c)和(d)中任意两个 Λ 涡头部之间形成的环状涡,在靠近环状涡的颈部时,高剪切层相应地要弱一些,更可能的原因是,连接两个新涡环的强旋转的腿部朝壁面移动,同时第一个涡环开始变弱。一般来说,如果没有垂直轴向的运动,高剪切层只能由涡的旋转运动产生,而此时涡的旋转在垂直涡线的方向上没有运动。那么在这种状态下,就意味着涡在边界层的高度必须保持近似不变,这样才能产生高剪切层。这些分析表明[21],高剪切层在环状涡的颈部消失的机制,并不是因为它从 Λ 涡变成了一个环状的涡,而是因为它不再由 Λ 涡的涡腿旋转运动生成,当与涡腿相连接的环状涡形成了向壁面方向移动时,高剪切层迅速消失了。

　　在高剪切层形成和演化过程中,相应的雷诺应力是如何变化的? 图 10.17[23]展示了不同时刻位于环状涡中间平面的雷诺应力$(-u'v')$分布,从图 10.17(a)可以看出高剪切层的形成,导致了局部雷诺应力的增加。再从图 10.17(b)~(d)可知,雷诺应力最大的位置与环状涡形成的位置相对应,这是因为环状涡附近诱导的上喷下扫运动最为强烈。

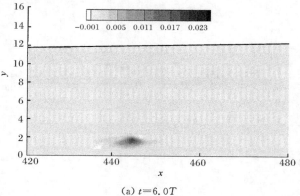

(a) $t=6.0T$

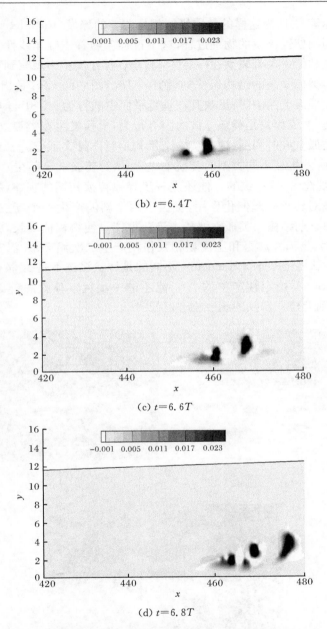

(b) $t=6.4T$

(c) $t=6.6T$

(d) $t=6.8T$

图 10.17　环状涡中间平面的雷诺应力分布

　　综上所述,边界层转捩过程中出现的这些重要物理现象,都是与转捩边界层的各种涡结构的形成和演化紧密相关的。由于自然转捩和旁路转捩等不同类型转捩的物理过程及其现象有一定的差别,那么,它们在转捩后期是否存在共同的机制？李存标等[34]认为这样的共同机制就是湍流的猝发（turbulent bursting），并在实验中找到周期性猝发的物理过程，这个过程伴随着三维非线性波的产生。湍流猝发一定是和低速条带联系在一起的[13]，李存标在实验中观察到低速条带是由若干个被称为类孤立波的结构组成的（图 10.18），图中的 LSS 是指低速条带，CS 是类孤立波在平面上的阴影，反映其在垂直平面中的行为。CS1 与 CS2 是两个不同的类孤立波，湍流猝发是类孤立波的固有行为，上喷发生在类孤立波的内部，而下扫则是在类孤立波的周围，这个实验结果和示意图见文献[35]。正是因为湍流猝发的一般性，发生在不同类型的转捩中，故他认为转捩一定存在一般性[36]，这与 Kachanov 的观念[26]是一致的。他还进一步寻找转捩初期的规律，利用 Wu[37]认为二维 T-S 波对转捩只起催化作用，提出了两个斜波产生一个新三维扰动波，也即类孤立波的早期结构。类孤立波从主流获得能量使得幅值增长，并和流场相互作用产生 Λ 涡，类孤立波再和主流场相互作用产生二次涡环，Λ 涡和二次涡环相互作用产生环状涡链[38]；与 Kachanov 不同的是环状涡链不是 Λ 涡拉伸产生的平行涡，而由 Crow 不稳定性产生的[39]。他还进一步观察环状涡链破裂的基本规律，并在此基础上建立转捩的统一物理框架[34]。

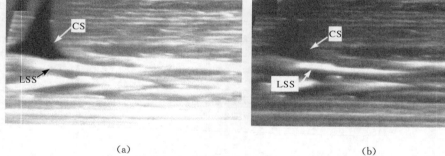

（a）　　　　　　　　　　　　　　　　（b）

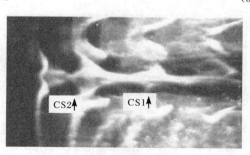

（c）

图 10.18　由类孤立波组成的低速条带

实际上，对于边界层转捩过程中各种物理现象的解释和分析是不尽相同的，或从不同视野,或持不同观念,目前也难以一致,这些关系到转捩机理性研究的重要内容,仍然需要进一步的研究和探讨。

参 考 文 献

[1] Saric W S, Carrillo R B Jr, Reibert M S. Nonlinear stability and transition in 3-D boundary layers. Meccanica, 1998, 33: 469—487.

[2] Wu J Z, Ma H Y, Zhou M D. Vorticity and Vortex Dynamics. New York: Springer, 2006.

[3] 连祺祥, 郭辉. 湍流边界层中下扫流与"反发卡涡". 物理学报, 2004, 53(7): 2226—2232.

[4] Praturi A K, Brodkey R S. A stereoscopic visual study of coherent structures in turbulent shear flow. J Fluid Mech, 1978, 89(2): 251—272.

[5] Borodulin V I, Gaponenko V R, Kachanov Y S, et al. Late-stage transitional boundary-layer structure: Direct numerical simulation and experiment. Theor Comput Fluid Dyn, 2002, 15: 317—337.

[6] Guo H, Lian X Q, Pan C, et al. Sweep and ejection events in transitional boundary layer. Synchronous visualization and spatial reconstruction//13th Intl Conf on Methods of Aerophysical Research. Proceedings. Part V. Novosibirsk: Publ House "Parallel", 2007: 192—197.

[7] Klebanoff P S, Tidstrom K D, Sargent L M. The three-dimensional nature of boundary layer instability. J Fluid Mech, 1962, 12: 1—34.

[8] Betchov R. On the mechanism of turbulent transition. Phys Fluids, 1960, 3: 1026—1027.

[9] Kovasznay L S, Komoda H, Vasudeva B R. Detailed flowfield transition//Proc 1962 Heat Transfer & Fluid Mech Inst. Pal Alto: Stanford University Press, 1962: 1—26.

[10] Borodulin V I, Gaponenko V R, Kachanov Y S. Generation and development of coherent structures in boundary layer at pulse excitation//10th Intl Conf on Methods of Aerophysical Research. Proceedings. Part II. Novosibirsk: Inst Theor Appl Mech, 2000: 37—42.

[11] Liu C Q. DNS study on physics of late boundary layer transition. Nanjing University of Aeronautics and Astronautics, 2012.

[12] 陈林, 唐登斌, 刘小兵, 等. 边界层转捩过程中环状涡和尖峰结构的演化. 中国科学 G 辑: 物理学、力学、天文学, 2009, 39(10): 1520—1526.

[13] Kline S J, Reynolds W C, Schraub F A, et al. The structure of turbulent boundary layers. J Fluid Mech, 1967, 30: 741—773.

[14] Landahl M T. Wave breakdown and turbulence. SIAM J Appl Math, 1975, 28(4): 735—756.

[15] Landahl M T. A note on an algebraic instability of inviscid parallel shear flows. J Fluid Mech, 1980, 98: 243—251.

[16] Lagraa B, Labraga L, Mazouz A. Characterization of low-speed streaks in the near-wall region of a turbulent boundary layer. European Journal of Mechanics B-Fluids, 2004, 23(4): 587—599.

[17] Andersson P,Brandt L,Bottaro A,et al. On the breakdown of boundary layers streaks. J Fluid Mech,2001,428:29—60.

[18] Konishi Y, Asai M. Development of subharmonic disturbance in spanwise-periodic low-speed streaks. Fluid Dynamics Research,2010,42(3):035504.

[19] Reddy S C,Schmid P J,Bagget J S,et al. On stability of streamwise streaks and transition thresholds in plane channel flows. J Fluid Mech,1998,365:269—303.

[20] Brandt L. Numerical studies of the instability and breakdown of a boundary-layer low-speed streak. Eur J Mech B Fluids,2007,26:64—82.

[21] 陈林. 边界层转捩过程的涡系结构和转捩机理研究. 南京:南京航空航天大学博士学位论文,2010.

[22] Shaw R H,Tavangar J,Ward D P. Structure of Reynolds stress in a canopy layer. J Clim Appl Meteorol,1983,22:1922—1931.

[23] Chen L,Liu C. Numerical study on mechanisms of second sweep and positive spikes in transitional flow on a flat plate. Journal of Computers and Fluids,2011,40:28—41.

[24] Guo H,Wang J J,Lian Q X,et al. Spatial reconstruction of vortical structures in transitional boundary layer based on synchronous hydrogen-bubble visualization//12th Intl Conf on Methods of Aerophysical Research. Proceedings. Part I. Novosibirsk:Inst Theor Appl Mech,2004:118—124.

[25] Kachanov Y S,Kozlov V V,Levchenko V Y,et al. Experimental study of K-regime breakdown of laminar boundary layer//Kozlov V. Laminar-Turbulent Transition. New York:Springer,1985.

[26] Kachanov Y S. Physical mechanisms of laminar-boundary-layer transition. Annu Rev Fluid Mech,1994,26:411—482.

[27] 郭辉,彭艺,李志勇,等. 逆压梯度转捩边界层流动结构显示. 实验流体力学,2008,22(2):68—73.

[28] Borodulin V I,Kachanov Y S. Experimental study of soliton-like coherent structures//Eddy Structures Identification in Free Turbulent Shear Flows. IUTAM Symp,XI 3. 1—XI 3. 9,Poitiers,1992.

[29] 陈林,唐登斌,刘超群. 转捩边界层中流向条纹的新特性. 物理学报,2011,60(9):1—6.

[30] Head M R,Bandyopadhyay P. New aspects of turbulent boundary layer structure. J Fluid Mech,1981,107:297—338.

[31] Hama F R,Nutant J. Detailed flowfield observations in the transition process in a thick boundary layer//Proc 1963 Heat Transfer & Fluid Mech Inst. Pal Alto:Stanford University Press,1963:77—93.

[32] Nishioka M,Asai M,Iida S. Proceedings of International Union of Theoretical and Applied Mechanics on Laminar-Turbulent Transition. New York:Springer,1989.

[33] Bake S,Meyer D G W,Rist U. Turbulence mechanism in Klebanoff transition:A quantitative comparison of experiment and direct numerical simulation. J Fluid Mech,2002,459:

217—243.

[34] 李存标,吴介之. 壁流动中的转捩. 力学进展,2009,39(4):480—507.

[35] Lee C B. New features of CS solitons and the formation of vortices. Phys Lett A,1998,247: 397—402.

[36] Lee C B. Possible universal transitional scenario in a flat plate boundary 1 layer: Measurement and visualization. Phys Rev E,2000,62:3659—3671.

[37] Wu X. Generation of Tollmien-Schlichting waves by convecting gusts interacting with sound. J Fluid Mech,1999,397:285—316.

[38] Lee C B,Fu S. On the formation of the chain of ring-like vortices in a transitional boundary layer. Exp Fluids,2001,30(3):354—357.

[39] Crow S C. Stability theory for a pair of trailing vortices. AIAA J,1970,8:2172—2179.

第 11 章 边界层转捩的后期流场

11.1 引 言

在边界层转捩后期(即转捩的最后阶段),充满了各种涡结构的流场进一步演化,形成 U 形涡和桶形涡结构,湍流斑不断发展聚合,大量小涡结构生成和经历无序化(随机化)过程以后,最终形成了湍流流场,完成从层流边界层向湍流边界层的转捩。

在边界层转捩流场中,在一定条件下会出现具有某些湍流特征的孤立的局部区域,在周围是层流流场的这些区域内部却具有随机脉动、雷诺应力和涡系等湍流特征。这些局部湍流区域随机出现在近壁区域,并随着向下游的传播而逐渐扩展、抬升和聚合,最后形成完全湍流。Emmons[1]首先在实验中发现了这种局部湍流区域,称为"湍流斑"(turbulent spots,又称"湍斑")。研究表明[2,3],含有湍流斑的流动是复杂的多尺度流动形态;湍流斑的平面形状一般是呈现指向流动方向的箭头形。通过 DNS 方法[4,5],能够数值模拟湍流斑的生成和发展过程。

小涡结构的产生和流动无序化的过程,是一个有着许多不同解释的转捩机理性问题。当转捩过程发展到一定阶段,流场近壁区域充满了小涡结构,起主导作用的周期性的谐波扰动,渐渐地被随机的非周期性的扰动破坏,并随着向下游流动而越趋严重,流动无序化的急剧扩展而导致了湍流化。关于无序化过程何时开始及如何增强的问题,Klebanoff 等[6]最早提出流动湍流化(无序化)的标志是,出现多个尖峰结构,以及主要扰动波的一个循环周期内形成的涡结构能够赶上前一个周期的。Hama 等[7]的实验结果与之不一致,他们并不认同这个观点,认为真正的无序化过程开始于 Ω 形涡(牛奶瓶形状,类似于环状涡)的颈部的复杂变形,形成的原因是弯曲涡本身与高剪切层的相互作用导致的高阶变形。Borodulin 等[8,9]观察到与环状涡相关的尖峰结构是非常稳定的结构,在向下游发展了很长的距离都未见破裂,而此时在近壁区域的流动已经相当无序化了。Meyer 等[10]的研究指出,环状涡和 Λ 涡在边界层转捩流动的无序化过程中起到了很大的作用。

U 形涡与桶形涡结构的形成,是转捩流场中涡结构演化的结果[11],也是下面首先要讨论的问题。关于边界层转捩后期的湍流是如何形成的问题,将在 11.5 节中介绍一种有关湍流形成的新认识,而不同于经典理论中关于涡破碎(vortex breakdown)形成湍流的相关论述。

11.2　U 形涡和桶形涡

图 11.1[12] 展示了转捩后期流场的涡系结构随时间的演化,流向位置从 $x=$ 430 到 $x=560$。由图可见,在 $t=7.4T$ 时,在环状涡的下方和涡腿两侧的展向位置,对应于流向 $x=505$ 附近已开始形成新涡结构[图 11.1(a)]。随着时间的推进,这个新生成的涡结构越来越清晰,并连接形成了 U 形涡(U-shaped vortex)结构[图 11.1(b),$t=7.8T$]。而从图 11.1(c)($t=8.6T$)中观察到涡结构场已发生了显著变化,并在上游 $x=430$ 后,有新的一个周期生成的 Λ 涡结构,其在向下游的发展过程中,最终也会演化成新的涡系结构。

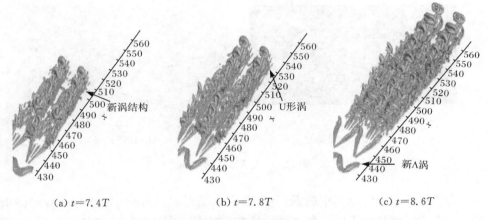

(a) $t=7.4T$　　　　　　(b) $t=7.8T$　　　　　　(c) $t=8.6T$

图 11.1　转捩后期的涡系演化(等值面 $\lambda_2 = -0.0009$)(见彩图)

Singer 等[13]研究了从发卡涡到 U 形涡形成的演变过程。U 形涡的具体特征如图 11.2 所示,在该二维的俯视图中用低压中心表示涡管,认为发卡涡形成了局部高压中心,引起了流动沿展向的压力分布发生变化。这种沿展向的压力分布将导致横流不稳定性,在横流方向引起的非定常运动带来上升流动,形成了准流向涡(即流向涡量占主导的涡)结构,这些准流向涡边缘的迹线连接形成了 U 形涡。

Liu 等[14]的研究显示,U 型涡与主涡同方向,在环状涡链结构向下游发展过程中,可以看到大尺度涡结构的存在,说明了环状涡链结构是相当稳定的。图 11.3 给出了采用不同方法展现的 U 形涡结构:图 11.3(a)为实验结果[15],可以清晰地分辨出 U 形涡结构及存在的环状涡;图 11.3(b)则是 DNS 的数值结果[16],展现出流场中的涡系结构,尤其是 U 形涡和环状涡头部的大涡结构,显然两者是一致的。

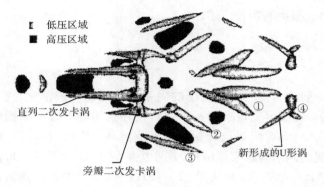

图 11.2　U形涡的形成[13]

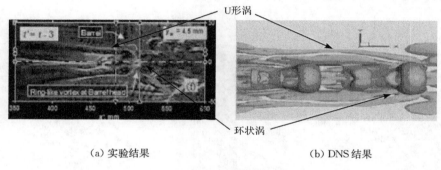

（a）实验结果　　　　　　　　　（b）DNS结果

图 11.3　U形涡结构比较

　　为了更好地理解流场中的涡系结构,引入桶形涡(barrel-shaped vortex)的概念,图 11.4[16]就是从不同视角来展示这些结构的。图 11.4(a)和(b)分别为俯视图和带视角的立体图,显示了在涡链结构下方,涡腿展向两侧的U形涡的结构是连成一体的,而立体的外围迹线形成了一个桶形的涡,与实验得到的桶形涡结构是一致的[图 11.5(a)][17]。图中展示了这个涡结构的形成过程,环状涡在U形涡的中间,U形涡在环状涡的下方和涡腿展向的两侧分布,U形涡和环状涡连接在一起,其外围成桶形。新生成的环状涡和U形涡也将经历相同的演化过程。实验研究还发现[图 11.5(b)],环状涡诱导的二次下扫运动在环状涡下方和涡腿展向两侧形成了"黑斑"(dark spot)结构,这是一种强度很大的正流向脉冲扰动。实际上,这些黑斑结构与正尖峰结构是一致的[18]。

　　进一步探讨这些涡系结构的形成机制。在环状涡链结构向下游的发展过程中,由于环状涡的诱导作用引起二次下扫运动,并随着环状涡的抬升变得越来越强;而这个二次下扫运动在环状涡下方和涡腿展向两侧,形成两条手指状的高速条带。这个高速条带与周围的低速流体因剪切作用,形成了展向分布的准流向涡

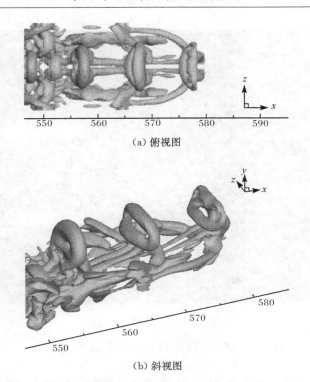

（a）俯视图

（b）斜视图

图 11.4 环状涡链、U 形涡和桶形涡结构（$t=8.8T$，等值面 $\lambda_2=-0.0009$）

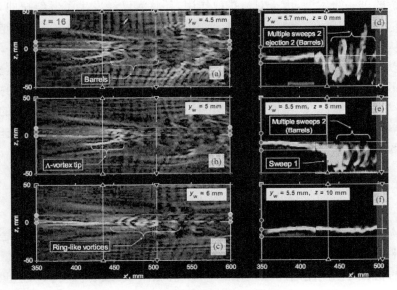

（a）桶形涡结构

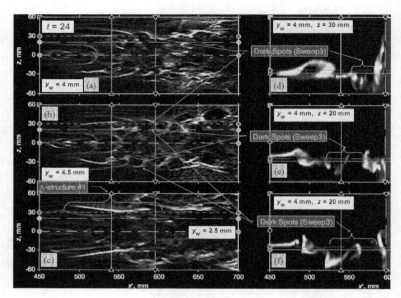

（b）"黑斑"结构

图 11.5　桶形涡和"黑斑"结构的形成[17]（见彩图）

结构,并与环状涡链一起形成 U 形涡（桶形涡）结构。在准流向涡初始形成的阶段,涡的强度与环状涡链的头部相比要弱一些,所以 U 形涡结构不是很清晰。随着向下游的进一步发展,由于对流扩散作用,环状涡已经发生了倾斜扭曲,它的强度越来越弱;原先就存在的 U 形涡由于聚集作用,涡量越来越强,因而也越来越清晰了。从表面上看 U 形涡好像是新形成的二次涡,实际上已经存在了一段时间,它们是以一个整体向下游演化发展。还需指出的是,图 11.5（a）所示的实验结果,是通过不同的法向切面来描述桶形涡的空间结构,环状涡处在桶形涡的中间位置,且最早生成的环状涡在桶形涡结构的头部;而这里的 DNS 结果绘出的桶形涡的三维空间结构图（图 11.4）,直接展示了 U 形涡与环状涡连成一体的空间形状,因而能够更清楚地描述这个复杂涡系结构的特征。

11.3　湍流斑的演化

　　湍流斑是在转捩边界层的湍流形成过程中出现的。图 11.6 给出的是在水流动中的平板上一幅湍流斑图片,湍流斑的生长清晰可见。在实验和数值计算中,湍流斑的轮廓可以用流动间歇现象的等级（间歇因子）或者流动扰动速度的等值线来表示。然而间歇因子的测量与迅速变化的流动密切相关,常常难以确切描述。所以,更多的是用直接数值模拟得到的一些相应的物理量来表示湍流斑,如采用流向扰动速度、扰动能量或者法向涡量的等值线来表示湍流斑的轮廓。

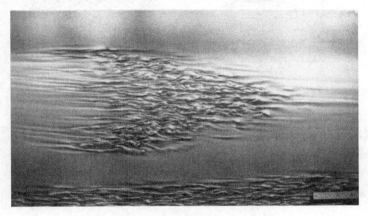

图 11.6　平板上的湍流斑生长($Re=200000$)[19]

图 11.7 给出的是不可压缩槽道流的 DNS 结果[4],显示了在 x-z 平面($y=0.1$)湍流斑的形状随时间的演化。随着流场中扰动的发展及其非线性作用的增大,出现了高频脉动和涡系结构,形成了称为湍流斑的局部湍流区,并保持在一定范围内。在湍流斑向下游演化过程中,通过不断吸入周围流体而逐渐扩展。图 11.8 表示湍流斑在 x-z 平面($y=1.0$,即在槽道中心)传播的区域,其扩展角大约为 $12°$,与实验结果一致[20]。杨颖朝[21]则是通过采用扰动能量的等值线来观察多个湍流斑向下游的演化情况。

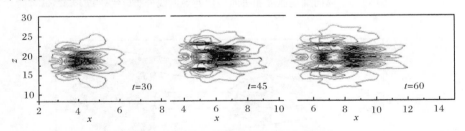

图 11.7　湍流斑的截面形状随时间的演化

图 11.9 分别给出了以流向扰动速度和法向涡量的等值线描述的湍流斑形状($y/\delta_{in}=1.5$),是可压缩流平板边界层的 DNS 结果[11]。转捩流场中的湍流斑在向下游的发展过程中,沿着展向和流向不断扩大,并呈现出类似箭头形状,这与实验观测是一致的[17]。DNS 的研究结果显示[22,23],随着新循环周期湍流斑的不断出现和发展,湍流斑进一步聚合,局部湍流区域变大。图 11.10 清楚地展示了两个湍流斑在边界层中扩大和聚合的过程。由图可见,当湍流斑向下游传

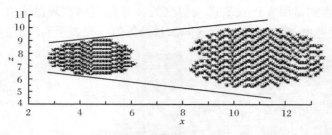

图 11.8　湍流斑传播的区域示意图

播时,能够保持各自发展的特性,并沿着不同方向扩展,湍流斑间的叠盖区域不断增大。随着转捩流场的进一步演化,将有更多的湍流斑形成和聚合,湍流斑内的涡量和扰动速度不断增强,湍流斑的区域也变得越来越大,最终导致流场的完全湍流化。

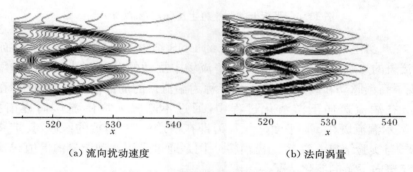

　　　　(a) 流向扰动速度　　　　　　　　　　　(b) 法向涡量

图 11.9　流向扰动速度和法向涡量的等值线分布($t=8.0T$)

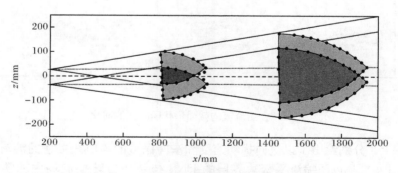

图 11.10　在 x-z 平面湍流斑的扩展和聚合[23]

11.4　小涡结构与无序化过程

　　根据流动转捩理论,如图 11.11 所示,层流流动在经历了 T-S 扰动波的线性增长阶段后,会出现三维扰动波的非线性快速增长,在局部区域中出现高频脉冲扰动,即尖峰结构,在转捩后期激发了很多展向高阶谐波,同时在流场中生成大量的小涡结构,经历了随机无序化过程,使流动从层流转变为湍流。

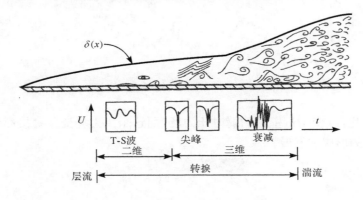

图 11.11　平板边界层转捩示意图[24]

　　流场中的小尺度涡是如何生成的,这是一个有关湍流形成的重要问题。根据涡动力学理论,流场中初始涡只能在壁面处形成,而不是在流体内部形成的。为便于说明,选取了不同时刻的图像(图 11.12[25],观测的角度是从底部向顶部看),分析壁面处形成的小尺度涡。正是环状涡的诱导作用,形成了二次下扫运动及其流场的变化,并受到壁面效应的影响,促进了小尺度涡的形成[图 11.12(a)];随着时间的推进,在向下游发展过程中涡场的进一步演化及其与壁面的作用,形成了更多的更小尺度涡[图11.12(b)]。实质上,近壁区的涡结构是被边界层外边界附近的大涡结构所调制,随着这些大涡结构的演变,不同扰动周期形成的环状涡链结构和高剪切层的相互作用,把能量从外边界逐步传输到黏性底层,改变了近壁区的流动和压力梯度分布,诱导了近壁区的小涡结构的生成和发展。大量的随机小涡的形成,流场逐渐被这些小涡结构占据和包围,加速流动的无序化过程,促进了流场向充分发展的湍流转变。

　　下面再看近壁压力场。图 11.13[26]给出了 $t=6.8T$ 时的壁面压力分布云图($y=0$)。这个压力场分布受到环状涡结构的很大影响。在涡核的中心形成了低压中心,由涡诱导作用所形成的下扫运动在壁面处产生了压力梯度,而壁面压力梯度分布能够影响近壁区的小尺度涡的生成。也就是说,边界层外边界附近的大

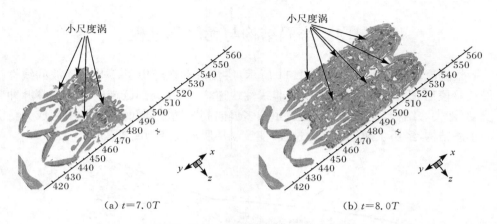

(a) $t=7.0T$ 　　　　　　　　　(b) $t=8.0T$

图 11.12　小尺度涡结构形成和演化

涡结构的演化,改变了近壁区的瞬时压力场,而这个压力场变化直接影响到近壁区小尺度涡的形成和发展。

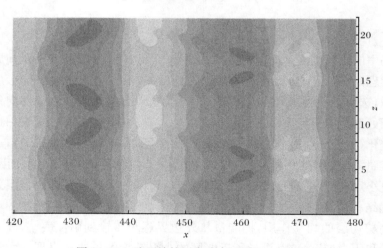

p 2.82　2.835　2.85　2.865　2.88

图 11.13　壁面处的压力分布云图($t=6.8T$)

　　通常在讨论小尺度涡(小涡)的生成问题时,常常会涉及"breakdown"("破碎",或称"溃变")的问题。传统的理论认为[27,28],在边界层转捩的最后流场中,经过breakdown,层流很快转变为湍流(breakdown to turbulence)。而 breakdown 过程的机理十分复杂,流场中的涡系结构发生了很大变化[29,30]。对于经典的"小涡由大涡破碎产生"的理论,现在也有不同的观念,下面介绍一种关于湍流形成的新认识。

11.5　转捩后期湍流形成的新认识

　　边界层转捩的研究已有一百多年,关于边界层转捩后期的湍流是如何形成的问题,是关系到转捩机理性研究的一大难题,人们一直在研究和探讨之中[31,32]。实际上,这个问题至今仍有不少地方尚未完全弄清楚,也存在不同的认识和解释,还需要进行新的探索。下面介绍美国德州大学阿灵顿分校(University of Texas at Arlington,UTA)刘超群教授,对于转捩后期的湍流形成机制提出的新认识,供读者参考。经典理论认为层流转捩是通过涡破碎转变为湍流,刘超群则从几个方面(大涡的形成,小尺度涡的产生,流动失去对称性和随机化,能量传输途径以及流动转捩的必然性等)讨论了湍流的形成,提出了不同的观念和新认识[16,33]。

11.5.1　湍流形成的经典理论

　　经典的湍流生成和维持的理论,首先是 Richardson[34] 在 1922 年提出的,其后由 Kolmogorov[35] 进一步发展而被广泛接受。Richardson 有一个广为流传的关于涡系列的描述:"大涡中有小涡,大涡给小涡以速度,小涡则会产生更小的涡,直到分子黏性占优"。Davidson[36] 对他的学说又作了如下解释:"主流的不稳定会产生大涡,较大涡自身有'惯性不稳定',并快速地破碎或蜕变为较小的涡。"一般来说,典型的涡生存时间很短,转化时间大约是 L/U(特征长度与特征速度之比)。它们自身当然也不稳定,会把能量传给更小的涡,这样不停地传下去,在每一时刻,都存在连续地从大到小的能谱(涡系列)。在涡系产生的过程中,黏性并未起任何作用,这是因为雷诺数很大,黏性力对大涡作用可以忽略不计。这一特性对后续的较小尺度涡系也成立,整个过程都是由惯性力所驱使。当涡小到雷诺数为 1,这一过程最后停止,耗散变得更为重要。图 11.14(a)[37] 是经典的 Richardson 涡系理论的涡破碎过程概图。涡环 a 能够破碎成更小的环,是在涡线间距极微小时允许 b 和 c 状态间转变的情况下,最终形成了多个小涡环 d。图 11.14(b)[38] 是 Richardson 能量级串过程概图,图中指出了能量 ε 的喷射、传递及其耗散等。

11.5.2　刘超群对湍流形成的新认识

　　刘超群研究组在 DNS 结果中,并未观测到 Richardson 所描述的涡破碎和系列涡。他根据自己的 DNS 结果和观测,提出新的湍流生成和维持的理论[39,40],其核心问题就是湍流小尺度涡不是由涡破碎形成的,而是由边界层内的从上到下的多级的剪切层所引起的。他认为[41],剪切层的不稳定是湍流之母,能量不是由涡破碎从大涡传递到小涡,而是通过涡的多级下扫,把高能量从无黏区带到边界层

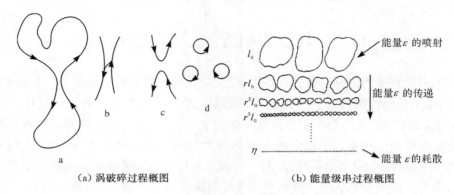

(a) 涡破碎过程概图　　　　　（b) 能量级串过程概图

图 11.14　经典的 Richardson 涡系理论

底部，小涡才能维持。

1. 大涡的形成

刘超群认为[42,43]，所谓的 Λ 涡实际上是敞开的一对旋转的涡核心，不是涡管，因为涡线可以随意进出 Λ 涡根。由于 Λ 腿的旋转，上喷将把低速流体卷上来，在正上方形成一个橄榄球形的低速区（动量亏损区），进而形成强的剪切层。由于剪切层的不稳定，从而产生一个接一个十分清楚的涡环（图 11.15[44]）。他还认为，旋转中心可以破碎，但涡管不可能破碎，尤为重要的是湍流小尺度涡不可能由涡破碎产生，这可以从调节 λ_2 等值面的值可以恢复涡环结构看出。打个比方，一个瓷碗打碎成许多碎片，是无法恢复原状的；若是瓷碗被很多泥沙遮盖包围着，虽然露出的部分看似破碎，但一旦洗去泥沙，瓷碗原貌就会恢复。流动转捩的涡环，就是这样的被大量小涡包围遮盖的"瓷碗"，它的主体结构并不会破碎。涡环的产生是转捩的标志，一旦涡环产生，转捩不可逆转，所有的涡环都是由剪切层产生的，无一例外。

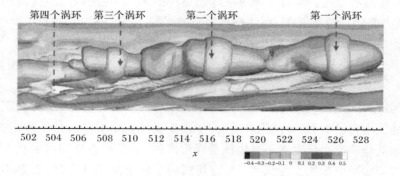

图 11.15　涡环的接连产生（见彩图）

2. 小尺度涡的产生

湍流含有无数各种小尺度的涡,如果不是由涡破碎产生,那么它们是从哪里来的? 刘超群提出如下理论(如图 11.16[45]所示):由于 Λ 涡腿的旋转和新生涡环的下扫,把高速流体从高能量的无黏区带到边界层下方,形成左右两个所谓"正尖峰"的高速区(红色区),这两个高速区被边界层下方低速区所包围,从而产生两个很强的橄榄球形的剪切层,这些新的剪切层产生一个又一个尺度较小的新涡环。

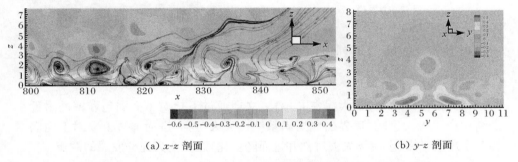

(a) x-z 剖面　　　　　　　　　　　　　(b) y-z 剖面

图 11.16　下扫上喷产生的正(红)负(蓝)尖峰与新的剪切层(见彩图)

当然这些尺度较小的新涡环的演变不会终止。由于涡拉伸形成涡腿,涡腿与涡环的下扫又会在边界层更低处产生新的尖峰,进而又产生更小尺度的更多的涡环群(图 11.17[41])。

这些不断发生的变化过程都是在壁面附近,那里的剪切力很大,黏性作用非常重要。这是与 Richardson 和 Kolmogorov 有关"小涡由惯性不稳定导致的涡破碎产生,黏性不起任何作用"的理论相反,刘超群认为"黏性对小涡生成起关键作用"。当最低的剪切层微弱而稳定时,这一变化过程终止,最小的剪切层厚度即为湍流的最小尺度。很明显,这一尺度不是 Kolmogorov[35]的最小尺度。

3. 失去对称性和随机化

对于流动对称性的丧失及其随机化,一般认为是由于外界环境的大扰动造成的,并从顶部开始。刘超群根据 DNS 结果发现[46]:

(1) 对称性的丧失和随机化,是由流动内部涡包结构的不稳定引起的,即使来流对称,边界采用周期性条件,流动也会失去对称性,甚至不加外部大扰动,流动也会随机化。

(2) 对称性的丧失首先是从流场中部开始的,设有三个涡包上中下分布,结果是中间的涡包最不稳定,其大涡左右偏移,这是因为最下面涡包有壁面限制,最上面涡包毗邻无黏区无扰动,因而中间的涡包最不稳定,如图 11.18[45] 所示,中部的涡包已失去对称,而顶部和底部的涡包依然对称。

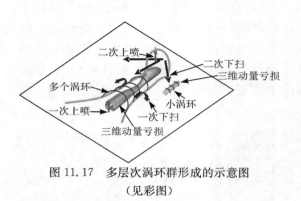

图 11.17　多层次涡环群形成的示意图
（见彩图）

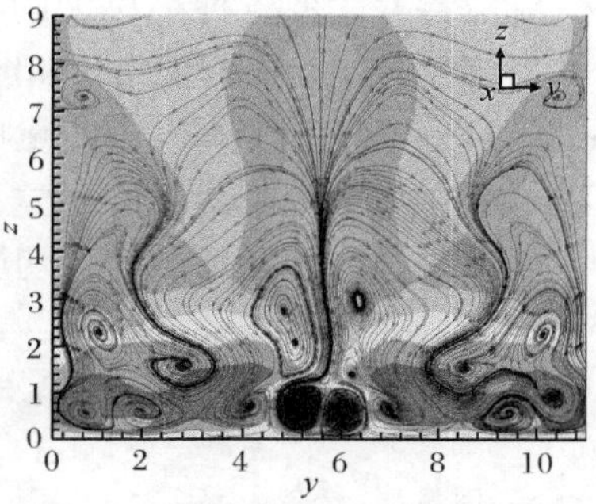

图 11.18　中部涡包以及顶部和
底部的涡包（见彩图）

（3）一旦中间涡包的大涡左右偏移,立即通过下扫对下面涡包和壁面附近小涡结构产生极大影响,边界层底层涡系结构失去对称,进而通过上喷对上面涡结构产生影响,导致全流场失去对称并进而随机化,逐步变为充分发展的湍流。

4. 能量传输途径

Richardson 理论认为,通过大涡破碎,将能量从大涡传给小涡。与此相反,刘超群的理论认为,能量是由涡的多级下扫把高能量从无黏区带到边界层底部,产生多层高能区,导致多层次的剪切层,且极为活跃,小涡才能生存（图 11.19[33]）。一旦涡环变弱或改变方向,下扫也会变弱或停止,小涡很快就荡然无存。

5. 流动转捩的必然性[47,48]

刚体运动只有平动和旋转,而流体运动则不同,除平动和转动外,还有变形（伸缩与剪切）。一般来说,剪切是不稳定的,但转动通常是稳定的。层流边界层是以剪切为主,从而当雷诺数大到一定值时,都要发生转捩。湍流正好相反,是由各种尺度的涡组成,是以转动为主,所以湍流是流体流动的一种稳定状态,因而层流变为湍流就是必然的,这就是为何大雷诺数流动和大多数工程流动都是湍流的根本原因。

综上所述表明,刘超群有关转捩后期的湍流形成的新认识,试图揭示一个湍流生成和维持的普遍机理,进而能够为湍流的建模、边界层的转捩控制,以及湍流的流动控制,提供新的理论基础和新途径。

我们注意到,这些有关湍流形成的新认识与一般传统的经典理论有不小差异,将会对转捩和湍流研究带来很大的影响,当然它们需要得到严格的认证,经受

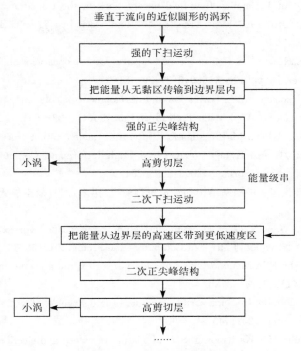

图 11.19　能量传递示意图

时间的检验。边界层转捩问题极为复杂,尤其是还有不少机理性问题尚未完全搞清楚,许多问题还有待今后的深入研究和探索,也期待有兴趣的读者积极参与。

参 考 文 献

[1] Emmons H W. The laminar-turbulent transition in a boundary layer. Part I. J Aero Sci,1951, 18:490—498.

[2] Elder J W. An experimental investigation of turbulent spots and breakdown to turbulence. J Fluid Mech,1960,9:235—246.

[3] Cantwell B,Coles D,Dimotakis P. Structure and entrainment in the plane of symmetry of a turbulent spot. J Fluld Mech,1978,87:641—672.

[4] 张立,唐登斌. 近壁剪切流动中湍流斑的非线性演化,中国科学 G 辑:物理学、力学、天文学, 2006,36(1):103—112.

[5] Chen L,Tang D B. Study of turbulent spots in plane Couette flow. Transaction of Nanjing University of Aeronautics and Astronautics,2007,24(3):211—217.

[6] Klebanoff P S,Tidstrom K D,Sargent L M. The three-dimensional nature of boundary layer instability. J Fluid Mech,1962,12:1—34.

[7] Hama F R, Nutant J. Detailed flow-field observations in the transition process in a thick boundary layer//Proc 1963 Heat Transfer & Fluid Mech Inst 77—93. Pal Alto: Stanford University Press, 1963.

[8] Borodulin V I, Kachanov Y S. Role of the mechanism of local secondary instability in K-breakdown of boundary layer. J Appl Phys, 1989, 3(2): 70—81.

[9] Borodulin V I, Kachanov Y S. Formation and development of coherent structures in transitional boundary layer. J Appl Mech Tech Phys, 1995, 36(4): 532—564.

[10] Meyer D, Rist U, Kloker M. Investigation of the flow randomization process in a transitional boundary layer//Krause E, Jäger W, Resch M. High Performance Computing in Science and Engineering'03. Berlin: Springer, 2003: 239—254.

[11] 陈林. 边界层转捩过程的涡系结构和转捩机理研究. 南京: 南京航空航天大学博士学位论文, 2010.

[12] Lu P, Chen L, Wang Z G, et al. Numerical study on U-shaped vortex formation in late boundary layer transition. Journal of Computers and Fluids, 2012, 55: 36—47.

[13] Singer B A, Joslin R D. Metamorphosis of a hairpin vortex into a young turbulent spot. Phys Fluids, 1994, 6(11): 3724—3730.

[14] Liu C, Chen L. Parallel DNS for vortex structure of late stages of flow transition. Journal of Computers and Fluids, 2011, 45: 129—137.

[15] Guo H, Borodulin V I, Kachanov Y S, et al. Nature of sweep and ejection events in transitional and turbulent boundary layers. Journal of Turbulence, 2010, 11(34): 1—51.

[16] Liu C. New theory on turbulence generation and sustenance in boundary layers, short course. Institute of Aerospace Engineering, Nanjing University of Aeronautics and Astronautics, 2013.

[17] Guo H, Lian X Q, Pan C, et al. Sweep and ejection events in transitional boundary layer. Synchronous visualization and spatial reconstruction//13th Intl Conf on Methods of Aerophysical Research. Proceedings. Part V-Novosibirsk: Publ House "Parallel", 2007: 192—197.

[18] Chen L, Tang D B, Liu X B, et al. Evolution of the ring-like vortices and spike structure in transitional boundary layers. Science in China Ser G Physics, Mechanics and Astronomy, 2010, 53(3): 514—520.

[19] van Dyke M. An Album of Fluid Motion. Stanford: The Parabolic Press, 1988.

[20] Alavyoon F, Henningson D S, Alfredsson P H. Turbulent spots in plane poiseuille flow visualization. Phys Fluids, 1986, 29(4): 1328—1354.

[21] 杨颖朝. 近壁多湍流斑问题研究. 南京: 南京航空航天大学硕士学位论文, 2007.

[22] Chen L, Tang D B, Lu P, et al. Evolution of the vortex structures and turbulent spots at the late-stage of transitional boundary layers. Science in China Ser G Physics, Mechanics and Astronomy, 2011, 54(5): 986—990.

[23] Grek G R, Kozlov V V, Ramazanov M P. Laminar-turbulent transition at high free stream

turbulence. Preprint 8-87, Novosibirsk (in Russian): RAS Sib Branch Inst Theoret Appl Mech, (in Russian), 1987.

[24] Schlichting H, Gersten K, Gersten K. Boundary Layer Theorys. 8th Revised ed. New York: Springer, 2000.

[25] Liu C. DNS study on physics of late boundary layer transition, Lecture notes. Nanjing University of Aeronautics and Astronautics, 2012.

[26] Chen L, Liu C. Numerical study on mechanisms of second sweep and positive spikes in transitional flow on a flat plate. Journal of Computers and Fluids, 2011, 40: 28—41.

[27] Kachanov Y S. On the resonant nature of the breakdown of a laminar boundary layer. J Fluid Mech, 1987, 184: 43—74.

[28] Borodulin V I, Kachanov Y S. Experimental study of nonlinear stages of a boundary layer breakdown//Lin S P, Phillips W R C, Valentine D T. Nonlinear Instability of Nonparallel Flows. New York: Springer, 1994.

[29] Landahl M T. Wave mechanics of breakdown. J Fluid Mech, 1972, 56(4): 755—802.

[30] Kachanov Y S. Physical mechanisms of laminar-boundary-layer transition. Annu Rev Fluid Mech, 1994, 26: 411—482.

[31] Boiko A V, Grek G R, Dovgal A V, et al. Origin of Turbulence in Near-Wall Flows. New York: Springer-Verlag, 2001.

[32] Lee C B, Wu J Z. Transition in wall-bounded flows. Appl Mech Rev, 2008, 61: 1—21.

[33] Liu C, Yan Y, Lu P. Physics of turbulence generation and sustenance in a boundary layer. Journal of Computers and Fluids, 2014: 102: 353—384.

[34] Richardson L F. Weather Prediction by Numerical Process. Cambridge: Cambridge University Press, 1922.

[35] Kolmogorov A N. The local structure of turbulence in incompressible viscous fluid for very large Reynolds numbers. Proceedings of the USSR Academy of Sciences, 1941, 30: 299—303. (Russian); translated into English by Kolmogorov, Andrey Nikolaevich, July 8, 1991.

[36] Davidson P A. Turbulence: An Introduction for Scientists and Engineers. Oxford University Press, 2004.

[37] Gorter C J. Progress in Low Temperature Physics. Vol. 1. Amsterdam: North-Holland, 1955.

[38] Frisch U, Sulem P L, Nelkin M. A simple dynamical model of intermittent fully developed turbulence. J Fluid Mech, 1978, 87(4): 719—736.

[39] Liu C, Chen L, Lu P. New findings by high order DNS for late flow transition in a boundary layer. Special Issue. J Modeling and Simulation in Engineering, 2011, Article ID 721487.

[40] Liu C, Lu P, Chen L, et al. New theories on boundary layer transition and turbulence formation. J Modeling and Simulation in Engineering, 2012, ID 649419.

[41] Liu C, Chen L, Lu P, et al. Study on multiple ring-like vortex formation and small vortex generation in late flow transition on a flat plate. Theoretical and Numerical Fluid Dynamics,

2013,27(1):41—70.

[42] Liu C. Numerical and theoretical study on "vortex breakdown". International Journal of Computer Mathematics,2011,88(17):3702—3708.

[43] Yan Y,Chen C,Fu H,et al. DNS study on Λ-vortex and vortex ring formation in flow transition at Mach number 0.5. Journal of Turbulence,2014,15(1):1—21.

[44] Lu P,Liu C. Numerical investigation on mechanism of multiple vortex rings formation in late boundary-layer transition. Journal of Computers and Fluids,2013,71:156—168.

[45] Lu P,Liu C. DNS study on mechanism of small length scale generation in late boundary layer transition. Physica D:Nonlinear Phenomena,2012,241:11—24.

[46] Lu P,Thapa M,Liu C. Numerical study on randomization in late boundary layer transition. AIAA Pap 2012—0748,2012.

[47] Yan Y,Liu C. Shear layer stability analysis in later boundary layer transition and MVG controlled flow. AIAA Pap 2013—0531,2013.

[48] Lu P,Thapa M,Liu C. Numerical Investigation on chaos in late boundary layer transition to turbulence. Journal of Computers and Fluids,2013,91:68—76.

第 12 章　边界层转捩控制

12.1　引　　言

长期以来,人们对于边界层转捩问题有着广泛的兴趣,一个重要原因就是边界层转捩控制的重大实用意义,这是与航空航天、船舶、交通、水利、能源、环境保护等许多与流体力学相关的工程应用问题密切相关的。特别是,通过从层流到湍流的转捩控制(层流控制),能够改变飞行器的气动力和气动热等重要特性,而采用层流控制的方法来减少阻力,更成了转捩控制研究的中心内容[1,2]。

减少阻力是飞行器设计的关键问题之一。飞机在空中飞行时有各种阻力,其中,诱导阻力和表面摩擦阻力占有总阻力的绝大部分。诱导阻力是由于飞机飞行时必须产生升力而引起的,与升力的大小直接相关,在飞机起飞着陆、爬升和机动飞行等状态下尤为重要,一般可以采用机翼的翼尖小翼、剪切翼尖及帆片等[3]来减少这类阻力;而摩擦阻力则是飞机在空中飞行时与大气摩擦产生的,由于飞机表面的大部分是湍流边界层,因而摩擦阻力很大,一般大中型飞机飞行雷诺数能达到 10^7 以上的量级,在巡航状态下的摩擦阻力往往占到了飞机总阻力的一半以上。因此,通过边界层的转捩控制,扩大层流流动区域以减少摩擦阻力,显然是十分重要的[4]。

边界层转捩控制是一种科学理念与工程技术的高度结合和综合应用,其中,飞行器的层流控制则是一个最典型的问题[5]。始于 20 世纪 30 年代的层流控制问题,依据基本流动、物体形状,以及扰动环境等不同情况,进行了一系列的相关控制技术研究。对于飞行器来说,一般是通过推迟转捩的方式,来实现转捩控制的目标。实际上,推迟转捩不仅减少了阻力,还能增加升力,加大升阻比和有效载荷,同时也能降低飞机油耗和增加航程,以及减少排污物和抑制流动引起的噪声等。显然,边界层转捩控制问题对于改进飞行器气动特性,提高飞行性能,以及环境保护等都有重要作用。然而在某些特殊情况下也可能需要诱发转捩,使转捩提前发生。例如,利用湍流流动的动量大且传递快的特点,可以防止飞机在大迎角飞行时翼面流动的过早分离,甚至失速而引起的严重气动力问题,而在这样的飞行状况下,分离和失速问题远比减少表面摩擦阻力更为重要。因此,通过有效的转捩控制,能够达到推迟转捩、或者诱发转捩的发生,以实现不同的设计目标。

从工程技术的观念来看,一般把转捩控制的方法分为被动控制和主动控制,通常是根据是否需要额外的能量消耗来区分的。被动控制是指在控制过程中,一般不能改变原先的设计方案,因此不需要外部能量,不增加能量消耗。而需要消耗能量的主动控制[6],又分为预先设定式和反应式两种方式。前者是根据预先设计的方案,进行定常或者非定常的能量输入而不考虑流场的现状,不需任何传感器,属于开式控制;后者则是基于传感器的流场参数测量,传输到执行的控制器(执行元件),在这种情况下的控制路径,又有开式的直馈控制及闭式的反馈控制,而反馈控制形成了一个连续的检测和操作的回路循环系统。

　　边界层的转捩受到许多因素的影响,而转捩的控制也有各种途径和方法。如何实现有效的转捩控制,主要取决于具体的设计目标和条件,进行综合性分析,尤其是不同制约条件的限制,需要在一些相互矛盾的要求之间协调解决。在实际应用中,被动控制比主动控制更简单易行,但是主动控制往往能达到更好的效果。此外,在飞行中可能出现的流动分离以及激波与边界层干扰中的转捩有关问题也是应当考虑的。

　　本章的边界层转捩控制着重于在飞行器上的应用。这里的有关转捩控制的基本理念和方法的讨论,以及结合工程设计特点的分析和应用,也可供其他的运动体或者不同流动的转捩控制问题作参考。

12.2　影响转捩因素

　　在边界层转捩研究中,雷诺数是一个标志性的参数,如中性稳定性曲线的最小雷诺数称为失稳的临界雷诺数,又如在转捩结束处(转捩点)的转捩雷诺数,称为转捩的临界雷诺数。边界层转捩的过程十分复杂,受到很多因素的影响。因此,对于转捩控制的研究,需要分析影响转捩的主要因素[7]。

12.2.1　压力梯度与物体外形

　　压力梯度与速度有关。在势流(又称位流)流动中,压强和速度的关系是满足Euler方程的,在定常流动中可以写为

$$\frac{\mathrm{d}p}{\mathrm{d}x}=-\rho u_m\frac{\mathrm{d}u_m}{\mathrm{d}x} \tag{12.1}$$

式中,$u_m(x)$为边界层外的势流速度;$\frac{\mathrm{d}p}{\mathrm{d}x}$为压力梯度。

　　压力梯度对稳定性的影响,可以通过边界层内基本流速度分布,即速度剖面来体现。速度剖面的形状,尤其是有/无拐点对稳定性的影响很大。在壁面上,不可压缩流边界层方程可以写为

$$\mu\left(\frac{\partial^2 u}{\partial y^2}\right)_w=\frac{\mathrm{d}p}{\mathrm{d}x} \tag{12.2}$$

因此,压力梯度控制着速度剖面的曲率,进而影响边界层的稳定性。对于有顺压梯度 $\left(\dfrac{\mathrm{d}p}{\mathrm{d}x}<0\right)$ 的加速流动 $\left(\dfrac{\mathrm{d}u_m}{\mathrm{d}x}>0\right)$,对扰动有阻尼作用,因而有助于稳定层流流动;有逆压梯度 $\left(\dfrac{\mathrm{d}p}{\mathrm{d}x}>0\right)$ 的减速流动 $\left(\dfrac{\mathrm{d}u_m}{\mathrm{d}x}<0\right)$,对壁面附近流动有阻滞作用,促进了扰动的发展而增加流动的不稳定性。进一步分析表明,这两种情况下的中性稳定性曲线(图 12.1,α 和 δ_1 分别为流向波数和边界层位移厚度)有很大的不同。在雷诺数趋于无穷大时,有逆压梯度所对应的曲线上枝,趋于不为 0 的渐近值,曲线包含一个有限的不稳定波长范围,而顺压梯度所对应的曲线两个分枝都趋向于 0。因此,逆压梯度促进了流动的不稳定,而顺压梯度则相反,有延缓作用。此外,在高顺压梯度下(即压力急剧降低,如超声速流动绕尖缘后的加速膨胀),甚至还可能出现湍流转变为层流的所谓"再层流化"的现象,由此可见流场压力梯度所起的重要作用。实际上,压力梯度对于二次失稳,对于横流不稳定性及在转捩判据中都是需要考虑的因素,在边界层转捩过程中有着重要影响[8]。

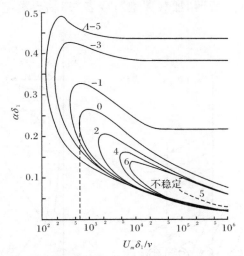

图 12.1　有压力梯度变化的层流边界层的中性稳定性曲线[7]

Λ 为速度剖面的形状因子,$\Lambda=\dfrac{\delta^2}{\nu}\dfrac{\mathrm{d}U_\infty}{\mathrm{d}x}$,$\delta$ 为边界层厚度

　　物体外形是与势流速度分布直接关联的。对于翼型来说,势流速度分布中的最大速度点(一般也是最小压强点)的位置,对于确定转捩点的位置至关重要。在翼型设计中,一般是通过修改翼型外形来改变边界层的基本流速度型。例如,将翼型最大厚度位置后移,相应的最小压强点及转捩点也都推后,从而在翼型上表面能够保持较长的层流段,这也是层流翼型设计中常用的方法。

　　物面的流向曲率能够影响边界层稳定性[9,10]。若边界层厚度 δ 与物面曲率半

径 R 相比，$\left|\dfrac{\delta}{R}\right|\ll 1$，那么，物体表面的曲率对边界层发展的影响很小，能够忽略离心力的作用。可以将这种边界层看成和平板的一样，只是要考虑绕该物体的势流流动所确定的压力梯度的影响，这也适用于确定压力梯度不为 0 时边界层的稳定性界限。应当指出，在物体的前缘和后缘附近，以及物面不连续等曲率变化很大的区域，需要计及曲率带来的影响。由于法向压力梯度的作用，在凸形壁面（$R>0$）形成的边界层流动中，离心力起着稳定作用，但作用是很弱的。与此相反，凹形壁面（$R<0$）的离心力引起的不稳定作用，使流动出现一种较强的扰动不稳定性，Görtler[11]首先证实了沿凹壁的离心力不稳定作用。沿着平均流方向的 Görtler 涡［图12.2(a)］，可能会出现在如涡轮叶片，超声速喷管壁等凹形壁面的边界层中。图12.2(b)则是在不同 δ/R 下，凹形壁的边界层稳定性界限的变化。由图可见，当相对曲率 $\delta/R=0.02\sim0.1$ 时，稳定性界限的最小值为 $R_\delta=4\sim6$（$R_\delta=U_0\delta/\nu$）。图中横坐标为 $\alpha\delta$（α 为流向波数），$U(y)$ 是沿 x 方向的基本流动，y 是离开壁面的距离，在壁面上与流动方向相垂直。在机翼气动设计中，有时也采用在翼型下表面的后部呈现凹壁（反凹）形状的所谓"加载翼型"，或者"超临界翼型"[12]，这时可能出现 Görtler 稳定性问题。

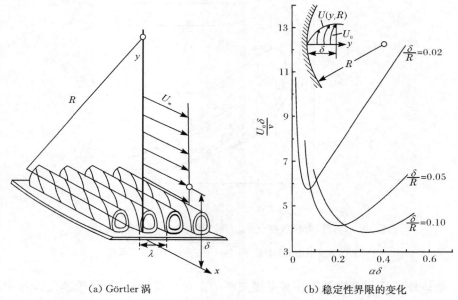

(a) Görtler 涡　　　　　　　　　　(b) 稳定性界限的变化

图 12.2　绕凹形壁的边界层稳定性[7]

12.2.2　表面粗糙度与壁面温度

表面粗糙度对转捩过程有很大影响，尤其是在层流翼型或机翼上。粗糙度的存在往往促进层流转捩的发生,在其他条件都相同时,粗糙壁面的转捩雷诺数要比光滑壁面低。这是因为,由粗糙元(粗糙颗粒)所形成的附加扰动,将叠加到自由流湍流度在边界层中产生的扰动。若粗糙元产生的扰动大于湍流度所产生的,就可能在扰动增长率比预计的更低时就出现转捩。但是,如果粗糙元很小,所产生的扰动低于表征来流湍流度产生扰动的某个"阈值",此时可以不计粗糙度对转捩的影响,也就是说,当粗糙元很小时,它们的存在并不影响转捩;而当粗糙元非常大时,转捩就可能发生在粗糙元所在的位置。

实际上,粗糙度对临界雷诺数的影响,是与粗糙元的尺度及自由流的速度有关的[7]。在给定速度时粗糙元存在一个临界高度,小于此高度时粗糙度对转捩位置几乎没有影响,超过它以后则要考虑其作用。而对于给定的粗糙元,存在一个临界速度,低于此速度时对转捩位置的影响很小。图 12.3 是粗糙元对临界雷诺数的影响曲线,包括不可压缩和可压缩流动。从图可以看出,在可压缩流中的粗糙元的临界高度比不可压缩流要大得多,即在较高马赫数时,边界层能够承受更大的粗糙元影响。在分析单个粗糙元问题的基础上,还可以进而分析"分布粗糙度"的影响。下面还会看到,表面粗糙度对转捩过程的影响也与壁面温度有关。

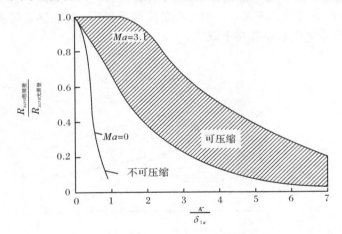

图 12.3　单个二维粗糙元对可压缩流平板临界雷诺数的影响[13]

κ 为单个粗糙元的高度;$\delta_{1\kappa}$ 为粗糙元所在位置处的边界层位移厚度

壁面温度是流动控制中常用的影响参数,壁面冷却或加热对边界层流动的影响,主要是通过热交换改变边界层内的温度型,以及通过黏性-温度关系改变边界层内的速度型,从而影响边界层的稳定性。例如,对于气体,冷壁起着稳定作用;而对于液体,情况正好相反。

这个结论是对应光滑壁面的,对于粗糙壁面,情况则更复杂一些。虽然光滑冷壁对层流边界层有稳定作用,但是对于粗糙壁面,当壁面被冷却时,壁面附近的

黏性系数 μ 减小,绕粗糙颗粒流动的雷诺数增加,即增大了粗糙颗粒尾迹中的动量扰动量,而扰动量的增大会导致临界雷诺数的减小,最后的结果将取决于这两种因素的综合影响。

12.2.3　湍流度与压缩性

湍流度的定义如下:

$$Tu=\sqrt{\frac{1}{3}(\overline{u'^2}+\overline{v'^2}+\overline{w'^2})}/U_\infty$$

式中, u', v' 和 w' 为三个流动方向上的脉动速度; U_∞ 为自由流速度。在实际应用中,湍流度常用流动方向的脉动速度 u' 表示,简单定义为

$$Tu=\sqrt{\overline{u'^2}}/U_\infty$$

实验证明,当大气湍流度很低时,对边界层转捩基本上没有什么影响,但是,随着自由流的湍流度增加,边界层中扰动也有所增长,将起到促进转捩的作用[14]。如图 12.4 所示的实验结果(图中的纵坐标是 $R_x=U_\infty x/\nu$;符号是用于比较的数据),若湍流度减少时,临界雷诺数随之快速增长,当 Tu 趋于一个较小值时(如0.001),临界雷诺数接近于 2.8×10^6;若湍流度更低时,则临界雷诺数保持不变,这说明平板临界雷诺数是存在上限的。

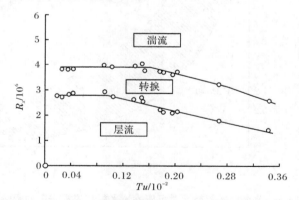

图 12.4　湍流度对零迎角平板临界雷诺数的影响[15]

压缩性对边界层稳定性和转捩有很大影响。人们常用马赫数的大小表示压缩性作用的强弱,一般在来流马赫数小于 0.3 时可以当作不可压缩流,而大于 5.0时则为高超声速流。在第 5 章中指出,可压缩流边界层稳定性要比不可压缩流更复杂;而在超声速/高超声速流场的边界层稳定性问题中,当存在局部超声速扰动区域时,将会出现第二模态等多重不稳定模态。

这里以零压力梯度的绝热平板边界层为例[7],讨论不同马赫数范围区对边界

层稳定性的影响。图 12.5 给出了雷诺数 $R_x = \dfrac{U_\infty x}{\nu_\infty} = 2.25 \times 10^6$ 时的第一和第二扰动模态的最大增长率的比值（是与同一雷诺数的不可压缩流相比）随马赫数的变化曲线。这里依据来流马赫数（Ma_∞）的大小顺序，分为具有不同稳定性特性的马赫数范围区：$Ma_\infty = 0 \sim 2.5$ 为第一区，只有扰动的第一模态是重要的，随着马赫数的增加，二维扰动的最大增长率急剧减小，当 $Ma_\infty > 1$ 后，三维扰动是最不稳定的；$Ma_\infty = 2.5 \sim 5.0$ 为第二区，当马赫数增加时，扰动的第一模态也有一定的变化，而越来越强的第二模态更重要，在马赫数 $Ma_\infty = 5$ 附近，第二模态的增长率比值达到了最大；$Ma_\infty > 5$ 为第三区，对于第二模态及三维扰动的第一模态，扰动增长率都随马赫数的增加而持续减小。

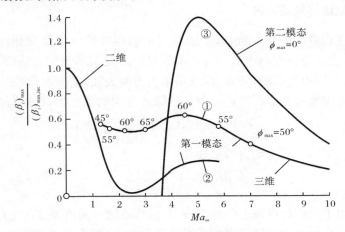

图 12.5　马赫数对扰动第一和第二模态最大增长率的影响[16]

$\bar{\varphi}_{\max}$ 为最不稳定扰动波的角度

实际上，影响转捩的因素还有很多[7]。例如，在非均质流体的流动中，流体密度沿垂直方向的变化，将影响到沿水平平直壁面流动的稳定性；流体中的柔性壁能对层流边界层起稳定性作用；飞机上发动机的噪声和振动，能够触发边界层的转捩等。此外，通过多孔壁面向边界层注入与外流不同的轻质气体（或液体），可以改变边界层状态，降低壁面与气流之间的热交换率，利用其传质过程和热扩散，可用于高超声速流动时的热防护问题；若在水中通过壁面向边界层注入与外流不同的低黏流体，可以减少壁面与流体之间的摩擦应力。还有通过在近壁边界层产生电离层，以使更多流动层流化，都是很有潜力的方法。这些影响转捩的因素，有兴趣的读者可以参考相关文献。

12.3　转捩控制的基本途径

边界层的转捩控制是一项十分复杂的专门技术,实现转捩控制有着不同的途径,需要结合物体的流动特征、扰动的演化过程,以及不同的扰动环境影响等进行综合分析。对于转捩控制也有许多分类法,这里归结为以下两种基本途径:一是改变边界层的基本流,减小扰动增长率,以影响边界层的稳定性;二是改变扰动波,一般采用扰动波消除法,以抑制(或消除)流场不稳定扰动波而改变扰动场,它们都能有效地达到控制边界层转捩的目的。下面分别进行讨论[17]。

12.3.1　改变边界层基本流

通过改变边界层的基本流,以使边界层的稳定性特性发生变化,进而影响边界层的转捩,这是转捩控制中的一种基本途径。改变基本流的方法很多,例如,改变物体外形、表面温度、飞行迎角,以及采用边界层抽吸、壁面运动等。

对于二维定常可压缩层流边界层流动的 x 方向动量方程,可以写为

$$\rho u \frac{\partial u}{\partial x} + \rho v \frac{\partial u}{\partial y} = -\frac{\mathrm{d}p}{\mathrm{d}x} + \frac{\partial}{\partial y}\left(\mu \frac{\partial u}{\partial y}\right) \tag{12.3}$$

在物面上($u=0, v=0$),方程可以写成

$$\frac{\mathrm{d}p}{\mathrm{d}x} = \left[\frac{\partial}{\partial y}\left(\mu \frac{\partial u}{\partial y}\right)\right]_{\mathrm{w}} \tag{12.4}$$

式(12.4)给出了在物体壁面上的压力分布、黏性系数与速度型变化之间的关系。

下面以改变表面温度及采用边界层抽吸为例,分析它们如何改变边界层的基本流及其对流动稳定性和转捩的影响。

1. 表面温度

为讨论表面温度问题,将式(12.4)改写为

$$\left[\frac{\partial^2 u}{\partial y^2}\right]_{\mathrm{w}} = \frac{1}{\mu_{\mathrm{w}}}\left[\frac{\partial p}{\partial x} - \left(\frac{\partial \mu}{\partial y} \cdot \frac{\partial u}{\partial y}\right)_{\mathrm{w}}\right] \tag{12.5}$$

当 y 方向(垂直于物体表面)存在温度梯度时,黏性系数 μ 将随 y 变化。若气体流过一加热的平板$\left(\frac{\partial p}{\partial x}=0\right)$,黏性系数 μ 随 y 增大而减小,即 $\left(\frac{\partial \mu}{\partial y}\right)_{\mathrm{w}} < 0$。由于 $\left(\frac{\partial u}{\partial y}\right)_{\mathrm{w}} > 0$,所以 $\left(\frac{\partial^2 u}{\partial y^2}\right)_{\mathrm{w}} > 0$。而在边界层外边界附近,$\frac{\partial^2 u}{\partial y^2} < 0$。这样在边界层内某法向位置,必定存在使 $\frac{\partial^2 u}{\partial y^2} = 0$ 的拐点。边界层速度型有了拐点,这就改变了边界层基本流的速度型,使流动变得更不稳定。也就是说,气流通过热壁面,将减小

临界雷诺数。对于液体流动,黏性系数 μ 随温度 T 的变化趋势与气体流动相反,所以结果也是相反的。

　　若是气体流过一冷壁面,即气流通过冷却,能够使边界层流动变得更稳定。图 12.6 给出了冷却壁面对平板边界层的影响,由图可见,壁面温度越低,临界雷诺数越大,则转捩向后推迟。

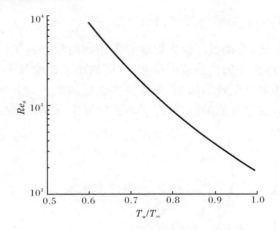

图 12.6　壁面冷却与平板临界雷诺数关系[18]

　　研究表明,壁面冷却的效应对 T-S 扰动的影响较大,而对横流扰动的影响较小[19];在超声速/高超声速时,壁面冷却对稳定性的影响,是与第一还是第二模态、二维还是三维边界层(或者扰动)及马赫数的大小和范围等密切相关的[16,20]。

2. 边界层抽吸

　　采用边界层抽吸(或者吹除)方法,能够有效地改变层内基本流动,是边界层转捩控制中的一种常用的方法[21]。这是因为通过抽吸作用,吸走了在边界层内靠近壁面的低速(及其低动量和能量)的流体微团,减小了边界层厚度,使边界层基本流的速度型更加"饱满"。与无抽吸时相比,这时的抵抗逆压梯度的能力更强,有更高的稳定性界限,使边界层转捩点向下游移动,从而能够保持更长的层流段。至于"吹除"的方法,则是向边界层的流体添加动量和能量,传给边界层内靠近壁面的流体微团,有着与抽吸类似的效果,所以有关"吹除"的方法,后面就不专门叙述了。

　　在壁面有抽吸时,物面上的动量方程可以写为

$$\left[\frac{\partial^2 u}{\partial y^2}\right]_{\mathrm{w}} = \frac{1}{\mu_{\mathrm{w}}}\left[\frac{\partial p}{\partial x} - \left(\frac{\partial \mu}{\partial y} \cdot \frac{\partial u}{\partial y}\right)_{\mathrm{w}} + (\rho v)_{\mathrm{w}}\left(\frac{\partial u}{\partial y}\right)_{\mathrm{w}}\right] \tag{12.6}$$

与式(12.5)相比,增加了与抽吸有关的项:$(\rho v)_{\mathrm{w}}\,(\partial u/\partial y)_{\mathrm{w}}$,$v_{\mathrm{w}}(x)$ 为抽吸速度。

　　为了确保壁面有抽吸时的流动,能够满足边界层理论的简化条件,并可忽略在物体表面上的抽吸对边界层外的势流流动的影响,需要把抽吸速度 $v_w(x)$ 与来流速度 u_∞ 的比值限制在一个很小的范围内。这时仍可以保留壁面的无滑移条件及壁面剪切应力表达式,仅仅把 y 方向壁面边界条件,由通常的 $v=0$ 变为 $v=v_w(x)$。图 12.7 是壁面有抽吸情况下的中性稳定性曲线,随着抽吸强度的不同而变化,其中 ξ 表示均匀抽吸的无量纲初始长度,$\xi=(-v_w/U_\infty)^2\dfrac{U_\infty x}{\nu}$。由图可以看出,与无抽吸时相比,有抽吸时的失稳临界雷诺数向后推延了(提高了稳定性界限),同时中性稳定性曲线的失稳范围也变小(即减小了该曲线限定的不稳定扰动波的波长范围)。随着抽吸量的增加,失稳临界点更加推后,相应的不稳定区域也进一步缩小。显然,通过壁面抽吸,推迟了转捩的发生,抽吸量越大,作用也越大。

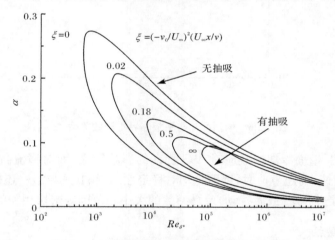

图 12.7　不同抽吸强度的中性稳定性曲线[17]

　　研究结果表明,利用壁面抽吸能够达到十分显著的效果,例如,X-21A 飞机通过抽吸可使层流区域达到飞机表面的 75%[22]。抽吸对于三维横流稳定性的影响也十分明显[23],在超声速/高超声速三维边界层流动中,抽吸对于第一和第二模态都起稳定作用[20]。图 12.8 是高超声速流动($Ma_\infty=6$)的第二模态的振幅放大曲线($f=275\text{kHz}$),是在不同壁面条件下的计算和实验结果。显然,有孔壁比无孔实壁、孔径较大的开孔壁 2($r=28.5\mu\text{m}$)比孔径较小的开孔壁 1($r=25\mu\text{m}$),有着更明显地降低扰动幅值而增加稳定性的效果。由图还可以看出,线性稳定性理论(LST)的结果与实验值相比基本上是一致的。因此,相对较简单的线性稳定性理论,经常用于边界层转捩控制的数值计算。

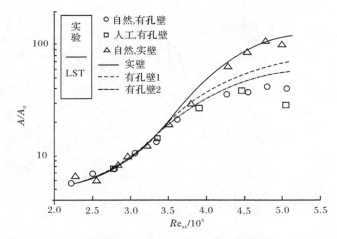

图 12.8　第二模态不稳定扰动波的振幅放大曲线$(Ma_\infty = 6)$[24]

　　这里还要指出的是,在抽吸的实际应用中,常常采用抽吸的多孔系统,与采用缝道系统相比,使用上更为方便,效率也更高。

12.3.2　改变扰动波

　　采用扰动波消除(disturbance wave cancellation)方法来改变扰动场,也就是说,通过外部产生的扰动波(带一定的频率、相位和幅值),改变流场扰动波的生成和发展,对流场不稳定扰动波起到抑制或消除的作用,这是转捩控制的又一基本途径[17,25]。通过调整初始条件和边界条件,如改变外部声波、来流自由涡、表面振动,以及改变壁面粗糙度、壁面温度等,也可以通过物面孔抽吸[26]、采用柔顺壁[27]等方法,都能产生满足一定条件的扰动波,以削弱主扰动波的发展,改变了扰动场,达到控制转捩的目的。

　　图 12.9 是通过表面振动条的振荡能够产生不同相位的新扰动波,用来改变扰动场,以控制 T-S 波的增长。有两种典型情况:一是与有着同样的频率、但相位相反的扰动波叠加,即所谓的"反相控制",能够使 T-S 扰动波的幅值显著降低,增大转捩雷诺数,推迟了转捩;二是与同频率和同相位的扰动波叠加,即所谓的"同相控制",则会增加扰动幅值,促使转捩的提前发生。

　　图 12.10 是一个不稳定扰动波消除机制的示意图[17],原来的"自然"T-S 波,经过粗糙带所产生的扰动波的干扰和叠加,最后成了很弱的"自然"T-S 波,从而改变了扰动场。在图 12.11 中给出了在无粗糙带的"自然"环境下的 T-S 扰动波放大曲线,同时也画出有粗糙带时的干扰结果。显然,在粗糙带所产生的扰动波的消除作用下,T-S 扰动波大大减弱,尤其是在较远的下游流动位置,这个效果更为显著。

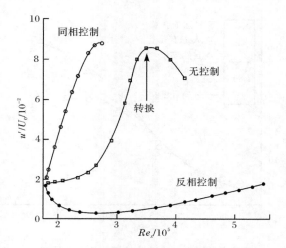

图 12.9　不同相位扰动叠加对增长率的影响[28]

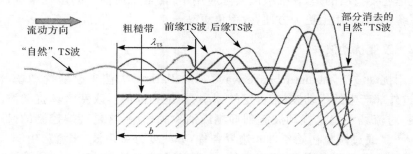

图 12.10　不稳定扰动波消除机制示意图

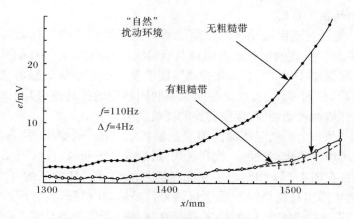

图 12.11　有/无粗糙带的 T-S 扰动波放大曲线[17]

这些采用扰动波消除的控制方法是很有效的,但多用于二维扰动波问题。而采用传感器与控制器的闭式的反馈控制方法,则能进一步削弱或消除三维扰动波,这种扰动控制方法非常有效,同时也需要复杂的技术系统[29](见 12.6 节)。

在实际应用中,如果采用这两种控制途径的适当组合形式,既能改变边界层基本流又能改变扰动波,将能够达到更好的控制效果。

12.4　转捩控制技术的应用

转捩控制技术的有效应用是转捩研究的一个重要目标。通常的层流边界层的控制技术研究,集中于自然层流流动(natural laminar flow,NLF)控制、层流流动控制(laminar flow control,LFC)及混合层流流动控制(hybrid laminar flow control,HLFC)等。采用转捩控制技术的机翼气动力设计,能够使飞机在巡航飞行时,在翼面上保持较大的层流流动区域。在这些机翼中,最常见的就是 NLF 机翼、LFC 机翼以及 HLFC 机翼等[30,31]。下面结合转捩的预测,分析实际应用中的这些典型机翼,以及层流流动控制在机身上的应用。

12.4.1　转捩预测问题

飞机的层流控制机翼的设计,首先是根据初始机翼的几何外形,通过计算流体力学方法,得到机翼的压强和速度分布;依据设定的目标压强分布,反求出机翼的几何外形,以修改初始机翼;在此基础上进行机翼的边界层及其稳定性计算,并依据稳定性的理论和相关方法进行层流转捩位置的预测;继而得到所需要的壁面抽吸系数分布并进行修改设计和循环迭代,以达到设计目标。有各种预测转捩的工程方法。例如,根据转捩点和中性点的动量厚度雷诺数的不同,建立与平均流压力梯度参数的关系式,以确定二维 T-S 波主导的流动转捩位置的经验准则[32,33];又如 C1 和 C2 准则[34],即依据横流雷诺数和流向形状因子之关系的 C1 准则,以及最不稳定波方向雷诺数、流向形状因子与自由流湍流度之关系的 C2 准则等。当然,e^N 方法[35,36]是与采用线性稳定性理论计算得到的扰动振幅密切相关的,目前仍是预测转捩位置的主要工具[37]。

我们在第 6 章中,讨论了一般三维气动体的稳定性问题。实际上,层流机翼常常满足等百分弦线即为等压力线分布的关系,而梯形机翼的等压力线则为直线(除翼根、翼尖区外)。在通常情况下,首先是计算有边界层控制(如抽吸)的机翼边界层的平均流参数,然后进一步计算层流机翼的边界层稳定性问题。依据线性稳定性理论,可以得到三维可压缩流边界层稳定性方程组[38]

$$\boldsymbol{C}_2\frac{\mathrm{d}^2\boldsymbol{\varphi}}{\mathrm{d}y^2}+\boldsymbol{C}_1\frac{\mathrm{d}\boldsymbol{\varphi}}{\mathrm{d}y}+\boldsymbol{C}\boldsymbol{\varphi}=0 \tag{12.7a}$$

边界条件为

$$y=0:\quad \varphi_1=\varphi_2=\varphi_4=\varphi_5=0 \tag{12.7b}$$
$$y\rightarrow 0:\quad \varphi_1,\varphi_2,\varphi_4,\varphi_5\rightarrow 0$$

式中,新变量 $\boldsymbol{\varphi}=[\alpha\tilde{u}+\beta\tilde{\omega},\tilde{v},\tilde{p},\tilde{\tau},\alpha\tilde{\omega}-\beta\tilde{u}]^{\mathrm{T}}$,$\boldsymbol{C}_2$、$\boldsymbol{C}_1$ 和 $\boldsymbol{C}$ 皆为 5×5 阶系数矩阵;α 和 β 分别为波数在 x、z 方向的分量;$\tilde{u}$、$\tilde{v}$、$\tilde{\omega}$、$\tilde{p}$ 和 $\tilde{\tau}$ 表示在 x、y、z 方向的速度及压强和温度的扰动振幅。

齐次方程(12.7a)和边界条件(12.7b)构成了特征值问题,选用时间稳定性模式,采用有限差分方法,建立起如下矩阵方程:

$$\boldsymbol{A}\tilde{\boldsymbol{\varphi}}=\omega\boldsymbol{B}\tilde{\boldsymbol{\varphi}} \tag{12.8}$$

式中,ω 为复特征值;$\tilde{\boldsymbol{\varphi}}$ 为离散特征函数;$\boldsymbol{A}$、$\boldsymbol{B}$ 为系数矩阵。方程(12.8)的复特征值,可以通过全局法和局部法相结合的方式进行求解[39]。所得到的 ω_i 值[$\omega_i=I_{\mathrm{m}}(\omega)$]决定了扰动振幅随时间的变化,扰动放大因子 N 由式(12.9)积分得到:

$$N=\int_{s_c}^{s_a}[\mathrm{Im}(\omega)/|Re(\boldsymbol{V}_{\mathrm{g}})|]\mathrm{d}s \tag{12.9}$$

式中,积分的下限 s_c 和上限 s_a 分别指中性不稳定点和指定计算点。式(12.9)沿着与群速实部 $[Re(\boldsymbol{V}_{\mathrm{g}})]$ 相切的曲线,可以一直积分到转捩点处,群速 $\boldsymbol{V}_{\mathrm{g}}=(\partial\omega/\partial\alpha,\partial\omega/\partial\beta)$ 在得到扰动放大因子在机翼上的分布以后,可以用 e^N 方法预测转捩位置。

上述方法能方便地处理和设计不同的壁面抽吸系数分布,因而常常用于转捩控制研究中。此外,对于超/高超声速流动,需要考虑第二模态等高阶模态的稳定性问题;在有些情况下,还要考虑化学反应等更复杂的情况[40]。

12.4.2　NLF 机翼

NLF 机翼,是通过精心的机翼设计,使得机翼具有某种特定的外形,如机翼弯度小、最大厚度点位置后移等,从而使上翼面的边界层流动尽可能处在有利的顺压梯度下,避免出现过早的或过大的逆压梯度,从而在翼面上有较长的层流区域,故称为自然层流流动机翼,实质上是自然的层流控制。图 12.12(a)是具有上述特征的后掠机翼上的自然层流翼型,而图 12.12(b)则是飞机的自然层流机翼翼套的一种翼型,常用于验证层流机翼设计的飞行试验。对于后掠角不大的机翼算例[38](前缘后掠角 19.1°,后缘后掠角 7.3°,$Ma=0.75$),T-S 波的放大因子 N 的变化(扰动频率 $F=4000\mathrm{Hz}$,方向角 $\psi=0$)如图 12.13 所示,在靠近机翼前缘区,T-S 扰动波常常是稳定的,而在其后的弦向位置,扰动的 N 因子值开始增长,并很快达到了一个较大值。当它超过给定的转捩 N 值时,就可能发生转捩。这类 T-S 扰动波引起的转捩,就是通常发生在后掠角不大的中小型飞机机翼上的主要转捩类型。

目前,广泛应用于大型旅客机及其他一些飞机上的"超临界翼型",实际上是层流翼型的一种新发展,或者说是自然层流与超临界翼型设计的结合[41],这是在跨声速飞行时的一种成功选择。超临界翼型的特点是前缘有很小的钝圆,上表面平坦,这样能够减缓气流的加速,有利于防止出现激波和减弱边界层分离,提高了临界马赫数(即在翼面上最大速度达到音速时的来流马赫数),有利于防止或推迟激波的出现,在翼面上能保持较大的层流流动区。在翼型下表面后缘附近有反凹并向下弯曲,以增加机翼升力。该种翼型的设计和使用,大大改进了飞机的气动特性。如图 12.12(b)的自然层流翼型,实际上也具有超临界翼型的特征,故又称为自然层流超临界翼型。

还要指出的是,不同于在有利的顺压梯度下的设计来保持 NLF,最近也有采用不同的设计方向而能达到很好的效果[42]。

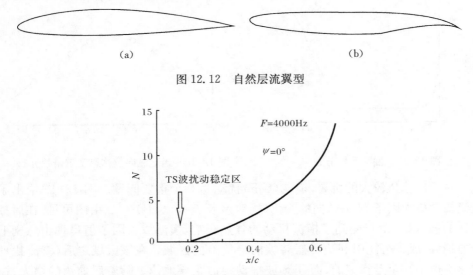

(a)   (b)

图 12.12　自然层流翼型

图 12.13　T-S 波放大因子分布

12.4.3　LFC 和 HLFC 机翼

自然层流机翼设计在许多情况下是成功可行的。但是在某些情况下,通过层流机翼设计而保持有较大层流区的目标却难以实现。例如,在后掠角较大的机翼上,前缘区有很大的压力梯度,将加速机翼边界层的转捩。因此,需要采用其他的控制方法,来达到推迟转捩的目的。

LFC 机翼,就是通过控制的方法(一般是主动控制),使得在翼面上有很长的,甚至绝大部分都是层流区。控制的具体方法很多,如同前面所讨论的,通过壁面抽吸,或者壁面冷却等方法,都能达到控制边界层、推迟甚至避免转捩的发生。

　　通过抽吸的控制方法,是根据边界层内的流动情况,确定所需要的抽吸量分布。一般在前缘附近及翼型后部,需要增大抽吸量。若是预先设定了目标转捩位置,则必须精确地预设抽吸量的分布。图 12.14 是一后掠机翼算例[38](后掠角为35°,带超临界翼型,$Ma=0.891$)给出的抽吸量分布图。计算得到的当地流向位移厚度雷诺数($Re_{\delta^*}=U_s\delta^*/\nu_e$,$\nu_e$ 和 δ^* 分别为运动黏性系数和边界层位移厚度)的分布如图 12.15 所示(图中还有用于对比的结果[43],以"。"表示)。尽管边界层流动在翼型后半部遇到了较大的逆压梯度,但是由图可以看出,通过边界层的有效控制(加大了抽吸量),Re_{δ^*} 有了明显的下降。也就是说,通过边界层抽吸量的控制,限制了边界层厚度及其位移厚度的增长。显然,较薄的边界层是不易转捩的,从而推迟了转捩的发生。

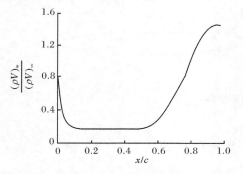

图 12.14　抽吸系数分布

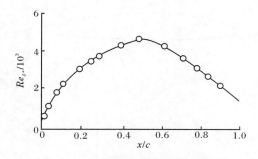

图 12.15　当地流向位移厚度雷诺数分布

　　对于后掠角较大的机翼,横流(C-F)扰动是一个重要问题。图 12.16 给出了横流扰动放大因子 N 沿弦向的变化(扰动频率 $f=0.5\mathrm{Hz}$)[38]。由图可见,在后掠机翼的前缘区,由于受到了横流扰动的强烈影响,横流放大因子值呈现出急剧上升的趋势,成了可能引起边界层转捩的最危险的区域。在该区域之后,横流扰动的影响很小甚至是稳定的,而 T-S 波扰动则占主导地位。随着后掠角的增大,横流不稳定性也快速增强,其扰动增长率更大,从而使得大后掠角机翼的流动转捩位置比一般机翼更靠前[44]。

　　HLFC 机翼,即混合层流流动控制机翼可以达到更好的控制效果。我们知道,如果要维持在整个弦长(或者大部分弦长)上的主动层流控制,需要消耗很多能量,付出的代价也很高;而自然层流设计一般是不需要另外消耗能量的被动控制。因此,利用它们的各自优势,提出了采用混合的层流控制方法,以很小的代价达到更好的效果。HLFC 机翼的设计,就是通过自然层流设计与机翼前缘区的层流控制相结合,综合地发挥两者的所长。例如,把 HLFC 用于后掠翼在前缘百分之几弦长的区域,通过 LFC(抽吸)减小横流的增长,然后在机翼的随后区域采用NLF 设计的几何形状,两者的联合使用,既能减少能量消耗,又能达到更好的控制

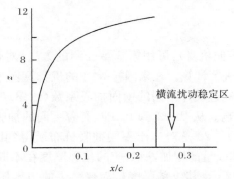

图 12.16　后掠翼的横流扰动放大因子分布

效果。图 12.17 是用于混合层流控制飞行试验的 Boeing-757 飞机,而图 12.18 的
"应用翼型",则是带 Krueger 襟翼及其防昆虫和防冰系统的混合层流控制翼型。
试验结果显示[31],若采用近似 65% 弦长为层流区,用 HLFC 能够减少阻力约
29%,飞机总阻力则能减少 6%。又如巡航飞行的 A340 飞机,采用近 20% 弦长的
HLFC,减阻可达 14%。显然,采用混合层流控制是一种更有效的层流控制方法,
HLFC 技术已成功地用于许多民机的气动力设计中。

图 12.17　带混合层流控制(HLFC)的 Boeing-757 飞机[31]

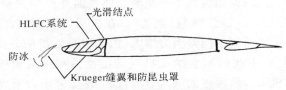

图 12.18　带混合层流控制的应用翼型

12.4.4　LFC 机身

　　LFC 机身(层流控制机身),可用第 6 章介绍的方法,对带壁面抽吸控制的三维可压缩机身边界层进行计算。在朱国祥等[45]的机身算例中[45](来流马赫数 Ma =0.84,迎角 $α$=3°),通过设计不同的壁面抽吸系数(BLP)的分布(图 12.19),分析它们对边界层的影响。从 BLP1 到 BLP4,有着不同的抽吸量,而 BLP0 为壁面没有抽吸的情况。图 12.20 是对应于不同抽吸分布所得到的边界层位移厚度分布。由图可见,随着抽吸量的增加,所对应的位移厚度在不断地下降。也就是说,抽吸减小了边界层厚度(及其位移厚度),而变薄了的边界层是不易发生转捩的。该结果表明,通过壁面抽吸的控制方法,对机身边界层的控制效果也是很明显的,合理的抽吸分布,能够有效地加大机身的层流区,推迟机身转捩的发生。

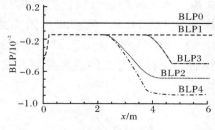
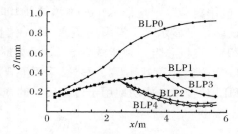

图 12.19　机身壁面抽吸系数分布　　图 12.20　不同抽吸分布所对应的位移厚度

12.5　转捩、分离与激波

　　在一定条件下,如大迎角绕钝头体的流动,或者有强逆压梯度的流动,流场中可能出现边界层分离;而在超声速流场(或有局部超声速区域)中可能产生激波,以及激波与边界层干扰问题[46],它们常常是与转捩问题有关的。

12.5.1　分离流转捩

　　边界层分离是飞行器在空中飞行时经常出现的现象,在层流分离流区域中,分离与转捩之间有一定的联系,存在所谓的分离流转捩。

　　通常的边界层分离,是指流线不再贴附物体表面并产生大量旋涡的现象。例如,当来流以一定迎角绕机翼(翼型)流动时,在机翼上表面后部可能出现这种边界层的分离现象,使得机翼的压差阻力增大(由于机翼后部的分离区存在,其表面压力不能得到恢复而引起的),会给飞机气动特性带来很大影响。同样,对于机身、尾翼及其他飞机部件所发生的气流分离,都会使压差阻力增大。

　　从本质上来说,产生边界层流动分离的内在原因是气流的黏性,而外因则是流动的逆压梯度,层流边界层与湍流边界层都可能出现分离现象。但是,湍流与层流相比,它有更强的抵抗逆压梯度的能力,因而湍流边界层不易分离;即使分离,其分离区及其压差阻力也较小。因此,从减少分离引起的压差阻力来看,希望层流提前转捩为湍流(可以用人工转捩方法)。虽然这时的摩擦阻力增加了,但是,湍流能使其分离点的位置向后推移,这样就减少了分离带来的压差阻力(比摩擦阻力的变化更大),从而能够达到减少总阻力的目的。

实际上,人们更关注机翼上表面前部的分离及其转捩问题,这是因为机翼前部的流动状态对机翼气动特性产生的影响更大。当以较大迎角绕翼型流动时,翼型上表面前缘附近有较大的逆压梯度,会出现层流分离并形成了局部分离区,经过流动转捩后,湍流重新附着物面(图 12.21)。对于在很大迎角下的非定常前缘分离,则呈现出更为复杂的现象(图 12.22,对应条件:迎角 $\alpha=24.17°$,雷诺数$Re=4.5\times10^6$,上仰速率 $k=0.10$,NACA0015 翼型),既有前缘非定常分离气泡和流动转捩,又有非定常强旋涡的形成及其脱落的干扰,能够产生很大的非定常气动力[47]。因此,非定常前缘分离点和分离区的确定,是关系到战斗机的超机动飞行及其非定常动失速(又称动态失速),以及直升机安全飞行[48]等重要问题。还需指出的是,当机翼上出现严重分离和失速状态的时候,在一定诱因下还可能发生会带来危险后果的飞机"尾旋"现象[49]。

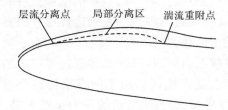
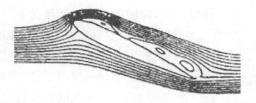

图 12.21　翼型前缘附近的局部分离区示意图　　图 12.22　非定常大迎角绕翼型的流动

下面分析分离流中的转捩问题。边界层局部分离区中的转捩现象,如图 12.23[50] 所示,从层流分离点到湍流重附点之间形成局部分离区(又称分离气泡,或回流区),前面为层流分离区,后面为湍流分离区,中间则为转捩分离区。与一般的层流附着区相比,在流动分离后,层流将更快地转变为湍流,这是由于在分离区的流动不稳定性要比在附着区强得多。实际上,对于分离气泡的转捩研究,就像一般的转捩问题一样,也分为感受性、线性及非线性等不同阶段[51]。需要强调的是,在转捩分离区的形成过程中,对于外部流动的变化是十分敏感的。

飞机上的边界层分离问题十分复杂,控制分离的方法也是多种多样,如采用机翼前缘襟翼(或缝翼),在机翼(或机身)上安装涡流发生器等。值得注意的是,在有些情况下的边界层分离的控制问题,常常与边界层转捩控制的目标基本一致,甚至通过控制分离就能够控制转捩。

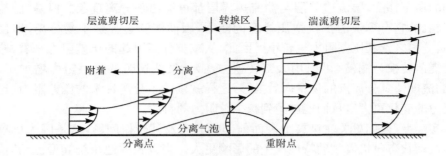

图 12.23　有分离气泡的分离流转捩

12.5.2　转捩与激波边界层干扰

在跨声速、超声速及高超声速飞行的飞行器上,或者在超声速进气道以及涡轮叶片上,可能出现激波以及与边界层干扰的现象,直接影响飞行器或者发动机的性能,它们也与边界层转捩问题有关。

在激波与层流边界层干扰过程中,边界层是如何转捩的问题,曹起鹏[46]做了详细分析。一个典型的例子是设在超声速流场中,有一激波入射到物面上,若没有边界层时,激波入射到壁面上(入射点)就会直接反射。而实际的壁面上存在黏性边界层,在边界层内的流动速度分布是从物面处的零值一直到边界层外边界处的超声速主流值。当入射激波射向壁面的层流边界层时(图 12.24[46]),由于激波只能在超声速流中存在,因此从主流射向壁面的激波,只能延伸到边界层内的声速处(在边界层内近壁的一小段距离内存在亚声速区),而不能直接伸展至壁面上。进一步分析表明,由于激波是强扰动压缩波,通过激波后的压力突跃上升,是不能前传到波前的。因此,激波前后压力差引起的强扰动也只能通过这个近壁的亚声速区逆流前传,形成了边界层内沿流动方向的逆压梯度。这样就使得入射点之前的压力就开始增加,流速相应降低,边界层变厚,并使流线逐渐凹折。若入射激波很强,使激波前后的压力差增大,而层流边界层是不能承受大的逆压梯度,就会在激波入射点前出现边界层内流动的分离,并逐步扩大而形成分离区。分离区的出现使得流线向上偏转更大,经过逐步压缩并汇集成第一道反射激波。随着斜波后的超声速气流沿分离区的凸起包向下偏转时(流动空间变大),又形成了扇形膨胀波区。穿过膨胀波区后的流动,又要转向与壁面平行的方向,于是流线又逐渐向上偏转,形成了新的逐步压缩汇集成的第二道反射激波。这样,层流边界层完成了向湍流边界层的转捩。

显然,若能够控制入射激波强度(如改变飞机操纵面偏转角或调整外置扰流体的位置及状态);或者通过设计方法控制跨声速飞行时上翼面局部超声速区的起始位置和范围等,都能够控制流动的分离,当然也关系到边界层转捩的控制。

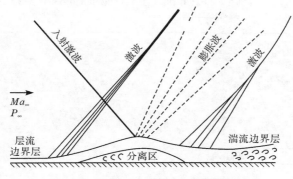

图 12.24 激波与层流边界层干扰示意图

这里还要指出以下几点:

(1) 在图 12.24 中夹在二道反射激波区域之间的分离区(或称死水区)的压力变化是很小的,在空气动力学中常将它近似地看成等压区。

(2) 上述展示的是"激波与层流边界层干扰",若是在"激波与湍流边界层干扰"的情况下,由于湍流边界层内近壁区的速度分布比层流的饱满,边界层内的亚声速区域相对较小,因而干扰的影响也较小,甚至连反射激波和扇形膨胀波区都不一样,相对要弱得多。

(3) 跨声速飞行时的激波与边界层干扰,其边界层分离后的不稳定气流,可能会引起机翼气动力强烈振荡的"抖振"严重问题[52]。

下面再看有激波和分离的转捩流场,是一个涡轮叶片的例子。在涡轮叶片的设计中,考虑到湍流的对流换热系数要比层流大得多,以及流动分离对该换热系数的影响,因此准确地预测涡轮叶片表面边界层的流动状态(包括转捩区及分离区)是十分重要的[53]。图 12.25 分别从叶片表面吸力面的投影(a)以及垂直投影(b)的不同视角,来观察流场中的相干(拟序)结构,展示了激波附近的分离区域和转捩区域的状况[54]。由于分离与转捩存在三维性和非定常特性,图中标识的区域范围沿叶片展向和时间会有一定的波动。由图可以看到,在分离区出现之前,边界层很薄,且呈二维层流状分布;在分离开始的稍后位置,近壁面涡结构的消失,这是由于分离引起了原来附着的流体远离壁面而使涡量有较大变化,超出了拉普拉斯压力等值面的阈值而不能显示出。在随后的分离和转捩的区域中,叶片表面流场中涡结构再次出现,离散弯曲的涡线呈现了 Λ 型结构,其后又有进一步的发展。从激波附近直到后缘,流场中无序的出现发卡涡结构且分布密集(又称这种现象为发卡涡"森林"[55]),图中呈现了涡轮叶片上有激波的流场中的分离、转捩及其涡结构变化的复杂状况。

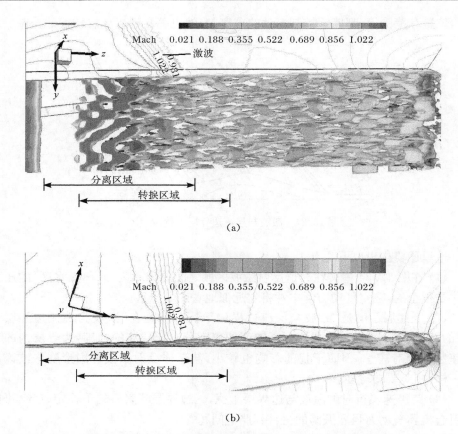

(a)

(b)

图 12.25　叶片后部流场的激波、涡结构及分离区和转捩区（见彩图）

12.5.3　有层流分离的转捩点预计

前面讨论了影响转捩的许多因素,然而综合考虑这些因素对转捩的作用,仍然是一个非常复杂的,远未完全解决的问题。实际上,在工程应用中人们更加关注的是找出转捩发生的位置。这里介绍一种有层流分离的转捩点预计的半经验工程方法,以不可压缩层流边界层计算为例,主要步骤如下[56]:

在给出物面上势流速度分布 $v_1(x)$ 的基础上,计算从前缘往后沿流向每一站的如下各值:

（1）动量厚度分布 $\theta(x)$。

$$\left(\frac{\theta}{c}\right)^2 = \frac{0.45}{Re_c(v_1/v_\infty)^6}\int_0^{x/c}(v_1/v_\infty)^5 \mathrm{d}(x/c) \tag{12.10}$$

式中,$Re_c = \dfrac{v_\infty c}{\nu}$,$c$ 为特征长度（如翼型弦长）。

（2）转捩点动量厚度 θ_{tr}。

采用如下的转捩点位置 x_{tr} 和相应的动量厚度 θ_{tr} 的关系式：

$$Re_{\theta_{\mathrm{tr}}} \approx 1.718 Re_{x_{\mathrm{tr}}}^{0.435} \tag{12.11}$$
$$0.3 < Re_{\theta_{\mathrm{tr}}} \times 10^{-6} < 20$$

计算出该位置的雷诺数所对应的转捩点动量厚度 θ_{tr}。

（3）分离点动量厚度 θ_{s}。

依据该位置的速度梯度，计算对应的层流边界层分离点动量厚度 θ_{s}

$$\theta_{\mathrm{s}} = \left(\frac{-0.09}{Re_{\mathrm{c}}} \middle/ \frac{\mathrm{d}(v_1/v_\infty)}{\mathrm{d}(x/c)} \right)^{1/2} \tag{12.12}$$

（4）比较 $\theta(x)$ 与 θ_{tr} 和 θ_{s} 的关系。

若在计算的 x 位置，$\theta(x) < \theta_{\mathrm{tr}}$，且 $\theta(x) < \theta_{\mathrm{s}}$，说明在该位置没有发生转捩，继续向下游推进计算；若 $\theta(x)$ 先达到 θ_{tr}，则相应的 $x = x_{\mathrm{tr}}$，即为转捩点；若 $\theta(x)$ 先达到 θ_{s}，则认为相应的 $x = x_{\mathrm{s}}$ 即为转捩点。这是一种由层流分离所引起的转捩，流动在分离气泡后会重新附着在物面上。

12.6　转捩控制技术的新发展

随着转捩控制技术的发展[57,58]，飞机的层流控制已从单独的机翼，逐步应用到飞机的许多重要部件，包括机身头部、发动机短舱、平尾、立尾等。例如，通过对某一亚声速飞机的 HLFC 设计[59]，能够使层流流动占有机翼上表面、平尾以及立尾的 50%、发动机短舱的 40%，结果是飞机的升阻比，这是提升飞机性能的一个重要指标，增加了 14.7%（与全湍流的流动相比），相应的其他性能也有明显的提高。毫无疑问，这是层流控制技术应用的一个成功范例。

采用层流控制技术的飞行器的飞行速度范围，已从亚声速和跨声速，进入了超声速领域[60,61]。20 世纪 90 年代开始的超声速层流控制（supersonic LFC，SLFC）的试验研究有了很大发展。图 12.26 是 F-16XL-2 飞机（机翼上有主动和被动控制），所进行的超声速层流控制的飞行试验（$Ma = 2.0$，$Re = 22.7 \times 10^6$），在保持最佳抽吸率状态下，可以使 46% 的机翼表面保持层流流动。

采用模拟波消除技术的闭式反馈控制，是近年来转捩控制技术的又一新发展[62]。通过有效激励技术，把一个控制系统发展为一套包括流动探测器和控制振幅的执行器的回路系统。在一般情况下，转捩过程中有很多相似振幅的扰动波，因而转捩控制系统需要大量的探测器件和执行器件。实际上，对于细微的边界层结构的识别及其所选择的控制，都可以通过微机电系统（micro-electro-mechanical systems，MEMS）技术的发展来实现的。当应用于转捩控制时，需要大量带有高频响应的微小的传感器和能够分辨微小扰动尺度的微执行器，每平方米甚至可以

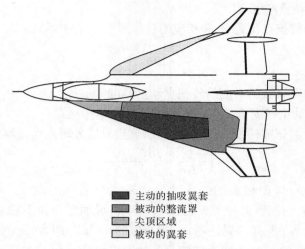

图 12.26　带层流控制的超声速 F-16XL-2 飞机[63]

布置微传感器与微执行器数以百万件,为流体转捩控制研究开辟了一个崭新的领域。图 12.27 是一个通过 MEMS 的边界层主动控制图。当然,为实现这样的控制,有关固体和流体的微机械系统及扰动控制回路结构的一系列具体问题需要协调处理[64,65]。

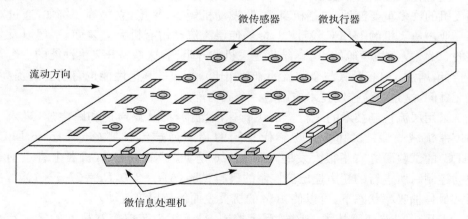

图 12.27　通过 MEMS 的边界层主动控制[51]

　　需要特别指出的是,转捩控制的应用是一项非常复杂的新技术,在工程设计和使用中,需要考虑影响控制的各种问题,特别是一些不确定的因素,它们不仅可能影响转捩控制的效果,甚至对控制能否成功有着决定性的作用。下面结合层流控制对层流表面的规范要求[57,66],分析有层流控制的飞机在实际应用中最常见的几个问题:

(1) 冰积累。机翼前缘的冰积累能够显著地改变机翼表面几何形状,使层流控制的设计目标难以实现,会带来阻力大增、飞行性能变坏的问题,甚至可能产生危及飞行安全的严重后果。

(2) 昆虫沾染。大量沾染的昆虫会引起飞行器表面形状的改变,层流控制飞机对此十分敏感,直接影响到控制的效果,并可能导致转捩的提前发生。

(3) 大气影响。在阵风、雨雾及风沙污染等环境下,可能难以保持原层流设计的状态和效果,将对层流控制飞机的性能以至安全产生不利影响。

因此,在层流控制系统中必须考虑如何防止、减轻或者消除这些影响,如在12.4.3 节中提到过的防昆虫和防冰系统等,需要解决层流飞机在实际应用中的一些关键性问题。此外,在工程设计中,还要考虑机翼设计与新增的层流控制系统的合理布局和相互协调等问题;尽管飞机的层流控制作用在设计状态(巡航状态)下能够达到很好的效果,还需考虑如何防止和减少在各种非设计状态下可能带来的负面影响等。

综上所述表明,边界层转捩控制已在实际应用中取得了很大成功,有转捩控制的飞行器在减阻和提高性能等方面具有很大的优势。尽管不同布局的新构型飞机,其转捩控制的综合设计和运行维护,还存在很多具体的实际问题[67],但随着转捩控制技术的进一步发展,未来的转捩控制系统的效率、可靠性和消耗比等都会有更大的改进,转捩控制技术将在更多的领域得到广泛应用。

参 考 文 献

[1] Gad-el-Hak M, Pollard A, Bonnet J P. Flow control: Fundamentals and practices//Springer Lecture Notes in Physics, New Series Monographs, M53. Berlin: Springer-Verlag, 1998.

[2] Arnal D, Archambaud J P. Laminar-turbulent transition control: NLF, LFC, HLFC// Advances in Laminar-Turbulent Transition Modelling. Brussels: von Karman Institute for Fluid Dynamics, 2008.

[3] 唐登斌, 钱家祥, 史明泉. 机翼翼尖减阻装置的应用和发展. 南京航空航天大学学报, 1994, 26(1): 9—16.

[4] 唐登斌. 飞机减阻技术. 南京: 南京航空航天大学, 2004.

[5] Joslin R D. Overview of laminar flow control. NASA/TP-208705, 1998.

[6] Louis N. Cattafesta III, Sheplak M. Actuators for active flow control. Annu Rev Fluid Mech, 2011, 43: 247—272.

[7] 史里希廷 H. 边界层理论(下). 徐燕侯, 徐书轩, 马晖扬, 译. 北京: 科学出版社, 1991.

[8] Borodulin V I, Kachanov Y S, Roschektayev A P. Experimental study of late stages of the laminar-turbulent transition in a boundary layer with an adverse pressure gradient. Thermophysics and Aeromechanics, 2003, 10(1): 1—26.

［9］ Schultz-Grunow F, Behbahani D. Boundary layer stability at longitudinally curved walls. ZAMP,1973,24:499−506;ZAMP,1975,26:493−495.

［10］ 袁湘江,周恒. 考虑流向曲率和压力梯度的可压缩边界层稳定性分析. 空气动力学学报, 1998,16(3):276−281.

［11］ Görtler H. Dreidimensionales zur stabilitätstheorie laminarer grenzschichten. ZAMM,1955, 35:362,363.

［12］ Haderlie J,Crossley W. A parametric approach to supercritical airfoil design optimization. AIAA Pap 2009−6950,2009.

［13］ Brinich P P. Boundary layer transition at Mach 3. 12 with and without single roughness element. NACA TN 3267,1954.

［14］ 郑国锋,唐磊. 湍流度和粗糙度对边界层转捩影响的研究. 航空学报,1991,6(5):B278− B282.

［15］ Schubauer G B,Skramstad H K. Laminar boundary-layer oscillations and stability of laminar flow. NACA Rep 909,1947.

［16］ Mack L M. The stability of the compressible laminar boundary layer according to a direct numerical solution. AGARD Rep 97,Part1:329−362,1965.

［17］ Kachanov Y S. Lecture Notes,Short Course:Flow Transition and Turbulence. Arlinbgton: University of Texas at Arlington,2009.

［18］ Gaponov S A,Maslov A A. Stability of compressible boundary layer at subsonic flow velocities. Izv Sib Otd Akad Nauk SSSR,Ser Tekhn Nauk5,1971,1(3):24−27.

［19］ Lekoudis S G. Stability of the boundary layer on a swept wing with wall cooling. AIAA J, 1980,18(9):1029−1035.

［20］ 赵耕夫. 超声速/高超声速三维边界层的层流控制. 力学学报,2001,3(4):519−524.

［21］ 陆昌根,曹卫东. 局部抽吸对边界层流动稳定性的影响和控制研究. 空气动力学学报, 2008,26(3):322−328.

［22］ Jenkins D R,Landis T,Miller J. American X-vehicles:An Inventory,X-1 to X-50 Centennial of Flight Edition. Washington DC:NASA,SP-2003-4531,2003.

［23］ Mack L M. On the stabilization of three-dimensional boundary layers by suction and cooling//Eppler R,Fasel H. Laminar-Turbulent Transition. New York:Springer,1980:223− 238.

［24］ Fedorov A V. Kozlov V F,Shiplyuk A N,et al. Stability of hypersonic boundary layer on porous wall with regular microstructure. AIAA J,2006,44(8):1866−1871.

［25］ Liepmann H W,Brown G L,Nosenchuck D M. Control of laminar-instability waves using a new technique. J Fluid Mech,1982,118:187−200.

［26］ Danabasoglu G,Birigen S,Streett C L. Spatial simulation of instability control by periodic suction-blowing. Physics of Fluids,1991,3(9):2138−2147.

［27］ Carpenter P W. Status of transition delay using compliant walls//Bushnell D M,Heffner J N. Viscous Drag Reduction in Boundary Layers. Washington DC:AIAA,1990:79−113.

［28］Gilev V M,Kozlov V V. Use of small localized wall vibrations for control of transition in the boundary layer. Fluid Mech Soviet Res,1985,4(6):50—54.

［29］Li Y,Gaster M. Active control of boundary-layer instabilities. J Fluid Mech,2006,550:185—205.

［30］Hefner J N. Laminar flow control:Introduction and overview//Barnwell R W,Hussaini M Y. Natural Laminar Flow and Laminar Flow Control. New York:Springer,1991:1—21.

［31］Collier F S Jr. An overview of recent subsonic laminar flow control flight experiments. AIAA Pap 93—2987,1993.

［32］Granville P S. The calculation of the viscous drag of bodies of revolution. David Taylor Model Basin Rep 849,1953.

［33］Holmes B J,Obara C J,Gregorek G M,et al. Flight investigation of natural laminar flow on the Bellanca Skyrocket II. SAE Pap 830717,1983.

［34］Arnal D. Boundary layer transition:Predictions based on linear theory. AGARD Rep 793,1994.

［35］Smith A M O. Transition,pressure gradient and stability theory//Int Congr Appl Mech,Brussels,1956:234—244.

［36］van Ingen J L. A suggested semi-empirical method for the calculation of the boundary layer transition region. Univ Delft Rep VTH-74,Delft,1956.

［37］Reed H L,Saric W S,Arnal D. Linear stability theory applied to boundary layers. Annu Rev Fluid Mech,1996,28:389—428.

［38］唐志斌. 后掠机翼可压缩三维边界层稳定性计算. 航空学报,1992,13(1):A1—A7.

［39］Malik M R,Orszag S A. Efficient computation of the stability of three-dimensional compressible boundary layers. AIAA Pap 1981—1277,1981.

［40］Wang X,Zhong X. Passive control of hypersonic boundary-layer transition using regular porous coating//Seventh International Conference on Computational Fluid Dynamics,Big Island,2012.

［41］乔志德. 自然层流超临界翼型的设计研究. 流体力学实验与测量,1998,12(4):23—30.

［42］Wong P W C,Maina M. Flow control studies for military aircraft applications. AIAA Pap 2004—2313,2004.

［43］Mack L M. On the Stability of the boundary layer on a transonic swept wing. AIAA Pap 79—0264,1979.

［44］徐国亮,符松. 可压缩横流失稳及其控制. 力学进展,2012,42(3):262—273.

［45］朱国祥,唐登斌. 机身边界层控制研究. 航空学报,2004,25(2):117—120.

［46］曹起鹏. 激波与附面层干扰问题. 南京航空学院学报,1981,2:105—128.

［47］唐登斌. 快速上仰翼型的非定常前缘分离. 航空学报,1989,10(5):279—283.

［48］唐登斌. 桨叶动失速研究. 直升机技术,1992,2:11—15.

［49］黎先平. 飞机失速/尾旋特性和改出控制规律研究. 南京:南京航空航天大学博士学位论文,1999.

[50] Roberts W B. Calculation of laminar separation bubbles and their effects on airfoil performances. AIAA J,1980,18(1):25—31.

[51] Boiko A V,Grek G R,Dovgal A V,et al. Origin of Turbulence in Near-Wall Flows. New York:Springer-Verlag,2001.

[52] 曹起鹏,唐登斌. 跨声速流动中翼型抖振边界的确定. 南京航空学院学报,1979,1: 100—109.

[53] Jahanmier M. Boundary layer transitional flow in gas turbines. Göteborg:Chalmers University of Technology,2011.

[54] 史万里. 涡轮流场大涡模拟与拟序结构研究. 南京:南京航空航天大学博士学位论 文,2012.

[55] Wu X H. Establishing the generality of three phenomena using a boundary layer with freestream passing wakes. J Fluid Mech,2010,664:193—219.

[56] 张仲寅,乔志德. 黏性流体力学. 北京:国防工业出版社,1989.

[57] Joslin R D. Aircraft laminar flow control. Annu Rev Fluid Mech,1998,30:1—29.

[58] Reed H,Rhodes R,Saric W. Computations for laminar flow control in swept-wing boundary layers//American Physical Society,60th Annual Meeting of the Division of Fluid Dynamics,2007.

[59] Arcara P C Jr,Bartlett D W,McCullers L A. Analysis for the application of hybrid laminar flow control to a long-range subsonic transport aircraft. SAE Pap 912113,1991.

[60] 阎超,钱翼稷,连祺祥. 黏性流体力学. 北京:北京航空航天大学出版社,2005.

[61] Anderson B T,Bohn-Meyer M. Overview of supersonic laminar flow control research on the F-16XL ships 1 and 2. SAE Pap 921994,1992.

[62] Saric W S,Reed H L. Toward practical laminar flow control-remaining challenges. AIAA Pap 2004—2311,2004.

[63] Marshall L A. Boundary-layer transition results from the F-16XL-2 supersonic laminar flow control experiment. NASA/TM-1999-209013,1999.

[64] Tsao T,Liu C,Tai Y C,at al. Micromachined magnetic actuator for active fluid control// Bandyopadhyay P R,Breuer K S,Blechinger C J. Application of Microfabrication to Fluid Mechanics,1994.

[65] Ho C M,Tai Y C. Micro-electro-mechanical systems and fluid flows. Annu Rev Fluid Mech, 1998,30:579—612.

[66] Meifarth K U,Heinrich S. The environment for aircraft with laminar flow technology within airline service//Proc Eur Forum Laminar Flow Tech,Hamburg,1992.

[67] Green J E. Laminar flow control-back to the future? AIAA Pap 2008—3738,2008.

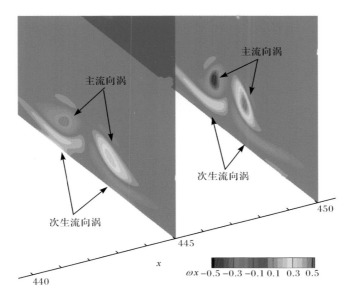

图 9.4　主流向涡和次生流向涡($t=6.2T$,$x=445$ 和 450)

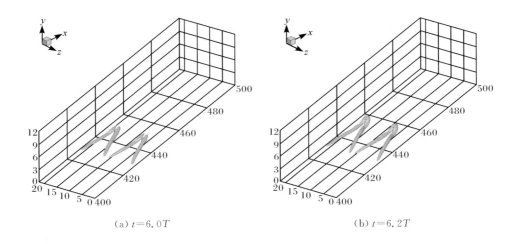

（a）$t=6.0T$　　　　　　　　　　　　　　　（b）$t=6.2T$

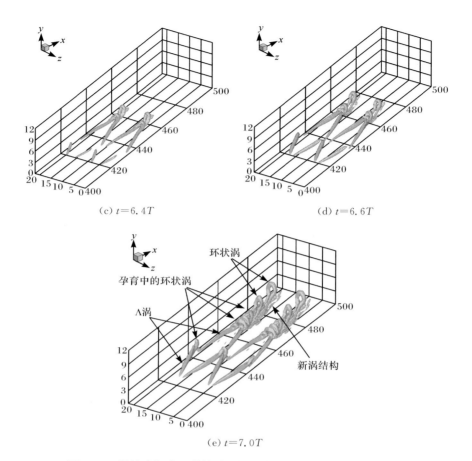

(c) $t=6.4T$ (d) $t=6.6T$

(e) $t=7.0T$

图 9.10 转捩流场中涡结构随时间的演化(等值面 $\lambda_2=-0.005$)

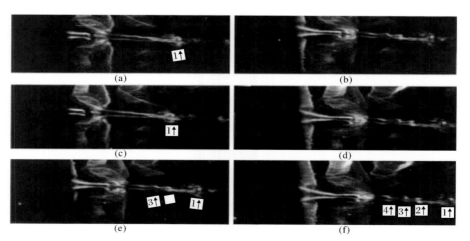

(a)   (b)

(c)   (d)

(e)   (f)

图 9.13 环状涡链结构的演化(俯视图)

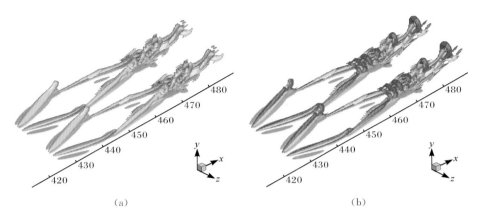

图 9.14 环状涡与流向涡之间的联系

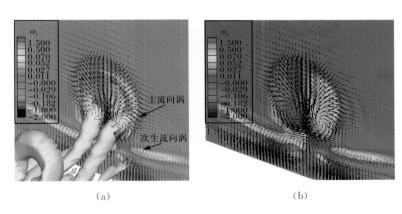

图 9.15 涡环的形成

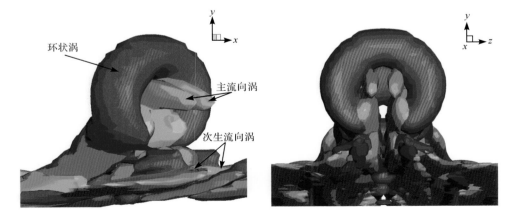

图 9.16 不同视角的流向涡对与环状涡结构

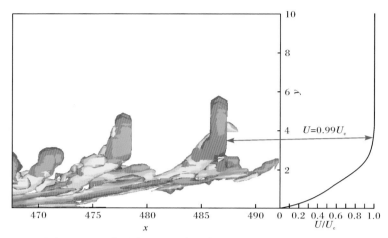

图 9.17　环状涡在边界层中的位置($y=3.56,U=0.99U_e$)

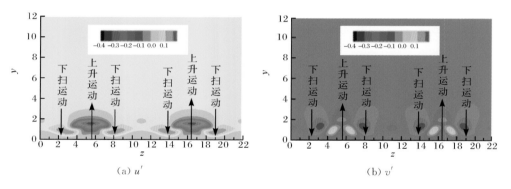

(a) u'　　　　　　　　　　　　　　　(b) v'

图 10.1　Λ 涡头部附近的扰动速度场($x=445,t=6.0T$)

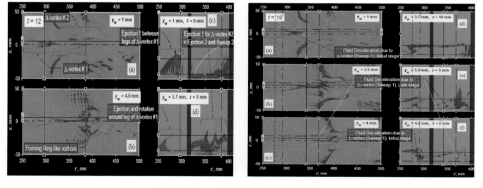

图 10.3　Λ 涡诱导的上喷与下扫

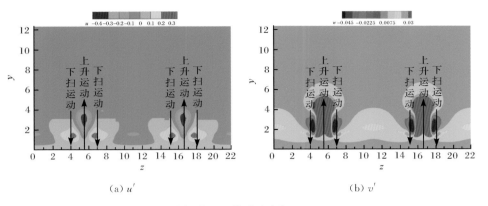

(a) u' (b) v'

图 10.4 环状涡头部附近的扰动速度场($x=466.5, t=6.6T$)

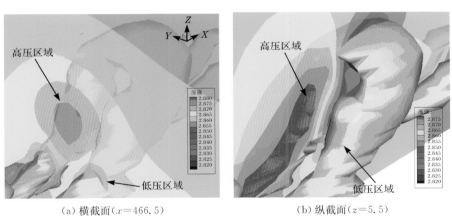

(a) 横截面($x=466.5$)   (b) 纵截面($z=5.5$)

图 10.6 环状涡周围的压力场分布

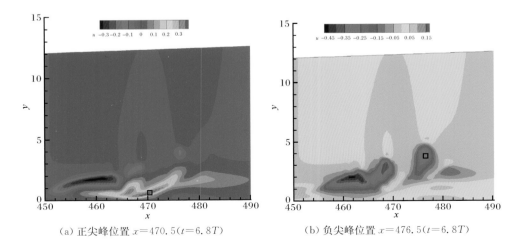

(a) 正尖峰位置 $x=470.5(t=6.8T)$ (b) 负尖峰位置 $x=476.5(t=6.8T)$

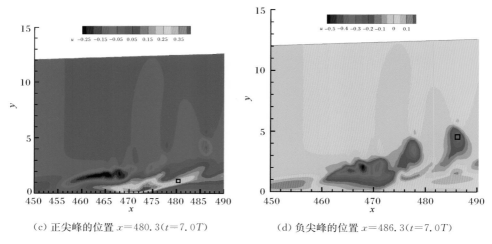

（c）正尖峰的位置 $x=480.3(t=7.0T)$ （d）负尖峰的位置 $x=486.3(t=7.0T)$

图 10.9　近壁区的正负尖峰结构

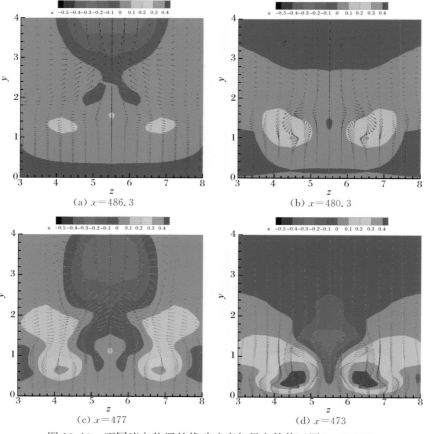

（a）$x=486.3$ （b）$x=480.3$

（c）$x=477$ （d）$x=473$

图 10.10　不同流向位置的扰动速度矢量和等值云图（$t=7.0T$）

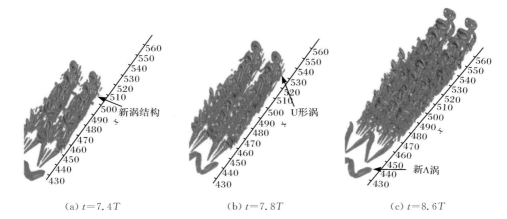

(a) $t=7.4T$ (b) $t=7.8T$ (c) $t=8.6T$

图 11.1 转捩后期的涡系演化(等值面 $\lambda_2=-0.0009$)

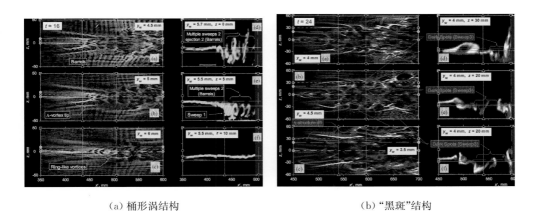

（a）桶形涡结构   （b）"黑斑"结构

图 11.5 桶形涡和"黑斑"结构的形成

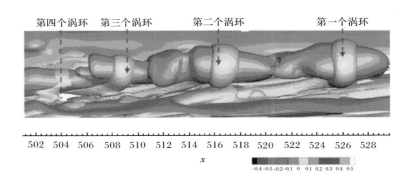

图 11.15 涡环的接连产生

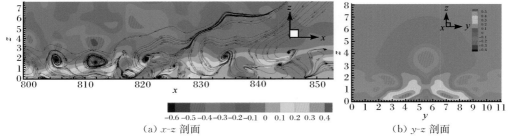

(a) x-z 剖面 (b) y-z 剖面

图 11.16　下扫上喷产生的正(红)负(蓝)尖峰与新的剪切层

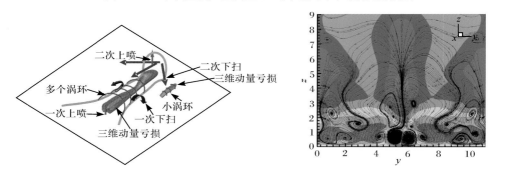

图 11.17　多层次涡环群形成的示意图　　图 11.18　中部涡包以及顶部和底部的涡包

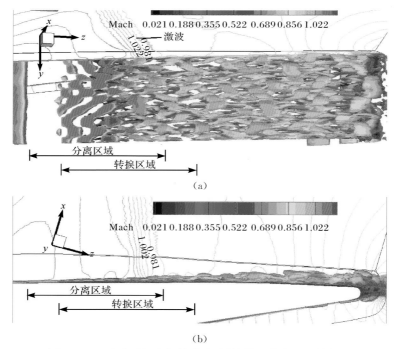

(a)

(b)

图 12.25　叶片后部流场的激波、涡结构及分离区和转捩区